自動車の
マルチマテリアル戦略

材料別戦略から異材接合、成形加工、表面処理技術まで

監修 ● 藤本雄一郎・漆山雄太

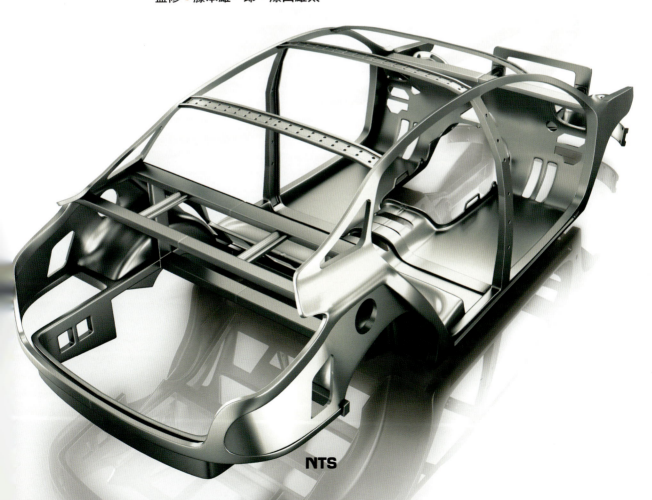

NTS

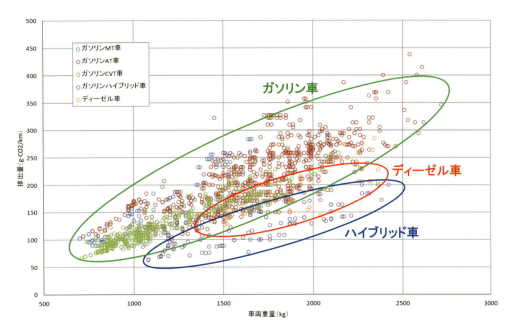

図1 車両重量とCO$_2$排出量の関係（国土交通省ホームページの図にISMAが加筆）（p.3）

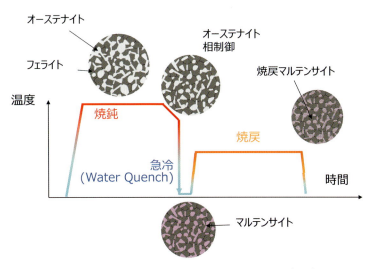

図5 WQ-CALによるDP鋼板の製造概念図（p.42）

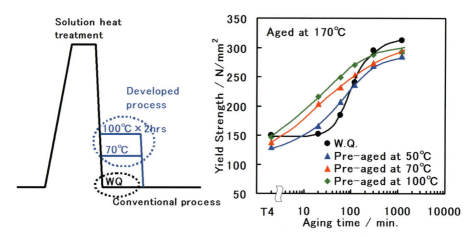

図3 6000系合金のベークハード性に及ぼす予備時効処理の影響[2] (p.53)

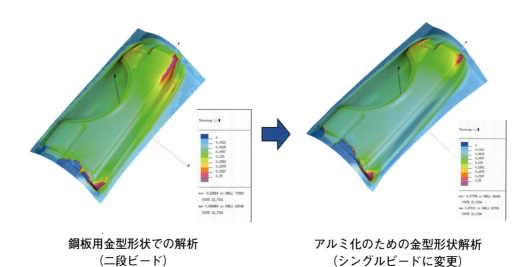

鋼板用金型形状での解析　　　　　　　アルミ化のための金型形状解析
（二段ビード）　　　　　　　　　　　（シングルビードに変更）

図10　FEM解析によるアルミ金型形状の検討事例[3] (p.57)

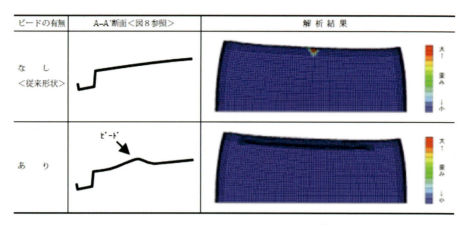

図12　ビード付与による局部変形抑制効果[12] (p.58)

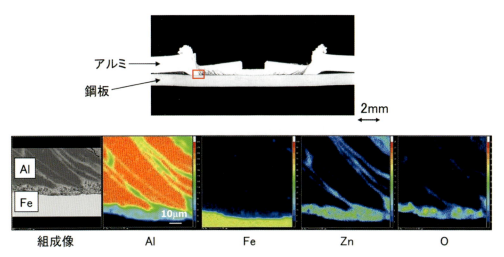

図9 接合部断面の元素分布 (p.104)

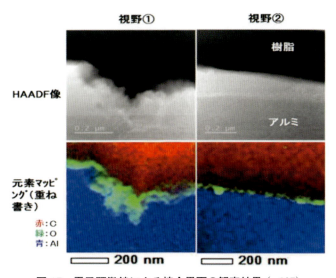

図15 電子顕微鏡による接合界面の観察結果 (p.107)

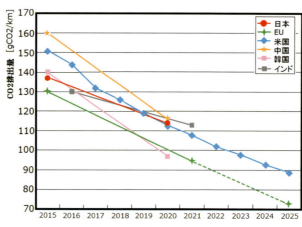

図2　各国のCO₂削減目標（p.110）

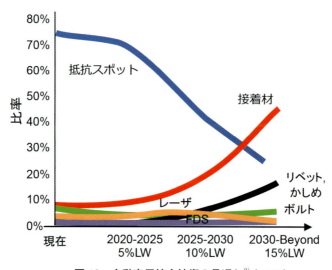

図13　自動車用接合技術の見通し[2]（p.120）

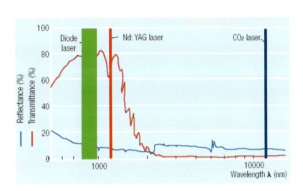

図3 樹脂材料のレーザ光透過特性 (p.131)

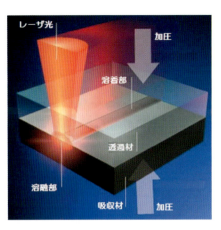

図4 樹脂材料のレーザ溶着技術 (p.131)

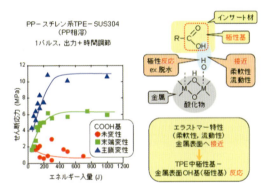

図11 接合機構：官能基の効果 (p.133)

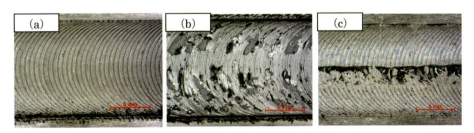

図3 摩擦撹拌接合後の接合部外観写真 (p.154)
(a：健全　b：入熱過剰　c：入熱不足)

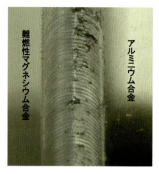

図12 異材接合部外観写真（p.158）
（AZX411＋5000系Al合金）

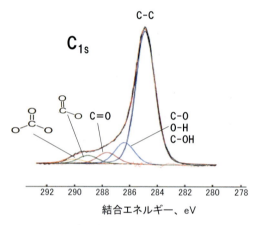

図4 コロナプラズマ処理後のC₁ₛ XPSスペクトル（p.183）

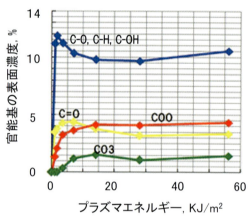

図5 プラズマエネルギーに伴う表面官能基の変化（p.183）

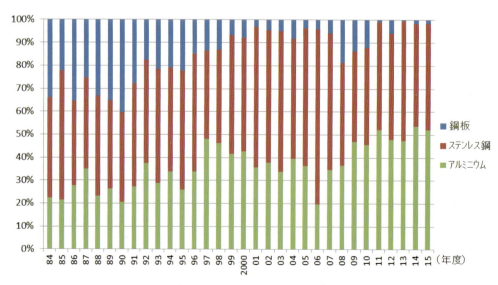

図2 鉄道車両に占める各材料の割合[2]（p.254）

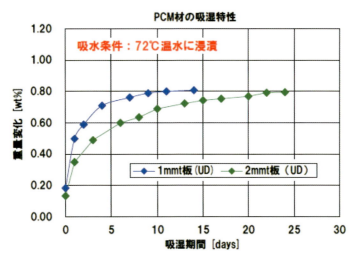

本データは，参考値であり保証値ではありません。
図6 #360/#361の吸湿特性（p.281）

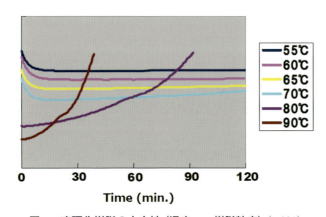

図7 速硬化樹脂の安定性（温度 .vs. 樹脂粘度）（p.281）

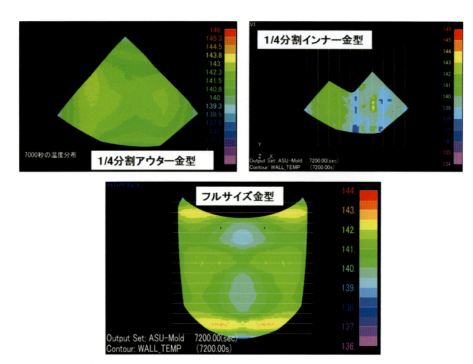

図3 1/4分割エンジンフード金型とフルサイズ金型の表面温度熱解析結果（p.309）

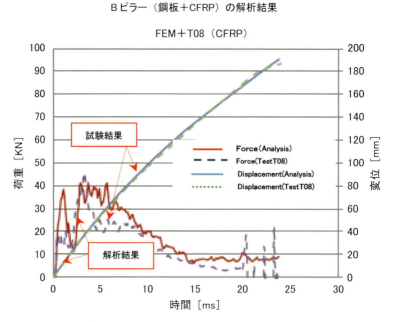

図8 ハイブリッドBピラー部品の衝撃強度試験と解析結果（p.311）

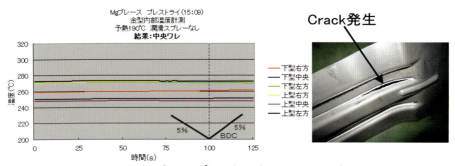

図12 難燃性Mg合金（AMC602）製ブレース部品の温間プレス成形と温度の関係（p.315）

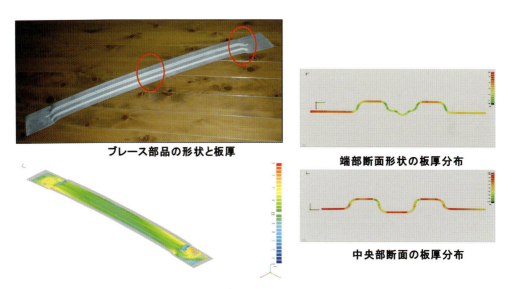

図15 難燃性Mg合金製ブレース部品の形状と板厚分布（p.317）

発刊にあたって

　昨今，マルチマテリアル，適材料適所という言葉を耳にする機会が多くなりました。自動車分野では環境規制強化を踏まえ，今後も軽量化技術が着目されています。特に，今後のEVやPHEV化のトレンドは車両の重量配分やパッケージングを大きく変えていくことになり，走行性能向上を図りながら，車両全体構成およびその構成の中で，新たにどこの部位にどの材料を適用させるか，全体像を俯瞰し軽量化等を図ることの重要性が増しています。

　このような背景を鑑みて，マルチマテリアル化における最新の関連技術と動向を海外事例も含め掲載し，取りまとめて発信したいというエヌ・ティー・エスの企画に賛同し，『自動車のマルチマテリアル戦略最前線』の監修および執筆にご協力させていただきました。

　本書は，それぞれの分野でご活躍中の方々の執筆により，鉄，軽金属，繊維強化樹脂，接合技術などの近年の流れから，現状および将来展望までを一冊にまとめ上げております。加えて，自動車のマルチマテリアル化や国内でのコンソーシアムの取組については岸氏に，マルチマテリアル化や異材接合適用で先行する欧州の動向については元VolvoのLarsson氏にご執筆いただき，欧州でのこれまでの取組や本質的な動き，国内メーカーの関与課題については，藤本が関連情報を追加しております。

　各要素技術についての掲載は，マテリアルにとどまらず，関連する多くの分野を取扱い，第1編には材料技術を，第2編には設計技術を，第3編には接合や腐食対策を，第4篇には関連する生産技術をと，幅広いフィールドを網羅することができました。

　本書が，マルチマテリアル化を模索する自動車を始め，輸送機械の開発部門の技術者，軽量化を材料の見直しで研究を進める技術者や研究者，あるいは大学や研究機関で関連技術テーマを研究されている方々に，研究開発および周辺取組の関連知識として，ご活用されることを願っております。また，本分野で最も進んでいるドイツ等欧州の動きだけでなく，その取組背景や国内との比較（不足点など）も一部取り上げましたので，今後の研究開発のみならず，マルチマテリアルや異材接合を最適導入していく設計・生産プロセスや関連データベース等の構築に繋がっていく事も切望しております。

　本書出版にあたり，多くの執筆者の皆様にご協力およびご寄稿頂きましたこと，この場を借りて，厚く御礼を申し上げます。

2017年7月

漆山　雄太

藤本　雄一郎

監修者・執筆者一覧

◆**監修者**

藤本雄一郎　Lead Innovation センター株式会社　代表取締役

漆山　雄太　株式会社本田技術研究所第9技術開発室第1ブロック　主任研究員

◆**執筆者**（執筆順）

藤本雄一郎　Lead Innovation センター株式会社　代表取締役

兵藤　知明　新構造材料技術研究組合　プロジェクトマネージャー/技術企画部広報室　室長

岸　　輝雄　新構造材料技術研究組合　理事長

Jonny K Larsson　元 VOLVO Car Corporation

瀬戸　一洋　JFE スチール株式会社　常務執行役員/スチール研究所　副所長/薄板セクター　副セクター長

池田　昌則　株式会社神戸製鋼所アルミ・銅事業部門技術部　担当部長

櫻井　健夫　株式会社神戸製鋼所アルミ・銅事業部門技術部技術企画室　次長

前田　　豊　前田技術事務所　代表

松中　大介　信州大学学術研究院工学系　准教授

西野創一郎　茨城大学大学院理工学研究科　准教授

三瓶　和久　株式会社タマリ工業レーザ事業部　理事

杉本　幸弘　マツダ株式会社技術研究所　主幹研究員

西口　勝也　マツダ株式会社技術研究所　アシスタントマネージャー

田中耕二郎　マツダ株式会社技術研究所

山根　　健　山根健オフィス　代表

鈴木　励一　株式会社神戸製鋼所技術開発本部自動車ソリューションセンター　専門部長/マルチマテリアル接合研究室　室長

永塚　公彬　大阪大学接合科学研究所　特任助教

中田　一博　大阪大学接合科学研究所　名誉教授/特任教授

鈴木　晴彦　ポップリベット・ファスナー株式会社マーケティング部　プロダクトマネージャー/Stud, Welding-System, SPR, Stanley Assembly Technologies

行武栄太郎　茨城県工業技術センター先端材料部門　主任研究員

福田　敏彦　株式会社 UACJ 技術開発研究所第七研究部構造部品開発室　主査

二宮　　崇　川崎重工業株式会社航空宇宙カンパニー技術本部研究部材料技術課　基幹職

上向　賢一　川崎重工業株式会社航空宇宙カンパニー生産本部生産企画部生産技術課　基幹職

多賀　康訓　中部大学薄膜研究センター　特任教授/センター長

井上　純哉　東京大学先端科学技術研究センター　准教授

小関　敏彦	東京大学大学院工学系研究科　副学長／教授
杉村　博之	京都大学大学院工学研究科　教授
村田　秀和	武藤工業株式会社 3DP 事業部　取締役
佐藤　千明	東京工業大学科学技術創成研究院　准教授
安藤　　勝	東亞合成株式会社 R&D 総合センター製品研究所　主事
斉藤　誠法	株式会社アイセロ商品開発本部開発 2 部　主査
森　謙一郎	豊橋技術科学大学機械工学系　教授
岩瀬　正和	日軽新潟株式会社技術グループ　グループリーダー
谷津倉政仁	日軽金アクト株式会社技術開発統括室材料技術グループ　グループリーダー
鈴木　信行	高知工業高等専門学校ソーシャルデザイン工学科　嘱託教授
地西　　徹	日本飛行機株式会社航空宇宙機器事業部生産技術部生産技術課
小川　繁樹	三菱ケミカル株式会社炭素繊維複合材料本部コンポジット製品事業部コンポジット事業開発グループ　担当部長
蛭川　謙一	株式会社神戸製鋼所アルミ・銅事業部門大安工場鋳鍛研究室　室長
沼野　正禎	住友電気工業株式会社マグネシウム合金開発部企画業務部開発グループ　グループ長
馬場　泰一	矢島工業株式会社技術部　取締役部長
松村　健樹	ミリオン化学株式会社　取締役主席研究員
山川　晃司	株式会社片桐エンジニアリング技術開発部　所長
山本　博之	株式会社片桐エンジニアリング技術開発部
石渡　　賢	日本ペイント・オートモーティブコーティングス株式会社開発部電着商品開発グループ　グループマネージャー
乗松　祐輝	日本ペイント・オートモーティブコーティングス株式会社開発部電着商品開発グループ

目　次

総　論

総説 1　自動車のマルチマテリアル化とその技術戦略

兵藤　知明，岸　輝雄

1. はじめに ……………………………………………………………… 3
2. 車両の軽量化とマルチマテリアル化 ………………………………… 3
3. 革新的新構造材料等研究開発事業における取り組み ……………… 4
4. 革新的新構造材料等研究開発事業における研究開発成果例 ……… 4
5. おわりに ……………………………………………………………… 8

総説 2　欧州におけるマルチマテリアル・異材接合の動向と国内メーカーの対応策

藤本　雄一郎

1. 欧州におけるマルチマテリアル・異材接合技術の関連動向 ……… 11
2. 欧州の異材接合技術戦略 …………………………………………… 14
3. 軽量化にとどまらない真のマルチマテリアル戦略へ ……………… 16

第 1 編　材料別マルチマテリアル戦略

第 1 章　欧州自動車メーカーにおける構造材料とマルチマテリアル化

Jonny K Larsson

1. The Latest Status and the beyond 2020 on Multi-material related Technologies for Automotive Body Structures in Europe ……… 22
2. Multi-material Application Cases by European Automotive Manufacturers/OEMs ………………………………………………… 29

第 2 章　アルミニウム材，CFRP 材に対抗する観点から開発が期待される ハイテン材とその利用技術

瀬戸　一洋

1. 各種素材における鉄の位置づけ …………………………………… 37
2. 外板パネル用ハイテン ……………………………………………… 37
3. 車体骨格用ハイテン ………………………………………………… 39

第 3 章　マルチマテリアル化による軽量化におけるアルミニウム戦略

池田　昌則，櫻井　健夫

1. 自動車におけるアルミニウム材料を取巻く背景 ………………… 51

目 次

　　2. アルミ化の技術課題と開発戦略 ································· 52

　　3. まとめ ··· 59

第4章　炭素繊維複合材料のマルチマテリアル戦略
前田　豊

　　1. はじめに ··· 61

　　2. 炭素繊維複合材料（CFRP，CFRTP）の概要 ················· 61

　　3. 炭素繊維複合材料の代表的特性 ····························· 62

　　4. CFRP の製造 ··· 63

　　5. 自動車向け CFRP，CFRTP の適用の経緯 ··················· 65

　　6. 量産車の CFRP 化技術の例 ······························· 66

　　7. 自動車分野のマルチマテリアル化における CFRP 業界の戦略 ··· 68

　　8. まとめ ··· 69

第2編　マルチマテリアル化における設計技術

第1章　計算機マテリアルデザイン技術
松中　大介

　　1. マルチスケールマテリアルモデリング ······················· 73

　　2. 密度汎関数理論に基づく第一原理計算 ······················· 74

　　3. 分子動力学法による欠陥ダイナミクスの解析 ················· 76

　　4. 界面強度に対する界面形状の最適設計 ······················· 78

第2章　マルチマテリアル化における材料設計のポイント
西野　創一郎

　　1. はじめに ··· 81

　　2. 剛性と強度 ··· 81

　　3. 材料力学による剛性解析と軽量化 ··························· 82

　　4. 軽量化を実現するための周辺技術 ··························· 83

　　5. おわりに ··· 86

第3編　マルチマテリアル化を実現する異材接合技術

第1章　メーカーにおける接合技術動向

　第1節　自動車メーカにおけるマルチマテリアル化
　　　　　　～日本の自動車メーカの適用例を中心に
三瓶　和久

　　1. はじめに ··· 91

　　2. 自動車の軽量化と材料の変遷 ······························· 91

　　3. 高張力鋼板の溶接 ··· 92

　　4. 自動車構成材料のマルチマテリアル化と異材接合 ············· 93

5. アルミと鋼板の溶接	94
6. CFRP の適用	97
7. マルチマテリアルの今後の展開	97

第2節　摩擦熱による異種材料接合技術　　　　　　　　杉本　幸弘, 西口　勝也, 田中　耕二郎

1. 自動車における異種材料接合のニーズ	101
2. 摩擦撹拌点接合	102
3. アルミニウム / 鋼板の摩擦撹拌点接合	103
4. 摩擦熱を用いた異種材料接合の新しい展開	106
5. まとめ	107

第3節　BMW におけるマルチマテリアル化と接着・接合技術の将来展望　　　山根　健

1. 今日の自動車を取り巻く環境と開発の方向性	109
2. 電気自動車の開発	110
3. BMW の目指すクルマづくり	112
4. マルチマテリアル, スマートマテリアル	113

第2章　接合技術

第1節　接合技術の現状から将来展望まで　　　　　　　　　　　　　　　鈴木　励一

1. 異材接合の課題	115
2. 一般的な接合技術と, 異材接合における制約	116
3. 現在普及している異材接合法	122

第2節　異種材料のレーザ接合技術　　　　　　　　　　　　　　　　　　三瓶　和久

1. はじめに	129
2. 自動車構成材料のマルチマテリアル化と異材接合	129
3. アルミと鋼板のレーザろう付け	130
4. アルミと銅のレーザ溶接	130
5. 樹脂材料のレーザ溶着技術	131
6. 樹脂と金属のレーザ溶着技術	131
7. 熱可塑性 CFRTP の接合技術	135
8. 今後の課題と展望	137

第3節　金属 / CFRP 異材抵抗スポット溶接技術　　　　　　　　永塚　公彬, 中田　一博

1. はじめに	139
2. シリーズ抵抗スポット溶接による金属 / 樹脂・CFRTP の接合	139
3. 接合可能な金属および CFRP	140
4. 接合条件の及ぼす影響	142
5. 表面処理による接合特性の改善	145
6. まとめ	146

目 次

第4節　セルフピアッシングリベット技術　　　　　　　　　　　　　　鈴木　晴彦

　　　　　　　　　　　　　　　　　　　　　　　　　　　　　　　　　149

第5節　摩擦撹拌接合（FSW）
　第1項　摩擦撹拌接合技術による難燃性マグネシウム合金接合技術　　行武　栄太郎
　　1. 難燃性マグネシウム合金 ………………………………………………… 153
　　2. 難燃性マグネシウム合金の摩擦撹拌接合特性 ………………………… 154
　　3. 製品化及び検討事例 …………………………………………………… 159
　第2項　摩擦撹拌接合技術によるアルミニウム合金接合技術　　　　福田　敏彦
　　1. アルミニウムの溶接性 …………………………………………………… 161
　　2. アルミニウムのアーク溶接時における不完全部の発生原因と対策 … 163
　　3. アルミニウムへのFSWの適用 ………………………………………… 164
　　4. アルミニウムへFSWが適用されている産業分野とその事例 ……… 165
　　5. 将来展望 ………………………………………………………………… 170
　第3項　レーザ溶接 / 摩擦攪拌接合によるチタン合金接合技術　　二宮　崇, 上向　賢一
　　1. はじめに ………………………………………………………………… 173
　　2. レーザ溶接 ……………………………………………………………… 174
　　3. 摩擦攪拌接合（FSW）………………………………………………… 175

第6節　ナノ界面制御接合技術
　第1項　マルチマテリアル化を支える界面制御技術　　　　　　　　多賀　康訓
　　1. はじめに ………………………………………………………………… 179
　　2. ガス吸着分子接合技術（GAJ）……………………………………… 180
　　3. ガス吸着接合の応用 …………………………………………………… 187
　　4. おわりに ………………………………………………………………… 187
　第2項　ナノ界面組織制御による鋼 / Mg合金の新規接合技術　　井上　純哉, 小関　敏彦
　　1. 緒　言 …………………………………………………………………… 189
　　2. 新規接合手法のコンセプト …………………………………………… 190
　　3. 金属間化合物の形成と界面強度 ……………………………………… 191
　　4. 適用事例 ………………………………………………………………… 194
　　5. おわりに ………………………………………………………………… 197
　第3項　高分子と金属の光活性化接合技術　　　　　　　　　　　杉村　博之
　　1. はじめに ………………………………………………………………… 199
　　2. 光活性化接合 …………………………………………………………… 199
　　3. プラスチックの表面活性化低温接合によるマイクロ流路の封止 …… 200
　　4. VUV表面光化学反応について ……………………………………… 201
　　5. アルミニウムとシクロオレフィンポリマーの光活性化接合 ………… 202
　　6. おわりに ………………………………………………………………… 204

第7節 アーク溶接を利用した高速・高強度・低コスト金属3Dプリンタ　　　村田　秀和

  1.　緒　言 207

  2.　開発コンセプト 207

  3.　本装置の原理と概要 207

  4.　他方式の金属3Dプリンタ 209

  5.　本タイプの金属3Dプリンタの特徴 209

第3章　接着技術

第1節　マルチマテリアル化を支える接着接合技術　　　佐藤　千明

  1.　はじめに 215

  2.　接着接合の車体構造への適用 215

  3.　マルチマテリアル車体への接着を適用する際の問題点 219

  4.　おわりに 224

第2節　瞬間接着剤による接合技術　　　安藤　勝

  1.　はじめに 225

  2.　シアノアクリレート系接着剤の概要 225

  3.　自動車部品への適用事例 228

  4.　シアノアクリレート系接着剤のハイブリッド技術 229

  5.　おわりに 231

第3節　熱接着フィルムを用いた異種材接着技術　　　斉藤　誠法

  1.　はじめに 233

  2.　熱接着フィルムによる異種材料接合方法 234

  3.　熱接着フィルム『フィクセロン』の接着挙動 235

  4.　熱接着フィルムを用いた自動車マルチマテリアル化に向けた今後の課題 240

第4編　マルチマテリアル化を支える生産技術

第1章　成形加工技術

第1節　マルチマテリアル化を支える成形加工技術　　　森　謙一郎

  1.　プレス成形用マルチマテリアル 245

  2.　自動車用鋼板 245

  3.　高張力鋼板 246

  4.　超高強度鋼部材のホットスタンピング 247

  5.　アルミニウム合金板 248

  6.　ステンレス鋼板 249

  7.　マグネシウム合金板 249

  8.　チタン板 250

目 次

第2節　車両用アルミニウム合金押出成形技術　　　　　　　　　　　岩瀬　正和, 谷津倉　政仁

　　1.　はじめに …………………………………………………………………………… 253

　　2.　アルミニウム合金押出形材の特徴と鉄道車両への採用例 …………………… 253

　　3.　押出加工について ………………………………………………………………… 257

　　4.　押出形材製造フロー ……………………………………………………………… 257

　　5.　押出金型（ダイス）について …………………………………………………… 258

　　6.　シングルスキン構体用押出形材の製造上のポイント ………………………… 259

　　7.　ダブルスキン構体用中空押出形材の製造上のポイント ……………………… 259

　　8.　車両軽量化のための押出形材製造上の課題と取組み ………………………… 260

　　9.　形材高精度化への更なる取組み ………………………………………………… 263

　　10.　おわりに ………………………………………………………………………… 265

第3節　高強度チタン合金のインクリメンタル成形技術　　　　　　　鈴木　信行, 地西　徹

　　1.　はじめに …………………………………………………………………………… 267

　　2.　成形法の概要 ……………………………………………………………………… 268

　　3.　成形特性 …………………………………………………………………………… 271

　　4.　部品の試作 ………………………………………………………………………… 272

　　5.　おわりに …………………………………………………………………………… 275

第4節　CFRP 適用　PCM 新工法　　　　　　　　　　　　　　　　　　　小川　繁樹

　　1.　はじめに …………………………………………………………………………… 277

　　2.　PCM 工法とは …………………………………………………………………… 277

　　3.　プレス成形用速硬化プリプレグについて ……………………………………… 279

　　4.　プリフォーム技術について ……………………………………………………… 281

　　5.　高圧プレス成形技術について …………………………………………………… 285

　　6.　新たなる成形技術（基本技術） ………………………………………………… 287

　　7.　まとめ ……………………………………………………………………………… 290

第2章　鍛造, 鋳造, プレス加工

第1節　鍛造用アルミ材料による自動車部品の軽量化

　　　　　〜自動車サスペンションを事例に　　　　　　　　　　　　　　蛭川　謙一

　　1.　まえがき …………………………………………………………………………… 291

　　2.　材料面・製造面での開発 ………………………………………………………… 292

　　3.　鍛造シミュレーションを活用した工程設計の改善 …………………………… 295

　　4.　高強度合金 KD610 材の諸特性 ………………………………………………… 296

　　5.　むすび ……………………………………………………………………………… 297

第2節　急冷凝固技術を活用したマグネシウム合金板材の展開　　　　　沼野　正禎

　　1.　マグネシウム合金の特性と用途 ………………………………………………… 299

　　2.　当社の AZ91 合金板材の特長 …………………………………………………… 300

目−vi

3.	マグネシウム合金板材，プレス部品の特性	301
4.	マグネシウム合金板の新展開	304
5.	まとめ	306

第3節　炭素繊維複合材料（CFRP）・マグネシウム（Mg）合金材料のプレス加工技術

馬場　泰一

1.	まえがき	307
2.	CFRP部品，CFRP-金属ハイブリッド部品のプレス成形について	307
3.	マグネシウム（Mg）合金材料のプレス成形について	312

第3章　表面処理技術

第1節　マグネシウム合金の化成処理　　　　　　　　　　　　　　松村　健樹

1.	はじめに	319
2.	マグネシウム合金の特徴	319
3.	実用化されているマグネシウム合金材の種類	319
4.	マグネシウム合金の腐食特性	320
5.	マグネシウム合金部材の表面処理に要求される機能	323
6.	マグネシウム合金の表面処理の種類	324
7.	マグネシウム合金の化成処理	326
8.	自動車部品としてのマグネシウム合金部材への期待とその表面処理における課題	331
9.	マグネシウム合金展伸材の最新の適用例とその表面処理	333
10.	自動車車体材料としての板材の表面処理と塗装性能	334
11.	マグネシウム合金の化成処理における工程短縮化と他金属材との同時処理性の可能性	335

第2節　電子ビーム励起プラズマによる難窒化材料への表面処理技術

山川　晃司，山本　博之

1.	電子ビーム励起プラズマ	339
2.	オーステナイト系ステンレスの低温窒化処理技術	340
3.	アルミニウム合金への窒化処理技術	342

第3節　電着塗装技術　　　　　　　　　　　　　　　石渡　賢，乗松　祐輝

1.	緒　言	347
2.	電着塗装概論	347
3.	電着塗料とその周辺材料の変遷	353
4.	結　言	355

※本書に記載されている会社名，製品名，サービス名は各社の登録商標または商標です。なお，本書に記載されている製品名，サービス名等には，必ずしも商標表示（Ⓡ，TM）を付記していません。

総　論

総説 1　自動車のマルチマテリアル化とその技術戦略

総説 2　欧州におけるマルチマテリアル・異材接合の動向と
　　　　国内メーカーの対応策

総論

総説1 自動車のマルチマテリアル化とその技術戦略

新構造材料技術研究組合　兵藤　知明　　新構造材料技術研究組合　岸　輝雄

1 はじめに

エネルギー消費量削減や二酸化炭素（CO_2）排出量削減は，国際的な重要課題である。産業・運輸・民生の各部門で様々な対応が図られており，例えば運輸部門では，世界的に自動車に対する厳しい燃費規制が設定されている。国土交通省によれば，日本のCO_2排出量（12億6,500万トン）のうち，運輸部門からの排出量（2億1,700万トン）は17.2％，自動車全体では運輸部門の86.0％（日本全体の14.8％）を排出しており[1]，今後のCO_2排出量削減に向けて，自動車の燃費向上に係る技術開発が重要となる。自動車の燃費改善に係る課題には，エンジンを初めとした動力機関の効率向上，車両の軽量化，空気抵抗低減などがある。車両の軽量化は，燃費改善とともにCO_2排出量の低減効果が大きいとされ，重要な取組課題の1つになっている。車両重量とCO_2排出量の関係を図1に示す[1]。

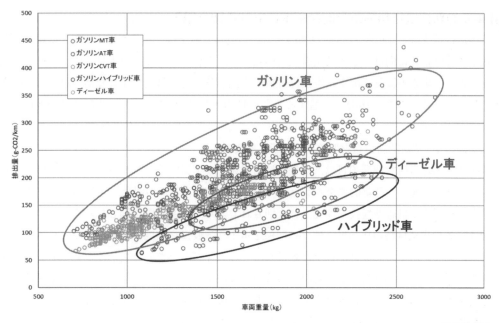

※口絵参照

図1　車両重量とCO_2排出量の関係（国土交通省ホームページの図にISMAが加筆）

2 車両の軽量化とマルチマテリアル化

近年の車両軽量化技術開発では，図2に例示するように軽量材料を適材適所に使うマルチマテリアル化が進められている[2]。その際，異種材料接合が鍵となるが，材質が大きく異なる材料

間の接合や，自動車としての安全性を保証する上で欠かせない接合部の性能評価技術など，今後克服すべき数多くの技術課題が残されている。

また，構造材料そのものの軽量化も極めて重要な課題であり，高強度，高延性，不燃性，耐食性，耐衝撃性等の機能が確保された軽量構造材の開発が必要である。それと同時に，これらの機能を損なうことのない接合技術や成形加工技術等の開発が求められる。

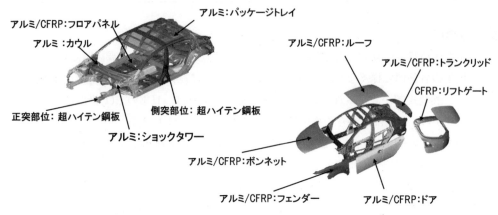

図2　車体軽量化に向けたマルチマテリアル化の一例[2]

3 革新的新構造材料等研究開発事業における取り組み

新構造材料技術研究組合（ISMA と略す）は，自動車，航空機，高速鉄道車両などの輸送機器の抜本的な軽量化に向け，革新的接合技術の開発や，鋼材，アルミニウム材，チタン材，マグネシウム材，炭素繊維及び炭素繊維強化樹脂（CFRP）等，輸送機器の主要な構造材料の高強度化等に係る技術開発を一体的に推進することを目的として 2013 年 10 月 25 日に設立された。2016 年 4 月 1 日現在，37 企業，1 国立研究開発法人，1 大学の組合員および 48 機関の再委託機関の構成にて「革新的新構造材料等研究開発」事業を推進している。

本事業における研究開発項目は，①接合技術開発，②革新的チタン材の開発，③革新的アルミニウム材の開発，④革新的マグネシウム材の開発，⑤革新鋼板の開発，⑥熱可塑性 CFRP の開発，⑦革新炭素繊維基盤技術開発，に大別されており，事業概要を図3に示す。

図4に各種構造材料の比強度と伸びの関係を示す。一般に高強度の材料は伸びが小さく，図の形状が似ているためバナナカーブと呼ばれている。伸びが小さいと変形能が低く成形加工性が劣ることとなる。本事業では，材料そのものの性能を高めるだけでなく，コストを低減して国際競争力を高めることを目的としている。非鉄金属，鉄鋼，CFRP などの各材料の達成目標については，「革新的新構造材料等研究開発」基本計画[3]を参照されたい。

4 革新的新構造材料等研究開発事業における研究開発成果例

革新的新構造材料等研究開発事業における研究開発成果の一部を紹介したい。

接合技術開発分野では，同種の材料の接合として高強度中高炭素鋼同士およびチタン合金同士の接合，異種材料接合として鋼材／アルミニウム合金，アルミニウム合金／CFRP，鋼材／

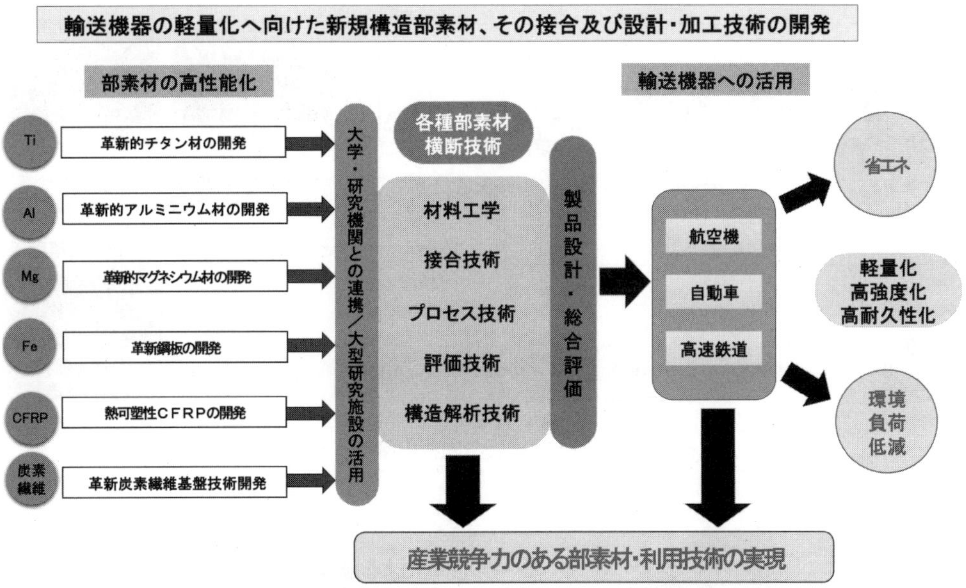

図3 革新的新構造材料等研究開発事業概要[2]

CFRPの技術開発を行っており，2017年度末目標として設定された接合強度などをほぼ達成している。**図5**は1.2GPa級高炭素鋼板の摩擦接合例であり，ツール素材・形状・接合プロセスを改善することによりツール寿命が大幅に改善されたことが示されている[4]。また，アルミ合金と熱可塑性CFRPの摩擦点接合例を**図6**に示す[4]。

革新的チタン材の開発ではコストダウン技術開発を中心に進めている(**図7**)。一貫製造プロセス開発では，低コスト原料を利用可能にする技術である溶解脱酸プロセスフローを見いだし，高被削性チタン合金開発では強度と被削性及び鍛造性を同時に向上させることができた。溶解・鍛造工程を省略した薄板製造プロセス開発では，高品質スポンジチタンを使用して通常材と同様の薄板（厚さ＝1mm）をラボレベルで製造することができた。さらに，精錬関係では，既存クロール法の高品質化およびコストダウン技術について，ラボスケールでの各要素技術を大部分確立し，実機での実証試験を行っている。新精錬技術開発では二価チタンイオンを含む溶融

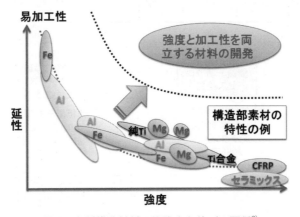

図4　各種構造材料の比強度と伸びの関係[2]

総論

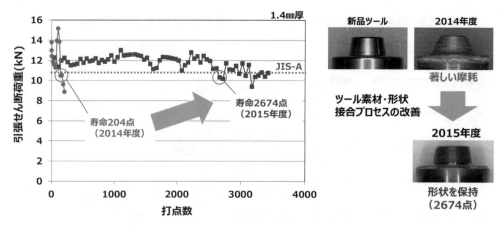

図5 1.2GPa級高炭素鋼板の摩擦接合例[4]

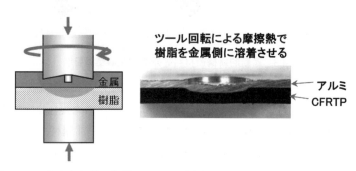

図6 アルミ合金と熱可塑性CFRPの異種材料接合例（摩擦点接合：FSSW）[4]

塩の電解・電析プロセスで平滑な高純度チタン箔が得られた。
　革新的アルミニウム材の開発では，成分調整，熱処理，電磁攪拌，ねじり加工などの技術で

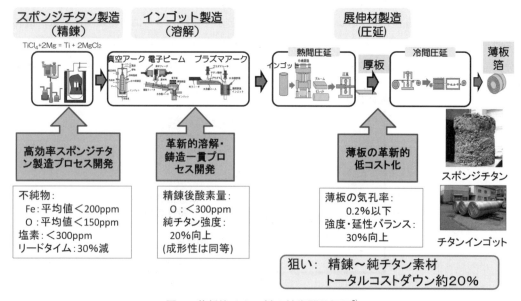

図7 革新的チタン材の技術開発概要[5]

－6－

ラボでの圧延・押出材ともほぼ最終目標をクリアし，実機での大型化技術開発を継続して進めている。図8に，開発したアルミ合金で試作した航空機用部材の試作例を示す[6]。新精錬技術開発では，イオン液体（室温溶融塩）からのアルミニウム析出技術や連続電析技術を利用した箔の回収法の基礎技術を確立し，実用化に向けたスケールアップを図っている。また，複層アルミニウム合金開発では，耐力と全伸びは最終目標に近い特性が得られ，部材製造のクラッド圧着技術開発も進められている。

図8　開発したアルミ合金で試作した航空機用部材[6]

革新的マグネシウム材の開発では，世界初の高速鉄道車両構体へのマグネシウム材適用を目指して開発を進めている。これまで最終目標を達成する新難燃性マグネシウム合金（4種）の開発に成功し（図9）[7]，それらの合金の実機化（押出材＆圧延材）および大型化技術の確立を目指すとともに，疲労特性をはじめ各種信頼性に関する基盤技術データの蓄積を図っている。2016年度は，開発した新合金の実機材を使用し，最適化した接合条件や防食条件を適用して高速車両の実部材（側パネル：幅769 mm×長さ1380 mm）を試作し（図10）[7]，次年度以降に計画しているモックアップ構体作製に必要となる設計指針を構築している。

革新鋼板の開発では，世界最高性能の自動車用超高強度鋼板開発を目指し，従来の590MPa級鋼板の2.5倍の引張強度である1.5 GPaかつ従来の590MPa級鋼板と同等の伸び20%を有する鋼板をラボレベルで開発することを最終目標とする。図11に示す3通りの方法で中高炭素鋼板における高強度と高延性の両立を図るものであり，いずれにおいても2017年度末の最終目標達成（ラボレベル）を目指している[8]。

熱可塑性CFRPの開発では，フロアパネル，サイドシル，センターメンバー，リアパネル等の実寸形状部材全ての成形に成功し，LFT-D (Long Fiber Thermoplastic-Direct) 成形方法に

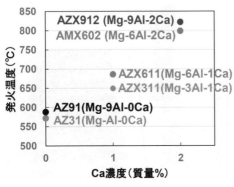

図9　各種Mg合金箔材（厚み0.1 mm）のCa濃度と発火温度（平均値）の関係[7]

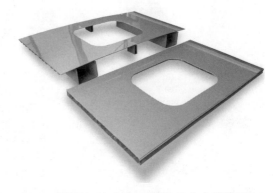

図10　難燃性Mg合金で作製した高速鉄道車両の実物大側パネル試作品（手前：ダブルスキン形材，奥：シングルスキン形材）[7]

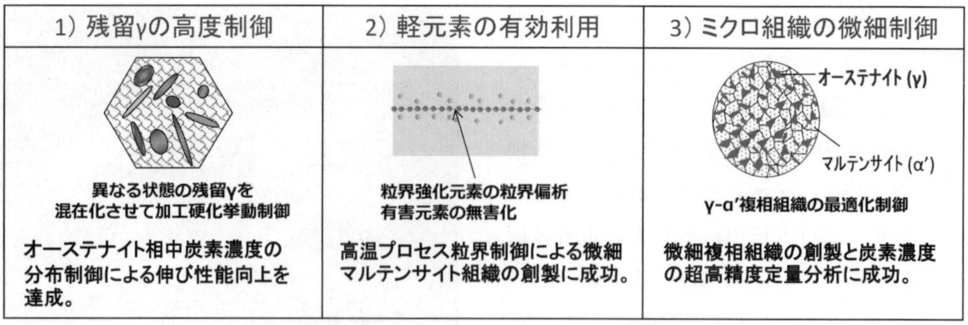

図11　革新鋼板における技術開発アプローチ[8]

おいて鍵となる型内流動性と繊維配向および力学的特性との相関が明らかとなり，基本成形条件が確立された．図12にCFRP用大型プレス成形システム（最大荷重：3500トン）を，図13に熱可塑性CFRPのフロアパネル試作例を示す[9]．また，中間基材を適用した高速成形技術によりS字クランク，中空T字ジョイント，Bピラー等の複雑形状実寸部材の成形に成功し，かつ部材レベルでの評価・解析を実施したこと，実用化検証が進んでいる．一方，革新炭素繊維の開発では，省エネルギーで生産性の高い革新炭素繊維製造プロセスの基盤技術が確立された．

5 おわりに

革新的新構造材料等研究開発事業は，①これまでの延長線上にない非連続的な研究成果を挙げること，②産学官のドリームチームを形成して研究を遂行していくことの2つの目標を掲げてスタートした．前者を追求すると各企業や各研究機関が競争的な研究を進めることになり，後者は国を挙げて協調的な研究を進めることになる．競争と協調をどう融合させるかが本事業の難しいところであり挑戦でもある．日本の輸出上位を占める自動車と素材産業を融合した本プロジェクトは，二酸化炭素（CO_2）の排出規制を鑑みて，約30～50％のホワイトボディ軽量化を目標とし，鉄鋼，アルミニウム合金，マグネシウム合金，チタン合金，炭素繊維強化樹脂

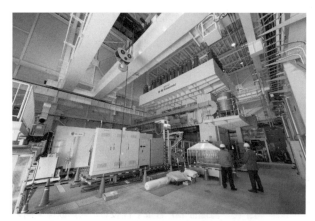

図12　CFRP用大型プレス成形システム（最大荷重：3500トン）[9]

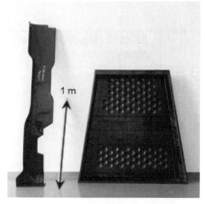

図13　熱可塑性CFRPのフロアパネル試作例[9]

(CFRP) の革新的な材料の開発を目指している。そして材料の最適化配置を求めるマルチマテリアル化が最大の課題だが，その際，鍵となる技術が溶接・接合であり，摩擦撹拌接合 (FSW) に注力するとともに，今後は接着技術にも傾注していく。

近年，構造材料の開発を支援する2つのツールが大きく発展してきている。1つが計測関係で，電子顕微鏡や各種計測の分析機器が大きな役割を果たしている。本事業でも高温状態にある材料の微視組織を観察する計測技術が開発され，中性子線の開発に関する取り組みも開始した。もう1つが計算科学で，理論，実験，データベースを融合し，ビッグデータや人工知能的な機械学習を取り入れた材料開発を試みている。

本事業の後半に向けて，腐食，水素脆化，そして疲労等に力を入れると同時に，コストやライフサイクルアセスメント (LCA)，リサイクル等にも取り組む予定である。マルチマテリアル車の製作に関しては，最適設計や Computer Aided Engineering (CAE) が，今後欠かせない技術になると考えられる。そしてプロジェクト終了後も研究データを保存・有効活用していけるよう，中立機関を中心とした拠点づくりに向けて動き出す予定である。

文　献
1) 国土交通省ホームページ
2) 新構造材料技術研究組合ホームページ
3) 国立研究開発法人新エネルギー・産業技術総合開発機構 (NEDO) ホームページ
4) 国立研究開発法人新エネルギー・産業技術総合開発機構：Nanotech 2017 構造材料分野事業紹介パンフレット，2017 年 2 月
5) 新構造材料技術研究組合：革新的新構造材料等研究開発「平成 28 年度成果報告会」，平成 29 年 1 月 23 日
6) 新構造材料技術研究組合：ISMA REPORT No.5，平成 28 年 12 月
7) 新構造材料技術研究組合：ISMA REPORT No.3，平成 28 年 6 月
8) 新構造材料技術研究組合：ISMA REPORT No.6，平成 29 年 3 月
9) 新構造材料技術研究組合：ISMA REPORT No.2，平成 28 年 3 月

総論

総説2 欧州におけるマルチマテリアル・異材接合の動向と国内メーカーの対応策

Lead Innovation センター株式会社　藤本　雄一郎

❶ 欧州におけるマルチマテリアル・異材接合技術の関連動向

　自動車のボディ構造材において，マルチマテリアルのコンセプトは2000年代初期から発信されていたが，2010年代に入り，漸く実用段階に入りつつある。欧州でのボディ材や異材接合技術の動向を，約10年前と現在で比較すると，下記の違いが顕在化している（図1）。

① ボディ材戦略として，量産車では依然として鋼板（ハイテン材など）を主体に，部位特性に応じてアルミ等を適用する流れにあるが，高級車では骨格系ではホットスタンプやハイテン材などの高MPa鋼板，この補強やその他部位はアルミニウムやCFRP等を適用する方向性に変化。

② 以前の異材接合技術としては，レーザやレーザブレージング（銅合金などのロウ材），接着剤（一液性エポキシなど熱硬化系），機械接合（クリンチ，セルフピアッシングリベット–SPR，FSWなど），スポットと接着剤など各溶接・接合技術のハイブリット化が試されていたが，現在では，機械接合技術を多様化させ（Flow Drill Screw–FDS，空気等ガンによる連続打点方式など），接着剤と組み合わせるアプローチが主体に。

③ 機械接合や接着剤導入にあたっては，対象車種のフルモデルチェンジに合わせて，新規の専用設備や品質検査方法を構築し，組立量産ラインや関連製造プロセスの一新を図る。

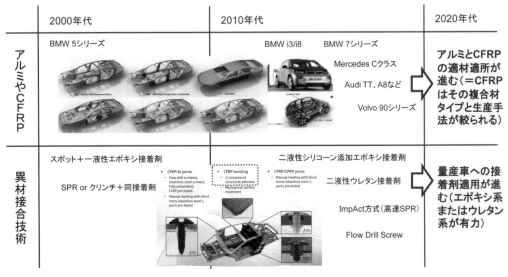

図1　欧州でのマルチマテリアルおよび異材接合技術の変遷
（写真出典　Joining In Car Body Engineering 2016, BMW および Audi 発表資料など）

2000年代前半に，BMWが自社の5シリーズにおいて，フロントとリアボディ重量配分の50：50を更に推し進めるため，アルミのフロントモジュールを採用したが，その後は「3シリーズなどの量産車にはこのアプローチは向かない」と判断。アルミ以外の材料可能性を探り（一時期はマグネシウム等も候補），現在ではCFRPを次期有力材料に位置付けている。骨格系への大規模採用の試金石が，EV車であるi3であり，その後の7シリーズでは骨格補強材採用などへ発展させており，AudiもCFRPを次世代材料に格上げさせている（異材接合技術としては，BMWは2000年代前半から接着剤を重視，Audiはレーザおよびブレージングから，2010年代に入り，機械接合または接着剤とのハイブリット化重視に転じている）。

　ただ，CFRPに限らず，ボディ材に樹脂を適用していく課題として，太陽光等による経年劣化，熱膨張率が高いため設計段階での最適な隙間設定が必要（接着剤やレーザを使用する場合は適切な漏れ調整やブローホール対策も考慮），部位によっては軽量効果が限定的，流通段階での高い保守修理コスト（ディーラーや修理業者などが樹脂専用の補修ツールを導入するのを忌避する）などのネックを抱えている。

　また，CFRPはそもそもの材料コストが高く，年産1～5万台規模の車種では，亜鉛めっき鋼板との価格差が5～10倍以下にとどまる事もあるが，自動車業界の売れ筋車である年産10万台以上の車種になると，同価格差が10倍以上に拡がってしまう（現時点での熱硬化系CFRPタクトタイムでの欧州完成車OEMの試算）。このコスト特性を踏まえると，CFRPは，材料コストやタクトタイムの削減だけでなく，用途ターゲットとして，「今後5～10年程度は年産数万台以下のタイプに絞り込む戦略性も求められる。部材用途としても、ルーフやフード，サイドパネルなどの外装品適用ではなく，各ピラーやサイドメンバー，サイドシル、そしてフロアトンネルなどの骨格品にターゲットを定め，あらゆるパターンでの衝突吸収・破壊メカニズムを考慮した疲労強度や曲げ破壊係数、圧縮強度などを高める断面設計基準も確立していく必要がある。

　他材料の変遷を振り返ると，アルミニウムにしても，AudiのSpace FrameやHondaのオールアルミ車の後，Jaguarのオールアルミおよび75％アルミ車が続き，各完成車OEMのルーフやフード，サイドパネル等の外装材やサイドメンバー等の骨格・構造材への適用拡大を経て，BMWやBenzのアルミを軸にしたマルチマテリアルボディに繋がるまで，20～30年費やしている。最近では，中国メーカー（奇瑞汽車など）も，構造材の90％以上をアルミニウム合金にしたEVを発売しているが（ルーフやエンジンフードなど外装品はCFRP系），高級車および次世代戦略車でのアルミニウムの定着は，その量産コストが亜鉛メッキ鋼板の2～3倍に下がってきた事も大きく関係している。

　一方，一時期次世代材料として期待されたマグネシウムについては，①アルミと比べても更に材料高，②固くて加工しにくい，③異種材接触の電食性だけでなく，単体でも錆びやすいなど，主に量産プロセスがネックとなって，日本および欧州では部品用途での適用が主である。一方，米国においては，一部の構造材／鋳物としての活用がここ10年で進められ，Audiも2017年新型A8において，フロント部の構造材にマグネシウム合金を導入するなど，内部材への適用拡大の兆しがある。

　CFRPもこれら他材料の歴史や拡がりを考慮に入れる必要があり，高級車向けが軸になるホットスタンプ材，またはアルミニウムマグネシウムとCFRPの接合開発も進めるリソース配分も

視野におかなければならない。BMWのi3のような下部シャシーをアルミニウム，上部骨格をCFRPのような組合せもあるが，高級車の全体傾向としては，フロント部はサイドメンバーを含めてアルミ適用を軸にし，他骨格系のA/B/Cピラー，Aヘッド，リアサイドメンバー，フロアトンネル，サイドシルなどは，高MPa鋼板とCFRPまたは軽量金属を組み合わせる開発の流れになりつつある。また，その接合技術としても，アルミとCFRPにはレーザやブレージング等では難しく（後述），現時点では機械接合や接着剤などに可能性が限られ，接着剤の場合はドイツ系高級車を除いた他OEM勢では，大幅な量産ライン刷新が必要である（後述）。そのため，材料や設備サプライヤーは，新たな検査等プロセス導入や塗装も含めた前後工程見直しも含めたトータルソリューション提案も不可欠である。

欧州完成車OEMは，既存のサブラインとメインラインの構成，構造品組み付けプロセス，溶接・接合ラインの長さやタクトタイムなどを考慮に入れつつ，部分的な改良を行うスタンスより，フルモデルチェンジ期には一気に新材料とそれに合わせた異材接合技術ラインを導入するアプローチが多い。この点は，彼らの企画・設計プロセスが，各車両のポートフォリオ見直しと車種カテゴリー企画段階から，当該カテゴリーや各車種の性能目標に合わせた材料選択と（接着剤も含めた）異材接合技術検討プロセスを組み込んだフロントローディング対応を行っている事が関係している（図2）。特に，接着剤については，NVHの観点でも採用を進めており，隙間縮小やノイズ吸収＝静粛性向上のため，ドアやルーフ周りから適用を進めてきた経緯がある。

加えて，欧州完成車OEMは，Audiの車種カテゴリー別材料戦略，Volvoの各異材接合技術マップのように，技術採用根拠を明確にする戦略マップを作っており，サプライヤーによるこれらインプットの貢献もアピールポイントになってくる。Volvoの技術マップは，それぞれの構造材の組合せに対して，各接合技術を量産段階，研究開発段階，潜在性探求段階に分けてマッ

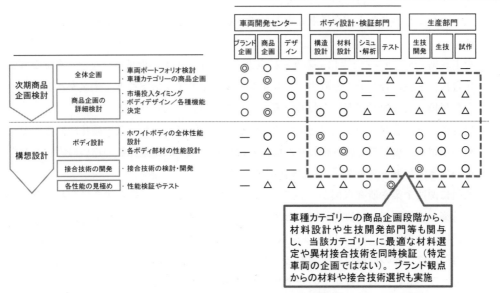

図2　車両企画プロセスと材料・異材接合技術検証プロセスの同期化

総論

ピングし，定期的に組み替えている（実際の活用では，各技術をクリックすると，当該異材接合適用での特性，課題，将来性などの動向情報をまとめている）。また，彼らのボディ衝突安全コンセプトである SIPS (Side Impact Protection System) は，サイドシルで最初に衝撃を吸収し，各ピラーやフロア部などに，その影響を分散させる仕組みであるが，この構造の再検討にあたっても，当該技術マップを活用している。

　一方，国内完成車 OEM で，このような技術体系マップを作って，実際の開発や適用に活かしているケースは少ない。国内では，特に接着剤やその周辺技術の実用課題・対策の蓄積が遅れており，個別メーカーだけでなく，国全体での接着剤取扱い資格や関連技術者の教育制度，防曝や人体安全性確保も含めた適切な生産ライン管理等のデータベース化もドイツに比べて遅れている。

　国内には，グローバルメジャーなアルミや接着剤メーカーが少なく，これらの先導役がいないことの他，新技術導入のコスト余地がある高級車の設計・生産プロセスについても，一部のブランドを除き量産車プロセスとの共用・転用がなされている点がネックになっている。このため，量産ラインを一変させるような新材料や新しい異材接合技術を導入できる基盤が元々少ないと言える。

　素材，複合材化，加工成形，接合・溶接技術などの個別開発への注力だけでなく，今後の新材料に合わせた高級車等設計・生産プロセスのあるべき姿，そのプロセスを構築推進できる関連データの基盤を整備する産官学のフレームワーク構築が，欧州に伍していく観点で必要になっている。

❷ 欧州の異材接合技術戦略
2.1　機械接合による技術動向
　異材接合技術については，機械接合が以下の技術特性や欧州での状況メリットを有しているため，主力対策として位置付けられている。

① 鉄とアルミだけでなく，高級車で重視しているアルミと CFRP での異材接合にも適用可能。

② 専用設備（空気ガンなど）による連続打点方式や，下穴不要の機械接合など，多様な機械接合技術を組み合わせて配置するフレキシブル量産ライン構築など，生産タクト目標や台数規模，設備配置状況に合わせた導入をしやすい。

③ 異材接合を接着剤単独で全面適用するのが難しい現状では，接着剤の硬化時間確保のための仮留め，接着剤と組み合わせた場合の材料間の熱・線膨張係数の違いの吸収などを進めてきて，トータル 20 年以上技術蓄積している。

④ 欧州に関連企業や研究機関が多い（機械設備製作だけでなく，機械接合に合わせたライン構築や性能評価・品質保証プロセス構築などを提案できるノウハウも豊富）。

　また，機械接合のうち，10 年程前の SPR は，下記の技術等課題があったが，その後の新たな材質適用や部位ごとの最適な板厚調整との適合など，関連技術のすそ野拡大も進めている。

① 疲労強度が低いため，経年での安全性に不安→当時の最大課題であったが，スポットや適切な接着剤との組合せ，リベット材質の変更，他機械方式への変更などで対応。

－14－

② 鋼板等の板厚の違いによってリベットを変更する必要があり，それに伴いリベットを押し込む適正な圧力や時間等を個別適合する必要がある→個別対応の他，鋼板の板厚を薄くし，CFRP等で補強する材料組合せなども実施。

③ リベットの材質ごとに電食性が異なる→以前のリベット材はスチールで耐食処理が必要であったが，今はステンレス製などに変更。

④ 専用リベットおよび関連設備コストが高い上，面接合の観点などから，当時は接着剤との併用が必要だったため，生産工程が増加する→現時点でも専用設備導入が多いが，接着剤活用で新たに導入した管理プロセス転用の他，下穴不要の連続打点方式や多様な機械接合を配置させたフレキシブルライン構築などで対応。

2.2 接着剤による技術動向

一方，10年以上前から異材接合技術の最右翼であった接着剤は，当初主力であった一液性エポキシタイプが，硬化時間の長さの他，以下の技術課題を抱えていた。

① 経年劣化等の耐久性の低さ。

② はく離強度の不足（特定部位に応力が繰り返し集中すると，一定のタイミングではく離してしまうため，T型デザインや完全平面部位には使わないなどの設計対策が必要）。

③ 亜鉛めっき鋼板にシリコン添加の接着剤を適用すると，亜鉛めっきの活性化によって酸化し，強度が低下。

④ ハイテン材への適用では，窯での接着剤加熱時に接合強度が低下。

そのため，適用当時から，弾力性向上にはゴム剤添加，硬化時間短縮にはシアノアクリレート系やウレタン系などでのアプローチ，鋼板と樹脂接合向けには第二世代アクリル系開発など，次世代接着剤の研究も盛んであった。

また，二液性接着剤を導入した際には，一液性エポキシの既存生産・検査設備を活用できるかも重点検証され，その結果，エポキシ系接着剤を先行導入した欧州高級車OEMでは，2液を混合撹拌して吐き出す連続使用装置を専用開発する一方で，一液性エポキシで導入したライン管理（特にプリキュア処理や検査工程）の転用も図っている。

当時のスポット溶接＋一液性エポキシ接着剤ラインの流れは，油面処理された鋼板，および接着強度を高めるためにピックリング処理（自社処理または事前対応されたものを調達）されたアルミニウムに接着剤を塗布した後，各材料を合わせ，塗布した接着剤部分に合わせてスポット溶接するプロセスであったが，他に以下対策も施されていた。

① 接着剤の塗布前に，予備ゲル化やプリキュアを高温化で施し，その後，塗装工場のオーブンにてポスト硬化（プリキュアせずに塗布すると，ラインの温度環境によって接着度やその後の洗浄工程の影響を受けやすいため）。

② 洗浄・塗装工程では，接着剤が洗い流され他部位に付着してしまう課題があるため（当時は部位からはみ出して接着），表面仕上げの適性化だけでなく，高粘度接着剤の採用，Adhesive trap（接着剤を落とすためのミリメートル以下の表面処理空間）の設定，フランジを少なくする事でその部位の接着剤使用量を減らす（強度等とのバランス設計が不可欠）などの対策も実施。

総　論

③　検査工程では，自動制御カメラで接着剤の接合状況及び耐食性などを常時監視（チェックポイントはボディ全体で 100 以上）。

④　試作ラインと量産ラインでは同一の接着剤や自動化設備（塗布など）を使用。ただし，量産ラインでは，正確な吐出量を維持するため，投与する量をライン温度等条件に応じて適宜調整する設備を設置。また，前述のカメラ等でスポット溶接や機械接合を施す前に，接着剤粒子まで撮影し，位置や量を確認。

⑤　エポキシ系接着剤は，人間の皮膚に付着すると，アレルギーを発生させる恐れもあるため，「サプライヤーでの接着剤使用は漏れないよう少量適用させる→接着強度が保てないなら，設計・構造変更も実施」，「従業員の皮膚に付着しないような作業方法を何回も事前シミュレーションする」などの対策を実施。

　10 年以上前に，このような大幅なライン構築や新たな検査等プロセス導入，防曝や付着対策を図り，その後も，他材料系接着剤で類似の生産管理検討を進めてきた。この成果蓄積が，現在のドイツ系高級車 OEM の積極的なマルチマテリアル採用の技術基盤になっている。

2.3　その他溶接・接合技術の動向

　一方，接着剤と同じく次世代異材接合技術として期待されていたレーザブレージングは，ロウ材として銅合金やその他材料（ブロンクスなど）適用などが試みられていた。銅合金においては，シリコンやアルミを 3～8％程度添加する等の材料組成もなされ，前者は均一塗布が可能になると同時に，銅の柔らかさをシリコンが補強し，後者は強度が増すメリットを有していた。しかし，ボディのアルミニウム適用では合金の違いにより厚さが異なり（2～5 mm 程度），それぞれに適したロウ材を見出すことが難しく，未だ最適な材料組成は見出せていない。また，アルミニウムは酸化しやすいため，硬くて壊れにくい中間層が発生してしまい，この中間層の削減も課題である。加えて，接着剤と異なり，接合した時に材料が外に漏れないので，製造時の洗浄水や実用後の雨水の影響を受けやすい（腐食発生）課題も残っており，現時点では異材接合技術の主力になっていない。

　また，同じく当時有望視されていたレーザ＋接着剤は，レーザが溶接ラインに専用の囲いが必要であると供に，接着剤は広範囲の温度管理プロセスが必須であり，複雑な検査システム（レーザの熱が接着剤に影響を与え，硬化性の遅れや強度劣化を引き起こしていないかなどもチェック）を確立させることが求められるため，生産工程が大幅に増加してしまう。この点等がネックとなり，当該ハイブリット化も実用が進んでいない。

❸ 軽量化にとどまらない真のマルチマテリアル戦略へ

　各接合技術とも主要課題のブレークスルーの可能性は残しているが，欧州（特にドイツ）では，機械接合および接着剤とも，20 年以上にわたって課題解決に多大なリソースを投じ，マルチマテリアルを実現する技術基盤を作り上げてきた。そのため，この流れは当分変わらない可能性が高い。この長期戦略性は，ドイツ系完成車 OEM が，自社の技術ブランド（安全性，駆け抜ける喜びなど）を頂点に，そのブランドを構成する機能群を定義し，各機能を実現する技術構成（システム→部品→材料→設備技術）を決定していく設計メカニズムを構築している点が

－16－

大きく関係している。そのため，当該ブランドを向上させる新技術なら，多大なリソースを費やし，コスト・性能未成熟段階でも，一気に関連設備を大量導入し，量産ラインを変革させるプロセスを導入させるケースが多い。

　欧州完成車 OEM は，マルチマテリアル導入を環境規制強化に合わせた軽量化目的だけでなく，新たなボディコンセプトを作り出す事にも主眼を置いており，たとえば Audi においては，Space frame の次世代版や新たなプラットフォーム構築などを目的にしている。

【Audi の R8 におけるマルチマテリアル戦略目的】
① 　多様なスポーツカー派生プラットフォームの創出
② 　Audi Space Frame の進化
③ 　ボディ剛性の向上
④ 　（走行や安全性等）機能面の向上
⑤ 　軽量化

（情報出所：Joining In Car Body Engineering 2016，Audi 発表資料）

　国内完成車 OEM においても，各材料や接合技術のポテンシャル・課題全体像を捉え，欠けている部分をどのように補うかの開発戦略だけでなく，マルチマテリアルを推進していくブランドや開発コンセプトの設定（規制対応だけにとどまらず），そのコンセプトを設計や生産ラインに落とし込むプロセス構築も不可欠である。

第1編　材料別マルチマテリアル戦略

第1章　欧州自動車メーカーにおける構造材料とマルチマテリアル化

第2章　アルミニウム材，CFRP材に対抗する観点から
　　　　開発が期待されるハイテン材とその利用技術

第3章　マルチマテリアル化による軽量化におけるアルミニウム戦略

第4章　炭素繊維複合材料のマルチマテリアル戦略

第1編　材料別マルチマテリアル戦略

第1章　欧州自動車メーカーにおける構造材料とマルチマテリアル化

元 VOLVO Car Corporation　Jonny K Larsson

＊執筆者の意図を正確にお伝えするために原文での掲載といたしました。

【概説】　　　　　　　　　　　　　Lead Innovation センター株式会社　藤本　雄一郎

　本内容は，欧州におけるボディ等のマルチマテリアルや異材接合適用の軌跡，高級車や量産車での事例を詳述しており，特に機械接合やそのハイブリット化（接着剤など）技術を中心に述べられている。

　時系列ではないため，やや流れが捉えにくいので，参照の一例として，2000年代初期に提唱されていた高級車マルチマテリアル構造と，現時点での野心的な同ボディ構造を下記に貼付する。当時はハイテン材を主に，フロント部をアルミ，骨格部をステンレスやマグネシウム，CFRPなど様々な材料での適用が考えられていたが，現在では，鉄の更なる高MPa化と薄板化，そのCFRPでの補強，アルミの適用拡大が鮮明になりつつある。

【2000年代初期提唱の高級車構造材マテリアル】　　　　【2010年代の高級車構造材マテリアル】

右図出所）http://www.compositesworld.com/articles/is-the-bmw-7-series-the-future-of-autocomposites

　また，異材接合技術では，ImpAct方式などの機械接合の詳細や接着剤適用における塗装ライン刷新の他，アルミ溶接に適しているレーザの異材接合適用とその課題などが記載され，各接合技術を適用した背景や各接合技術の戦略マップなど，完成車OEMの観点からもまとめられている。

1 The Latest Status and the beyond 2020 on Multi-material related Technologies for Automotive Body Structures in Europe

In respect to limited resources of fossil fuels and global environmental concerns, it will be necessary to reduce the fuel consumption for passenger cars. There are different strategies to reach the prospected requirements for maximum carbon dioxide emissions, and one obvious solution is to substitute the traditional combustion engine with electric battery technology or other alternative driveline concepts. But another "piece in the puzzle" to solve this challenge is spelled "light weight engineering", which for the car body will mean the introduction of other materials than the traditional zinc-coated steel sheets.

Volvo Cars has come a long way in introducing car body parts made out of press-hardened steels, which allows a down-gauging of the sheet thickness due to the extremely high strength of these material grades. The body structures of the company's latest models, such as the *S90*, *V90* and *XC90* [**Fig. 1**] contains approximately 40 weight-% of press-hardened components, which has led to a weight saving of around 30 kilogrammes. But this is as far as this solution is applicable. Further introduction of press-hardened parts cannot be justified from an economic perspective, and other restrictions such as buckling behaviour of very thin sheets also put a limitation to the utilization of these types of materials.

Figure 1. The body structure of the new Volvo XC90 features 38 weight-% made out of press hardened components, some of those manufactured in-house the Olofstroem press plant.

Another way to approach weight reduction is a radical exchange of car body materials, and we have seen full aluminium bodies as well as complete fibre reinforced plastic solutions. The drawback of these concepts is that they are extremely expensive and will require big modifications of the industrial structure and the body shops. Neither are they suitable for high volume production as they require manufacturing techniques that are rather slow.

Therefore, today's body engineers work according to the principle "the right material at the right place", which will mean that different material types have to be mixed in the body structure, resulting in material combinations that no longer are weldable. Metallic materials will have to be joined to polymers, and stamped steel parts must be assembled to cast or extruded aluminium components. A general evolution of steel/aluminium-mixing starts with the manufacturing of all hang-on parts, such as doors, hoods, trunk lids and tailgates, in aluminium, while maintaining the body structure in steel. The next step is to introduce aluminium in less load sensitive areas in the body, such as floor pans and roof panels. And finally, also load carrying components are made out of aluminium. In these cases, sheet solutions are not dominating, but instead casting techniques and extrusions are used for the manufacture of e.g. suspension strut towers or floor sills [**Fig. 2**].

Figure 2.

The evolution of material mixes in Body-in-White engineering according to Audi AG.

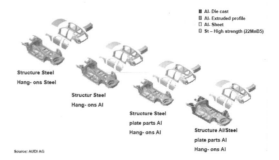

Throughout the years we have seen several examples of aluminium/steel body solutions among the European automotive manufacturers starting with the previous generation of the *BMW 5-series* [**Fig. 3**], which featured a full aluminium front structure connected to the steel safety cage using a one-component adhesive and self-piercing rivets. Later examples are found on the *Audi TT* [**Fig. 4**], which is a type of aluminium space frame with a rear floor in steel, and now even *Jaguar* seems to abandon full aluminium uni-bodies by mixing in larger steel sections.

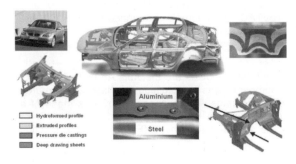

Figure 3.

An early example of multi-material design was the BMW 5-series, year model 2004, which featured an aluminium front connected to the steel structure by means of adhesive bonding and self-piercing rivets.

Figure 4.   Audi AG uses specific, homogenous self-piercing rivets to connect the rear steel floor to the rest of the body structure which is manufactured in aluminium.

In a multi-material scenario many material combinations are non-weldable, which has put a large interest in adhesives and mechanical joining methods. Among the later we find clinch joining, self-piercing riveting [SPR] and flow drill screw [FDS] techniques [**Fig. 5**], which are well established and have been used for many years in body shops for mono-material structures. The FDS technology can be used with or without a clearance hole and is applied in many of *Audi AG*'s products, for example to connect the aluminium body side of the A8 model to the press hardened B-pillar reinforcement.

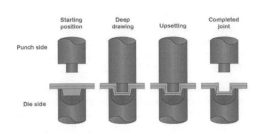
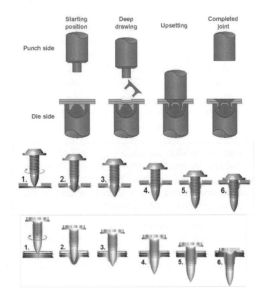

Figure 5.

Mechanical joining methods like clinch joining, self-piercing riveting and flow drill screws are all established methods for high volume body assembly, but also suitable for joining materials of different types. FDS can be performed without, as well as with, a clearance hole.

A good example of the first step to lightweight engineering is the new *Mercedes S-class* where all hang-on parts as well as skin panels are made of aluminium, whereas the rest of the car body remains in high strength steel. To achieve the required high performance of the car body, the Sindelfingen based company use no less than 17 different joining methods. The body contains 441 individual parts manufactured in 53 different material grades (aluminium and steel) in 36 different thicknesses, and overall 8,675 spot joints are used in combination with several metres of structural adhesive to enhance stiffness and durability. For aluminium/steel joining classical clinch and SPR-joining is used, but also more innovative technologies such as FDS and RIVTAC®. All hang-on parts made in aluminium are assembled with the help of remote laser welding, which seems to be more or less State-of-the-Art among European automotive companies when it comes to assemble side doors, regardless if these are in steel or aluminium.

Examples of a further integration of aluminium parts in steel bodies are the *Audi A6* and *Volvo V90*. Apart from an aluminium hood and front and rear bumper beams in aluminium, the later also features cast front suspension towers and extruded sill reinforcements. The suspension tower is made of a unique alloy designated Silafont36 and is joined to the press hardened front side members by a combination of single component epoxy adhesive and 44 self-piercing rivets [**Fig. 6**]. The only function of the rivets, which are of two types and can be applied with a common die tool, is to keep the correct geometry until the adhesive has reached its full strength after paint bake. But to be able to have a good locking of the rivets, the press-hardened parts are locally softened in the areas where the rivets are positioned.

Figure 6.　The cast aluminium suspension tower in the front wheel housings of the Volvo SPA platform is connected to the surrounding high strength steel structure by means of adhesive and 44 self-piercing rivets.

Structural adhesive bonding is a natural choice for multi-material assemblies as it guarantees water tight joints, which will prevent crevice corrosion when materials with different electric potential come in contact. Already today adhesives are used to a large extend to improve body stiffness and fatigue performance, and a European car in the so called premium segment normally contains between 60-100 metres of structural adhesive joints. However, adhesives show well-known weaknesses in terms of low peel strength, limited energy absorption and a certain degradation of properties over time. Therefore, the adhesive has to be supplemented with another joining method, and lately we have seen many interesting new mechanical assembly methods, which will be explained later on.

Another problem when mixing materials in the body structure is their difference in thermal expansion. As the adhesives of preference in car body assembly are one component epoxy versions they need heat to cure to full strength. This effect occurs when the car bodies pass through the paint shop where they are subjected to temperatures up to 180 ºC, but at these high temperatures the difference in thermal elongation between e.g. steel and aluminium becomes obvious and the aluminium part starts to deform. In order to counteract this, the joining area has to be properly designed and the joining method must be flexible. Therefore, the development of adhesives goes in the direction of softer, rubber-based ones and a thicker adhesive layer is also recommended. The main advantages with these polyurethane adhesives can be summarized as follows:

- Greater flexibility when joining materials with different thermal expansion
- Thicker adhesive layer compensates for tolerances needed for assembly
- Higher energy absorption with good crash performance
- Reduction of local stress peaks and damping of vibrations

BMW has also introduced a completely new approach in the paint shop, which means that heating and cooling of the car body is done in a very controlled manner with slow ramp-up and ramp-down of the heating conditions [**Fig. 7**].

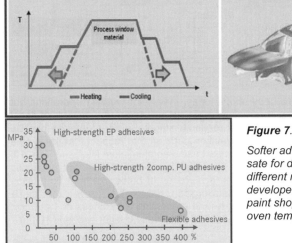

Figure 7.

Softer adhesives applied in thicker layers can compensate for differences in heat expansion when mixing different materials in the car body. Moreover, BMW has developed a philosophy in curing the adhesives in the paint shop with slow ramp up and ramp down of the oven temperatures.

The German company has also introduced a completely new assembly strategy in connection with the launch of the *i8* and *i3* models. Especially the later one, which consists of a unitized body in carbon fibre reinforced plastics [CFRP] mounted on an aluminium chassis, features a completely new assembly concept. In order to avoid problems occurring with differences in heat expansion, no traditional paint shop exists [**Fig. 8**]. Instead polymers and aluminium parts are assembled with a two-component, rubber based adhesive that cure at room temperature, although it will need a longer time to reach full strength. In order to secure the geometry of the car body during assembly, and to speed up the curing process, spot curing is performed by the use of infrared technology. The body structure contains 130 individual parts and is assembled by 173 metres of adhesives. With the spot curing technique full adhesive strength will be achieved locally within 120 seconds, which will allow mass production of this model without the existence of traditional body and paint shops.

 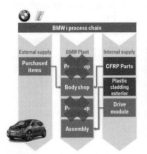 

Figure 8. A paradigm shift in body assembly occurred when BMW launched its i3 model. As the structure mainly consists of CFRP parts there is no need for a press shop, and by using 2K rubber based adhesives with infrared heat curing also the paint shop can be excluded.

Other ideas to create "forgiving" or flexible joints is to use newly developed self-piercing [the $\Delta\alpha$-SPR, **Fig. 9**] rivets, that pierce an oversized hole in the expanding, aluminium partner, and finally to use an aluminium alloy which has a high yield strength. Such an example is the roof panel of the *Range Rover Evoque*, where the roof is manufactured in a special alloy, close to AA6056, designated Anticorodal®-600 PX, which better withstands deformations generated at elevated temperatures.

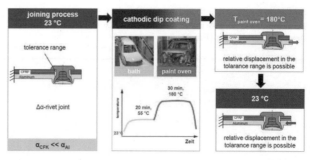

Figure 9.

The Δα-SPR offers a flexible joint by piercing an oversized hole in the expanding aluminium partner.

Laser technology is widely used in automotive body shops today, mainly for welding operations but also for brazing and cutting. However, the examples of laser utilization for mixed material combinations are few and most of them are still in the research stage. Some interesting brazing examples have been shown when connecting steel to aluminium parts, in that respect that the joint is brazed towards the steel side and welded to the aluminium part using an aluminium filler wire [**Fig. 10**]. *Renault S.A.* has invested in 5 diode lasers in their Douai plant and 3 each in Palencia and Valladolid for this purpose. However, there is an obvious risk for the occurrence of brittle intermetallic phases and different thermal expansion of the two materials. Metallurgical analysis has proven that these intermetallic phases can vary between 2-20 μm in thickness and presenting a hardness of 1,100 Hv, something that can initiate cracks, especially if the thickness of the intermetallic layer exceeds 10 μm.

Figure 10.

By using an aluminium based filler wire it is possible to laser weld aluminium to steel. However, there will always be a risk for brittle intermetallic phases in the interface between the steel partner and the filler metal.

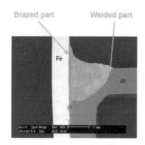
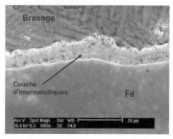

In order to minimize the growth of brittle intermetallic phases when aluminium is laser welded to zinc coated steel components, the generated heat must be optimized and kept constant during welding. This can be achieved with the help of a dual spot arrangement, or having the laser beam oscillate over the joint with the help of a scanner tool [**Fig. 11**].

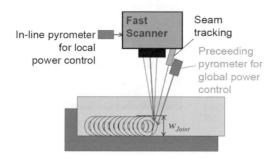

Figure 11. *To rotate the laser beam with the help of a scanner tool is one way to minimize and control the heat input when welding combinations of different metallic materials.*

However, if we have a look beyond the body structure we will find laser joining of mixed material combinations in other components in the car. For instance, in battery technology where aluminium/copper connections have been successfully produced with laser technology, and where it has shown to be advantageous to combine the 1 μm wavelength with a shorter one in the green light domain around 532 nm, in order to get a better coupling into the highly reflective copper foil.

Another application has been presented by the company *Faurecia*, who is the world leader in supplying seats for the automotive industry. In collaboration with the companies *PSA [Peugeot Societé Anonyme]* and *Valeo S.A.* they have developed a solution to join glass fibre reinforced PA [Polyamide] to steel. In order to reduce the weight of the seat structure, the conventional steel side members of the back rest were substituted with plastic composite parts, while the upper and lower cross members were maintained in steel. The assembly is a two-step operation where first the metal surface is structured in 15-20 μm wide and 100-125 μm deep tracks using 500 W of laser power [**Fig. 12**]. The processing speed is 10 m/sec, which means that this pre-treatment takes around 15 seconds for each seat frame. After that a laser beam, which is focused to a relative big, rectangular spot, is directed towards the metal side, and due to heat conduction, the polymer melts and flows into these tracks, creating a strong connection. This type of hybrid solution for the back rest results in a stiffer and lighter seat compared to the traditional steel version.

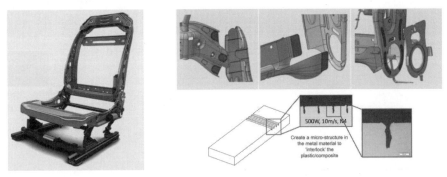

Figure 12. *The areas marked in red, of the metallic parts of the seat cross members, were structured with 500 W of laser power, before they were joined to the glass fibre reinforced side members.*

Among other interesting examples of laser processing of more exotic materials, the tailgate of the 4th generation of the *Renault Clio* model can be mentioned. The component is what is called a shell construction with an inner and an outer part, which are laser welded together using so called transmission welding. This means that the part that is transparent to the laser wavelength is positioned upon the absorbing partner and accurately clamped together. Due to that the laser light is absorbed in the underlying part, heat is generated which has the two components to locally melt together [**Fig. 13**]. Interesting is that the transparent part is a glass fibre reinforced PP [Polypropylene], where the fibres could be expected to reflect the laser light and by that disturb the welding process. However, this does not seem to be any problem as the fibres only measures 5 mm in length and around 100 μm in diameter. Two articulated arm robots operate in the assembly cell, each of them supplied with 500 W laser power provided by two diode laser sources. The welding speed is 5 m/min and a total of 29 welds are made, where each one has a dedicated counter force in the fixture. A pyrometer is used for quality assurance on-line, followed by an off-line inspection with ultrasonic equipment. From the outside the joining areas are completely invisible as the heat is concentrated to the interface between inner and outer part and does not affect the surrounding areas [**Fig. 14**].

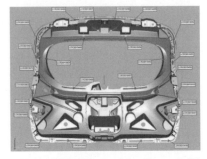 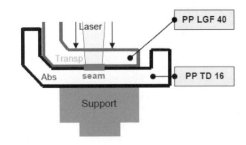

Figure 13. *The tailgate of the Renault Clio consists of two plastic shells that are joined together by 29 short laser welds. As for all polymer welding with laser the pressure when fixating the transparent to the absorbing partner is one of the most crucial parameters.*

Figure 14. With the limited heat input offered by laser technology the joining areas will be completely invisible.

2 Multi-material Application Cases by European Automotive Manufacturers/OEMs

There are many, rather new methods for multi-materials joining, now being implemented in high volume production among the European automotive manufacturers, mainly based upon mechanical joining but also on welding. An example of the later is the so called Resistance Element Welding [REW, **Fig. 15**] where small steel plugs are stamped into the aluminium component in a pre-operation, which makes it possible to spot weld it with conventional resistance spot welding [RSW] equipment to the mating steel partner. The method combines thermal [welding] with mechanical locking, the later by adjusting the shaft and head of the plugs.

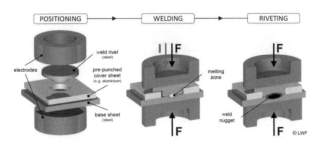

Figure 15.

The principle of Resistance Element Welding, which makes resistance spot welding of aluminium to steel possible by punching small steel plugs into the aluminium component before welding.

In order to learn about the requirements for new assembly techniques, new technology is in general first implemented in the automotive companies so called "niche products". Therefore, the *Volkswagen AG* chose to evaluate the REW method when producing the *Polo R WRC* in the Wolfsburg plant. In the front side members of the body structure are attached reinforcements made of the aluminium grade TL114 in order to minimize the weight [**Fig. 16**]. The thickness of these reinforcements is 2.1 mm and in each of them are punched 10 steel plugs developed by a well-established supplier of punch elements to the automotive industry. In order to evaluate which would be the best way to apply these plugs in the aluminium sheet, the punching of 8 of them are integrated in the stamping tool for the part, whereas the remaining 2 are put by a robotized C-gun. The yearly volume of this *VW* model is 25,000 units and the availability of the equipment is said to be around 99.9%

Figure 16. From left to right; the aluminium reinforcement for the VW Polo R WRC front side member prepared by steel plugs in advance of the REW process, conventional resistance spot welding of the parts and finally the reinforcement attached to the side member.

After these initial trials *VW* assessed the REW technology to be mature for high volume production, and was for the first time introduced in the company's new *Passat* model [project designation B8]. The application is the parcel shelf, which is made in 0.9 mm thick aluminium TL100. There is a total of 51 punched plugs, all mounted according to the concept with a stationary C-gun and with the parcel shelf manipulated in a robot handled fixture [**Fig. 17**]. The plugs have a positive length tolerance of 0.2 mm for the shaft, so that the plugs are form-locked during assembly in order to prevent them from loosen. In a weight comparison with a parcel shelf manufactured in 0.6 mm thick H240LAD steel, this mixed-material solution is roughly 1 kilogramme lighter.

***Figure 17**. The aluminium parcel shelf of the VW Passat model is attached to the surrounding steel structure by means of 51 REW plugs and a stationary welding gun of C-type.*

A further development of the REW idea has been done by the aluminium producer *Alcoa* in collaboration with Japanese automaker *Honda*. The method is called Resistance Spot Rivet™ [RSR] technology, where the steel plugs are not pre-punched in the aluminium component. Instead the spot welding gun is equipped with an automatic feeding system so that the plugs are supplied immediately before welding, and punching and welding takes place in one single sequence [**Fig. 18**].

Figure 18.

Welding aluminium to steel with the RSR technology, where the feeding of steel plugs is integrated in the spot welding gun.

Friction Element Welding [FEW, **Fig. 19**] is an assembly method developed in cooperation between *Audi AG* and one of their suppliers of fasteners, and is especially intended for joining aluminium parts to press hardened components. The method was patent protected by *Audi* up until 2016 to give the company some advantage over its competitors when implementing the method in production, but today the technology is commercially available under the brand name EJOWELD®. The method starts as a Friction Stir Spot Welding [FSSW] –process while penetrating the aluminium partner, but with the difference that the rotating pin is formed as a bolt. When it reaches the steel part the process automatically changes to a friction welding process and by doing so the bolt element gets stuck to the steel. The setting direction is given, from the aluminium to the steel side, but on the other hand no pre-drilled holes are required. The strength is high and the method is fully compatible with adhesives. A disadvantage is the relative high setting forces required, which means that some kind of counterforce has to be applied and thereby the need to access the joint from both sides. Furthermore, the "bolts" constitute additional elements that have to be handled in volume production, and they also present a rather high head elevation of 3 mm, something that must be considered as there is no flat surface for mating body components in subsequent assembly processes. Moreover, it is difficult to get a good sealing between the head and the top sheet, which means an additional sealing operation, provided the joint is not applied in a fully dry environment.

  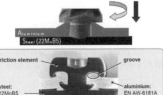

Figure 19. *The process steps for "Friction Element Welding" with a cross section to the right, showing the typical "horns" that are formed when the element is friction welded to the press hardened part.*

The first applications of the FEW technology are to be found in *Audi*'s SUV [Sport Utility Vehicle] – model Q7, which is manufactured in the Bratislava plant in Slovakia. In one of the applications the front side members' extensions in 2.0 mm thick press hardened Boron alloyed steel are joined to cast aluminium spring towers with a wall thickness of 2.2 mm. Another application is the connection between 1.7 mm thick aluminium floor panels to the tunnel manufactured in 1.0 mm thick press hardened steel [**Fig. 20**]. In summary this is one of the more innovative joining techniques that has been presented lately, but the question is if there is a potential for a broader utilization. The method is rather complex and expensive, and will therefore be limited to the production of car bodies in the premium segment.

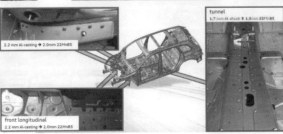

Figure 20. *Some interior pictures from the VW plant in Bratislava where the Audi Q7 model is produced, and below those aluminium/steel combinations which are assembled using the FEW process.*

"ImpAct", also known as RIVTAC® [**Fig. 21**] is another method suitable for joining steel to aluminium, and can be described as a type of nailing process. The *Daimler group* signed an exclusive agreement with one of their prime fastener suppliers in order to be the first company to be allowed to use the technique, and when they did that they renamed the process "ImpAct". The nails are fed through a vibrating conveyor system, which secures that they a positioned correctly in a spiral magazine. This can contain up to 90 elements. The magazine and the pneumatic tool are both handled by an articulated arm robot, and the tool gets power from an air pressure tank connected to a pressure amplifying "booster". By the help of this a pressure of 3-8 bars is established which allows the nails to be set at speeds ranging between 20-40 m/sec! Among the advantages with this method can be mentioned, that no pre-drilled holes are required, but also that the single sided accessibility can be favourable in many cases. Furthermore, all thickness combinations can be handled with one single nail length and the method is fully compatible with adhesives. However, the high setting forces can lead to local deformation of the assembled components, but this can be counteracted by the use of a blank holder that keeps the sheets in place. It is also important that the design in the joining area is done in such a way, that the nail tip protrudes into a closed section in order to avoid personal injuries among the plant personnel. However, the biggest disadvantage with RIVTAC®, leading to high costs, is the high noise level that in generated by the nailing process, which makes it mandatory to have all joining operations to be performed in closed, noise insulated cabinets.

Figure 21.

One of the disadvantages with the RIVTAC® method is the local deformation of sheets around the joining area, something that can be counteracted by using a blank holder.

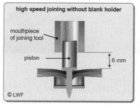

After solid investigations, the RIVTAC® method was put in production by *Daimler* when producing the new *C-class* model [project designation W205], which is manufactured in "Halle 70" in the Bremen plant. The cross bar above the rear axis is a cast aluminium component, and to be able to join this to other car body parts in stamped high strength steels, RIVTAC® is being used with the joining direction "from steel to aluminium". However, basic fatigue testing revealed that the nails have a much lower strength compared to self-piercing rivets or flow drill screws, which makes it necessary to complete the joint by adding adhesive bonding. The biggest challenges at the introduction were to overcome gaps and retraction by the parts. Other problems were that the high setting forces caused the parts to move from their nominal positions, and that the design was not stiff enough to offer sufficient counterforce. But by more stringent tolerance requirements, specific sequences for the nailing operation and adhesive application, the adding of fixture elements and a local thickening of the cross bar wall, it was possible to optimize the RIVTAC® process for volume production. The plant produces 1,150 *C-class* car bodies per day in a three shift operation, where the cycle time for sub-assemblies like the one described is 45 seconds. The nailing process is performed in noise insulated cabinets with robot guided tools weighing 125 kilogrammes [**Fig. 22**]. Approximately 80 nails are used for each sub-assembly and *Daimler* has installed a total of 10 RIVTAC®-systems in the Bremen plant, with the intention to use the same technology for the upcoming *CLK* model.

Figure 22.   *In the new Mercedes C-class the cast aluminium rear axis is attached to the surrounding steel structure by means of the RIVTAC® method. Below are the main components for this process; A pneumatic tool with a spiral magazine, pressure system, vibrating feeding conveyor and a completely closed, sound insulated cabinet.*

When it comes to what is known as niche cars, there is always the possibility to introduce more advanced materials and joining methods due their exclusivity and high price.

One example is the *Mercedes Benz SLS AMG*, a two door coupe produced in limited numbers. It features the Friction Stir Spot Welding method when attaching the rear aluminium fender to the steel structure in the side door opening [**Fig. 23**]. The technique was initially developed for joining larger aluminium panels, having a rotating pin work continuously over the joint. In FSSW the rotating tool only momentarily approaches the materials to be joined and therefore creates a circular connection. With a sufficient strong tool steel, it has shown to be possible to also join combinations consisting of aluminium and steel. For the *Mercedes'* application the welding time for each joint is between 1.5-3.0 seconds depending of the total thickness of the material combination. The rotational speed is between 1,800-3,200 rpm and the robot-guided gun operates at a force of 7 kN. The main advantages with the FSSW method are minimal distortions and residual stresses due to the low operating temperature, which also will result in an improvement of the microstructure of the joint. As the method leaves one side of the joint unaffected it can be used to create what is known as "invisible welds" and the method also has shown promising results when applied to fibre reinforced polymers.

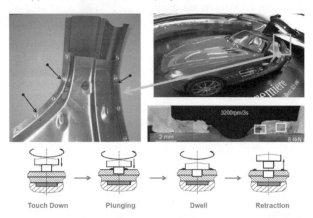

Figure 23.

Visual appearance of "Friction Stir Spot Welding" in the rear portion of the side door opening on the Mercedes Benz SLS AMG model. Below; the different process steps and a cross section of the final joint.

The *Bentley Bentayga* [project designation BY636] is another example of a low volume product. The car bodies are produced in the Bratislava plant in Czech Republic, the same location as for the earlier mentioned *Audi Q7*, but in a separate assembly line in an extension of the main body shop. Later on the car bodies are shipped to Crewe in U.K. for final assembly. The body is built on the MLB platform, which is common for many of the *VW group*'s products, and is a mix of aluminium and steel components. In the Q7 production the cycle time is around 100 seconds, which is a relative normal figure in high volume production, but for the *Bentayga* line the corresponding cycle time is 1,480 seconds. In fact, the assembly line consists of just 8 stations, which means that several joining operations have to be made in each one of them. Both hot (welding) and cold (mechanical joining) methods are used, and this is realized by using a flexible, multi-docking system [**Fig. 24**]. The stations are equipped with unique tool changing systems, so that the robots can pick the appropriate tool for each and every operation. This is a necessity, as for example a wide variety of self-piercing rivets are used with different strength and length dependent upon material grades and stack-up thickness.

Figure 24. *The low volume production of the Bentley Bentayga car body is performed in just 8 assembly cells, equipped with sophisticated tool changing systems necessary to handle numerous joining methods.*

Another example is the *Audi R8* which mixes aluminium extrusions, castings and sheet parts with carbon fibre reinforced plastics. The car body contains 26 kilogrammes of CFRP parts, which are glued together with a two-component structural adhesive and fixed with manually applied blind rivets in stainless steel. But when it comes to the interfaces between CFRP and aluminium the preferred assembly technique is flow drill screwing in a fully automated process with clearance holes in the polymer parts [**Fig. 25**]. This is supplemented with a number of blind rivets.

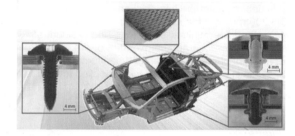

Figure 25.

When joining aluminium to CFRP in the Audi R8 body structure both automatic mounted flow drill screws and manually blind rivets are used.

The new *BMW 7-series* is badged as "Carbon Core", something that indicates a number of car body components made out of CFRP. These are for example roof rail reinforcements, roof bows and tunnel reinforcements. In those interfaces the preferred joining method is classical blind riveting, however it is here performed in a fully automatic process [**Fig. 26**]. As this method requires a clearance hole in both parts that are going to be joined, the company has in collaboration with a supplier developed a tool which has a servo-electric direct drive and can compensate for misalignments of ± 3° offset orthogonality and ± 2.5 mm in offset position. The setting time for each rivet is below 5 seconds, process availability is around 97.5%, and the tool features an integrated suction device which takes care of residual stems.

Figure 26. *BMW 7-series "Carbon Core", with a number of CFRP parts, uses a unique, fully automated blind rivet tool for the attachment of those to the metallic structure.*

An average car body contains 200-300 welded or punched fasteners [nuts, bolts, screws, studs and other inserts] for hinge attachment, mounting of cables and housings, interior trim panels etc. In order to withstand high assembly torques and offer sufficient strength, these elements are preferably made in steel. But when they are to be positioned onto aluminium and polymer parts there will be issues with reliability and quality. Punching those elements instead of welding them can to some extend solve the problem, but lately we have seen some new and innovative examples of bolt attachments to aluminium and plastic panels. These techniques can be divided into three groups; vibration joining, heat-activated adhesives and light-curing adhesives. An example of the later is the Onsert® technology where a transparent, plastic "foot" in polycarbonate is moulded onto the base of the steel bolt. Then a 0.15 mm thick adhesive layer of a one-component acrylate adhesive is applied on the "foot" and a special tool grips the fastener and positions it in the correct place. The tool is equipped with 10 LEDs [Light Emitting Diodes] arranged in a ring, and they can radiate light in the wavelength range 395-410 nm. Due to that the polycarbonate "foot" is transparent for these wavelengths, the adhesive is activated and cures within less than 10 seconds [**Fig. 27**].

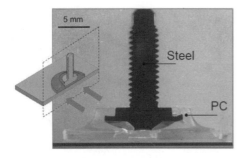 

Figure 27. *The Onsert® technology for attachment of steel fasteners to aluminium or polymer parts.*

The joining methods presented in these chapters are only some examples of technologies offered by different suppliers on a commercial basis and intended for automatic assembly of multi-material solutions. New, innovative solutions are presented on a daily basis – methods that are more or less realistic for high volume production.

The automotive manufacturers are working according to a systematic procedure and assembly strategies, on both short and long term perspectives. *Audi AG*, with its development centre in Neckarsulm in southern Germany, very much links the level of multi-material design to production volumes and exclusivity of the models [**Fig. 28**]. High volume products like the smaller *A3* and *A4* models have to compete in tough product segments, where cost efficiency is the dominating factor. This limits light weight solutions to high strength steels and press-hardened component. For models which allow a more expensive price tag, a greater number of exclusive and exotic car body materials can be justified, and by that also a more complex material mix which requires a larger variety of available joining methods. Examples of these are the *A6* and *A8* models which combines stamped steel sheet components with aluminium panels, castings and extrusions. Finally, low volume products, such as the *TT* and *R8* models present an even higher degree of material mixes, which includes both glass and carbon fibre reinforced plastic parts. However, even if these cars are produced at low numbers, the company yet requires fully automated assembly processes, which adds further challenges to the manufacturing systems.

Figure 28.

Audi AG's lightweight strategy is very much connected to volume figures and exclusivity of the company's model range.

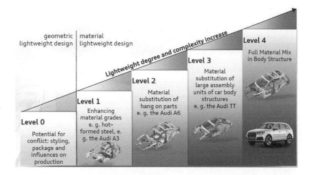

Up in Sweden, *Volvo Car Corporation* [*VCC*] has a little different philosophy. The company is not really a high volume producer of passenger cars, but has during the last years focused to reach into the premium segment. This means that there is a bigger understanding for more exclusive car body materials, although the strategy remains "the right material at the right place, and at the right launch time" [**Fig. 29**]. However other challenges occur in the shape of world-wide production with plants in Europe, China and soon also in the United States, plus common platform development together with their sibling partner *Geely Automotive*. To be able to produce multi-material car bodies with cost efficiency under these conditions puts extreme requirements on the industrial systems and body shop layouts. These have to be as comparable as possible to be able to shift production between different plants in order to meet fluctuating market demands.

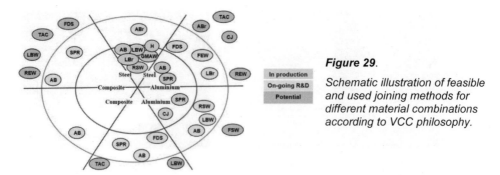

Figure 29. *Schematic illustration of feasible and used joining methods for different material combinations according to VCC philosophy.*

New joining methods have to be proven for world-wide manufacturing regardless if the automotive company produces vehicles in Europe, China or the United States. Important is also, that when new joining methods are introduced in body shop production, they are accompanied with reliable methods and tools for quality assurance – both on- as well as off-line.

What might still be a deficiency for these new joining methods is the lack of dimensioning data, and therefore extensive basic testing needs to be carried out in order to validate the joining methods performance at both static and dynamic load cases. Unfortunately, there are neither reliable simulation tools for these methods, which will require deeper collaboration between the automotive manufacturers and companies providing such software tools. This is of prime importance as the tendency in the business is to reduce product development time by increasing the amount of virtual validation of car body properties. The challenges lying ahead for the automotive companies are great, but as indicated in these chapters there are for sure solutions to establish a productive and high quality assembly process for car bodies consisting of different material types and grades.

第1編　材料別マルチマテリアル戦略

第2章 | アルミニウム材，CFRP材に対抗する観点から開発が期待されるハイテン材とその利用技術

JFEスチール株式会社　瀬戸　一洋

1 各種素材における鉄の位置づけ

日本自動車工業会がまとめた2001年までの車両全体における各素材の重量比率のトレンドを見ると，普通鋼に特殊鋼や鋳鉄までも含めた鉄の比率は1970年代の80％から30年後の2001年には70％代前半まで低下している。しかし，これはエンジンや駆動系，内装部品なども含めた値であり，ホワイトボディ（BIW：Body in White）と称される車体構成部品については，少なくとも国内で生産・販売されている大衆車に関する限り現在も薄鋼板が主流である。2001年以降の詳細なデータはないが，実際に解体して調べた結果からすると国産車BIWの素材構成は現時点ではまだ大きな変化を検知する状況にはないように思われる。

この理由は様々あると推測されるが，①素材価格，②安定した供給体制，③加工・溶接・疲労などのデータベースの充実，④リサイクル性，⑤グローバル調達性などが複合的に優位に作用した結果であろう。しかし，欧州の車格の高い車を中心に一部ではアルミやCFRPの適用が進んでいるのも事実である。

外板パネル，車体骨格部品の要求性能と板厚決定因子は**表1**のように整理される。例えば外板パネルで張り剛性が部品性能を律速している場合，素材の強度は影響がなく，ヤング率と板厚，形状だけで決まることになる。鉄のヤング率はアルミの3倍，比重も3倍であるが，張り剛性は板厚の3乗で決まるので比重の影響の方が大きく作用し，鉄をアルミに置換すると約50％の軽量化が可能となる。すなわち，現在はまだそうなっていないが，アルミの価格が鉄の2倍以下になればアルミを用いることに経済合理性が出てくる。

一方，外板パネルでも耐デント強度が部品性能を律速している場合や，車体骨格部品の場合には素材強度の影響が大きく，いわゆる比強度を大きくしていくことで他素材に対抗していく余地があるものと思われる。

このような観点から鉄鋼各社ではハイテンの開発を積極的に行っている。本稿では最近開発された外板パネル用ハイテンと車体骨格用のハイテンについて，素材の概要とそれを利用するために開発された加工，溶接などの技術について概説する。

2 外板パネル用ハイテン

外板パネルに要求される部品性能としては，前項で見たように張り剛性と耐デント強度の二つが主要なものである。これも既に検討し

表1　車体部品ごとの要求性能と板厚決定因子

	基本性能	影響因子
パネル部品	耐デント性	$YP \cdot t^{1\sim2}$
	張り剛性	$E \cdot t^3$
骨格部品	大荷重入力抵抗	$YP(TS) \cdot t^{1\sim2}$
	耐久寿命	$TS \cdot t^{1\sim2}$
	衝突強度	$E^{0.4} \cdot YS^{0.5\sim0.6} \cdot t^{1.5\sim2}$
	静剛性	$E \cdot t^{1\sim2}$

たように，張り剛性は物理定数であるヤング率と板厚，形状（曲率半径）で決まるので，同一形状で比較すればアルミや樹脂の方が優位となる。したがって張り剛性が部品性能のネックとなっている場合，キャラクターラインの加工性などに問題がなければ，あとはコストとの兼ね合いで素材が選定される。

一方，耐デント強度は降伏強度（YP）の寄与が大きいので，これが部品性能のネックとなっている場合には薄鋼板のYPを上げることで他素材に対抗する可能性も残されている。

ただし，外板パネルには外観上の観点から面の滑らかさが要求されるため，加工時の面ひずみを抑制する必要があるが，薄鋼板のYPを上げると面ひずみが発生しやすくなるという問題点がある。

従来，外板パネル用には張出し加工や深絞り加工などの複雑な成形に耐えるよう，IF（Interstitial atom Free）鋼が多用されてきた。この鋼板は製鋼段階で加工性を劣化させるC（炭素）を数十ppmまで低減させた上で，Ti，Nbなどを多量に添加することによって熱延段階で粗大な炭化物を形成させ，実質的に固溶Cをゼロとしたものである。1980年代にはこのIF鋼をベースに，Si，Mnなどで強度アップさせたIF型ハイテンが開発されたが，高YPになりやすく，面ひずみの問題から普及には至らなかった。すなわち，薄鋼板をベースとした外板パネルの軽量化には「素材としては低YP」，「部品としては高YP」となる材料の開発が必要であった。

このような矛盾した要求を解決するために考案された鋼板が焼付硬化型（BH）鋼板である。BH鋼板の硬化原理を図1に示す。BH鋼板には素材として供給される段階でごく微量の固溶Cが残留するように成分と製造プロセスが設計される。ここで固溶されたCはごくわずかなため，強度や加工性にはほとんど影響せず，素材としては軟質なままである。プレス加工されると，鋼中には加工によって線状の格子欠陥である転位が生成され，鋼板は加工硬化する。加工された外板パネルは車体に組み込まれ，塗装の最終段階で170～180℃×20min程度の塗装焼付工程に送られる。この段階では鋼中の固溶Cの拡散が容易となり，粒界などに安定に存在していた固溶Cがエネルギーの高い転位に拡散・集積して転位を固着する。その結果，転位を移動させるために付加的な応力が必要となり，強度が上昇する。

軟鋼をベースとした270BH鋼板に続き，1980年代には340BH（最大引張強度TS340MPa級）鋼板が実用化され，現在広く普及している。340MPa級からの高強度化はプレス加工時の面ひずみの問題もあって長く進展がなかったが，2000年代に入って440BH（TS440MPa級）鋼板が開発された。この材料では従来のフェライト単相組織と異なり，低YPとなりやすいフェライト＋マルテンサイトの複相（DP）組織となるよう材料設計がなされている。440BH鋼板の代表的な特性を表2に示す[1]。従来の340BH鋼板とほ

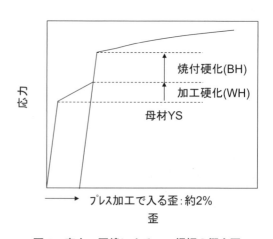

図1　応力−歪線によるBH鋼板の概念図

ぼ同等の低 YP でありながら，加工硬化，焼付硬化が大きいことが特徴で，最終的な部品として組み付けられた状態では従来の440MPa 級ハイテンと同等レベルの高い YP が得られる。440BH 鋼板は 2010 年にドア・パネルに適用され，その後ドア・パネル，

表2　340BH，440BH 鋼板の代表特性

	YS (MPa)	TS (MPa)	El (%)	r 値	BH (MPa)
340BH	240	350	42	1.8	35
440BH	257	455	37	—	57

フード・パネルを中心に適用が広がりつつある。ドア・パネルに適用された事例では従来の板厚 0.7 mm から 0.6 mm にゲージダウンされ，軽量化が図られた。もちろん，単純に板厚を下げただけでは張り剛性が低下するため，場合によってはインナー側に設置されたドア・インパクト・ビームといった補強部品の配置を最適化するなど，張り剛性を確保するための対策を併用する必要がある。

　ところで，440MPa 級の DP 組織をベースに，欧州では 500MPa 級の，韓国では 590MPa 級の BH 鋼板が開発されているが，適用はあまり進んでいない。おそらく，DP 組織化しても TS が 500MPa を超えると YP が従来の 340BH 鋼板と同等となるレベルまでは下がらず，プレス加工における面ひずみの問題が無視できないことや，0.5 mm 以下までゲージダウンすると鉄鋼メーカー側には製造性の問題が，また自動車メーカー側にはプレスラインでの搬送上の問題（薄くて剛性がない）が生じることなどが要因と考えられる。また，部品性能としても張り剛性の確保が難しくなり，樹脂製の補剛材を貼るなど軽量化効果を相殺する結果となることも懸念される。

　したがって，外板パネルに関しては，耐デント性能が板厚を律速している場合を中心に440BH 鋼板適用による軽量化が進行，張り剛性が律速している場合や 440BH 鋼板適用以上の軽量化が必要な場合はコストを考慮しながらアルミなどの他素材への置換が検討されるものと推測される。

3 車体骨格用ハイテン

3.1 車体骨格用ハイテンの種類

　一般的に車体骨格用には板厚 0.8～2.0 mm 程度の冷延鋼板が用いられることが多い。車体下部のように走行中，水はね・泥はねを受ける部分には防錆の観点から冷延鋼板の上に合金化溶融亜鉛めっき（GA）を施した鋼板が用いられる。車体骨格用のハイテンには強度や加工性の観点から様々な種類がある。

3.1.1 薄鋼板の強化機構と特徴

　薄鋼板の強度を上げるためには，主として①固溶強化，②析出強化，③変態組織強化が用いられる。このほかに④結晶粒微細化強化，⑤加工強化などの手法もあるが，④では YP の上昇が著しいこと，また，④⑤とも伸びの低下が著しいことからプレス加工が前提となる自動車用薄鋼板の強化手法としては副次的に利用されるケースが多い。

　このうち，固溶強化は C，P，Si，Mn などの元素を鋼中に原子状態で固体中に分散（固溶）させ，鉄の格子を歪ませることで強度を上げる手法である。固溶強化元素の中では C，P が最も

安価でかつ単位添加量あたりの効果が大きいが，C は固溶限界が室温ではごく微量であること，P は添加によって鋼が脆化することから実際の利用は限定的である。従って固溶強化元素としては Si，Mn が用いられることが多いが，いずれの元素も鉄よりも酸素との親和力が強く，鋼板表面に濃化して酸化物を形成し，塗装性やめっき性を阻害する傾向があることからやはり上限がある。

　析出強化は鋼板中の微細析出物により鋼を強化する手法であり，薄鋼板の場合には Ti，Nb，V などの炭化物が利用されることが多い。強度は析出物間隔の逆数に比例するので析出物が微細であるほど，また量が多いほど大きな強度が得られるが，C，Ti などを多量に添加すると逆に析出物が粗大になりやすいこと，抵抗スポット溶接性などの特性が低下することから，概ね強度上昇量としては 100MPa が上限とされる。

　固溶強化と析出強化は併用されることが多く，これらのいずれか，もしくは両方によって強化された鋼板を HSLA（High Strength Low Alloy）鋼板と称する。HSLA 鋼板は比較的安価に製造できるが，伸びなどの加工性はさほど高くないため，汎用ハイテンと称されることもある。また，上述したように強度に上限（一般に 590MPa 程度）がある。

　冷延鋼板で 780MPa 以上の強度を得ようとする場合，マルテンサイト，ベイナイトなどの低温変態相を利用した変態組織強化が必要となる。マルテンサイトは鋼を 900℃ 程度以上の高温から急速冷却する（焼き入れる）ことで得られる組織で，その強度は鋼中の C にほぼ比例する。焼き入れたままの最高強度で言うと C が 0.1％ でおよそ 1000MPa，0.35％ でおよそ 2000MPa である。マルテンサイトは焼入れままでは硬質だが脆いので，薄鋼板の場合は製造工程で 100～200℃ 程度の焼き戻しを行って伸びなどの加工性を担保することが多い。980MPa 級以上の超ハイテンではすべてマルテンサイト組織にしたフルマルテンサイト型の鋼板もある。一方，フルマルテンサイトでは加工性（特に伸び）が足りない場合，軟質なフェライト（270MPa 級の軟鋼と同じ組織）とマルテンサイトの複合組織（DP：Dual Phase）化が図られる。フェライト＋マルテンサイトの DP 鋼板では軟質なフェライトが加工性を，硬質なマルテンサイトが強度を担うため，強度と伸びのバランスに優れる。最近では DP 鋼板をベースに，マルテンサイト（または同じく硬質なベイナイト）に加えて室温では不安定なオーステナイトを残留させた残留オーステナイト（TRIP：Transformation Induced Plasticity）鋼板も開発されている。TRIP 鋼板では，図2 に示すように変形を受けた部分から残留オーステナイトが硬質なマルテンサイトに変態して強化されるためくびれが進展せず，DP 鋼板に比べて大きな伸びが得られる。

　上述した強化機構・鋼種と強度の関係をまとめたものを図3 に示す。また，例として熱延ハイテンの TS と伸び（El）の関係，および TS と穴広げ率（λ）の関係を図4 に示す。同じ TS で比較した場合，El は HSLA 鋼板，DP 鋼板，TRIP 鋼板の順に大きくなるが，λ はこの逆となる傾向にあり，一般には El と λ を両立させるのは難しいとされる。DP 鋼板は軟質なフェライトによって高い伸びが得られるが，穴広げ試験では穴を打ち抜いた際にフェライトとマルテンサイトの変形能の差に起因するクラックが生じるため，λ は低くなる。したがって超ハイテンを適用しようとする場合には，部品の形状や加工方法に応じて適切な鋼板の種類を選択する必要がある。

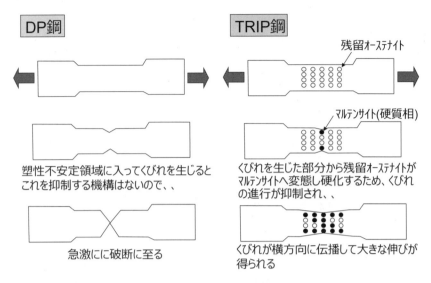

図2　TRIP鋼の伸び向上原理

3.1.2　特徴ある超ハイテン

　現在の薄鋼板の製造プロセスはほとんどが連続化されており，冷延鋼板は連続焼鈍ライン（CAL），GA鋼板は連続溶融亜鉛めっきライン（CGL）で製造される。980MPa以上の超ハイテンの場合，前述したようにマルテンサイト組織の利用がほぼ必須となるため，冷間圧延された鋼板をCALまたはCGLでγ域または$\alpha+\gamma$域に加熱し，それに続く冷却（ガスジェット等）によってγ→マルテンサイト変態を生じさせることとなる。ただし，冷却速度が遅いとマルテンサイトではなく強度の低いパーライトを生じる。パーライトを生じない限界の冷却速度を「臨界冷却速度」と呼び，C，Si，Mn，Cr，Bなどの添加元素の量で決まる。一般に合金組成が高いほど臨界冷却速度は小さくなり，設備上の制約も小さくなるが，後述する抵抗スポット溶接の十字引張強度（CTS）や遅れ破壊には不利となる。逆に言うと，冷却速度を早くすれば比較的

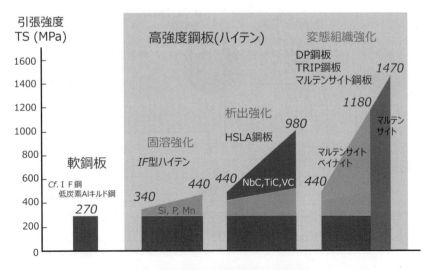

図3　強化機構と関連鋼種，到達強度

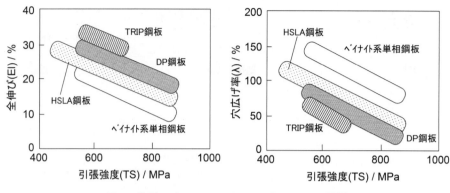

図4 熱延ハイテンにおける TS と El, λ の関係

低合金で同じ強度を得ることができる。

　WQ（Water Quench）-CAL はその極限である水冷却をインラインで設置したものである。WQ-CAL ではガス冷却等のようにノズルを用いないので幅方向の材質ばらつきの低減にも効果がある。前述のように焼入れたままのマルテンサイトは脆いので水冷却後にインラインで低温での焼き戻し工程を入れるのが一般的である（**図5**）。

　WQ-CAL では，鋼板の加熱温度を制御することで比較的容易にマルテンサイト（冷却前のγ）量を変えることができ，フルマルテンサイト型鋼板からフェライトの量が多い高 El 型の DP 鋼板までを同じラインで作り分けることができる。**図6** は WQ-CAL によって製造される 980〜1470MPa 級冷延ハイテンの El-λ バランスを示した一例である[2]。980〜1180MPa 級では El-λ バランスの異なる鋼板が供給され，部品形状や加工方法に応じて各タイプの鋼板が利用されている。1320〜1470MPa 級については現状フルマルテンサイト型の鋼板のみであるが，バンパー・レインフォースなどへの適用が進んでいる。

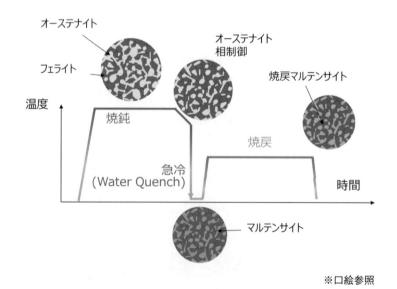

※口絵参照

図5 WQ-CAL による DP 鋼板の製造概念図

980～1180MPa級についてはより複雑な形状をした部品への適用が検討される傾向にあり，従来のDP鋼板ではElが足らず，TRIP鋼板が要望されるケースが出ている[3]。鉄鋼各社では1180MPa級のTRIP鋼板（El＝15％程度）の開発が行われ，一部ではセンター・ピラー・レインフォースなどに適用されている。これよりさらに高強度，高延性のハイテンとしては，NEDO委託事業として2014年度（経産省の委託事業としては2013年度）からスタートした「革新的新構造材料等研究開発」の中で，鉄鋼各社が2017年度末までに

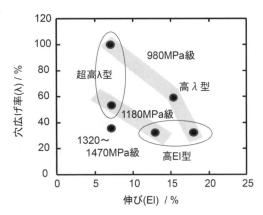

図6　980～1470MPa級冷延WQハイテンのEl-λバランス

1500MPa，伸び20％の鋼板を開発するスケジュールで活動中である[4]。

　海外に目を転じると，韓国では2011年に20％程度のMnやAlを添加した980MPa級で伸びが60％のTWIP（Twinning Induced Plasticity）鋼板が開発され，一部の海外車に採用された例が報告されている[5]。TWIP鋼板とは準安定なオーステナイト鋼をベースに，双晶（Twin）変形によって大きな変形が可能になるように合金成分を調整したもので，確かに加工性には優れる一方，YPが低いことや抵抗スポット溶接が困難であることなどから，その後の適用はあまり進んでいないものと思われる。

　一般に，先述した従来のHSLA鋼板，DP鋼板，TRIP鋼板を第一世代ハイテンとして位置づけ，TWIP鋼板は第二世代ハイテンと呼ばれる。TWIP鋼板は高合金すぎることから，近年では伸びが多少下がっても合金組成を低減する方向での開発が進められており，これを第三世代ハイテンと称することがある。NEDOの「革新的新構造材料等研究開発」の中で開発されている鋼板もこの部類に属する。

　北米のアイダホに拠点を置くNanoSteel社では図7に示すような超微細モーダル組織とすることで高強度・高延性化する技術を開発している。その特性は図8に示すように第三世代に該当し，最大で1500MPa級まで開発が進んでいる[6]。

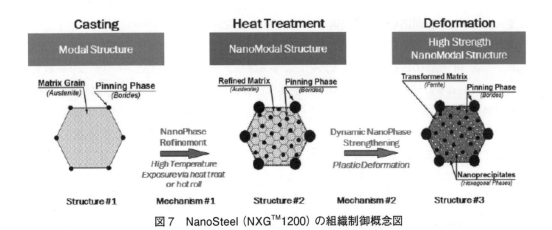

図7　NanoSteel（NXG™1200）の組織制御概念図

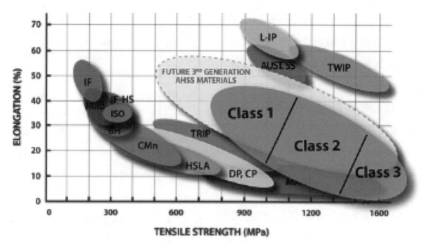

図8 NanoSteel（NXG™1200）の位置づけ

　以上は冷間プレスを前提とした超ハイテンであるが，鋼板の強度が上がるにつれて後述するようにプレス荷重の増大，加工性の低下や遅れ破壊などの問題が顕在化する。ホットスタンプ（プレスハードニング，ダイクエンチなどとも称される）技術はこれらの問題を解消するために開発されたものである。技術の概要としては900℃以上に加熱した鋼板を水冷された金型で加工と同時に急速冷却して組織をマルテンサイト化し，超高強度の部品を得ようとするもので，加工される温度域では鋼板の強度が軟鋼並となるため，スプリングバックはほとんど生じない。したがって部品組み付け時の残留応力も小さく，遅れ破壊には有利となる。この技術は2000年代に欧米から普及し，現在は加工後1500MPaとなる鋼板が中心であるが，一部では加工後1800MPaとした部品の例もある。加工後の強度はマルテンサイトの硬さで決まり，マルテンサイトの硬さは添加C量で決まることから，強度グレードに応じて鋼板のC量も一義的に決まることになる。ホットスタンプ材の課題は，プレス下死点で数十秒保持する必要があること，加工後のトリミングにはレーザカットが必要となること，加熱によって発生したスケールを除去する必要があること（スケールガード用にめっきを施したタイプもある），など冷間プレスに比べて生産性が良くない点である。

3.2　超ハイテンに対応した加工技術

　鋼板の強度が上がるのに伴うプレス加工上の問題としては，①伸び・穴広げ性の低下による割れ，②高YP化によるしわ，③高YP化によるスプリングバックの増大，④型かじりの増大，などがあげられる。超ハイテンをこれらの不具合なく加工するには多くの技術的な課題を解決しなければならない。このうち，「①伸び・穴広げ性の低下による割れ」については鋼板ごとの変形限界を示すFLD（変形限界線）を用いて成形シミュレーションにより割れを予測する技術が広く普及しているが，変形経路が大きく変わる部位の割れや打ち抜き端面の伸びフランジ割れなどについてはFLDをそのまま適用できないという問題がある。
　特に伸びフランジ割れに関しては，打ち抜き・せん断のクリアランスのほか，変形を受けるフランジ部周辺のひずみ勾配にも大きく依存することが知られており，穴径やパンチ形状が異

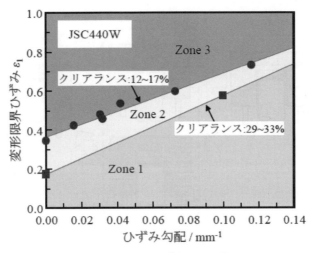

図9 伸びフランジ変形限界線図

なる複数の穴広げ試験や短冊状の引張試験から伸びフランジ変形限界線図を作成する手法が提案されている。図9はその一例を示したものである[7]。Zone1はクリアランスが大きな場合（29～33％）でも変形限界ひずみが限界以下の領域，Zone3は一般に適切とされるクリアランス12～17％での変形限界よりも大きな領域，Zone2はその中間領域である。FEMによる成形解析を行い，伸びフランジ部の最大主ひずみとひずみ勾配Zone1にあれば成形OK，Zone3であれば成形不可，Zone2ならクリアランスの管理次第，と判定することができる。

FEM解析で伸びフランジ割れが発生すると予測された場合，対策としては最大主ひずみとひずみ勾配がZone1に入るように形状を変更することが基本となるが，形状変更が困難な場合は材料縁を打ち抜きあるいはせん断する際の加工条件を検討するか，材料自体を加工性（穴広げ性）のよいものに変更するしかない。図10は穴広げ率におよぼす穴縁加工条件の影響を示したものである[8]。穴広げ率は590MPa級，980MPa級のどちらでもリーマ，レーザ，打ち抜きの順に低下すること，打ち抜きの場合，クリアランスの影響を大きく受け，また穴広げ率が最大となるクリアランスは鋼種によっても微妙に異なることがわかる。

一方，ハイテン化することで材料の伸びが低下し，張り出し部などで発生しやすくなる割れについては，割れ危険部で発生する応力・ひずみを分散または低減することが主な対策となる。割れ発生危険部に発生する応力を低減する手法としてサーボプレスのモーション制御技術（JIM-

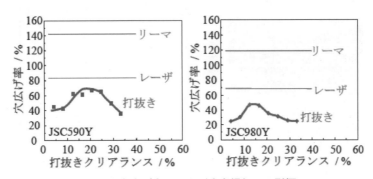

図10 穴広げ率におよぼす穴縁加工の影響

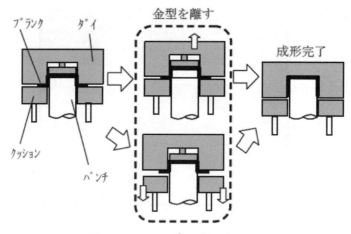

図11 JIM-Form® の成形プロセス

Form®）が開発されている[9]。開発技術のプロセスを図11に，開発技術の効果検証例を図12にそれぞれ示す。本技術は，成形の途中でモーション制御により金型と材料を離し，その瞬間に金型と材料間に潤滑油を再流入させることで金型と材料間の摩擦係数を低い状態に保つことを狙ったものであり，図12に示されるような形態の割れ低減に大きな効果がある。また，2工程成形における1工程目の成形形状を適正化することで割れ危険部に発生するひずみを小さくし，割れを回避する技術も開発されている[10]。

「②高YP化によるしわ」の評価方法に関しては現状では官能評価が主体であるが，官能評価を定量評価値に落とし込もうとする活動も行われている。図13は実パネルの官能評価点と「しわの数×最大しわ高さ」との相関を示した例で[11]，比較的良好な相関が認められる。官能評価自体が個人差もあり一般化することが難しい面もあるが，上記のような相関がみられたことから，より一般的な評価指標として平均しわ角度が提案されている。しわに対する対策は，製品形状，工程・型の変更や，材料

(a) 通常成形

(b) 開発工法

図12 JIM-Form® の適用事例

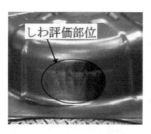
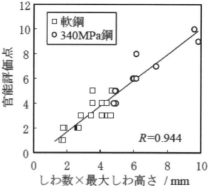

図13 しわの官能評価と定量評価値の相関

特性の変更（たとえば低YP化）など多岐にわたるが，超ハイテンを用いる場合，単一の対策で解決することは難しく，いくつかの方法を組み合わせて対策されるケースが多い。

「③高YP化によるスプリングバックの増大」も寸法精度に直結する大きな問題である。ハイテンをハット絞り成形すると高強度化に伴って角度変化および壁反りが大きくなる。従来は金型形状をスプリングバックが発生する方向と逆方向に修正する金型見込みで対策されることが多く，現場の経験則に依存する傾向が強かった。最近では成形シミュレーション技術の開発が進んでスプリングバックをかなり精度よく予測できるようになり，予測結果を踏まえてスプリングバック見込み形状を最適化する対策が行われているが，自動車骨格部品は形状が複雑な場合が多く，また鋼板にはバウシンガー効果や弾性係数の予ひずみ依存性などもあるため，部品によっては十分な精度が得られない場合もある。

スプリングバックの低減を目的として最近開発された手法のひとつに，スプリングバック挙動と下死点応力を関連づけるスプリングバック要因分析手法がある。これは解析で得られたある特定領域の下死点応力をゼロに置き換えて行ったスプリングバック解析結果と基準となる通常の方法で行ったスプリングバック解析結果を比較することで，各特定領域の下死点応力がスプリングバックに及ぼす影響を知る方法である（**図14**）[12]。すなわち，下死点応力をゼロに置き換えた特定領域のうち，スプリングバックが最も小さくなる部分を対策することで，効果的にスプリングバックを低減することができる。

3.3 超ハイテンに対応した接合技術

980MPa以上の超ハイテンではほとんどのケースでマルテンサイトと呼ばれる焼入れ組織が利用される。特に現時点で1320MPa級以上の超ハイテンは全面が焼入れ組織のフルマルテンサイト鋼板が中心である。マルテンサイトの硬さはほぼ一義的に鋼中のC量によって決まるため，超ハイテンの高強度化には鋼中C量の増加が不可欠である。

よく知られたように，母材の強度と抵抗スポット溶接（以下，スポット溶接と表記）部強度の関係をプロットすると，せん断引張強度（TSS）は母材強度とともに増加する一方，十字引張強度（CTS）は母材強度に比例しないばかりか，ナゲット内破断する場合にはむしろ強度が低下す

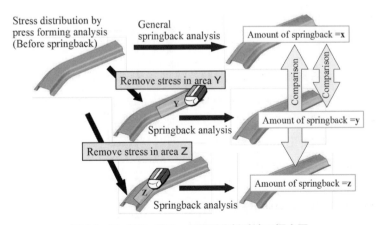

図14 スプリングバック要因分析手法の概念図

る傾向を示す。これは，一般に母材の強度が上がるにつれて添加されるC量が増大するため，溶接によって溶融後焼入れられたナゲット部が硬質で脆い状態になることが理由と考えられる。

このような現象を回避するためには，焼入れされたナゲット部・マルテンサイト組織の靱性を回復させる，いわゆる焼き戻し処理が必要となる。従来，このような処理としては，本通電後に本通電の50～70%程度の電流で比較的長時間通電するテンパー通電が行われることが多かったが，一点あたりのタクトタイムが非常に長くなるため，必ずしも広く普及しているとは言えない状況と思われる。

このような課題を解決するために開発された技術に「パルススポット溶接」[13]がある。これは従来のテンパー通電に代わって，図15のように高電流を短時間パルス状に通電する技術で，テンパー通電に比べタクトタイムを大幅に短縮しながらほぼ同等の効果を得ることができる。ナゲット部の靱性を低下させる要因であるP（リン）の偏析状態を解析したところ，パルス通電するとPの偏析が微細に分散されることがわかった。シミュレーションによると，パルス通電を行うとテンパー通電とは異なりナゲット周辺部が局所的に加熱されることから，これがP偏析の分散に寄与しているものと考えられる。

ハイテンのスポット溶接でもうひとつ問題となるケースに，厚物ハイテン-厚物ハイテン-薄物軟鋼の3枚重ね溶接がある。このような板組では，厚物ハイテン同士の部分で先行して発熱し，薄物軟鋼の部分は電極との接触面積が大きくなって電流密度が下がるのと同時に電極による抜熱が大きくなり，厚物ハイテンだけが接合されて薄物軟鋼ではナゲットが形成されにくくなる。これを解決する技術としては，サーボガンなど，加圧力と電流をダイナミックに制御できるシステムが必要となるが，接合初期に低加圧力・高電流で薄板軟鋼を溶接し，そののちに高加圧力・低電流で厚物ハイテン同士を溶接する「インテリジェントスポット溶接」[14]が開発されている。加圧力と電流の制御を図16に模式的に示す。

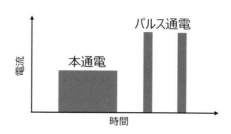

図15　パルススポット溶接の通電パターン

現在流通している超ハイテンに関しては上記のような技術の組合せによって適切なスポット溶接が可能と思われるが，前節で述べたように，今後さらなる高強度化・高延性化が指向されるのに伴い，鋼中に添加されるC量も0.3%を超えるレベルになることが予想される。このような状況に対応するため，近年では高C化による問題の本質である，ナゲット部の溶融・焼入れ自体を不要とする技術として摩擦撹拌接合（FSW）の開発が進められている。

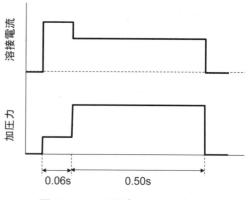

図16　インテリジェントスポット溶接の概念図

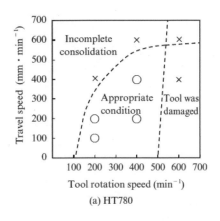 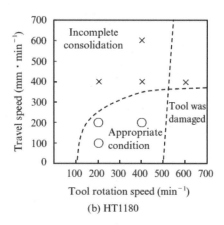

図17　HT780とHT1180におけるFSW適正接合条件範囲

　FSWはセラミクスなど硬質なツールを高速で回転させながら被接合材に接触させ，溶融させずに固相撹拌で接合させる技術で，線状に接合させる技術のほか，点状に接合させる摩擦撹拌スポット接合（FSSW）も開発されている。最大の課題はFSWツールの耐久性で，アルミニウム合金やマグネシウム合金といった低融点金属には適用が広がりつつある一方，鋼板のように融点が高く硬質な素材に関する実用化はまだこれからであり，実用鋼における最適な接合条件や冷却条件などの検討例は少ない。

　図17は780DPと1180DPにFSWを適用した場合の適正接合条件を比較したものである[15]。図から明らかなように，1180DPの接合では780DPと比較して適正条件範囲が狭くなっている。これは，より高強度の鋼板ほどツール加圧に対する接合部周辺からの反力が大きくなるため，ツール先端プローブの挿入が浅くなって撹拌領域が縮小し，同じ接合条件でも欠陥が発生しやすくなった結果と推定される。図18は母材引張強度とFSWを用いた継手引張強度の関係を示したものである[15]。この図より，FSW継手強度は，母材強度が上がるとHAZ軟化・HAZ破断する傾向はあるものの，980MPa級まではほぼ母材強度と同じ強度を確保することが可能であることがわかる。

　上記の結果から，FSWは超ハイテンの接合技術として大きな可能性を秘めていることが推定される。今後，耐久性に優れた安価なツールの開発や鋼板特性に応じた適正条件の明確化，および応用技術の発展などが期待される。

3.4　遅れ破壊

　遅れ破壊は元々1.2GPa級の高力ボルトで指摘された現象で，鋼中の水素が粒界などの破壊起点部に集積し，加工後もしくは実使用中に材料が脆化して破壊するものと考えられ

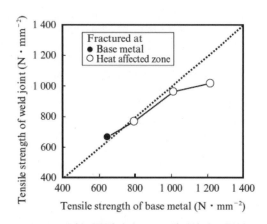

図18　母材引張強度とFSW継手強度の関係

ている。メカニズムについてはまだ完全に解明されてはいないが，1.2GPa級を超えると顕在化する可能性が指摘されている。薄板ハイテンの場合，遅れ破壊に対しては主として，①素材の組成・組織，②加工によるひずみ量，③残留応力，④環境中の水素量，の4つが影響すると考えられており，実用上は材料ごとに②〜④の影響を明確化し，実際の加工や組み付け時の応力，環境の水素量から安全性を判断することになる。

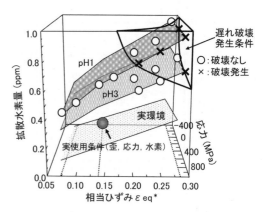

図19 曲げ試験片を用いた1180MPa級冷延ハイテンの遅れ破壊評価例

遅れ破壊の評価方法も完全には確立・標準化されていないが，一例として曲げ試験片による評価方法を述べる。この方法では，曲げ半径を変えることで加工ひずみを，曲げ試験片をボルト締めする際のボルトの締め込み量で残留応力を，試験片を浸漬する塩酸の濃度で環境の水素量を模擬する。すなわち，先述した②〜④を可変因子とした試験を行う。様々な条件で試験すると，曲げひずみ，残留応力，環境水素量（塩酸のpH）を軸とした図19のような三次元マップを描くことができる[16]。このマップ上に実際に使用される部品の加工ひずみ，想定される残留応力および使用環境中での水素量をプロット（図19では1180DPの部品例をプロット）し，それが破壊を生じる危険領域からはずれていれば使用上問題なしと判断することができる。実際には，溶接部があったり，使用環境も一定ではなく乾湿繰り返しがあったりと，より複雑な現象が生じていることも考えられるが，これらを考慮した詳細な解析は今後の課題である。

文　献

1) 小野義彦ほか：まてりあ, 51, 22 (2012).
2) 長谷川浩平ほか：JFE技報, 30, 6 (2012).
3) 日産自動車株式会社ホームページ, 2011年10月5日付けニュースリリース.
4) NEDO革新的新構造材料等研究開発　平成28年度実施方針.
5) 産業新聞web版　2011年4月22日.
6) 例えばSAEホームページ　http://articles.sae.org/12968/
7) 飯塚栄治：塑性と加工, 57, 220 (2016).
8) 飯塚栄治：第147回塑性加工学講座テキスト, 19 (2016).
9) 玉井良清ほか：塑性と加工, 51, 450 (2010).
10) 中川欣哉ほか：平28塑加春講論, 37 (2016).
11) 薄鋼板成形技術研究会：プレス成型難易ハンドブック第3版, (2007), 日刊工業新聞社.
12) 平本治郎ほか：塑性と加工, 56, 955 (2015).
13) 松下宗生ほか：JFE技報, 30, 32 (2012).
14) 池田倫正ほか：JFE技報, 16, 40 (2007).
15) 松下宗生ほか：JFE技報, 34, 84 (2014).
16) 田路勇樹ほか：自動車技術会論文集, 39, 133 (2008).

第1編 材料別マルチマテリアル戦略

第3章 マルチマテリアル化による軽量化における
アルミニウム戦略

株式会社神戸製鋼所　池田　昌則　　株式会社神戸製鋼所　櫻井　健夫

1 自動車におけるアルミニウム材料を取巻く背景

　地球温暖化防止の観点から，輸送機用機器が排出するCO_2量を削減する取組みが進められている。自動車分野においても，CO_2削減を目指し，環境負荷を考慮した製品，ものづくりが行われている。近年では，燃費規制強化が図られつつあり，エンジン・パワートレイン系の効率化と共に，車体の軽量化が求められている。2011年頃までは，エンジン周りでのダイカストを中心とする鋳物類のアルミニウム（以下アルミ）化が進展していたが，今後の伸び代は小さく，ボディ周りを対象としたアルミ化による軽量化が進むことが確実視されている。一方，自動車では衝突安全基準が年々強化される傾向にあり，車体骨格の更なる強化が求められている。車体軽量化と相反する傾向であり，これまで以上に材料や構造を見直した合理的な骨格構造が必要となる。軽量化の一つの手段として，適材適所の考え方で軽量化素材を活用するマルチマテリアル化が検討されている。マルチマテリアル素材候補としては，鋼板，アルミニウム，樹脂が上げられる。一般的にフレーム等の強度が求められる骨格部位には鋼板が，剛性が求められるフード，ドア，ルーフ等のクロージャーパネル類およびバンパー，サブフレームなどのハングオン部材にはアルミが，一体成形で素材の価格を抑えることの出来るバックドアと意匠性が求められるフェンダには樹脂が用いられる傾向が見られる（図1）。

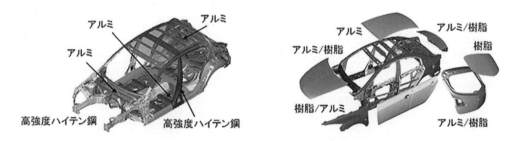

図1　自動車への各素材の適用事例[1]

　鋼板としては，従来から使用されている軟鋼板，ハイテンに加え薄肉軽量化を目的とした超ハイテンの開発が進められている。アルミとしては，フードに広く用いられている6000系材料に加え，張出成形等の向上を目的とした伸びが比較的高いアルミ材，更なる高強度化を目指した製造プロセスを最適化した6000系材料の開発が進められている。樹脂としては，成形性を重視した軽量素材としてFRPおよびPP樹脂が，更なる薄肉軽量化を目指したCFRPの開発が進められている。
　アルミの特徴としては，鋼板に比べ比重が約1/3で剛性確保のため厚肉化しても50％の軽量

第1編　材料別マルチマテリアル戦略

化が可能であること，樹脂に比べ価格が安いことが上げられ，現在の自動車の軽量化手段としてはアルミを使用することが最も有効な手段とされる。軽量素材として，アルミは最適であるが，鋼板に比べ高価であること，プレス加工および溶接が難しいこと，異種金属との接触による電食の懸念があること　等の課題が残っている。アルミ化の技術ハードルは決して低くないが，コスト面，軽量化効果のバランスを考えた場合，軽量素材としてアルミは第一候補の座を譲らない。

② アルミ化の技術課題と開発戦略

2.1　アルミ材料

　自動車パネル用途には，強度，成形性，表面性状，接合性など多岐にわたる特性が要求される。自動車パネルに用いられるアルミ合金は，初期には2000系（Al-Cu-Mg系）や7000系（Al-Mg-Zn系）の採用もみられたが，現在ではほとんど5000系（Al-Mg系）と6000系（Al-Mg-Si系）が用いられている。**表1**に代表的な自動車パネル用アルミ合金板の化学成分と機械的性質を示す。自動車パネル用の6000系合金は，北米と欧州で先行して開発・実用化され，特徴は塗装焼付け時の加熱により強度が高くなるベークハード性を有することである。塗装焼付け温度は欧米が180〜200℃であるのに対し，日本は170℃程度と低温であるため，日本では低温ベークハード性に優れた6000系材料の開発が進められ，実用化に至っている。表面性状に優れ，高いベーク後耐力を有する6000系材料はアウターパネルに用いられることが多い。成形性に優れる5000系は，表面性状においてはストレッチャ・ストレインマーク（以下SSマーク）の問題を持つが，品質要求が高くないインナーパネルに用いられることが多い。

表1　自動車パネル用アルミ合金板の化学成分と機械的性質[2]

	Alloy	Chemical Compositions　　　　　(wt%)								Mechanical Properties				
		Si	Fe	Cu	Mn	Mg	Cr	Zn	Ti	TS N/mm²	YS N/mm²	EL %	n-Value	r-Value
5000 series	AA5022	0.25	0.40	0.20〜0.50	0.20	3.5〜4.9	0.10	0.25	0.10	275	135	30	0.30	0.67
	AA5023	0.25	0.40	0.20〜0.50	0.20	5.0〜6.2	0.10	0.25	0.10	285	135	33	−	−
	AA5182	0.25	0.35	0.15	0.20〜0.50	4.0〜5.0	0.10	0.25	0.10	265	125	28	0.33	0.80
	AA5052	0.25	0.25	0.10	0.10	2.2〜2.8	0.15〜0.35	0.10	−	190	90	26	0.26	0.66
6000 series	AA6022	0.8〜1.5	0.05〜0.20	0.01〜0.11	0.02〜0.10	0.45〜0.7	0.10	0.25	0.15	275	155	31	0.25	0.60
	AA6016	1.0〜1.5	0.50	0.20	0.20	0.25〜0.6	0.10	0.20	0.15	235	130	28	0.23	0.70
	AA6111	0.7〜1.1	0.40	0.5〜0.9	0.15〜0.45	0.50〜1.0	0.10	0.15	0.10	290	160	28	0.26	0.60

　図2に自動車パネル材料への要求特性を示す。今後のアルミ材料には，耐衝撃性，歩行者保護性，を確保した上で更なる軽量化を目指した薄肉化のためには，更なる高強度化が望まれている。また，意匠性，快適設計自由度を高めるために高成形性の材料が望まれている。

　自動車パネル用5000系合金は，より高い成形性が指向された日本にて開発され，AA5022，5023合金として国際登録され，実用化された。5000系の合金の最大の課題は成形加工時のSSマーク発生を抑制することである。特に自動車のアウターパネル用の開発合金では，熱処理と加工（圧延・矯正）の組合せによってSSマークの発生を抑制している。前述したように表面性状への要求がそれ程高くないインナーパネルにおいては，5182，5052などの汎用の5000系合

第3章　マルチマテリアル化による軽量化におけるアルミニウム戦略

図2　自動車パネル材料への要求特性[3]

金が採用されている。欧州においても5182，5754の汎用5000系合金が採用されている。しかし，近年では，自動車用パネル素材に要求される特性が，強度，成形性のみではなく，耐食性，ヘム曲げ加工性，表面性状，接合性など多岐にわたるようになり，現在では，ほとんど6000系合金が使用されている。ベークハード性に優れるという6000系合金の特徴を最大限に引き出すために，溶体化後の予備時効処理，Mg，Si等の合金成分適正化により低温ベークハード性が実現されている（図3）。

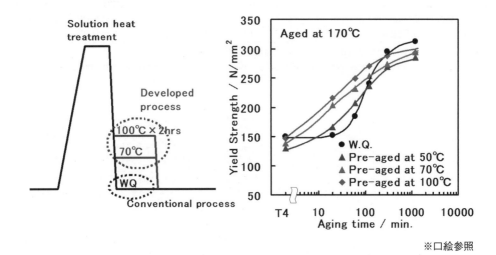

※口絵参照

図3　6000系合金のベークハード性に及ぼす予備時効処理の影響[2]

また，6000系合金は室温に長時間放置すると自然時効し，耐力が増加し，プレス成形性やヘム曲げ加工性が低下するという課題がある。しかし，この課題についても自然時効を抑制するための研究開発が進められ，復元処理や安定化処理を行うことで経時変化の抑制を実現している（図4）。

最近では分析装置の高度化が進み，3次元アトムプローブ装置では，極めて微細なナノクラスターが検出できるようになっている。現在では，3次元アトムプローブを用いたナノクラス

-53-

ターの挙動解析が進み（**表2**，**図5**，**図6**），プロセス条件とアルミ合金成分の更なる適正化が検討されており，一層の高強度化と高成形性の実現が期待されている。ここで図5，図6の(a)，(b)，(c)，(d) は，(a) NA30，(b) NA7800，(c) PA5，(d) PA24を示す。

自動車構造材用途には，バンパービーム，ドアビーム等の安全部材にてアルミ化が進んでおり（**図7**），これまで，材料としては6000系合金押出材が一般的に用いられてきたが，更なる軽量化と安全性の確保の観点から高強度化が求められており，7000系材料の適用が進みつつある。

しかし，7000系材料は強度に優れるが応力腐

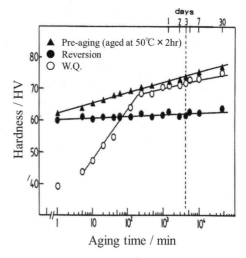

図4　6000系合金の経時変化に及ぼす復元処理の影響[2]

表2　Al-Mg-Si合金のナノクラスターの3DAP解析例（解析値）[4]

	NA30	NA7800	PA5	PA24
Number of Atoms Analyzed*	10M	12M	11M	12M
Number of Clusters Detected*	591	994	1075	1280
Average Radius of Clusters, r_G (nm)**	1.2 ± 0.02	1.2 ± 0.01	1.3 ± 0.02	1.4 ± 0.01
Number Density of Clusters ($10^{24}/m^3$)**	1.5 ± 0.01	1.9 ± 0.02	2.4 ± 0.23	2.6 ± 0.01

*Total number of atoms or clusters in two measurements.
**Stated errors represent one standard error on the basis of two measurements per sample.

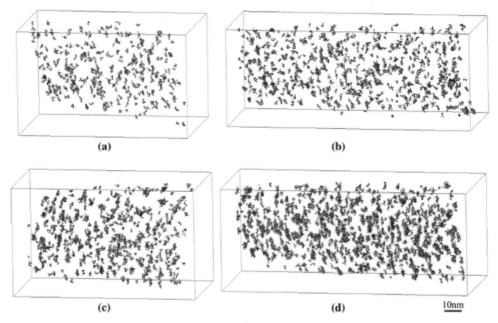

図5　Al-Mg-Si合金のナノクラスターの3DAP解析例（3Dグラフ）[4]

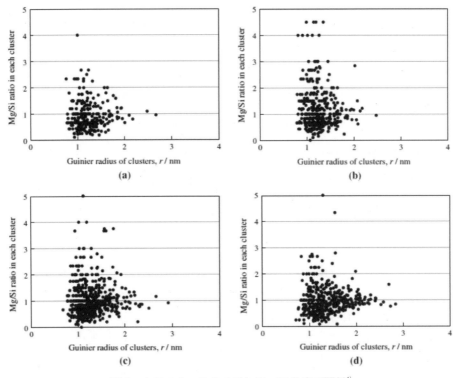

図6 クラスターのサイズと Mg/Si 比率の関係[4]

食割れ（以下 SCC）性が低く，高強度と高 SCC 性を両立した材料の開発が求められている。最近では，神戸製鋼所より合金成分とプロセス条件を適正化することにより SCC 性を維持した高強度アルミ合金 7K55 が開発されており，今後，構造部材への適用拡大が期待される[5]。

2.2 成形加工技術

アルミ合金板材は，材料の伸び，n 値，r 値，ヤング率が低いため，鋼板に比べ成形性が劣る。従来の鋼板では，成形可能な形状でも，アルミ合金板では，割れ，しわ，スプリングバックなどの問題が発生する場合がある。このため，車のデザインが制約されてしまうというケー

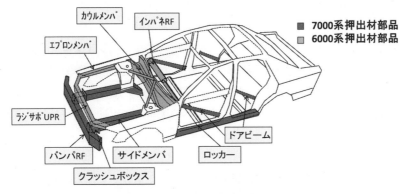

図7 アルミ押出材料適用部位事例

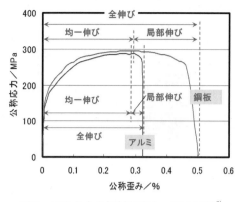
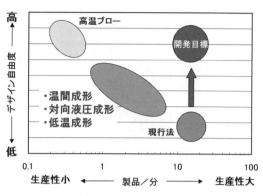

図8 アルミ合金板材の応力ー歪み曲線[3]　　図9 アルミ合金板の各種成形技術の位置付けと今後の目標[3]

スがある。自動車パネル用の代表的アルミ合金板材と軟鋼板の機械的性質は，引張強さおよび耐力については，軟鋼板とほぼ同等に値を有しているが，伸びは劣っている（**図8**）。アルミ合金は，最高荷重に到達するとその後の伸び（局部伸び）が軟鋼板に比べ著しく小さいことがわかる。このことが，アルミ合金板と軟鋼板の成形性の違いの主な原因と考えられている。アルミ合金板の成形性を補うために，アルミに適した成形・加工技術の開発が進められ，ダイフェース面の面接触部の精度を高くすること，割れ周辺部のビード高さを低くすること等の金型設計の適正化が行われ，効果が得られている。また，しわ押え力（BHF：ブランクホールドフォース）制御方法も有効な手段であると考えられる。

図9にアルミ合金板の各種成形技術の位置付けと今後の目標を示す。デザイン自由度と生産性を両立できる成形技術が求められ，アルミ合金板の成形限界を向上させる取組みが進められている。アルミ合金板での成形限界を向上させるための技術として，塑性変形の温度依存性を利用する方法も検討されている。常温での変形と比較して高温あるいは低温で伸びが著しく高くなるといったアルミ特有の特性を利用した手法である。具体的には，アルミ合金の高温域での高い延性を利用した高温ブロー成形，低温域での高い延性を利用した低温成形技術も開発されている。特に高温ブロー成形は，実用化に向けての研究開発が進められ，従来，大きな課題であった加工時間の長時間化が，生産技術の向上により短時間に抑えられ，本田技研工業株式会社にて量産化に至っている[6]。また，局部伸びが低いアルミ材では高い潤滑性を持つ固形潤滑剤の適用や，液圧成形の適用も有効な手法である。

アルミ合金板の成形加工適正化のためには，実機成形試験データ，ラボ成形試験データおよび材料の機械特性データの蓄積によるFEM等の数値シミュレーション精度の向上も必要である。FEM成形シミュレーションの活用による金型設計技術の開発も進められている（**図10**）。また，自動車メーカ，アルミ素材メーカともに，FEMを用いた安全性能と軽量化を両立できる構造設計技術の開発も取組まれており，自動車へのアルミ適用拡大に寄与している。

2.3　接合技術

アルミ合金板を接合する際，国内では過去オールアルミ車等でアルミが実用化されていた時には鋼板と同様に抵抗スポット溶接（RSW）が主に用いられてきた。これに対し，欧州では抵

第3章 マルチマテリアル化による軽量化におけるアルミニウム戦略

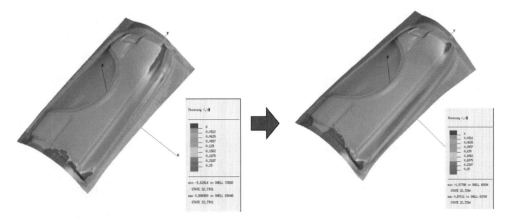

鋼板用金型形状での解析　　　　　　アルミ化のための金型形状解析
（二段ビード）　　　　　　　　　　（シングルビードに変更）

※口絵参照

図10　FEM解析によるアルミ金型形状の検討事例[3]

抗スポット溶接に代わる接合方法として，セルフリベット（SPR），やTOX（MCL）などの機械的接合が多用されてきた。国内においてもRSWに代わってFSSW接合による点接合が採用される事例も出てきている（**図11**）。

　また，軽量化とコスト上昇抑制の両立のため，鋼板とアルミ合金，樹脂複合材等を適材適所に用いたマルチマテリアル構造ボディの採用が欧米を中心に広がりつつある。これまでハングオン部材が中心であったマルチマテリアル化が骨格部材まで採用する事例が出てきており，主要な金属素材である鋼板とアルミ合金の異種金属接合部には，多くの接合方法が採用されている[8]。具体的にいくつかの接合方法について紹介する。

　機械接合としては，自動車でのリベットを用いた機械的な接合技術として，従来SPRが多く用いられているが，鋼材の高強度化で超ハイテンが使用されてきている中，SPR先端の爪の打ち込みが難しくなっており，最近ではリベットに高強度鋼材を用いてハイテンへの打ち込みを可能にしたSSRと呼ばれる接合方法が開発されている（アウディQ7）。その他，Tog-L-Loc®，TOX®等の局部的かしめ接合，ネジを回転させて片側から打ち込むFDS®，空圧を用いて釘状のリベットを高速で打ち抜いて接合するRIVTAC®等の接合方法が使用されている。

　摩擦圧接技術としては，FSW（摩擦攪拌接合：線接合），FSWを点接合としたFSSWが採用されている。最近では，高強度なリベットを使って，これを回転させてアルミ母材から打ち込んで鉄との界面で接

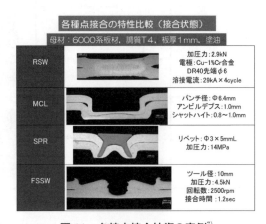

図11　各接点接合技術の事例[7]

- 57 -

合するFEWと呼ばれる接合方法が採用されはじめている。また，リベットと抵抗溶接を併用した方法（Pias metal®）も開発されている[9]。

溶融接合およびロウ付け接合技術としては，鋼-アルミ間の溶融接合時に生じる両金属間の界面に金属間化合物の発生による接合強度の低下を防止する溶融アルミめっき鋼板を用いる方法，ワイヤの内部にフラックスを封入した溶接用ワイヤを用いて鋼-アルミ間をロウ付け接合するFCWと呼ばれる方法が開発されている[10]。

中空管の拡管力を利用し，外側に配置した他部材とかしめ接合方法が開発されている。拡管力として電磁力を用いた方法があり，トヨタ自動車株式会社にて自動車のバンパーやクラッシュボックスで実用化され，溶接レス，部品点数低減，工程省略等の効果が得られている[11]。

接着接合として，最近では強度特性に優れた接着剤が開発されており，骨格構造部材において，適正に使えば剛性値向上等により軽量化への寄与が期待されている。また，接着剤は異材接合での電食防止の効果もあり，今後の活用進展が期待される。近年では，樹脂材料も軽量化素材として期待されており，金属材料と樹脂の接合開発も進められている。

今後，自動車のアルミ化を考える場合，マルチマテリアルの考え方で，素材の材料特性向上および成形技術の向上に加え，接合技術の向上が不可欠である。

2.4 設計技術

軽量化を目的としたマルチマテリアル化の進展に伴い，多種素材を使用した複合構造体での車としての性能評価が必要となる。図12に異種材料接合での塗装後の熱ひずみの解析例を示す[12]。自動車のルーフにアルミ，ピラーに鋼板を適用する場合，焼付け塗装後の熱ひずみによるルーフの局部変形の発生が数値解析により危険予知され，その対策案についてもルーフにビードを付与することにより変形が抑制出来ることを数値解析により提案された事例である。FEM等の数値解析技術の更なる向上により，素材開発，成形技術開発，接合技術開発に加え，軽量化構造開発への取り組みも必要になってくるものと考える。

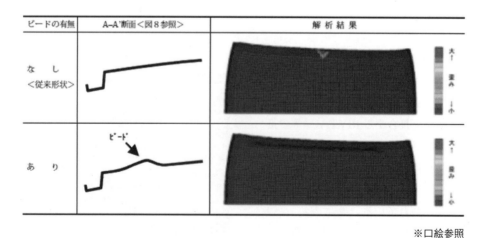

※口絵参照

図12 ビード付与による局部変形抑制効果[12]

❸ まとめ

　車の性能と軽量化を低コストで実現させるためには，マルチマテリアル化は不可欠であり，マルチマテリアル化を促進させるためには，高強度・高成形性アルミ材料の開発，アルミ材料に適した成形技術の開発，異種材料を繋ぐ接合技術の開発が必要となる。また，アルミ化の進展を考える場合，低コスト化への取組みも重要である。工程簡略化を可能とする材料技術および生産技術の向上，品種統一化に加え，リサイクルの進展が必要となる。特にリサイクルについては，自動車部品として使用されているアルミ合金は，鋳造材，板材，押出材，鍛造材と各種異なっており，品種についても5000系，6000系が混在しており，廃車スクラップからアルミ合金毎に分別できるシステムの構築が必要となる。これらの開発およびリサイクルシステムの構築を効率的に進めて行くためにも自動車業界とアルミ業界が共同で取組んでいくことが必要である。

文　献
1) ISMA ホームページ接合技術開発参照
2) 櫻井健夫：R & D 神戸製鋼所技報，Vol.57，No.2，p.47 (2007).
3) 軽金属学会第 94 回シンポジウムテキスト，p.2-13 (2015).
4) Y.Aruga, M.Kozuka, Y.Takaki, T.Sato：*Met.Mater. Trans.*，A，45A，p.5906-5913 (2014).
5) 神戸製鋼所　ホームページ，Release「耐応力腐食割れ性に優れる高強度 7000 系アルミ合金「7K55」の上市について」
6) 柴田勝弘：アルトピア，Vol.35，No.4，p.9-14 (2005).
7) 日本アルミニウム協会 自動車のアルミ化技術講習会前刷り集，p.25 (2016).
8) 橋村徹：自動車マルチマテリアル化技術の進展，自動車技術会春季大会材料フォーラムテキスト，p.43-46 (2016).
9) 岩瀬哲：ピアスメタルを用いた異種材接合方法，軽金属溶接，Vol.51，No.4，p.125-128 (2013).
10) 松本剛ほか：新開発溶接ワイヤを用いたアルミニウム合金と鋼板の異種金属技術，自動車技術会論文集，Vol.42，No.2，p.591-596 (2007).
11) 津吉恒武ほか：R & D 神戸製鋼所技報，Vol.59，No.2，p.17-21 (2009).
12) 松村吉修ほか：三菱自動車　テクニカルレビュー，No.16，p.82-87 (2004).

第1編 材料別マルチマテリアル戦略

第4章 炭素繊維複合材料のマルチマテリアル戦略

前田技術事務所 前田 豊

■1 はじめに

炭素繊維（CF）は，19世紀末のエジソンの白熱灯用フィラメントにまでその歴史を遡ることができるが，今日の構造材料を含む多用途に使用されるCFの開発は，米国での軍用用途，航空宇宙材料の開発を契機に始まったといえる。その後，英国や日本でも精力的に開発が進められ，性能，価格の両面で著しい進歩があった。特に，日本のPAN系CFメーカーが主流となって，炭素繊維の開発，製造がすすめられ，鉄，アルミに続く，第3の構造用基本材料として考えられるまでに成長してきた。

そして炭素繊維（CF）を補強基材とする樹脂との複合材料（CFRP，CFRTP）が軽量，高強度，高弾性率，良好な耐疲労性など特性から，航空宇宙用に用いられ，スポーツ機器・産業用構造体において軽量金属を代替しうることが判明した。以来，環境規制の強化と相まって，自動車の軽量化による燃費効率向上のため欧米や日本において，量産車にCFを利用する動きが急速に高まってきている。

■2 炭素繊維複合材料（CFRP，CFRTP）の概要

複合材料とは，2つ以上の素材を組み合わせて得られる材料で，例えば鉄筋コンクリートのように鉄筋をセメントで接合することで，強度の高い一体化物が得られる。強化材料が炭素繊維でマトリックス（接合母材）が樹脂の場合，炭素繊維強化プラスチックとして使われて新たな性能の複合材料が得られる。マトリックス樹脂にエポキシ樹脂などの熱硬化性樹脂を用いる場合，炭素繊維強化熱硬化性プラスチック（CFRP）と呼び，ポリアミド樹脂などの熱可塑性樹脂

表1 炭素繊維複合材料の種類[3]

母材（マトリックス）	複合材料	略語
熱硬化性樹脂	炭素繊維強化樹脂複合材料 (Carbon Fiber Reinforced Plastics)	CFRP
熱可塑性樹脂	炭素繊維強化熱可塑性樹脂複合材料 (Carbon Fiber Reinforced Thermoplastics)	CFRTP
炭素（カーボン）	炭素繊維強化炭素複合材料 (Carbon Fiber Reinforced Carbon)	CFRC. C/C
セラミックス	炭素繊維強化セラミックス複合材料 (Carbon Fiber Reinforced Ceramics)	CFRCe
金属（メタル）	炭素繊維強化メタル複合材料 (Carbon Fiber Reinforced Metal)	CFRM

第１編　材料別マルチマテリアル戦略

を用いる場合，炭素繊維強化熱可塑性プラスチック（CFRTP）と呼んでいる。開発の経緯から両者を含めて，炭素繊維強化樹脂（CFRP）と称することがある。また，炭素を母材とした炭素繊維強化炭素は，全体が炭素からできているため耐熱性が非常に高く，航空機ブレーキなどに使用されている。炭素繊維複合材料の種類を，**表1**に示すが，一般的に自動車用に適用される炭素繊維複合材料は，CFRP や CFRTP が主流である[1]-[3]。

３ 炭素繊維複合材料の代表的特性

3.1　CFRP の種類と特徴[1][2]

炭素繊維には，PAN 系，ピッチ系などの原料の違いや，弾性率の違い（標準，中弾性，高弾性）があるほか，使用繊維長（短繊維，長繊維，連続繊維，ナノ繊維）の違い，繊維の配向性などによって，得られる CFRP の性能が大きく変化する。

また，樹脂の種類によっても変化し，熱硬化性樹脂としては，エポキシ樹脂，フェノール樹脂，ポリエステル樹脂などがあり，熱可塑性樹脂には汎用熱可塑性樹脂，エンジニアリングプラスチック，高性能耐熱性樹脂などがある。これらの組合せによって，使用用途に応じた様々な特性の複合材料が開発されている。

なお，近年熱可塑性 CFRTP は加工コストが低い，熱サイクルが短い，耐衝撃性及び耐疲労性がよい，リサイクル性がよい，リペアが容易などの長所があり，自動車用途の有力な材料として注目されてきている。ただ，適用可能な材料種類が少ない，価格が高い，加工温度が高い，プリプレグが曲げにくい，耐熱性が低い，クリープが生じるなどの課題も有している。

3.2　CFRP の力学的特性[1]

CFRP の基本的な構造は，マトリックス樹脂の中に CF が一方向に配列した一方向 CFRP である。**図1**に一方向 CFRP の積層構成を示し，**表2**に繊維方向（0°）と繊維軸に直角方向（90°）の強度・弾性率を表示した。0 度方向は繊維で強化され，90 度方向は強化されていないため，強度・弾性率に非常に大きな差違が生じている。この異方性は，一方向 CFRP の大きな特徴である。実際の成形品では，シート状の一方向材料を炭素繊維の角度を変えて積層したり，炭素繊維織物を用いたりして，2 次元的に補強する形で用いることがほとんどである。参考までに，各種材料と CFRP の比強度比弾性率のレベルがわかるマップを**図2**に示しておく。

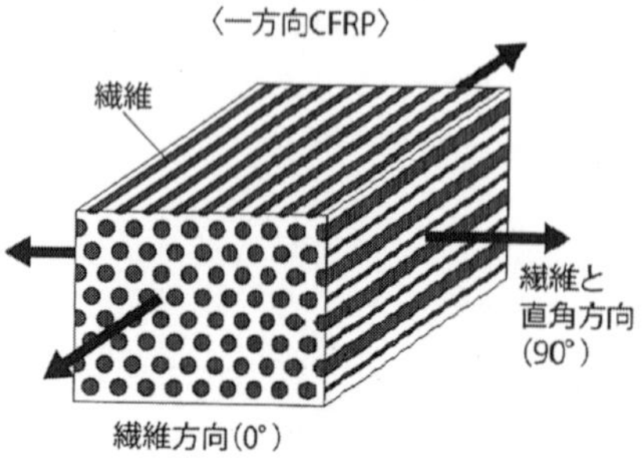

〈一方向CFRP〉

繊維

繊維と直角方向（90°）

繊維方向（0°）

図1　一方向 CFRP の積層構成

表2　一方向 CFRP の強度弾性率の異方性[3]

（単位：GPa）

	標準弾性率炭素繊維	中弾性率高強度炭素繊維	高弾性率炭素繊維
引張強度 0°方向 90°方向	1.63 0.06	3.06 0.08	1.19 0.03
引張弾性率 0°方向 90°方向	136 9	167 9	206 7

3.3 CFRPのその他の特性

CFRPは，金属，非金属と異なる幾多の特性を持っている。

熱的・電気的特性は，金属と非金属の中間の値を持ち，繊維の方向によって差異がある。熱膨張率は，CFRPの繊維方向でゼロに近いマイナスの小さな値であるが，90度方向はマトリックス樹脂の1/2程度となっている。熱伝導率も異方性があり，繊維軸0度方向は用いるCFの1/2程度の値を示すが，90度方向は，マトリックス樹脂と近い値になる。電気抵抗率も異方性があり，繊維軸方向は，CFの電気抵抗率の2倍程度で，金属に比べると高いが，ある程度電気伝導性を有している。

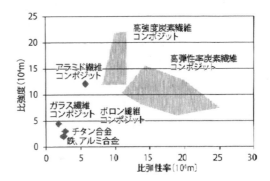

図2　一方向CFRPと金属材料の比強度・比弾性率マップ[3]

化学的特性については，耐熱性はCFの耐熱性が非常に高いため，基本的には，マトリックス樹脂の耐熱性で決まる。CFRPの場合ガラス転移温度（Tg）が耐熱性の目安になる。耐蝕性，吸水率，耐候性なども，使用するマトリックス樹脂で決まるといえる。

4 CFRPの製造

4.1 製造工程の概要

CFRP部材の製造には，原材料を混合あるいは組合せ，賦形・結合する成形工程を経る。成形工程に入る前に，CFの中間基材が用いられることが多い。

フィラメントワインディング法で圧力容器などを成形する場合は，直接炭素繊維をボビンから引き出して，その場で繊維に樹脂を含浸して成形するが，レジントランスファー（RTM）法で自動車の外板などを成形する場合は中間基材として織物（クロス）を用いて，金型内に織物を積層してから樹脂を金型内に注入して成形する。オートクレーブ法で部材を成形する場合やシートワインディング法でシャフトを成形する場合は，中間基材としてシート状に広げられた炭素繊維にあらかじめ樹脂が含浸されたプリプレグ（PP）を用いる。インジェクション（射出成形）法で匡体や外箱を成形する場合は，チョップド（短カット繊維）を熱可塑性樹脂と混練したペレットが中間基材として用いられる。中間基材には樹脂が含浸されていないドライ中間基材と樹脂が含浸された樹脂含浸中間基材の2種類がある。

織物（クロス）は，直交するタテ・ヨコの繊維束から構成されているため，形態の安定性が良いことや2次元方向に補強できることから，広く用いられている。

4.2 成形中間基材について

成形中間基材には，織物，編み物ファブリック，3D織物などCFのみからなる中間基材Iとさらに樹脂を複合させてCFの特性を活用する中間基材IIが存在する。中間基材IIは，樹脂との繊維の組合せで各種の特徴を持つ中間製品となっている。以下に中間基材IIの例を紹介する。

(1) プリプレグ

強化繊維にあらかじめエポキシ樹脂などの熱硬化性マトリックス樹脂を含浸させたプリプレグ（Pre-impregnated material）には，ホットメルト法とウェット法がある。ホットメルト法は，エポキシなど熱硬化性樹脂を，開繊し押し広げたCFに含浸する。ウェット法は，樹脂を溶媒に溶解してCF束や織物に含浸する。

(2) モールディングコンパウンド

バルクモールディングコンパウンド（BMC）とシートモールディングコンパウンド（SMC）があり，BMCは，チョップド繊維，熱硬化性樹脂，硬化剤などを混合してバルク状にした中間材である。SMCは熱硬化性樹脂コンパウンドをフィルム上に塗布して，切断したCFを散布し，含浸したシート状のコンパウンドである。

(3) ペレット

短繊維ペレットと長繊維ペレット（LFTP）の2種類がある。近年，長繊維強化熱可塑性樹脂や連続繊維強化熱可塑性樹脂が注目を浴びている。繊維長が6mm以上（12mm位が主体）の強化繊維を用いた繊維強化熱可塑性樹脂を，長繊維CFRTP，略してLFTと称している。LFTは，繊維マット強化熱可塑性プラスチックより高性能で，PEEKなど高性能エンジニアリングプラスチックの繊維強化材料より低コストで，性能とコストのバランス取りを狙った熱可塑性材料である。比較的安価で，大量生産方式により生産ができる準構造部材として，広い用途に応用することができる。

4.3 連続CF熱可塑性樹脂複合材料中間基材

炭素連続繊維・熱可塑性樹脂複合材料は，①高靱性を得ることが容易である，②熱硬化性樹脂系に比べて，成形し易く，加工コストが低い，③リペアが比較的容易である。そこで，各種の熱可塑性マトリックスが使用されるようになってきており，目的，用途に応じて使い分けられる傾向にある。炭素連続繊維・熱可塑性樹脂複合材料に用いられるマトリックス樹脂としては，スーパーエンジニアリングプラスチック（例えば，PEEK，PEKK，PES，PPS，ウルテムなど，高性能耐熱樹脂）などがある。

繊維・樹脂の含浸方法としては，図3に示す方法がある。

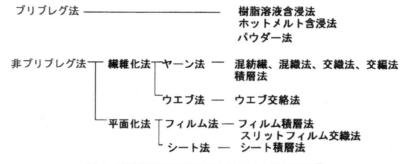

図3 連続繊維熱可塑性複合材料の中間材形態[2]

第4章　炭素繊維複合材料のマルチマテリアル戦略

これらの連続繊維・熱可塑性樹脂複合材料は，半硬化状態で使用される熱硬化性樹脂系に比べて，硬くてドレープ性がなく，タッキネスも低く，プリプレグとしての取り扱い性，加工性が悪いが，これらを改良する種々の手段が開発，上市されている。耐熱性と靱性を兼ね備えた樹脂も開発されている。

4.4　CFRPの成形加工工程

成形加工法は，繊維と樹脂の供給方法，賦形時の加熱加圧の有無，型の使用の有無，連続，非連続などによって分類される。CF連続繊維複合材料・CFRPの成形は，オートクレーブ成形，プレス成形やフィラメントワインディング成形が主流であるが，CF短繊維と熱可塑性樹脂・CFRTPからなる成形の場合，インジェクション成形や押出し成形が主体となる。

成形法による物性発現性はおよそ次のような順位である。

①フィラメントワインディング（FW）法，②オートクレーブ法，③プレス成形法，④オープンモールド法，⑤引抜き成形法，⑥SMC・BMC法，⑦インジェクション成形，⑧押出し成形など。

熱可塑性樹脂使用のCFRTPインジェクション成形では，ペレットを中間基材とし，CFRPのプレス成形に比べると，成形サイクルが短く，後仕上げがほとんど不要であり，自動化しやすい。また複雑な形状の成形が可能で，寸法精度も優れる。他方，力学的特性の面からみると，繊維長が短く，繊維体積含有率 Wf が最大40％前後と小さく，繊維の配向が制御できないなどの欠点もある。熱可塑性樹脂を用いた引抜成形やプリプレグ積層法も開発されている。成形後の形状変更加工や，リサイクル可能な技術として注目されている。引抜き速度が，熱硬化性樹脂成形品に比べて大きく，耐衝撃性，熱的特性，靱性などに優れる PEEK，PEI，PAS，PPS などの樹脂が検討されている。

⑤ 自動車向けCFRP，CFRTPの適用の経緯

自動車業界は，地球温暖化と環境問題，資源節減，原油高を背景に燃費性能向上が最も重要な課題である。これに対して改善効果が期待できるのが，車体の軽量化であり，米国環境保護庁が設定した企業平均燃費（CAFE）基準は，2017年までに36.6 mpg（マイル／ガロン），2025年までに54.5 mpg以上の燃費を達成する必要がある。自動車メーカーは，伝統的な素材に対しCFRPの適用で，従来鋼より50％軽く，アルミより30％軽くなり，新CAFE基準を満たさせるとしている。

カーボンコンポジットの日本での量産自動車への本格的な適用は，1990年代のプロペラシャフトに始まり，その後高級車のボンネットやリアスポイラー，アンダーパネルなど従来のアルミニウム，合成樹脂製部品の材料置換に及んだ。ヨーロッパでは，ボディ外板部品など2次構造にカーボンコンポジットを採用していたが，2000年あたりから車体フレームなど1次構造にも適用するに至っている。

高橋淳氏の「リサイクル視点から見た自動車材料」の評価結果によれば，自動車に使われている鋼材をすべてカーボンコンポジットに置換した場合，車両重量が300 kg軽くなり，燃費が36％向上，二酸化炭素が17％削減できるとの試算があり，本格的な採用に向け自動車メーカー，

－65－

第 1 編　材料別マルチマテリアル戦略

材料メーカーはもとより国家プロジェクトとしての取り組みがなされ，研究・開発の急速な進展がなされている。

　国内では，新エネルギー・産業技術総合開発機構（NEDO）が，自動車分野向けの炭素繊維強化樹脂（CFRP）関連技術の成果を明らかにし，サイドドア・インナーパネルやプラットフォームなどの構造部材について軽量化や高速成形のメドをつけた。「自動車軽量化炭素繊維強化複合材料の研究開発」で，炭素繊維と熱硬化性樹脂の複合材に関する成形技術や異種材との接合技術，安全設計技術，リサイクル技術など幅広い技術を開発対象とし，CFRP 製自動車用軟鋼板製に対して 50％の軽量化（部材での比較）を実現すること，CFRP 製部材でエネルギー吸収量を鋼製部材の 1.5 倍に高めること，そして成形サイクル時間を 10 分以内にすることであった。

　NEDO ではさらに，炭素繊維と熱可塑性樹脂の組み合わせによる複合材の技術開発プログラムを計画し，成形サイクル時間やリサイクル性の点で有利な熱可塑性樹脂の利用体系を確立させた。省エネポテンシャルが高い自動車構造向け CF/PP 材料の開発により，リサイクル可能な材料で，自家用乗用車とトラックを軽量化し，マクロな環境負荷低減の効果を狙っている。

　コスト，設計技術，製造速度，リサイクル性の面からそれぞれ問題解決のための技術開発が進んでおり，超軽量産車が実現してきているので，その事例を以下に紹介する。

❻ 量産車の CFRP 化技術の例

　鋼板に対して重量を 50％軽量化でき，かつ安全性を備えた CFRP 製車体を開発することが 1 つの目的で，CFRP を採用できるようにするには，革新的高速成形技術の確立が前提となる。材料を含めた成形加工面では，大きく取り上げて，次の 6 つの手法が提案されている。なお，6.2〜6.6 について CFRP の適用が考えられる。

6.1　ハイサイクル一体 RTM 成形技術

　超高速硬化成形樹脂の開発：樹脂硬化時間 5 分，成形サイクル 10 分以下の樹脂の開発，高速樹脂含浸成形技術の開発 2.5 分以内の技術を確立ということで，東レ㈱が中心となって，従来 160 分サイクルであったエポキシ樹脂 RTM 成形法における CFRP 成形時間を 10 分以下とする技術形成がなされた。

6.2　高速プリプレグ圧縮成形技術（PCM, Prepreg Compression Molding）

　高速プリプレグ圧縮成形法は，三菱レイヨン（三菱ケミカル）が新開発した 140〜150℃×3〜2 分硬化が可能なビスフェノール A 型特殊エポキシ樹脂をマトリックスとしたプレス成形用速硬化プリプレグを用いる成形技術である。プリプレグのプリフォームを用いて，鋼材型でプレス成形することによって，最短 5 分程度の成形サイクルで各種の自動車部品を製造することが可能となった。

6.3　熱可塑性樹脂高速成形技術

　NEDO で実施中の複合材料開発プロジェクト（2008〜2012 年度）では，量産車の車体軽量化を目指し，「炭素繊維」と「熱可塑性樹脂」を組み合わせた新規複合材料 CFRTP に関する材料・

－66－

成形加工・接合・リサイクル技術を開発した。熱可塑性樹脂との接着性と繊維の分散性や含浸工程通過性を両立する炭素繊維の表面処理技術，炭素繊維への含浸性と物性を両立する熱可塑性樹脂及び生産性に優れ，部材への加工性に優れた CFRTP 一方向プリプレグテープ等の中間基材の開発，液化構成 CFRTP，パウダー法，フィルム法，コミングルなどの成形技術，高効率リサイクル技術などからなる。

6.4 長繊維熱可塑性樹脂ペレット成形技術 (長繊維熱可塑性樹脂ペレット，LFT-D-ILC)

　自動車業界では，軽量で強いプラスチックによる自動車部材の成形技術が開発されている。ドイツのプレスメーカーであるディーフェンバッハ社は，成形プレスおよび全自動製造ラインのメーカーであるが，LFT-D-ILC の技術形成を図り，これを世界に広めている。LFT-D-ILC 技術は，樹脂・添加剤がツインスクリュー押出機を経て，スクリュー装置に入るところで，エンドレスの強化繊維を入れる。長繊維の混合割合は，送り速度が無段制御によって，任意に継続的な設定変更ができる。LFT の製品適用例としては，ファンプレートやドア，ボンネットなど各種自動車部品を挙げることができる。

6.5 3D印刷成形法 (熱可塑樹脂付加成形)

　3D 印刷成形 (Additive molding) で自動車も製造されている。手法や機種によって多少の違いはあるが，コンピュータ上で作った 3D データを設計図として，その断面形状を積層していくことで立体物を作成するというのが基本的な仕組みである。液状の樹脂に紫外線などを照射し少しずつ硬化させていく光造形方式や熱で融解した樹脂を少しずつ積み重ねていく FDM 方式 (熱溶解積層法) がある。

6.6 Forged Molding (鍛造成形＝SMC 成形の一種)

　SMC・BMC をはじめフェノール SMC などの新しい成形技術に適した制御系をもち，その特性に合わせて適切な成形条件が設定できる。FRP 成形ラインとしては，SMC カッティング装置，パターン組み装置，成形機，金型交換装置，温度調節・真空脱気装置，後処理・組立装置などトータルシステムで，FRP の高剛性かつ寸法安定性に優れている特徴を利用して，BMW i-シリーズ，フォルクスワーゲン・ランボルギーニ，トヨタ・レクサス，ホンダなどの自動車に生かされてきている。

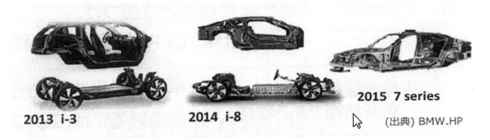

図4　複合材技術の量産自動車開発車体への適用例[4]

第1編　材料別マルチマテリアル戦略

7 自動車分野のマルチマテリアル化における CFRP 業界の戦略

7.1　CFRP の汎用自動車への適用戦略

(1)「自動車軽量化炭素繊維複合材料の研究開発」

　NEDO から東レと日産自動車が委託を受けて 2003〜2007 年度に，本プロジェクトが発足し，次世代汎用 CFRP 自動車実用化のための主要技術課題として，①超ハイサイクル一体成形技術，②異種材料との接合技術，③安全設計技術，④リサイクル技術の 4 つの課題が取り上げられて研究開発が進められた。これらの研究開発成果の集大成として試作された自動車台車においては，従来のスチール製台車に比較して 50％の軽量化と 1.5 倍の安全性が達成された。

(2) 汎用自動車部材へ熱硬化や熱可塑性樹脂を用いた CFRP 適用

　この場合の一番の課題は，CFRP 製部材を大量に低コストで成形することと考えられる。汎用自動車部材へ熱可塑性樹脂を用いた CFRTP を適用する場合の課題は，力学特性が高い CFRTP 部材の成形技術開発と考えられる。NEDO から東京大学，東レ，三菱レイヨン，東洋紡，タカギセイコーが委託を受けて 2008〜2012 年度に「サステナブルハイパーコンポジット技術の開発」が行われた。そして，炭素繊維の高強度・高弾性率を最大限に活用できる「一方向性 CFRTP 中開基材の開発」が取り上げられた。

(3)「革新的新構造材料等技術開発」プロジェクト

　「サステナブルハイパーコンポジット技術の開発」に引き続いて，経済産業省の委託による本プロジェクト（2013〜2022 年度）が開始された。同プロジェクトは，輸送機器（自動車，航空機等）の抜本的な軽量化のために必要な革新的構造材料技術や革新的接合技術の開発・実用化を目標としている。具体的には，輸送機器の軽量化に役立つ，①各種の金属材料および炭素繊維複合材料の開発，②これらのマルチ材料を適材適所で活用する異種材料の接合技術の開発，③材料特性を最大限に生かす最適設計手法や評価手法の開発，などがある。材料供給メーカー，材料加工メーカー，自動車メーカー，大学，研究機関などが参画する新構造材料技術研究組合（ISMA）によって実施されている。

(4) ナショナルコンポジットセンター（NCC）

　2012 年に通商産業省の支援で名古屋大学に設立された NCC において，熱可塑性樹脂を用いた CFRTP を汎用自動車へ適用するための成形技術の開発が進められている。同研究技術開発は，上述した「革新的新構造材料等技術開発」プロジェクト（2013〜2022 年度）の課題の 1 つである［炭素繊維複合材料の開発］に対応し，NCC を中心として新構造材料技術研究組合（ISMA）の体制で推進されている。

(5) 革新複合材料研究開発センター（ICC）

　金沢工業大学 ICC や上記 NCC が核になって形成する北陸，東海地域は自動車生産地と重なっており，炭素繊維複合材料の大生産加工地域・或いは日本のコンポジットハイウェイと呼ばれる戦略拠点となる可能性がある。

-68-

7.2 炭素繊維メーカーと自動車メーカーの提携

炭素繊維を用いた自動車の軽量部材の開発を，炭素繊維メーカーと自動車メーカーが提携する形で進められている。(図5参照)

東レと独ダイムラーは，2011年にドイツに合弁会社を設立し，ハイサイクルRTM成形技術を活用したCFRP製自動車部材の生産技術開発を開始した。2012年に上級クラスのベンツのトランクリッドへのCFRP適用が行われ，順次適用部位を拡大する方針である。

帝人（東邦テナックス）と米GMが，年生産量が数万台以上の量産車の骨格・ルーフ・ボンネットなどに炭素繊維を適用する開発を共同で行うことが2011年に発表されている。

三菱レイヨンは，炭素繊維の原料であるPAN繊維を独BMWの関連炭素繊維メーカーへ供給することを2011年から開始するなど，BMWとのつながりを強めている。

米ダウ・ケミカルは，トルコのアクサと合弁で炭素繊維製造会社を設立し，米フォードへ炭素繊維を供給する計画であることが2012年に発表されている。

炭素繊維メーカーと国内の自動車メーカーの連携の例としては，2012年に経済産業省の支援で名古屋大学にナショナルコンポジットセンター（National Composite Center：NCC）が設立され，自動車協調プロジェクトで国内の炭素繊維メーカーや自動車メーカーなどが参加して，CFRP，CFRTP製の次世代自動車部材の実用化技術開発が開始されている。

8 まとめ

自動車分野におけるマルチマテリアル戦略というテーマに関して，現在環境問題を解決する軽量化のキー技術として炭素繊維複合材料が，世界的に注目を浴びている。一般自動車部品への適用に向けて，低コスト，量産技術の形成が必須である。炭素繊維の基本的技術体系と，開発体制および成形サイクルを早めた量産とコストダウンの製造の現状を述べたが，現在まさに進行発展中の技術分野であり今後とも過程を見守る必要がある。ただ，一応の見通しが得られた技術は，既に，BMW，Volkswagen，TOYOTA社（レクサス）などで実用化が開始された。環境基準の厳しい要求が汎用車の更に燃費向上を求めるため，CFRPの使用は急速拡大してい

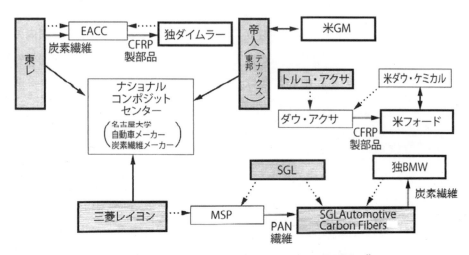

図5 炭素繊維メーカーと自動車メーカーの提携関係[3]

くものと思われる。

文　献

1) 前田豊：『炭素繊維の最新応用技術と市場展望』，シーエムシー出版，pp.1〜62 (2000).
2) 前田豊監修：『炭素繊維の最先端技術』，シーエムシー出版，pp.99〜121 (2007).
3) 平松徹：『よくわかる炭素繊維コンポジット入門』，日刊工業新聞社発行，pp.39，135〜163 (2015).
4) 安原重人：「複合材料を用いた自動車軽量化技術」第8回自動車用途コンポジットシンポジウム講演論文集，pp.25〜49 (2016).

第2編　マルチマテリアル化における設計技術

第1章　計算機マテリアルデザイン技術

第2章　マルチマテリアル化における材料設計のポイント

第2編　マルチマテリアル化における設計技術

第1章　計算機マテリアルデザイン技術

信州大学　松中　大介

■ マルチスケールマテリアルモデリング

　今日の社会に不可欠の輸送機器である自動車には十分な安全性の確保に加えて省エネルギー化や CO_2 排出削減などが求められており，車両構造の健全性や製造コスト低減など様々な要件を満たしつつ軽量化を実現することが重要な課題になっている。材料設計では，多数の合金元素の組み合わせに対して，経験を頼りに狙いを定める方法がとられてきた。また構造設計では，実機に近い構造を用いて衝撃試験や疲労試験を行って強度や変形を評価することにより，信頼性の高い製品開発が行われてきた。しかし，最終段階までに膨大な時間とコストが費やされてしまうため，製品開発における時間短縮とコスト削減が不可欠である。

　近年，計算機能力の向上とシミュレーション手法の発展を背景として，シミュレーションによって予測技術を向上させ，新しい材料や製品の開発時間の短縮，製品にかかるコストの削減を図る取り組みが行われている。そのような手法は計算機マテリアルデザイン[1]やシミュレーションベースドエンジニアリング[2]などとして世界的に注目を集めている。

　材料の力学的特性は原子レベルの素過程から欠陥の集団的挙動や内部組織といった広い時空間スケールで階層化された特徴を反映する。構造に関しても近年では内部構造が著しく細分化されており，変形状態を高精度に予測するためには内部構造の情報をとらえて逐次の状態変化を調べることが必要になっている。そのような階層化された力学的現象に対して計算手法が開発されてきたが，実用的なデザインのためには時空間の階層を超えるマルチスケールなシミュレーションが不可欠である[3]。時空間スケールにおける最も下位層には，量子力学に基づいて電子状態を決定し，系のエネルギーや各原子間に働く Hellmann-Feynman 力を求める第一原理計算がある。その上位には Newton の運動方程式に従って原子論的描像を解析する分子動力学 (Molecular Dynamics；MD) 法がある。

　第一原理計算による高精度な原子間力の情報はポテンシャルエネルギー曲面として MD シミュレーションに伝達される。また，拡散や欠陥の生成・反応などの素過程に対して，第一原理計算による活性化エネルギーの情報を動的モンテカルロ (Kinetic Monte Carlo；KMC) 法に伝達させ，長時間での解析を行うことができる。そして，マクロスケールには有限要素法 (Finite Element Method；FEM) に代表される連続体力学に基づく計算力学手法がある。第一原理計算からは弾性定数などの材料特性値の情報がマクロ場の FEM 解析に伝達される。また，与えられた境界条件の下で原子系の挙動を MD シミュレーションによって解析し，応力や変位を作用させた場合の応答から構成関係を獲得して，FEM 解析を実行するという準連続体モデルもある。さらに最近では，複数の物理現象が連成する場において内部構造の発展を連続場として予測するフェーズフィールド法が注目されている。

-73-

このような時空間スケールでの計算手法の産業応用はすでに諸外国で進められている。例えば，欧州では原子力産業や生体材料の応用のためのマルチスケールモデリング[4)5)]が進められており，そのようなマルチスケールモデリングソフトウェアのオープンソースライセンスの取り組み[6)]がある。国内においても，一般社団法人日本機械学会や公益社団法人日本材料学会などの学会で材料のマルチスケールモデリングの研究が精力的に行われており，物質科学シミュレーションポータルサイト Materi Apps[7)]が運営され，様々な計算コードのワークショップ・講習会が開催されている。

2 密度汎関数理論に基づく第一原理計算

材料特性を理解するために，材料中の電子の状態を知ることは必要不可欠である。電子状態は，境界条件の下でハミルトニアンに対するエネルギー固有状態として，原理的には量子力学に基づいて決めることができる。しかし，電子同士が相互作用するために多数の電子系の固有状態を求めることになり，マクロな電子数に対して固有状態を解くことは不可能である。この問題に対する近似法として

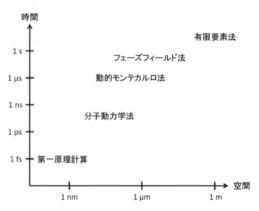

図1　時空間スケールにおける計算手法

現在まで最も成功を収めてきたのが密度汎関数理論（Density Functional Theory；DFT）を用いて，さらに電子間相互作用に関する近似を適用するアプローチであり，第一原理計算と呼ばれる多くの計算に用いられている手法である。DFTに関しては詳細かつ丁寧な良書が多数出版されているので参照されたい[8)9)]。以下に簡単にDFTの基礎のイントロダクションを示す。

固体中の電子は，原子核が作る静電ポテンシャル中に置かれ，お互いにクーロン相互作用する系である。電子の質量やクーロン相互作用は変化しないため，この系を特徴づけるのは原子核が作る静電ポテンシャルのみである。仮に，異なる2つの外部ポテンシャルを持つハミルトニアン

$$H_1 = H_0 + v_1$$
$$H_2 = H_0 + v_2$$

に対して1つの波動関数Ψが両方の固有状態であったとすると，

$$H_1\Psi = E_1\Psi$$
$$H_2\Psi = E_2\Psi$$

となる。ここでE_1とE_2はそれぞれの固有エネルギーである。このとき$(v_1 - v_2)\Psi = (E_1 - E_2)\Psi$となり，外部ポテンシャルの違いは定数項のみであることがわかる。次に波動関数Ψ_1がハミルトニアンH_1の基底状態であるとする。このときΨ_1が規格化されていればエネルギーを表す次の$\langle\Psi_1|H_1|\Psi_1\rangle$は最小化されている。

$$\langle\Psi_1|H_1|\Psi_1\rangle = \langle\Psi_1|H_2|\Psi_1\rangle + \langle\Psi_1|v_1-v_2|\Psi_1\rangle = \langle\Psi_1|H_2|\Psi_1\rangle + \int \{v_1(r) - v_2(r)\} n(r)\, dV$$

ハミルトニアン H_2 の基底状態 Ψ_2 を用いた

$$\langle\Psi_2|H_1|\Psi_2\rangle = \langle\Psi_2|H_2|\Psi_2\rangle + \int \{v_1(\mathrm{r}) - v_2(\mathrm{r})\}\, n(\mathrm{r})\, dV$$

は $\langle\Psi_1|H_1|\Psi_1\rangle$ に比べて等しいか大きいことになる。もし H_1 と H_2 のそれぞれに対する電子密度が等しい場合，$\langle\Psi_2|H_2|\Psi_2\rangle$ が最小化されていることから，Ψ_1 と Ψ_2 は等しいか，あるいは縮退した基底状態でなければならない。これらの関係から，Hohenberg-Kohn の定理と呼ばれる「基底状態の電子密度が与えられれば，その電子密度を作り出す外部ポテンシャルは一意的に決定される」が成立することになる。系を特徴づける外部ポテンシャルが基底状態の電子密度によって決定されることは，系のあらゆる性質が基底状態の電子密度の汎関数として記述できることを意味する。

　Hohenberg-Kohn の定理から具体的に計算可能な方程式をさらに導く。外部ポテンシャルは基底状態の電子密度の汎関数であるが，いま外部ポテンシャルをパラメーターとして含むようにして次のようなエネルギーを考える。

$$E[n] = \langle\Psi[n]|H_0+v|\Psi[n]\rangle = T_0[n] + \frac{1}{2}\iint \frac{e^2 n(\mathrm{r})\, n(\mathrm{r}')}{|\mathrm{r}-\mathrm{r}'|}\, dVdV' + E_{xc}[n]$$

$$+ \int n(\mathrm{r})\, v(\mathrm{r})\, dV$$

ここで $T_0[n]$ は相互作用しない電子の運動エネルギーである。また第二項は電子密度による静電ポテンシャルエネルギー $en(\mathrm{r})$ との相互作用であり，ハートリーエネルギーと呼ばれる。E_{xc} は交換相関エネルギーと呼ばれ，残ったエネルギーを含ませた項であり，交換エネルギーと相関エネルギー，運動エネルギーの変化分を合わせたものになっている。この交換相関エネルギーがどのような形で与えられるかは多体問題の結果であるため厳密に知ることが難しい。そこで様々な近似が提案されてきており，局所密度近似（Local Density Approximation；LDA）や一般化勾配近似（Generalized Gradient Approximation；GGA）は最も広く適用され，多くの系に対して成功している。

　エネルギー $E[n]$ を最小化するために電子密度に関する変分がゼロである必要がある。

$$\frac{\delta T_0}{\delta n} + \int \frac{en(\mathrm{r}')}{|\mathrm{r}-\mathrm{r}'|}\, dV' + \frac{\delta E_{xc}}{\delta n} + v(\mathrm{r}) = 0$$

運動エネルギーの項以外をまとめて

$$v_{\mathit{eff}}(\mathrm{r}) = \int \frac{en(\mathrm{r}')}{|\mathrm{r}-\mathrm{r}'|}\, dV' + \frac{\delta E_{xc}}{\delta n} + v(\mathrm{r})$$

とすると，相互作用しない電子が有効的な外部ポテンシャル $v_{\mathit{eff}}(\mathrm{r})$ にある場合のエネルギーを最小化する問題と等価になる。そのため，N 電子の基底状態の電子密度に関してエネルギーを最小化する問題は次のような1体の方程式へ見かけ上還元される。

$$\left(-\frac{\hbar^2}{2m}\nabla^2 + v_{\mathit{eff}}\right)\Phi = \epsilon\Phi$$

$$n(\mathrm{r}) = \sum_{i=1}^{N}|\Phi_i(\mathrm{r})|^2$$

この方程式はKohn-Sham方程式と呼ばれている。

実際の第一原理計算の例として，図2に銅単結晶の結果を示す。体心立方（bcc）構造，面心立方（fcc）構造，六方最密（hcp）構造に対してセルサイズを変えた場合のエネルギーを示している。計算には交換相関エネルギーにはGGAを適用した。図2よりfcc構造が最も安定な結晶構造であり，体積に対するエネルギー極小点から格子定数が3.64Åと評価することができ，その2階微分から体積弾性率が146GPaと見積もることができる。これらは実験値3.61Å[10]，142GPa[11]と良く一致している。同様に，これまでの多くの第一原理計算を用いた研究において実験結果と定量的な比較ができる結果が得られている。これは導入されている近似の枠組みの範囲内で非経験的に材料特性を予測できることを意味し，理想状態での特性値や未知の材料の情報などを得るための計算機実験，それらの知見を材料設計に積極的に活用する試みなどが国内外で精力的に展開されている。

このようにしてDFTに基づく第一原理計算から電子状態を数値的に決定することができる。数多くの第一原理計算コードが開発されており，例えば，VASP，CASTEP，ABINIT，QuantumESPRESSOなどがある。特に近年では，通常の第一原理計算が原子数に対して3乗程度のオーダーの計算量であるのに対して，1乗程度の計算量を可能にするオーダーN法の第一原理計算が開発され，大規模系に有利であることから注目を集めている[12) 13)]。

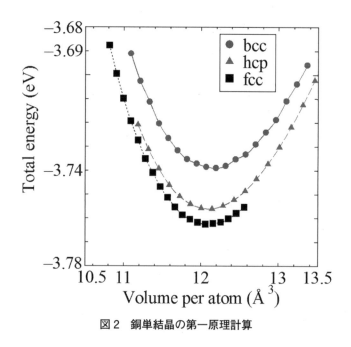

図2　銅単結晶の第一原理計算

3 分子動力学法による欠陥ダイナミクスの解析

固体材料の非可逆な塑性変形は欠陥の生成と発展挙動に由来する。Newtonの運動方程式に従って原子の運動を追跡するMD法はそのような欠陥の生成と発展挙動を原子論的な描像で解析する手法として有力であり，これまで多くの研究が行われてきた。ここではMDシミュレーションを用いたマグネシウム（Mg）の破壊に関する解析事例[14)]を示す。

Mgは実用金属材料中で比強度・比剛性が高いことから，小型電子機器の筐体や車椅子など の福祉用具に使用されており，近年では自動車や航空機などの輸送機器へのMg材料の適用に よる軽量化・省エネルギー化に対する期待が高まっている。hcp構造を持つMg材料において は，等価なすべり系の数は少なく，室温域で駆動するすべり変形が底面すべりに限られ，非底 面すべりに対しては臨界分解せん断応力（CRSS）が非常に大きい。そのため，多結晶の十分な 塑性変形に求められるvon Misesの条件をすべり変形のみで満たすことができず，双晶変形が 重要な役割を担う。c軸に対して引張応力で駆動する$(10\bar{1}2)$双晶はCRSSが極めて低く，変形 初期から発生して塑性変形に寄与する。また，$(10\bar{1}1)$双晶や二重双晶に関しては，双晶界面に 沿った破壊が観察されている。変形過程で発生する変形双晶が破壊に関係していることから， fcc構造やbcc構造の場合と異なり，Mg材料では延性と破壊じん性について分けて理解するこ とができず，欠陥間の相互作用を理解することが重要である。

双晶境界ときき裂との欠陥間相互作用について調べるために，初期き裂と双晶境界を含む原子 モデルを用いてモードⅠ型の変位を与える解析を行った。解析対象としては$(10\bar{1}2)$双晶と $(10\bar{1}1)$双晶を考え，$[10\bar{1}1]$または$[10\bar{1}2]$をx方向，各K_1面に垂直な方向をy方向，$[1\bar{2}10]$を z方向とした。$(10\bar{1}2)$双晶のモデルサイズは，$L_x = 34.3$nm，$L_y = 30.2$nm，$L_z = 1.9$nmであり， 原子数は約76000個である。また，$(10\bar{1}1)$双晶のモデルサイズは，$L_x = 39.2$nm，$L_y = 29.4$nm， $L_z = 1.9$nmであり，原子数は約85000個である。x方向には自由境界条件，y方向とz方向には 周期境界条件を課し，同じ厚さの母相・双晶のブロックがy方向へ交互に重なるモデルを考え ている。この双晶モデルに対して，領域の中央に，長さが$0.3L_x$，幅が1nmの初期き裂をK_1面 に平行に導入し，y方向のセルサイズを変化させてモードⅠ型の変位を与えた。ひずみ速度は $1 \times 10^8 \text{s}^{-1}$であり，変形時には$z$方向にセルを緩和して平面応力状態で解析を行った。

$(10\bar{1}2)$双晶に対するMD解析のスナップショットを図3に示す。$(10\bar{1}2)$双晶に対する解析で は，き裂先端から射出された底面転位と双晶境界の反応によって双晶転位が生じ，また表面か らも双晶転位が導入される振る舞いが見られた。$(10\bar{1}2)$双晶の双晶転位は極めて易動度が高い ため[15]，変位を加えていくことで容易に移動して最終的には双晶の領域が消失した。$(10\bar{1}2)$双 晶はCRSSが極めて低く変形初期から活発に駆動するが，この解析結果から，き裂との相互作 用によって$(10\bar{1}2)$双晶境界上で新たなき裂核の形成やき裂の伝ぱは難しいと考えられる。図4 に示した$(10\bar{1}1)$双晶に対する解析結果の場合，まず底面転位がき裂先端から射出され，双晶境 界まで移動した（図4(a)）。コヒーレントな$(10\bar{1}1)$双晶境界は，第一原理計算による$(10\bar{1}1)$ 双晶境界エネルギーが84mJ/m^2で$(10\bar{1}2)$双晶境界エネルギーの125mJ/m^2よりも低く，比較 的安定な面欠陥であり，$(10\bar{1}1)$双晶の双晶転位のエネルギーが高い[15]。そのため，転位と双晶 境界は反応しにくく，き裂先端から射出された転位は双晶境界近傍に堆積していった。そして， 図4(b)のように堆積した転位の応力集中により，不均一領域における静水圧成分の増加によっ てボイドが発生した。このようにき裂と双晶境界の欠陥間相互作用のために双晶近傍でのき裂 伝ぱ挙動が複雑なものとなり，そのような挙動に対してMD解析から得られる原子論的な描像 は有益な情報である。

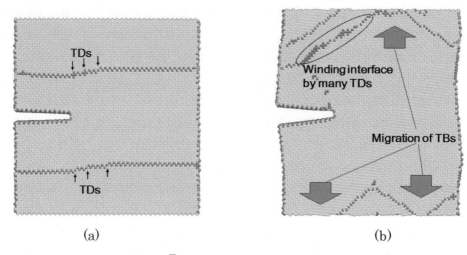

図3 き裂と(10$\bar{1}$2)双晶境界との欠陥相互作用のMD解析[14]

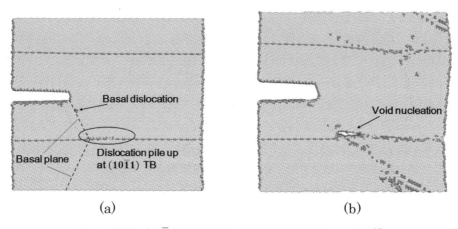

図4 き裂と(10$\bar{1}$1)双晶境界との欠陥相互作用のMD解析[14]

4 界面強度に対する界面形状の最適設計

　自動車の軽量化において材料を適材適所に用いるマルチマテリアル構造が注目されているが，マルチマテリアル構造の健全性を担保するために接合界面強度の評価とその最適設計は重要な問題である。この設計問題に対して，近年，物質導関数法と随伴変数法を用いて界面の形状勾配関数を導出し，H^1勾配法を適用して最適界面形状を決定する手法が示されている[16]。BrewerとLagaceによって提案された界面はく離開始の判定条件式[17]を用いて界面はく離強度関数を次のように定義する。

$$F(\sigma) = \left(\frac{\sigma_{zz}^t}{Z^t}\right)^2 + \left(\frac{\sigma_{zz}^c}{Z^c}\right)^2 + \left(\frac{\tau_{zx}}{Z^{s1}}\right)^2 + \left(\frac{\tau_{zy}}{Z^{s2}}\right)^2 - 1$$

ここで，界面法線方向をz方向とし，引張応力σ_{zz}^t，圧縮応力σ_{zz}^c，せん断応力τ_{zx}, τ_{zy}である。Z^t, Z^cは垂直応力のみを負荷させた場合のはく離開始の限界値を表しており，引張強度をZ^t, 圧縮強度をZ^cとしている。またZ^{s1}, Z^{s2}はせん断応力のみを負荷させた場合のはく離強度を表す。2つの材料で構成される線形弾性体に対して，変分形式の支配方程式と体積の制約条件

のもとでこの界面はく離強度関数の最大値を最小化する問題を考えることになる。手法の詳細な定式については文献を参照されたい。

解析例として，材料特性が著しく異なる場合（$E_A = 19.8\text{GPa}$，$E_B = 198\text{GPa}$）の長方形ブロックに対する単軸引張の結果を示す。はく離強度はそれぞれ $Z^t = 200\text{MPa}$，$Z^c = 800\text{MPa}$，$Z^{s1} = Z^{s2} = 400\text{MPa}$ とし，初期形状と境界条件は図5（a）に示すとおりである。得られた最適形状を図5（b）に示す。滑らかな界面形状を得ることができており，その形状は初期の平面からV字型に変化しているのがわかる。この最適化により界面はく離強度関数の最大値は約43%減少する。

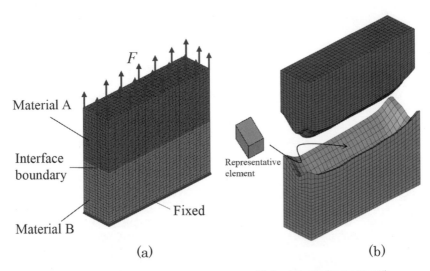

図5　長方形ブロックのマルチマテリアル構造の界面形状最適設計[16]

文　献
1) 笠井秀明，赤井久純，吉田博，編：計算機マテリアルデザイン入門，大阪大学出版会（2005）．
2) http://www.wtec.org/sbes/
3) 渋谷陽二：日本機械学会誌，**116**，20（2013）．
4) http://www.radinterfaces.eu/
5) http://mbnresearch.com/project-vinat/
6) http://www.modena.units.it/default.aspx
7) http://ma.cms-initiative.jp/ja/
8) R. M. Martin：Electronic Structure-Basis Theory and Practical Methods, Cambridge University Press (2004).
9) R.G. パール，W. ヤング：原子・分子の密度汎関数法，シュプリンガージャパン（1996）．
10) C. キッテル：固体物理学入門，丸善（2005）．
11) Landolt-Börnstein III/14a, 29a, Springer-Verlag (1992).
12) D.R.Bowler and T. Miyazaki：J. Phys.：*Condens. Matter*, **22**, 074207 (2010).
13) http://www.openmx-square.org/
14) 松中大介，渋谷陽二，大西恭彰：材料，**65**，141（2016）．
15) D. Matsunaka, A.Kanoh and Y. Shibutani：*Mater.Trans.*, **54**, 1524 (2013).
16) Y. Liu et al.,：*Mech.Eng., J.***3**, 15-00360 (2016).
17) J.C.Brewer and P.A.Lagace：*J.Compo.Mater.*, **22**, 1141 (1988).

第2編　マルチマテリアル化における設計技術

第**2**章　マルチマテリアル化における材料設計のポイント

茨城大学　西野　創一郎

1 はじめに

　近年，様々な工業製品において多機能化が求められている。その中でも環境問題への対応や省エネルギー化を目的とした軽量化は，特に輸送機器において大きな課題となっている。軽量化において最も有効な手段は構成材料のマルチマテリアル化である。特に自動車業界では，従来の鉄鋼材料からアルミニウム合金やチタン合金，マグネシウム合金そして繊維強化プラスチックへの置換が進んでいる。本稿では，自動車の軽量化を例に，構造材料のマルチマテリアル化にかかわる剛性・強度解析のポイントや軽量化を実現する周辺技術について解説する。

　自動車業界では，軽量化と衝突安全性向上の両立を目的として高張力鋼板（High Tensile Strength Steel：ハイテンと呼ばれている）の適用が拡大している。ただし，高張力鋼板の使用は単純に軽量化という目的だけで使用されているわけではなく，従来の軟鋼板では衝撃吸収性確保に伴う重量増分が避けられないために，耐衝撃吸収性に優れた高張力鋼板を用いて重量増を最小限に抑えるという考え方で用いられている。したがって，衝突性能を要求される車体系骨格部品（フロントピラー，センターピラー，フロントサイドフレーム，リヤーフレーム，バンパー，ドアビームなど）の素材では高張力化が進んでいるが，一方，3次元のデザイン曲面の成形が要求される外板や厚板を使用した足回り部品では軟鋼板が使用されている。しかし，高張力鋼板の自動車部品への適用は自動車のモデルチェンジ毎に増加してきており，現在は全体の3〜7割まで進んできている。これらの中で980MPaや1180MPa級高張力鋼板の適用も試みられているが，高強度になればなるほど生産現場ではプレス加工における種々の問題（成形性確保・形状精度確保・加工荷重不足・型カジリ・加工騒音増大等）が顕在化している。また，鋼板の高強度化に伴い遅れ破壊（水素脆性）や応力腐食割れの問題も懸念されている。

　上記の通り，軽量化を目的とした材料置換は有効な手段の一つであるが，様々なリスクを抱えていることを忘れてはいけない。すなわち，設計者は剛性や強度確保という最低条件を満足させるだけではなく，製品の加工方法や生産設備，接合技術，耐久性（疲労や腐食，摩耗など）について総合的な視野から検討する必要がある。

2 剛性と強度

　まず，設計において最も重要な剛性と強度の違いについて述べる。

　図1は軟鋼と高張力鋼の応力−ひずみ線図を模式的に示したものである。高張力鋼の方が軟鋼よりも降伏応力，引張強さが高く，破断伸びは小さい。当然であるが，高張力鋼の方が軟鋼よりも強度が高い。

　一方，両者のヤング率（縦弾性係数）は同等である。鉄鋼材料は少量の添加元素と熱処理で強

－81－

度や延性を自由自在に変化できる。これは鉄鋼材料が汎用材料として使用されている最大の理由である。金属のヤング率は元素によって決定されるので，鉄の成分比率があまり変わらない軟鋼と高張力鋼板はヤング率が同じである。

後述するように構造材料の剛性を決定する材料パラメータはヤング率である。したがって，形状が等しければ，軟鋼で製造した製品と高張力鋼で製造した製品とは「剛性」は等しい。ただし，両者の「強度」は異なる。したがって，軟鋼を高張力鋼に置換して板厚を減らして軽量化を行った場合，強度を同等と設定しても剛性は低下する。設計者にとっては周知の事実ではあるが再度確認いただければ幸いである。

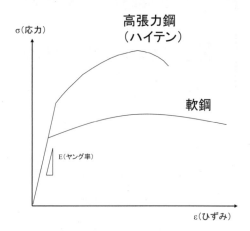

図1　軟鋼と高張力鋼の応力－ひずみ線図

3 材料力学による剛性解析と軽量化

設計者は，材料力学というツールを用いて構造物の剛性を定量的に評価することができる。剛性とは構造物に外力が負荷された場合の荷重と変位の関係を表している。基本的な変形のパターンは引張圧縮，曲げ，ねじりの3種類である。

図2に示すように片端部を固定した断面積A，長さLの丸棒を荷重Fで引張った場合の変位ΔLについて考える（ここでは円柱の自重は考慮しない）。荷重Fと変位ΔLの関係は線形であり，その係数が引張変形における剛性である。この引張変形における剛性は以下の手順で計算される。

式①：外力F（引張荷重）を負荷すると丸棒の内部には力のつり合いから内力が生じる。単位面積当たりの内力が応力σである（力のつり合い）。

式②：応力σとひずみεの関係は弾性域において線形である。これはフックの法則と呼ばれ，係数Eがヤング率である（応力－ひずみ線図）。

式③：ひずみとは円柱内部における各部分の単位寸法あたりの変形量であり，その総和が全体の変形量となる（ひずみの適合条件）。

この3つの式を使うとF＝(AE/L)ΔLとなり，剛性はAE/Lと表される（図3）。したがって引張変形に対する剛性を高くするには断面積Aを大きく，長さLを小さく，ヤング率Eを大きい材料を選定すればよい。このように構造部材の剛性は形状パラメータと材料パラメータに依存している。す

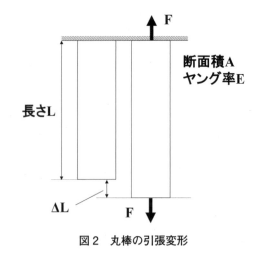

図2　丸棒の引張変形

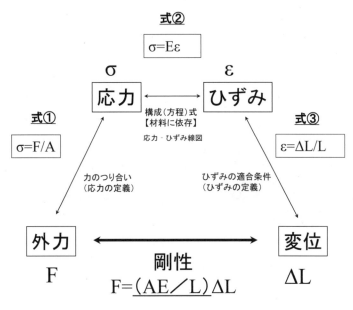

図3 引張変形における剛性の算出方法

なわち,式①における断面積 A(形状パラメータ),式②におけるヤング率 E(材料パラメータ),そして式③における長さ L(形状パラメータ)によって剛性が決定される。

この式を使って軽量化を目的として鉄鋼からアルミニウム合金に置換した場合を考えてみる。アルミニウム合金のヤング率は鉄鋼の1/3倍であるから,形状を変えない場合,引張変形に対する剛性は1/3倍に低下する。同等の剛性を確保するためには断面積を3倍もしくは長さを1/3倍にすればよい。軽金属は鉄鋼材料に比べてヤング率が低いため,材料置換の際に剛性を確保するためには,断面形状や長さを変更する必要がある。

以上,引張変形における剛性解析を一例として形状と材料に関する簡単な考察を行った。曲げ変形,ねじり変形においても引張・圧縮変形と同様に,剛性は形状パラメータ(断面,長さ)と材料パラメータ(ヤング率)によって決定される。これらの式を使って剛性だけではなく重量そしてコストに関する簡単な計算が可能である。製品の高剛性化と軽量化を考える際には,材料力学を活用していただきたい。

■4 軽量化を実現するための周辺技術

4.1 製品における必要部位の板厚を増やすプレス加工技術(増肉成形法)[1)〜3)]

プレス加工は素材に板厚精度・機械的特性の安定した圧延鋼板を用いて,主に張力を負荷しての成形である。そのため,バルク材を潰して成形を行う鍛造加工に対して,より小さな加工荷重で高精度な加工品が得られる。反面,絞り成形のフランジ部のように成形過程で圧縮応力を受ける部分を除き,素材板厚より肉厚が薄くなる。しかも受ける応力により不均一な肉厚分布となる。また,製品強度が最小肉厚部にて決定されるため設計仕様よりも厚い素材を用いることになり,軽量化を阻害している場合もある。

以上の観点より,肉厚減少部分の回復や局部の増肉および加工硬化による強度向上をプレス

図4　全体形状の均一肉厚化成形工程

加工にて実現できれば活用領域を大幅に拡大できる．以下は，実用化されたCVT（無段変速機）の主要構成部品であるプーリーピストンの事例である．成形工程は8工程であり，最初の4工程で製品肉厚の均一化，残りの4工程でフランジ部（端部）の板厚増肉化を実施している．

図4に形状肉厚を素材より厚く，均一な肉厚を実現した成形工程を，図5に板厚変化を示す．通常行われている張力を負荷する成形法では30％程度の板厚減少は避けられないが，図4に示す4工程の成形（最適円筒絞り成形，逆押し成形，押し込み成形）によって素材板厚（4mm）以上で均一な製品形状肉厚を確保できた．

必要部位の肉厚を増加させる増肉法として，従来から行われていた上下から潰す方法では図6に示すように被加工材と型の間に増肉分の隙間があるため座屈が発生する．そのために見かけ上は肉厚が増したように見えていても断面のファイバーフローを観察すると折れ込みが発生していて本来の増肉にはなっていない．今回開発した新しい増肉方法は，図6に示すように増肉部に角度を設けることによって増肉部の両面と増肉周辺形状を拘束して成形する．その結果，非拘束部を少なくすることができ，座屈による折れ込みを制御した成形が可能となった．図7にフランジ部の肉厚を素材板厚の1.5倍に厚肉化した成形工程を示す．図8におけるフランジ部の硬度測

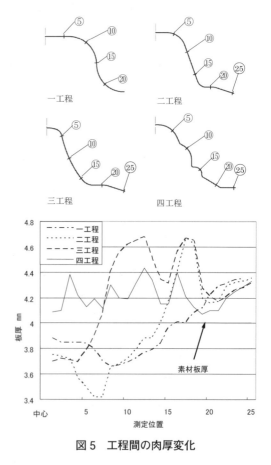

図5　工程間の肉厚変化

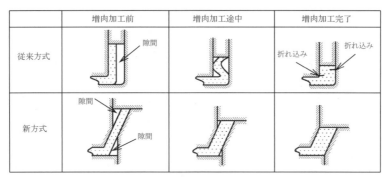

図6 増肉成形法の比較

定結果から。プレス成形時の加工硬化によって製品硬度が素材の2倍以上まで増加している。このプレス加工技術によって部品を一体化でき，大幅な軽量化とコスト低減が実現された。また，プレス成形による強度向上という付加価値が得られた。

筆者らはこの増肉成形法に関する一連の基礎研究を展開しており，鉄鋼材料だけではなくタフピッチ銅やアルミニウム合金などの非鉄金属においても製品肉厚の増肉を実現している。上記の成形法を活用することで，より複雑形状で肉厚の変化のある軽量な製品の一体成形が実現できると考えられる。

4.2 加工硬化による材料の高強度化[4]

プレス加工では，被加工材に塑性ひずみが与えられて製品形状に成形される。塑性ひずみを与えられた被加工材は加工硬化により強度及び硬度が増加する。このように加工前後で被加工材の特性が変化することがプレス加工の一つの利点である。しかし，現在の強度設計では母材の機械的質を基準としており，加工硬化による強度増加分を考慮していない。

筆者らはプレス加工における加工硬化が材料強度に及ぼす影響を検討している。軟鋼，高張

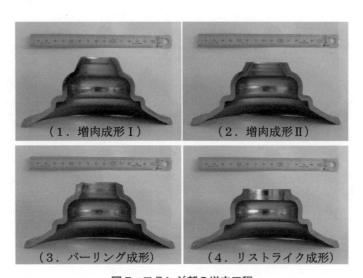

図7 フランジ部の増肉工程

第2編　マルチマテリアル化における設計技術

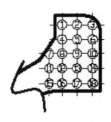

	① 230	② 247	③ 202
	④ 200	⑤ 233	⑥ 195
⑦ 236	⑧ 212	⑨ 228	⑩ 197
⑪ 210	⑫ 213	⑬ 232	⑭ 213
⑮ 192	⑯ 216	⑰ 237	⑱ 211

図8　フランジ部の硬度分布（Hv）

力鋼（引張強さ440MPa）および非鉄金属（純アルミニウム，アルミニウム合金，純銅）の板材を準備して，同一の金型で3工程のプレス加工を実施した。各工程とも絞り加工であり，被加工材の限界絞り率となるように金型が設計されている。また，第2工程にはバウシンガー効果による絞り率向上を狙った逆絞り成形を用いている。第3工程では材料に圧縮応力を負荷することで被加工材の板厚を元板厚より厚くする増肉成形を行っている。図9に示す各工程のプレス製品の縦壁部からワイヤカットにより試験片を切り出して引張試験を実施した。

軟鋼および高張力鋼の成形品における各工程での引張強度を図10に示す。いずれの素材においても加工工程の進行と共に引張強度が向上している。また，軟鋼成形品の第3工程の引張強度は高張力鋼の母材強度を上回っている。鉄鋼材料と非鉄金属における各成形品の硬度と引張強度の関係を図11に示す。一般に鉄鋼材料の硬度と引張強度は鋼種に関わらず比例関係にあるとされているが，同一鋼種でプレス成形による加工硬化により硬度と引張強度が向上した状態でも同様の比例関係が成立している。また，非鉄金属においても鉄鋼材料と同様の比例関係が成立しており，すべての材料が1本の線上にプロットされている。

以上の結果から，加工硬化を考慮した強度設計ができれば，使用材料の薄肉化による部品の軽量化，または強度がワンランク下の材料を使うことでのコスト低減を図ることができる。

5　おわりに

本稿では，自動車を例に材料特性を生かした軽量化設計のポイントについて解説した。軽量化は製品設計にとって重要なファクターであるが，一方で過度な軽量化は安全性や耐久性を低

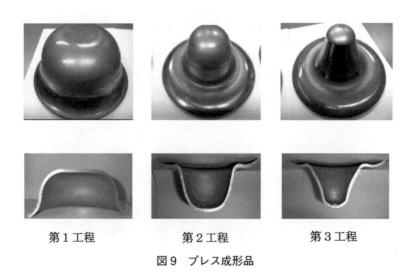

第1工程　　　　　　第2工程　　　　　　第3工程

図9　プレス成形品

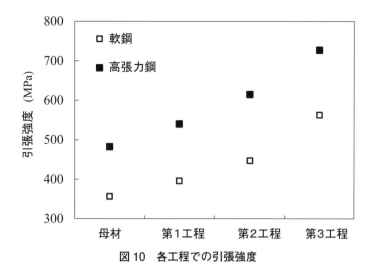

図10　各工程での引張強度

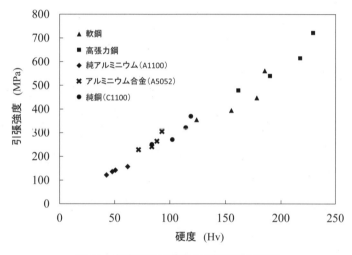

図11　各成形品の硬度と引張強度の関係

下させる可能性がある。設計者は剛性と強度を確保するために，最適な材料と形状について十分に検討しなければならない。そのためには，最新の材料開発や加工技術，接合技術に関する知識を常に入手して，様々な角度から総合的に製品設計を考えることが重要である。本稿がその一助となれば幸いである。

文　献
1) 西野創一郎，大屋邦雄，湯澤幸雄：プレス加工による板鍛造成形技術，塑性と加工 51-594, 642-646 (2010).
2) 大屋邦雄，西野創一郎：自動車を支えるプレス加工技術，自動車技術 64-7, 76-81 (2010).
3) 西野創一郎，大屋邦雄：軽く安くする材料・加工技術 – 第37回　鋼板をプレスして板の端を厚くする，日経 Automotive Technology, 94-101 (2012).
4) 鈴木善貴，長谷川智裕，西野創一郎，大屋邦雄，市川忠明：プレス加工部品の引張および耐久試験結果の評価，自動車技術会2013年春季大会学術講演前刷集，No.76-13（金属材料Ⅱ），21-24 (2013).

第3編　マルチマテリアル化を実現する異材接合技術

第1章　メーカーにおける接合技術動向

第2章　接合技術

第3章　接着技術

第3編　マルチマテリアル化を実現する異材接合技術

第1章　メーカーにおける接合技術動向

第1節　自動車メーカにおけるマルチマテリアル化
〜日本の自動車メーカの適用例を中心に

株式会社タマリ工業　三瓶　和久

1 はじめに

　世界中でCO_2排出規制が強化されている中で，自動車各社では燃費向上のための様々な軽量化技術が開発されている。マルチマテリアルとは，超高張力鋼板，アルミニウム，CFRPなどの軽量材のそれぞれが持つ優れた特性を活かしつつ，併用する概念といわれており，異なる金属や材料を接合することで部材としての材料特性を改善，高強度化や軽量化を実現することである。

　自動車のボデーを例にとって軽量化の推移をみてみると，まずは従来の主要構成材である鋼材の使用を前提に，高張力鋼板により鋼板を高強度化して薄肉化することで軽量化が図られてきた。しかし，鋼板による軽量化には限界があり，軽量材として，アルミを主とする非鉄金属，樹脂材料への置換が積極的に進められている。また，鋼材に比べて比強度，比剛性ともに圧倒的に高く，軽量化のための材料としては最も優れているCFRP（炭素繊維強化プラスチック），CFRTP（炭素繊維強化熱可塑性プラスチック）の適用も始まりつつあり，まさに自動車ボデーもマルチマテリアル化が進みつつある。

　マルチマテリアル化には異材の接合技術が不可欠である。一般に異材の接合は容易ではなく様々な課題を有している。アルミと鋼板の接合には金属間化合物の生成という大きな課題がある。また，樹脂材料の適用には，樹脂材料と金属材料という物性の大きく異なる材料を接合する異材接合技術の開発が不可欠である。

　ここでは，主に自動車ボデーの軽量化の流れをたどりながら，高張力鋼板の溶接，アルミと鋼材の溶接，樹脂と金属，CFRPと金属の異材接合技術，そして，そのために開発され適用された接合プロセス技術，加工システムについて紹介する。

2 自動車の軽量化と材料の変遷

　自動車材料の構成比率の変遷を図1に示す[1]。これまでの主要構成材料である鋼材は，高張力鋼板による薄肉化の要因もあり，その重量比率が年々減少している。2010年における鋼材の比率は70%であり，2020年にはさらに65%にまで減少するものと予測されている。それに代わる軽量材として，アルミを主とする非鉄金属の比率が約10%，樹脂材料の比率が約15%と樹脂材料への置換も積極的に進められると予測されている。

　自動車のボデーについて，これまでの軽量化の推移をみると，まずは従来の主要構成材である鋼材の使用を前提に，高張力鋼板により鋼板を高強度化して薄肉化する方法により軽量化が図られ，それと並行する形で，テーラードブランク材による板厚最適化が進められてきた。また，鋼材による軽量化ではレーザ溶接による連続溶接を適用して構造を最適化することで軽量

化を図る手法も実用化されている。

　しかし，鋼材による軽量化にも限界があり，使用比率は年々減少している。それにかわる軽量材として，アルミを主とする非鉄金属，樹脂材料への置換が積極的に進められている。また，鋼材に比べて比強度，比剛性ともに圧倒的に高く，軽量化のための材料としては最も優れているCFRP，CFRTPの適用も欧州のフェラーリ，ランボルギーニに代表される超高級車に限定的に採用されていたものが，国内のLexus，欧州のBMW等の高級車ではあるが量販車への適用が始まりつつある。まさに自動車ボデーのマルチマテリアル化が進みつつある。

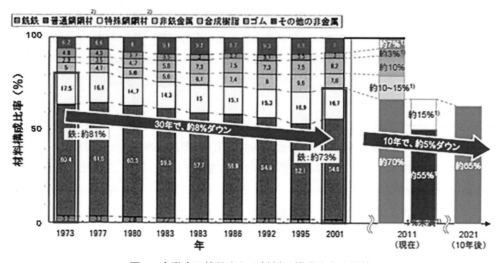

図1　自動車に使用される材料の構成比率の推移

3 高張力鋼板の溶接

　ボデーの溶接にはスポット溶接が使用されている。材料の高強度化に対してスポット溶接強度が比例せず，強度不足となるケースが現実化してきている。その対応策として溶接の打点数を増やす方法と溶接方法を変え一か所あたりの溶接強度を大きくする方法が検討されている[2]。

　溶接の打点数を増やす方法としてトヨタ自動車は，レーザをスキャナーで高速走査してスポット溶接の打点間に増し打ちするレーザスクリューウェルディングを開発し，レクサスのISに適用している（図2）。レーザ溶接システムはファイバーレーザ，国産のデジタルスキャナーと多関節ロボットで構成されている（図3）。スキャナーにより円やらせん状の溶接軌跡を繰り返すことで凝固後に平滑な欠陥のない溶接部が得られており，亜鉛メッキ鋼板のゼロギャップ溶接を可能とした画期的な工法として注目されている。プリウスの新型モデルでスクリューウェルディングの適用を拡大している。

　また，溶接の形態を変え1ヶ所あたりの溶接強度を大きくする方法としてレーザシームステッパー（図4）によるウォブリング溶接が提案され，VWのゴルフ7に適用されている。レーザシームステッパーはケーシング内に内蔵された加工ヘッドをメカニカルな機構で揺動させながら走査させることによってジグザグの軌跡のウォブリング溶接ビード（図5）を形成する装置である。スポット溶接と比べて1打点あたりの溶接強度を大幅に向上させることができる。スポッ

第1章　メーカーにおける接合技術動向

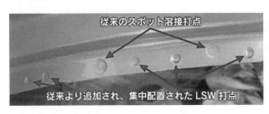

図2　レーザスクリューウェルディング　　　図3　レーザ溶接システム

ト溶接数打点分を1度に溶接できることから生産性も向上し，スポット溶接に対してフランジ幅を短くすることでさらなる軽量化も可能となる。

4 自動車構成材料のマルチマテリアル化と異材接合

　鋼材に変わり，アルミ，樹脂，CFRP等の軽量材料を適用してマルチマテリアル化を進めるためには，これらの材料を組み合わせた異種材料の接合技術が不可欠である。異種材料の接合に際しての課題を図6に示す。異種材料の接合では融点，熱膨張係数等の物性の違いが課題となる。もう1つの大きな課題が接合界面の問題である。金属材料の場合ではアルミと鉄鋼材料の接合にみられるように，硬くて脆い金属間化合物層が接合界面に生成し，継手強度の低下を引き起こすその対策として，接着と機械的締結の併用，摩擦撹拌接合，ろう付等の母材を溶かさない接合技術の開発が進められている。一方で樹脂と金属の接合技術も金属材料側に微小な溝，

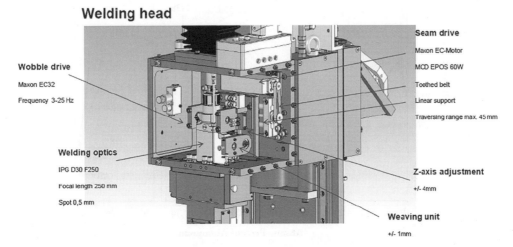

図4　レーザシームステッパー

-93-

突起を形成し樹脂材料とのアンカー効果により接合強度を確保する方法や，界面の酸化物層を利用する方法，官能基をブレンドしたエラストマーを中間に挟みこみ接合界面に化学的な結合状態を得る方法等，種々の接合技術の開発が進められている（図7）。

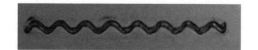

図5　レーザによるウォブリング溶接

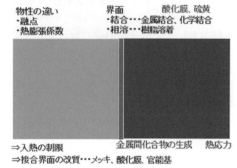

図6　異種材料接合のポイントと課題

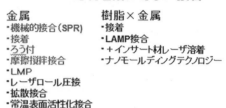

図7　異種材料の接合技術

5 アルミと鋼板の溶接

アルミと鋼板の接合では接合界面にFe_2Al_5，$FeAl_3$等の硬くて脆い金属間化合物の層が生成し（図8），継手強度の低下を引き起こす。そのため金属間化合物の生成を抑制するための対策

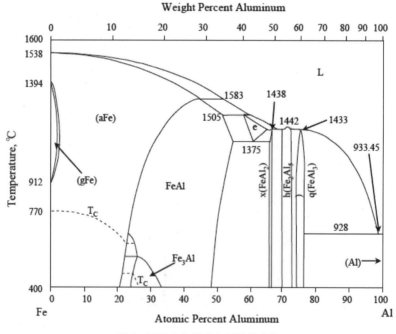

図8　アルミと鉄の金属間化合物

-94-

図9 フロントボデーへのセルフピアッシングリベットと接着剤の適用（BMW7シリーズ）

として入熱量を減らすことが不可欠である。特に，機械的締結，接着，接着と機械的締結の併用や，摩擦撹拌接合，等の母材を溶かさない接合技術が実用化され，ドア，ルーフ，サブフレーム等の接合に採用されている[3]。

5.1 セルフピアッシングリベットと接着剤の併用

　セルフピアッシングリベットは機械的な結合方法であり被接合材の溶融が生じない。BMW7シリーズではボデーのフロントまわりのアルミと鋼板の接合にセルフピアシングリベット（SPR）が採用されており（図9），部位により構造用接着剤で補強されている。
　三菱自動車のアウトランダー（2005）はアルミ製ルーフを採用しており，アルミと鋼板の接合には同様にセルフピアシングリベット（SPR）と接着剤が併用されている[4]（図10）。スチール比

図10　アルミルーフへのセルフピアッシングリベットと接着剤の適用
（三菱自動車アウトランダー）

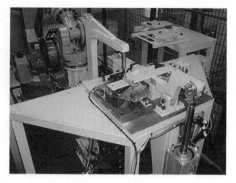

図11 アルミルーフへのセルフピアッシングリベットと接着材の適用
（マツダ　ロードスター）

5kgの軽量化効果と重心高が下がるため，ロールが減少し操舵応答が良くハンドリング特性の向上効果が得られたとしている。

5.2 摩擦撹拌接合

摩擦撹拌接合は金属の塑性流動を利用した接合法であり，摩擦熱による温度上昇はあるが，金属の溶融温度に達するまで加熱されることがないため，金属間化合物の生成を抑えることが可能である。マツダのロードスターでアルミフードへの接合に摩擦点接合技術（FSSW）技術が

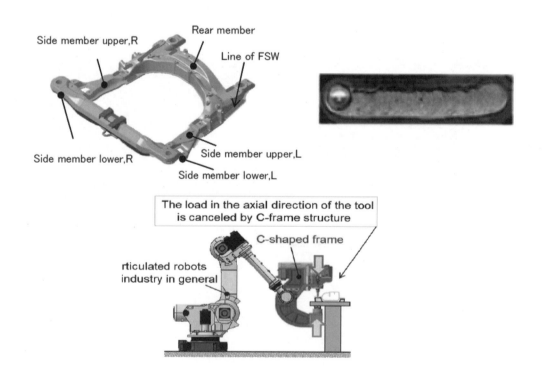

図12 スチールとアルミニウム合金のFSW異材接合ハイブリッドサブフレーム
（ホンダ　USアコード）

採用されている。その基本原理を応用発展させることにより，アルミ製トランクリッドと鋼板製ボルトリテーナーの接合で異種金属の接合技術が実用化されている（図11）。亜鉛メッキが異種金属の接触腐食を防ぐ役割を果たしている。従来のリベット，メカニカルクリンチなどの機械的接合方法に比べ，リベットが不要なためランニングコストを低減することができる。

アルミ合金鋳物と鋼板を摩擦溶接（FSW）で接合したハイブリッドサブフレームがホンダの北米仕様アコード（2012）に搭載されている（図12）[5]。前モデルに対し25％の軽量化とサスペンション取り付け点剛性を20％，ステアリング取り付け点剛性20％向上を達成し，また接合時消費電力も50％削減することができたとしている。

5.3 アルミと鋼の3Dロックシーム（2段ヘミング技術）技術

ホンダはドア外縁部の新ヘミング加工方案「3Dロックシーム技術」を開発し，アルミと鋼の異種金属部品を一体化したマルチマテリアルの新構造ドアとして実用化されている。新構造ドアの構造を図13に，新構造ドアの量産化のためのコア技術である新しいヘミング技術の概要を図14に示す。この新構造ドアはホンダのアキュラRLXに搭載され，従来のスチール製ドアに対し約17％の軽量化を達成している。

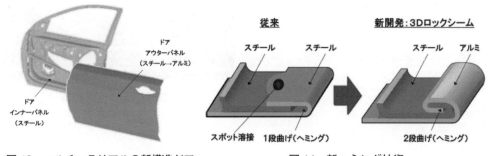

図13　マルチマテリアルの新構造ドア　　図14　新ヘミング技術

6 CFRPの適用

量販車におけるCFRPの適用はエアロパーツ，プロペラシャフト等の小型の部品に始まり，生産性の高いPCM（Prepreg Compression Molding）工法の開発によりトランクリッド（図15）等の蓋物と呼ばれる大型のボデー部品に適用されている。

BMWは，電気自動車「i3」でCFRP製のボディを採用し（図16），従来車より約300kgの軽量化に成功し，電池搭載量も大幅に削減することができたといわれている。このほかにもCFRP製ボディは，トヨタ自動車のレクサスLFA（図17）などでも実用化されている。レクサスRCFではフード，ルーフにCFRPが採用されている。接合には接着，機械的締結が採用されている（図18）。

7 マルチマテリアルの今後の展開

ホンダの高級スポーツカー「新型NSX」のフレームは，基本的にはアルミ合金を使いつつ，ピラー等の要所に高剛性の超高張力鋼板が使用されている。超高張力鋼板はアルミより薄くで

図15 CFRP製トラクリッド

図16 BMW i-3

きるため，外観デザインの自由度が高まるのも採用の理由といわれている。熱可塑性CFRPもトヨタ自動車の燃料電池車MIRAIのスタックフレームに熱可塑性のCFRTPが採用されたが，金属部材との接合には実績のある接着とリベットの併用が採用されている。新しい接合技術の開発とあわせてマルチマテリアルの採用が今後も拡大していくことが期待される。

図17 レクサスLFA

図18 レクサスLFAの機械的締結部

文　献

1) 日本自動車工業会，日経新聞，(2011.9.1).
2) 三瓶和久：薄板・新素材におけるレーザ溶接の潮流，溶接技術，No.5 (2015).
3) 熊谷正樹：軽量化に貢献するアルミニウムの接合技術，第2回次世代自動車公開シンポジウム「超軽量化技術の深化をめざして」
4) 松村吉修：SUVへのアルミルーフの適用技術の開発，機械学会誌，**110** (4)，1061 (2007).
5) 宮原哲也，他：サブフレームへ適用可能なFSWを用いたスチールとアルミニウムの連続接合技術の開発，*Honda R & D Technical Review*，Vol.**25**，No.1 (2013).
6) 佐々木静哉，他：アルミニウム-スチールハイブリッドドアの3Dロックシーム技術の開発，素形材，Vol.**54**，No.12 (2012).

第3編　マルチマテリアル化を実現する異材接合技術

第1章　メーカーにおける接合技術動向

第2節　摩擦熱による異種材料接合技術

マツダ株式会社　杉本　幸弘　　マツダ株式会社　西口　勝也　　マツダ株式会社　田中　耕二郎

1 自動車における異種材料接合のニーズ

　自動車には地球温暖化対策としてのCO_2削減と省エネルギー化の推進が求められており，軽量化はその有効な手段である。なかでも車両重量の40％を占める車体の抜本的な軽量化が必要であり，従来の鋼板製車体のような単一材料ではなく，各種構造材料の特長を生かした適材適所の材料適用（マルチマテリアル車体）の研究が主流となっている（図1）。

　そのマルチマテリアル車体の実現には，異種材料からなる複数の部材を組みつけるための接合技術が不可欠であるが，現状ではリベットなどの機械的接合や接着に限られる。このような背景のもと，マルチマテリアル車体の主要構成材料であるアルミニウムと鋼板，さらには炭素繊維強化プラスチック（CFRP）などの異種材料を直接接合するための研究開発が進められている。

　異種材料の直接接合法には図2に示すようにアークやレーザを用いた溶接やロウ付け，摩擦撹拌接合，超音波接合等があるが，とくに摩擦撹拌接合は次のような特長を有しており，その異種材料接合への応用研究が活発化している。

　①　被接合材に対して回転ツールによる摩擦熱と圧力を同時に加えられる
　②　塑性流動により金属表面の酸化被膜や吸着ガス等の不純物が除去できる
　③　固相での接合のため脆弱な金属間化合物の生成が抑制される

ここでは，これまでに自動車で実用化されたアルミニウム／鋼板の摩擦撹拌点接合の概要と摩擦熱を用いた異種材料接合技術の研究動向を述べる。

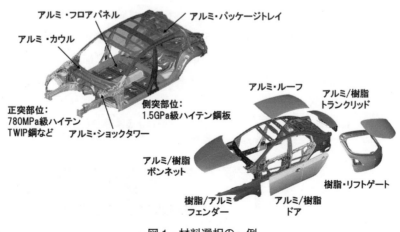

図1　材料選択の一例

2 摩擦撹拌点接合

2.1 車体接合技術の要件

現行の鋼板製モノコック車体には抵抗スポット溶接が1台あたり4000点程度使用されている。これは図3に示すように、プレス成形された鋼板部材のフランジ同士を重ねて点接合するもので、ローコストに加え、サイクルタイムや板組（材質や板厚などの組合せ）の自由度など、優れた特長を兼ね備えている。

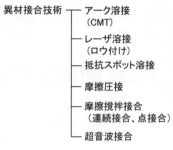

図2 異種材料接合法

マルチマテリアル車体を想定した接合技術についても、この抵抗スポット溶接並みの品質やコスト、生産性を有することが望まれる。そこで、これらの要件を満足する工法として摩擦撹拌点接合技術が開発され、アルミニウム同士やアルミニウム／鋼板の異種材料接合法として実用化[1)2)]された。

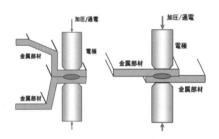

図3 車体の抵抗スポット溶接

2.2 アルミニウム同士の摩擦撹拌点接合

アルミニウムの電気伝導率は鋼板の約3倍、熱伝導率は5倍と大きく、ジュール熱を用いる抵抗スポット溶接でアルミニウムを接合するには大電流が必要となる。また、銅電極先端にアルミニウムが凝着するため電極寿命が200打点程度と短く、車体のように連続打点性が要求される部位への適用が難しい。

そこで、アルミニウム同士の点接合技術として摩擦撹拌点接合が実用化された。接合原理を図4に示す。3000rpm程度で回転する鋼製ツールが下板まで挿入され、摩擦熱で軟化したアルミニウムが塑性流動して固相接合される。図5に接合部断面の顕微鏡写真を示す。塑性流動を観察しやすくするため、上板に6000系（Al-Mg-Si合金）、下板に組成の異なる3000系（Al-Mn合金）の圧延板を用いている。回転ツール（工具）の摩擦熱で軟化したアルミニウムがツー

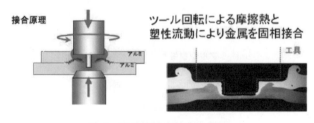

図4 摩擦撹拌点接合の原理

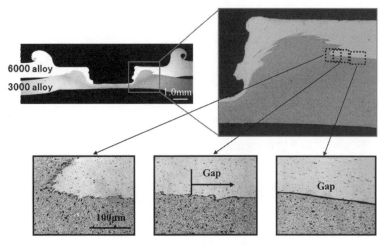

図5 接合部断面顕微鏡写真

図6 アルミニウム製後部ドア (RX8/2002)

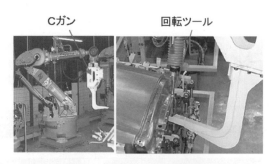

図7 摩擦撹拌点接合装置

ルの回転と押圧により塑性流動し，下板が上板に楔状に入り込む。塑性流動の過程でアルミニウム表面の酸化膜が破壊され，新生面同士が固相接合される。

本技術を用いて実用化された自動車の後部ドアを図6に示す。アルミニウム製内板と外板を点接合したもので，窓開口部にツールの挿入痕が確認できる。図7に多関節ロボットと組み合わせた接合装置を示す。大電流の溶接電源やリベット等が不要で，ツール寿命も10万点以上と長い。また，抵抗スポット溶接のようなスパッタやチリも発生しないため，今後のアルミニウムの採用増に伴い，その適用拡大が期待される。

3 アルミニウム／鋼板の摩擦撹拌点接合
3.1 接合過程

前述のアルミニウム同士の接合ではツールが下板まで挿入されるのに対し，アルミニウムと鋼板の異材接合では，ツールは上板のアルミニウムに留まるように制御される。その接合過程を図8に示す。上板のアルミニウムは塑性流動により酸化膜が破壊されるが，鋼板側は基本的に流動しないため，鋼板表面の酸化物が接合性を阻害する。

そこで，実用化にあたっては相手材に亜鉛めっき鋼板が用いられた。亜鉛めっきの融点は概ね400℃程度であり，接合過程で摩擦熱により亜鉛めっきが溶融し，下地である鋼板の新生面

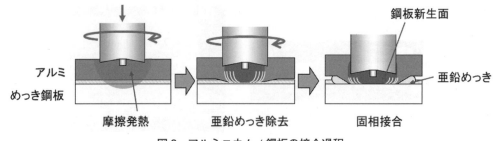

図8 アルミニウム/鋼板の接合過程

が露出，その新生面とアルミニウムが固相接合する。

3.2 亜鉛めっきの挙動

図9に接合部断面の元素分布を示す。摩擦熱で溶融した亜鉛は，アルミニウムの塑性流動により接合エリア外に排出されるとともに，一部は上板のアルミニウム内部に竜巻状に取り込ま

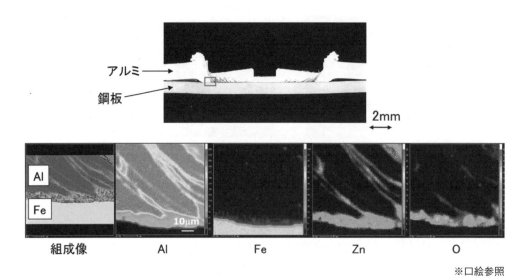

図9 接合部断面の元素分布

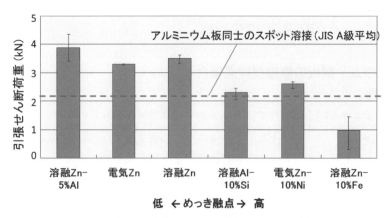

図10 各種めっき鋼板を用いた場合の引張せん断強度

れている。亜鉛が局所的に偏在すると強度低下の要因となるため，接合強度向上には，亜鉛の排出促進に加え，亜鉛をアルミニウムへ広範囲かつ均一に分散させることが重要である。

図11 引張せん断試験の破壊形態

図10に各種めっき鋼板を用いた場合の引張りせん断強度を示す。めっきの融点が高くなるにつれ接合強度が低下する傾向を示す。これは摩擦熱による接合部温度（約500℃）に対して，高融点のめっきでは界面からのめっき成分の除去が不十分なためと推察される。図中には参考として抵抗スポット溶接したアルミニウム同士の引張りせん断平均荷重（JIS Z3140）も示しているが，合金化溶融亜鉛めっき鋼板（Zn-10％Fe）を除き，抵抗スポット溶接したアルミニウムと同等の接合強度を示す。

なお，図11は引張せん断試験の破壊形態であるが，低強度の場合は界面剥離，強度の高い試験片ではアルミニウムのボタン破断の傾向を示す。本接合法における亜鉛めっきの挙動を考慮すると，同じめっき種の場合には鋼板の新生面が得られる限り，めっき厚さはより薄い方が有利と考えられる。

3.3 接合界面のミクロ組織

接合部断面の光学顕微鏡写真を図12に示す。接合エリア外周のA部には接合時に排出された亜鉛めっきが残存している。またB部ではアルミニウムと鋼板の界面に比較的厚い中間層が見られる。成分分析の結果，この中間層は残存した亜鉛めっきとアルミニウム，鉄が混在したものである。一方，C部では亜鉛はほとんど検出されず，Fe-Al金属間化合物の薄い層が観察された。主としてこの金属間化合物層のエリアによって接合強度が発現しているものと考えられる。

図13に本技術を用いて実用化されたアルミニウム製トランクリッドインナーパネルの外観写真を示す。ヒンジレインフォースメントと鋼板製ボルトリテーナーの接合（矢印箇所）に本技

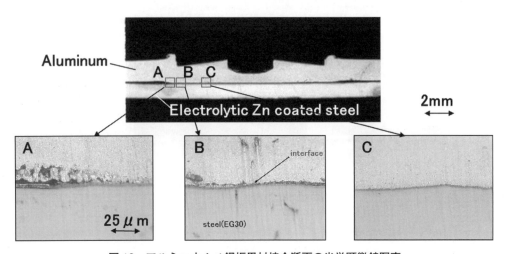

図12 アルミニウム／鋼板異材接合断面の光学顕微鏡写真

術が採用された。自動車におけるアルミニウムと鋼板の直接接合という点では初めての実用例である。

4 摩擦熱を用いた異種材料接合の新しい展開

自動車のマルチマテリアル化に伴い，摩擦撹拌接合をベースとした異材接合の研究が活発化している。表1にその主要な研究例を示す。アルミニウム／鋼板異材接合の実用化が先行しており，2005年の点接合に続き，2013年には自動車のフロントサブフレームでアルミダイカストと鋼板（合金化溶融亜鉛めっき）の連続接合が実用化された[3]。この実用例の特徴はアルミダイカスト側から挿入された回転ツールの先端が鋼板表面を削るように設定されていることである。これにより鋼板の新生面が露出し，アルミニウムと固相接合する。なお，アルミニウムと鋼板の連続接合では重ね合わせだけでなく，突合せ継手についても研究が進んでいる。この場合も鋼板側の新生面を得るために回転ツールの軌跡を鋼板側にオフセットさせ，鋼板端面を削ることで接合強度が向上することが知られている。

さらに，これまでは金属の異種材料接合が研究の中心であったが，最近はアルミニウムとCFRPを直接接合しようとする研究が始まっている。図14に点接合の概略図を示す。回転ツールはアルミニウム／鋼板異材点接合と同様にアルミニウム内部で留まるよう制御される。ツールの回転で発生した摩擦熱はアルミニウムを介して下板の樹脂に伝わり，その熱で溶融した樹脂がアルミニウムに溶着する。原理的にはポリアミドなどの熱可塑性樹脂だけでなく，それらをマトリックスとするCFRPやGFRP（ガラス繊維強化樹脂）も接合できる。

図13 アルミニウム製トランクリッドインナー
（Roadster/2005）

表1 摩擦撹拌接合による異材接合の研究例

材料の組合せ	点接合 (FSSW)	連続接合 (FSW)
アルミニウム／鋼板	◎	◎
マグネシウム／鋼板	○	○
アルミニウム／マグネシウム		○
アルミニウム／樹脂（CFRP含む）	○	○

○：研究段階　◎：実用化

(a) 接合の概略図　　(b) 接合断面

図14 アルミニウム／樹脂の点接合

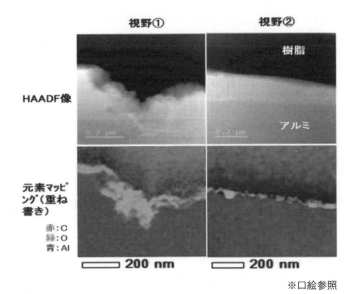

図15 電子顕微鏡による接合界面の観察結果

　図15に電子顕微鏡による接合界面の観察結果を示す。アルミニウムの薄い酸化膜を介して樹脂が溶着していることがわかる。また，熱可塑性樹脂でも官能基を持たないポリプロピレンとは十分な接合強度が得られないことから，極性を有する樹脂官能基と酸化アルミニウムとのクーロン力に起因した結合と考えられる。事実，ポリプロピレンに官能基（-COOHなど）を添加することで，アミド基を有するポリアミドと同様に接合できることがわかっている。
　一方，連続接合についても研究が進んでおり，アルミニウム（A5052）とCFRP（炭素繊維強化ポリアミド樹脂）を対象にした異材接合では，アルミニウムの表面をエメリー紙で湿式研磨処理することで，引張せん断強度が約2.9kNまで向上し，CFRPが母材破断したことが報告されている[4]。
　CFRPは一部の高級車で使用が開始されているが，現状では金属との接合はブラインドリベットや接着に限定される。摩擦撹拌接合はリベットが不要で板組（材質や総板厚など）への自由度も高いことから，今後の実用化が期待される。

5 まとめ

　摩擦撹拌接合の特長を活かして，マルチマテリアル車体の主要構成材料であるアルミニウムと鋼板，さらには炭素繊維強化プラスチック（CFRP）などの異種材料を直接接合する研究が進められている。
　アルミニウム／鋼板点接合の引張せん断強度は，JIS Z3140に規定のアルミニウム抵抗スポット溶接引張せん断荷重（A級）を上回る値を示しており，強度部材の接合に必要な要求基準を満たしている。また，アルミニウム／CFRPの連続接合では母材破断を示すレベルの接合強度が得られている。
　今後，車体へのアルミニウムや樹脂部材の部分適用が確実に増加すると予想されるなか，摩擦熱を用いた異種材料接合技術の開発と実用化の加速が期待される。

文　献

1) 村上士嘉，山下浩二郎，妹尾安郎，橘昭男：マツダ技報，No21, 86 (2003).
2) 玄道俊行，西口勝也，麻川元康：日本金属学会誌，**70** (11), 870 (2006).
3) 畑恒久，矢羽々隆憲，朝見明彦ほか：溶接学会全国大会講演概要，Vol.2013f (2013).
4) 永塚公彬，吉田昇一郎，土谷敦岐，中田一博：溶接学会全国大会講演概要，Vol.2014f (2014).

第3編 マルチマテリアル化を実現する異材接合技術

第1章 メーカーにおける接合技術動向

第3節 BMWにおけるマルチマテリアル化と接着・接合技術の将来展望

山根健オフィス 山根 健

　BMWは1916年に航空機エンジンの製造を目的に創立された会社であり，戦闘機用の高性能エンジンの製造を行うとともにより高性能なエンジン開発を進め，1919年には当時の航空機高度記録を塗り替えている。1930年代のBMW製航空機用エンジン技術を見ると，すでに今日の高性能自動車エンジンの基本技術が導入されており，1930年にはV12型エンジンにマグネシウム製のシリンダーブロックを採用している。

1 今日の自動車を取り巻く環境と開発の方向性

　20世紀に急速に発展，普及してきた自動車は，特に1970年代以降，衝突安全規定，有害排出物排出量規制など様々な規制に直面し，自動車メーカーはその対応に注力してきた。また，自動車ユーザーのニーズもより高機能，高性能を求めるものとなり，自動車はより大きく重い物へと推移してきた。図1に国産乗用車の平均車両重量推移を示す。特に1990年代に車両重量が急速に増加していることがわかる。

　21世紀に入ると，1997年12月に京都で開催された気候変動枠組条約第3回締約国会議（COP3，京都会議）で採択された温室効果ガス排出の削減目的を定めた京都議定書に沿って自動車からの二酸化炭素排出量規制の導入が始まり，年々強化されている。

　その規制値は，これまでの改良技術だけでは対応できるものではなく，パワートレインでは内燃機関のダウンサイズや革新的な技術導入や，電動化を必要とし，車体でも構造や材料転換による大幅な軽量化が必要とする厳しいものであり，その対応は自動車開発の最重要課題となった。図2に国別二酸化炭素排出量規制値を示す。さらには乗員および歩行者等に衝突時の保護性能が規定されており，車体の補強や大型化を伴う対策が施される場合が多く，この対策により，車両の重量が増加する傾向もある。その重量増を回避するために，高張力鋼を採用するなどの対策が施されている。

　自動車の走行時二酸化炭素排出量は，実走行燃費に近づけるよう燃費計測試験の運転モードを定めている。国連機関で世界共通の国際調和排出ガス・燃費試験法（Worldwide harmonized Light vehicles Test Procedure

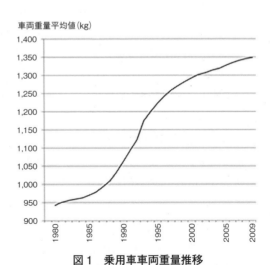

図1　乗用車車両重量推移
出典：(財)自動車検査登録情報協会「諸分類別自動車保有車両数（平成22年3月末現在）」

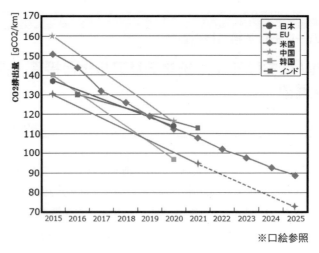

図2　各国のCO₂削減目標

＝WLTP）が採択され，日本での導入も決まっている。加減速を繰り返す運転では，走行燃費における加速時の燃料消費が支配的であり，加速時には車両重量が最大の影響因子であることから，新型車開発時には車両の軽量化に大きな努力が注がれている。近年では，有害排出物，二酸化炭素排出量規制のほかに水の使用，資源の使用とリサイクル性，製造や廃却にかかわるエネルギー消費など多岐にわたる「持続可能性（サステナビリティ）」も重要になってきている。素材製造，車両および部品製造時や廃車時のCO_2排出量も含めての評価，規制をすべきとの声が高まり，いわゆる自動車のライフサイクルでのCO_2削減の検討が行われている。

たとえば，車体軽量化のために車体材料を鉄から軽合金に転換することにより走行時のCO_2は軽量化したことにより削減されるが，軽合金の原材料製錬，成型，加工および組み立て時の「製造時CO_2排出量」および「廃車時CO_2排出量」を合算して評価して総合でも削減されていなければ本当の意味でのCO_2排出量削減がなされたことにならないというものである。

ライフサイクルでのCO_2排出量については研究段階にあり，算出基準は定まっていないが，大略走行時のCO_2排出割合は85％，製造時12％，廃車（リサイクルその他輸送等を含む）時3％であり，やはり走行時割合が大きいが，算定している欧州の平均走行距離が15年間で30万kmであるのに対し，日本では12年間で6万km程度であり，ライフサイクル評価には各国の自動車使用実態が大きく影響することが予想される。

2 電気自動車の開発

電気自動車の歴史は古く，内燃機関自動車より早く，19世紀の前半には登場し，19世紀中に最初に100 km/hに到達している。その後，急速に発達し，普及してきたガソリン自動車に押されて，戦争等で燃料の入手が困難になった場合，有害排出物規制が強化され，内燃機関での対応が困難との見通しとなった時などで一時的に注目されたが，情勢が安定すると電気自動車への関心が薄れてしまい，主流となるには至らなかった。

光化学スモッグ問題が深刻な米国カリフォルニア州は，州内で一定台数以上自動車を販売するメーカーは，その販売台数の一定比率をZEV（Zero Emission Vehicle＝排出ガスを一切出さ

ない電気自動車や燃料電池車）にしなければならないと定めている。そのため，規制対象となる自動車メーカーは電気自動車が必須であり，開発を行っている。日産自動車は，ガソリン車をベースとした電気自動車を開発してカリフォルニアだけでなく世界に販売した。

2018年以降は，ZEV規制対象となるメーカーが増加，BMWも含まれることもあり，量産電気自動車の市場投入の準備が始まった。BMWは1972年から電気自動車の研究開発を進め，さまざまな電池システムや電気自動車専用車体を実車評価してきたが，2007年に量

図3　Life (CFRP) Drive (Al) モジュール車体

産電気自動車の開発が決定されると，第一次（700台），第二次（1000台）のプロトタイプ電気自動車を製造して，一般ユーザーによる大規模な市場モニタ試験を実施し，量産電気自動車のコンセプトの明確化をした。

その結果，実用量産電気自動車設計の最大の課題が，航続距離と車両価格にあり，その両者を決定づけるのが走行用二次電池である。最新の高性能リチウムイオン電池でも必要最小限の航続距離（160 km 程度）を確保するには，大きく，重く（車両重量の1/4～1/3），高価（車両価格の1/3～1/2）な電池の搭載が必要であり，その電池搭載量は，ほぼ車両重量に比例している。逆に，車両重量を軽量化することにより，搭載二次電池の量も減少することができる訳で，車両の軽量化によるコストメリットが非常に大きく，通常の内燃機関搭載自動車より軽量化のためのコスト増加が許容される。

BMWは市販量産電気自動車に専用設計した車体を採用することを決め，その構造と使用材料の検討を行った。部位ごとに最適化を図った結果，重く，衝突時の安全性配慮が必要なリチウムイオン電池は，車体下部中央に設置し，強固なアルミニウムフレーム内に収容，そのフレームに駆動モーター，アルミニウム製のサスペンションなどを取り付けて駆動‐シャシーモジュール（Drive Module）を形成，車室など上部構造部を炭素繊維強化プラスチック（CFRP）で構成した車室モジュール（Life Module）という構成の車両となった（図3）。

2.1　CFRP車体の量産技術開発

これまで，自動車用車体に樹脂強化繊維を用いた例は，1948年登場のロータス・エリートなどいくつかの例が見られるが，本格的な量産例は見られなかった。炭素繊維を用いたCFRPは，先ず，F1のモノコックにアルミハニカムとのサンドイッチ材として登場，その軽量高剛性な材料特性が注目され，航空機，レーシングカーおよびスーパーカーなどに採用が広がっていた。

これらの構造材に用いられているCFRPは，炭素繊維の布（織物）に樹脂を含浸させたもの（プリプレグ）を裁断し，型に必要な枚数を張り込んで密封処理，真空引き後，オートクレーブで焼成するという手間と時間のかかる工程であり，年間数万台以上の量産自動車には適していなかった。したがって，量産車へのCFRP採用のためには炭素繊維製造から始まり，すべての

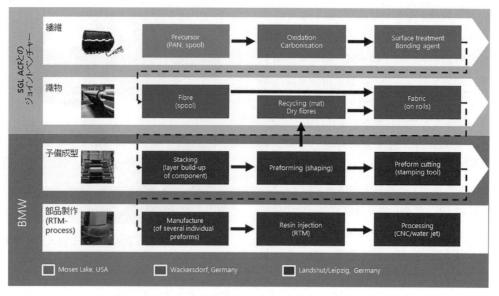

図4 BMWi3用に開発したCFRP車体パネル製造工程

プロセスを新規に開発し，設備を準備する必要があった。

図4に新開発電気自動車，BMWi3用に開発したCFRP車体パネル製造工程を示す。
① 最良の原糸（プリカーサー）の大量入手（三菱レイヨン製）。
② 炭素繊維への焼成を再生可能エネルギーで行う（米ワシントン州にある水力発電所隣に工場を新設）。
③ ドイツ国内の工場で必要特性を有する簾状の「布」を数種類製造する。
④ BMWの車体工場で「布」を必要な形状に裁断し，所定の裁断布を積層する。
⑤ 積層した布を，低圧プレスで製品形状に予備成型する。
⑥ 予備成型品を，レジン・トランスフォーム機（RTM）で樹脂を注入加圧加熱する。
⑦ 成型硬化したCFRPパネルの端部や穴等をウオータージェット切断機で加工して最終部品形状に仕上げる。
⑧ 成型されたCFRPパネルを接着で組み立てていく。接着は自動塗布（幅22 mm）で行っており，その接着総延長距離は，約160 mに及んでいる。

製造工程で発生する炭素繊維や炭素繊維「布」の端材は，不織布にして比較的要求強度の低い部材や厚みが必要な部位の充てん部材とするなどリサイクルを行っている。車両外皮の大半は熱可塑樹脂を用いている。これらの外皮パネルは平均二層の塗装を個別に行っている。

3 BMWの目指すクルマづくり

BMWは，デザイン，技術的先進性，走行性能といったブランドアイデンティティの維持に注力しており，その中でも走行性能は最も重要なものであり，車両の基本設計から走行性能を優先している。車両の軽量化は加減速性能，コーナリング性能ともに向上させる重要な設計課題であり，構造，材料および製造技術を吟味して採用している。ただし，必要な車両剛性の確保は軽量化やコストに優先されている。また，車両の軽量化を行う場合，部位によりその重要

図5　50：50の重量バランス

度は異なっている。先ず，車体上部の軽量化は下部に優先されており，例えばルーフ周辺の軽量化は，床周辺の軽量化に優先されている。次に，車体前後端，例えば前後バンパー周りの軽量化は座席周りの軽量化に優先されている。さらには，前後輪の重量バランスを50：50とし（図5），あらゆる運転状態下で高いレベルで安定した運動挙動とするために，各部の重量管理を行っている。特に重量物であるエンジンは重量バランス調整効果が大きく，6気筒エンジンのシリンダーブロックをアルミニウムからマグネシウムに変更して約20kgの軽量化したり，車体前部を鉄からアルミニウムに変更し，接着とリベットで前部部材と中央部の部材を接合したりすることにより，重量バランス50：50を維持している。

乗用車は，年々顧客のニーズも多様化し，また豪華な装備を求める傾向があるが，二酸化炭素削減が最重要課題であることから，モデルチェンジ時に車両重量が増加することは許されず，むしろ軽量化が求められている。このため，電気自動車やスポーツカーだけでなく，低価格車も含め，すべての車で軽量化できる技術が求められている。軽量化と価格，製造技術といった多方面の項目を検討し，バランスの良い軽量化技術の導入が必須である。

4 マルチマテリアル，スマートマテリアル

BMWには「車両総合開発部門」内に材料研究開発部が設けられており，車両開発全体の企画，性能目標達成に直接かかわるとともに，先進的な材料の調査研究も行っている。また，この部門は，社内の各部門と密接に連携をした開発業務を行うとともに，同業他社やサプライヤーとも情報交換や連携業務を行っている。さらには，さまざまな新材料開発プロジェクトには，

図6　BMW7シリーズ車体

第3編　マルチマテリアル化を実現する異材接合技術

図7　CFRPパネルによる補強

大学や，研究機関，時には政府機関を軸にして，最終製品ではライバル関係にあるメーカーとの共同開発も行っている。これは共同開発メーカー全体の競争力向上に大きく貢献している。

　材料開発部門，車両設計部門および製造部門が共通して認識していることとして，特定の材料使用を「目的にしない」，「製造部門の都合で車両開発を縛らない」などがある。つまり，車両に用いる材料を選択する際，あくまでも車両として必要な性能特性を実現するための「最適な材料」を，「必要な場所」に採用する「適材適所」の考え方が徹底されている。適材適所の具体的な例として，2015年に登場したG11/12型7シリーズの車体構成部材がある。図6に示すように，前モデルに対し，車両全体で130 kg，ボディ部で40 kgの軽量化を実現しているが，車体の基本構造部材は高張力鋼を始めとした鉄系材料としながら，ルーフ，エンジンフード，ドア等にはアルミニウムを，細いピラー部や部材の接合部の補強部材にはCFRPを採用することにより，より剛性が高く，視界が良い，軽量なボディを，材料コスト，生産性は従来モデルに対して大きく変化しない車体を実現している。図7にはCピラーの補強にCFRPパネルを採用した例を示す。このような多種の材料を使用した車体を「マルチマテリアル・ボディ」と呼んでいる。

　BMWは，より先進的な材料研究にも取り組んでいる。材料の機能を最大限引き出し，例えば生体のような働きや特性を得ることを目指した，「スマートマテリアル」によるよりインテリジェントな車両造りを目指している。

第3編 マルチマテリアル化を実現する異材接合技術

第2章 接合技術

第1節 接合技術の現状から将来展望まで

株式会社神戸製鋼所　鈴木　励一

1 異材接合の課題

車体の軽量化を達成する基本は，①密度は同じでも高強度化した素材を採用することにより板厚を下げるか，②密度が小さい軽量素材を採用するかである。①の典型は軟鋼から高張力鋼板（HSS），さらには超高張力鋼板（AHSS，UHSS）といったいわゆるハイテン化策である。②策の柱はアルミニウム合金や炭素繊維（CFRP）への材料置換である。アルミニウム合金では，250～300MPa級の5000系や6000系だけでなく，一般鋼と同等の強度に達する400MPa超級の7000系も採用されつつある。これらの素材は，引張強度や重量という尺度だけでなく，加工性，耐食性，剛性，コストを勘案して適材適所で適用される。

部品を製造する場合，同材，異材にかかわらず，図1に示すように工程として①切断加工，②曲げ・プレス加工，③接合，④塗装という一連の作業が伴う事には変わりがない。軽量化に貢献する各種素材は，従来主材料であった軟鋼に比べてこれらの工程のいずれか，あるいは複数工程で課題を抱えることが多い。なかでも異材を組み合わせた構造では，接合工程が最も大きな課題と認識されている。また，単に異材接合とはいっても，素材の種類が増えると接合部の組合せパターンは表・裏違いや3枚以上の積層なども含めると，指数関数的に増えていき（図2），かつ共通の接合技術が使えるケースは少ないことから，設備投資やランニングコストの増大に拍車がかかってしまう。

さらに，異材接合の場合には，単に接合工程の問題に留まらず，電食あるいはガルバニック腐食と呼ばれる腐食の問題（図3），あるいは接合後の昇温時における膨張量差に起因した歪み発生などの問題が起きることがあり，後工程まで考慮した接合法としなくてはならない（表1）。

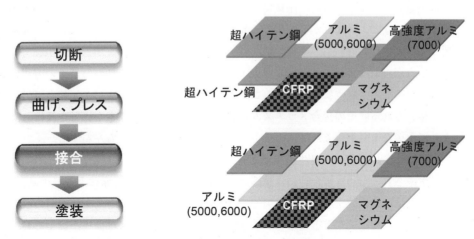

図1　ものづくりにおける金属の加工の基本　　図2　複数素材による接合の組合せパターンの多様化

表1 難溶接性素材の接合に関する課題

	同材	異材
接合強度	○	○
耐欠陥性 (割れ等)	○	○
耐腐食性	—	○
耐熱歪み性	—	○
施工能率	○	○
設備コスト	○	○
ランニングコスト	○	○

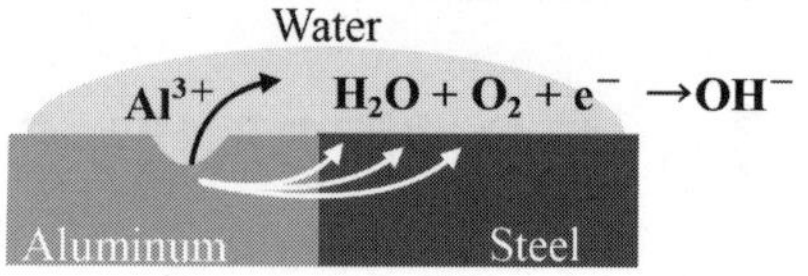

Water
Al^{3+}　$H_2O + O_2 + e^- \rightarrow OH^-$
Aluminum　Steel

図3 電食のメカニズム

これらの諸問題を鑑みて，コストを抑制しつつ，かつ高い接合品質と生産効率を高められる接合技術の開発が待ち望まれている。

（※本書では異材接合における重要技術である電食対策についてはほぼ省かれているので，他書にて参照頂きたい。）

2 一般的な接合技術と，異材接合における制約

金属を基本とした一般的な接合の分類を図4に示す。大分類として①冶金的接合法，②化学的接合法，③機械的接合法に分けられる。①冶金的接合法は，いわゆる溶接であり，その多くは積極的に熱を利用するか，あるいは結果的に熱が発生し，金属は融点に達する。圧力をかけない手段である「融接」の代表のアーク溶接法 (図5)，圧力をかける手段である「圧接」の代表の抵抗スポット溶接法 (図6) は，鋼板同士を接合するために最も多く用いられている接合法である。これらの溶接法は母材同士が溶融して混ざり合い，溶接金属を形成する。溶接金属は母材に対して強固な金属結合力を発揮し，双方拘束されて接合体となる。

しかし，これら融接，圧接の多くは異材接合に用いることはできない。例えば鋼とアルミニウム合金を融接しようとしても，溶け混ざった金属は金属間化合物と呼ばれる極めて脆い物質になり，ほとんど結合力を示さない。鋼と炭素繊維でもその高温性によって炭素繊維が変質あるいは燃焼してしまう。融接，圧接は強度面だけでなく，コスト的にも安く，開先形状適用性や能率も高いなど，汎用性が高いので，異材接合においてこれらが使えないのが非常に大きな短所となっている。

異材接合が可能な接合法は，図4中央より下段側に該当する。これら多くの方法に共通する特徴は母材の温度が融点にまで達することがないことであり，ゆえに金属結合以外の結合力によって接合される。その接合メカニズムが継手としての強度に大きな影響を及ぼし，また実用性として重要な有効溶接条件範囲の広さ，いわゆるロバスト性をも左右する。

自動車は (a) 民生用の大量生産品であり，高いコストはかけられないこと，(b) ロボットによって生産されるため，接合時に目視確認ができないこと，(c) 非常に高速で生産されるので，接合後に全量品質確認することは現実的には不可能なことから，有効条件範囲の広さは極めて重要であり，例えば航空宇宙産業における異材接合技術の選択とは前提が異なる。

以上の理由から，図4の異材対応可能な接合法のうち，自動車の製造に圧倒的に多く用いら

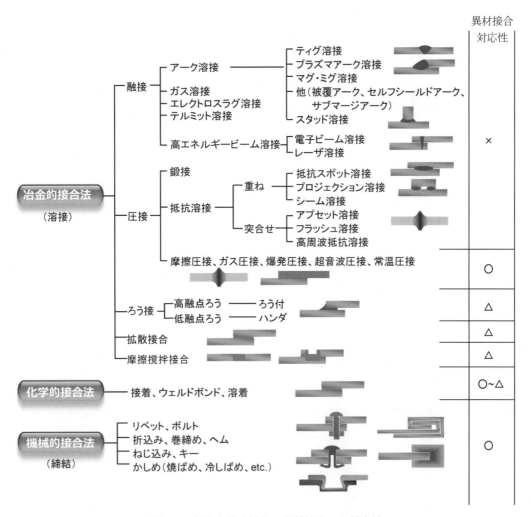

図4 一般的な接合法と，異材接合への対応性

○ 強い強度・広い条件範囲で接合可能
△ 弱い強度・狭い条件範囲で接合可能
× 接合困難

れているのが③機械的接合法であり，さらに今後急速に適用が増えると見込まれているのが②化学的接合法である。機械的接合法は締結とも呼ばれ，最もよく知られている手段がボルト・ナットである（図7）。本法は部材同士に同軸の穴を空け，両側から拘束（嵌合）することによっ

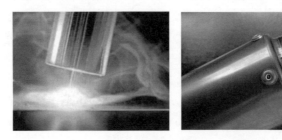

図5 融接の代表〜アーク溶接

図6　圧接の代表〜抵抗スポット溶接

て接合される。部材にネジ溝を設けてある場合はナットが不要である。ボルト・ナットは結合力が強力で，誰でも簡単に実施することができ，材料を選ばないという点で優秀である。しかし，ボルト・ナット自体が重たいこと，部材の同軸穴あけが自動化の障害になること，能率が悪いことなどが欠点である。次いで機械的接合法の代表と言えるのが，リベットである（図8）。リベットはネジ溝のないボルト状の形状をしており，同じく同軸の穴に差し込んで逆側をつぶすことで嵌合状態を作り出す。これらはアーク溶接のように線状に接合できないので，実際の部材には多点で留めることになる。この他，板の端部同士を接合する手段として「巻き締め」や「ヘミング」，熱膨張と収縮を利用して圧力を発生させ，棒などを固定するために用いられる「焼きばめ」も機械的接合の一種である。これらは金属結合力を用いず，物理的障壁や摩擦力によって接合とする点でメカニズムが明快であり，科学としての研究要素が少ないので，大学などの研究にはあまり取り上げられていない。しかしながら，異材接合法としては最も実用的なので，民間の機械メーカーを主体に，軽く，速く，安価に接合できる接合法が開発され続けられている。

図7　機械的接合法（締結）の代表〜ボルト／ナット　　　**図8　リベット**

機械的接合法に次いで，結合力が強力な接合法として，摩擦圧接や爆発圧接（爆着）といった特殊な溶接があげられる。上述において，圧接は異材接合できないと記述したが，これらは例外に当たる。摩擦圧接は少なくとも片側は棒状金属である必要があり，棒を高速回転させながら強力に押し付け，摩擦熱によって温度上昇させて溶融部を形成するが，押し付けを継続することで，異材の場合に形成される金属間化合物を接合界面から追い出し，活性な状態で両金属が接触する（図9）。したがって，異材金属においても金属結合によって比較的高い接合力が得られるとされる。板同士は適用できないなど，メカニズム的に適用できる部材形状に大きな制約があるのが短所である。

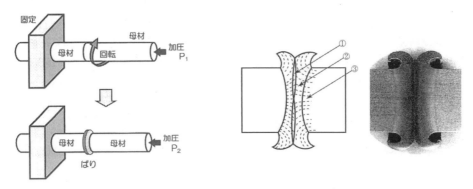

図9 摩擦圧接のメカニズムと，断面[1)]

爆発圧接（爆着）はさらに特殊で，一般的にはダイナマイトを接合部材の近くで爆発させて，その瞬間的に発生する音速を超える衝撃波を利用し，固体金属をまるで液体のように振る舞わせ（メタルフロー，図10），界面に相互にくさびを打つかのように食い込ませること（アンカー効果，図11）で，異種金属でも強力な接合強度を得る手段である。造船業界においては，過去から両端にアーク溶接することでアルミニウム合金と鋼を接合するための間接部材「STJ®」（Structural Transition Joint）製造用接合法として，実用化されている。しかし，当然ながら汎用性はなく，自動車用には使われていない。

ところが，最近はダイナマイト以外の手段で超高速の力を発生させ，接合界面のアンカー効果を得る研究が活発に取り組まれている。当分野は「Impulse manufacturing」と呼ばれているが，電磁力や箔膜蒸発アクチュエータ，レーザアブレーションなどの取り組みがある。中でも電磁力を用いた圧接法（Magnetic Pulse Forming）は，異種金属の板同士の接合も可能なシステムが既に開発されている。複雑な形状が適用できない，サイズの制限がある，コストの問題が大きいなど，まだ汎用的とは言えないが，研究要素もあり，ビジネス化が進むものと思われる。

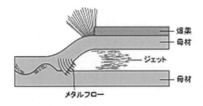
図10 爆発圧接のメカニズム

図11 爆発圧接によって生じる接合界面のアンカー効果

摩擦圧接や爆発圧接に比べると接合強度は低いが，圧倒的な汎用性で異材接合用として普及が進むのが化学的接合法である。化学的接合法とは非金属を介して接合するメカニズムの手段で，端的に「接着剤」と言えば最もわかりやすいであろう（図12）。

接着剤は①単位面積あたり結合力が金属結合に比べて低い，②長い年数や低温環境での品質保証が難しいといった短所や不安感から，金属同士の接合への適用にはまだ信頼されていない面があるが，③面接合なので，塗布面積で接合力を高めることができる，④同理由により剛性

が高められる，⑤温度上昇しないので，異種金属のみならず，樹脂や炭素繊維などにも適用可能，⑥腐食を防ぐために密閉するシーリング機能を併せ持つ，といった他には無い特徴があり，欧米のマルチマテリアル車には採用が増え続けている。接着剤自体の強度向上や長期信頼性向上の検討も進んでおり，欧米の化学メーカーが開発に力を入れている。実際の使い方としては，接着剤のみよりも，ウェルドボンドと呼ばれる抵抗スポット溶接との併用，機械接合法との併用といった手法が主流になると思われる。なお，併用する分，抵抗スポット溶接や機械接合法の打点数は減らすことで高能率化，軽量化される。米国の自動車系調査機関「CAR」の発表では，図13に示すとおり，接合法の長期トレンドは接着剤の伸び率が最も高く，異材接合に不向きな抵抗スポット溶接法が減っていくと結論づけられている。

構造用接着材には常温固化タイプと，高温固化タイプがあるが，後者が現在主流であり，接合工程後の電着塗装工程での昇温時に固化，接着力が発揮させる。

最後に，異材接合が可能として研究が進められているが，現時点では接合強度が低く，かつ

(Sika), (TWI)

図12　接着剤の塗布と接合体

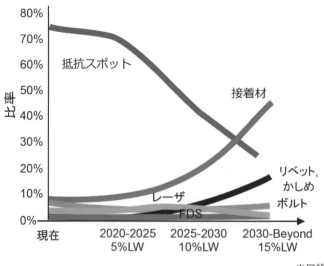

※口絵参照

図13　自動車用接合技術の見通し[2]

有効条件範囲が狭い，品質保証手段が確立していないといった理由により，自動車業界においてまだ普及段階には入っていないのが，融接，圧接以外の冶金的接合分野である。当分野にはろう接（ブレージング），摩擦撹拌接合（Friction Stir Welding, FSW），拡散接合などが該当する。アルミニウムと鋼のような異種金属同士が混ざり合うと金属間化合物を形成し，高い結合力が得られなくなることから，これらの手段は双方金属同士が混ざり合わないが，一方，双方清浄な金属界面が密着して金属結合を得ようという，境界条件の探索，限界への挑戦とも言える接合法分野であり，大学をはじめとした研究者の興味の強い領域である。

　なかでも"ろう接"は，昔から同材・異材にかかわらず一般的に使われている接合法である。その多くは配管の気密・水密を得るための手段（ろう付け，図14）として，あるいは基板などで通電させるための手段（ハンダ付け，図15）として適用されてきた。すなわち，強度が必要な構造部材用に対してではない。ろう接用の消耗材は銅，銀，鉛，亜鉛などの低融点金属の合金であり，母材を極力溶融しないように入熱を制御して，接合面に溶融金属を流し込む。熱源としてはガス炎，アーク，レーザなどがある。母材が溶け合わないので，異材の接合が可能であるが，接合強度としては低い。自動車のマルチマテリアル化で，比較的早期に検討されるのが，ルーフのアルミニウム合金化であるが，サイドパネルを鋼とすると，その境界線は異材接合が必要になる。高い強度が必要な箇所ではないので，レーザブレージングが採用されているケースがある（図16）。ただし，有効接合条件が非常に狭く，かつ熱歪みの問題でアルミニウム合金板にしわが寄りやすいので，高度な技術が必要とされる。

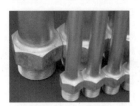
図14　ろう接の代表～配管のろう付け

図15　ろう接の代表～はんだ

図16　自動車のルーフ部に適用されるレーザブレージング

　抵抗スポット溶接機を用いて，高度な制御を行い，鋼とアルミニウム合金を接合することも可能とされている（図17）[3]。やはり溶接金属を形成させないようにする必要があり，ろう材は使わないものの，接合メカニズム的にはろう付けと同じであるので，抵抗スポットブレージン

グとでも呼ぶべきであろう。なお、当手段での剥離強度は同材接合に対して数分の1から1/10程度と言われている。

摩擦攪拌接合（FSW）は次世代の接合技術として脚光を浴びてから久しく、鋼とアルミニウム、あるいは鋼と炭素繊維など様々な異材接合の研究がされている。実際、既に鋼とアルミニウム合金をFSWで接合する手段は自動車の足回り部材に実用化された例がある[4]。FSWは攪拌ツールを平行移動させる線

図17 アルミと鋼の抵抗スポットブレージング接合部の断面[3]

接合と定義づけられるが、一方、ツールを移動させない点接合はFSSW（Friction Stir Spot Welding）あるいはFSJ（Friction Stir Joining）[5]と呼ばれる（図18、図19）。なお、FSWはその定義として双方の金属が固体のまま塑性流動して混ざり合う接合法とされているので、異材のFSWやFSSWはその定義には当てはまらない。FSWツールを利用した圧接、と呼称するのが本来正しいであろう。これらはリベットや溶接材料といった消耗材を用いない異材接合法として高い価値を持つが、接合部を上下から強力な力で押しつける必要があるため、多くの機械的接合法と同じく適用形状に制約がある。また、高い強度が必要な構造用としてFSWやFSSWを用いるには、金属として接合されているのか、されていないのかが判断しにくい接合法であることから、生産工程での品質保証手段確立が普及の課題であろう。

図18 FSW、FSSWを用いた異材接合法のメカニズム

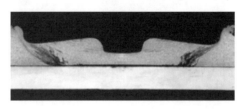

図19 FSJによるアルミニウム（上板）/鋼（下板）接合部断面[5]

3 現在普及している異材接合法

上述の通り、欧米を中心に既に量産車で実用化されている異材接合法は機械的接合法と接着

である。普及度という視点からは，これら以外は発展途上で未来の技術と言える。以下に，現在主流となっている自動車用の機械的接合法を紹介する[6]。

3.1 SPR (Self Pierce Riveting)

自動車分野ではこれまで最も多く採用されている代表的な異種金属接合法である。フランジと管で構成される鋼製リベットを圧力をかけて押込み，管部が広がることによってかしめ効果が得られる（**図20**）。フランジ部もある程度埋め込まれるので，突起が低く，外観的にも優れている。予め穴を空けておく必要もない。3枚組以上にも適用可能である。異材だけでなく，アルミニウム合金同士の接合にも良く用いられる。このように汎用性に優れていることから，抵抗スポット溶接の代替として使われることが多い。ゆえに，適用箇所は圧倒的に多く，既に一台当たり2,500点以上適用されている車種もある。

SPRは高張力鋼には対応できない短所があったが，最近はSSR (Special Semi-tubular Riveting) とも呼ばれる高張力鋼対応SPRも開発され，既に採用され始めている（**図21**）。

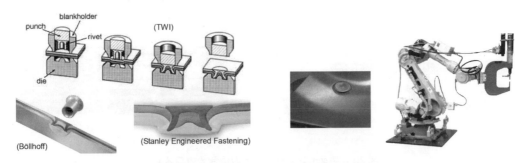

図20　SPRの接合メカニズムと搭載ロボット

（Audi）

図21　SSRの接合イメージと，接着材を組み合わせた異材3枚板組への適用例

3.2　メカニカルクリンチ

TOX® や Tog-L-Loc® という商品名でも知られている。リベットを用いないのが特徴であり，圧力をかけて両素材を塑性変形させ，かしめ効果を得る（**図22**）。予め穴を空けておく必要はなく，リベットを用いないのでランニングコストが安価である。外観的には陥没状態となる。1台当たり200点以上用いられる車種もある。高張力鋼や板厚が大きな継手，3枚組には適用困難とされる。

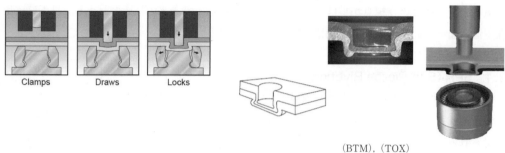

図22　メカニカルクリンチの接合メカニズム

3.3　ブラインドリベット

　フェンシングの剣のようなエレメントの柄の部分を挿入し，引き戻す際に変形させることによって嵌合状態を作り出す（**図23**）。高い圧力が不要で簡易であり，町中のDIYショップでも販売されている。高張力鋼や厚板，3枚組などの適用制限がなく，汎用性が高いのが長所であるが，両素材の同軸に予め穴開けしておく必要があるのが大きな短所である。

図23　ブラインドリベットの接合メカニズム

3.4　Tuk-Rivet®

　太くて短い平ネジのようなリベットに高い圧力をかけて両素材を打ち抜くと共に，弾性歪みを利用して接合状態とする（**図24**）。予め穴を空けておく必要がなく，リベットが埋め込まれるので外観的にも優れている。ただし，剥離方向の引張には弱く，また超高張力鋼には対応困難とされる。

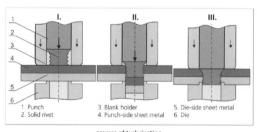

図24　Tuk-Rivet®の接合メカニズムと装置

3.5 FDS® (Flow Drill Screw)

　近年，SPRと並んで異材接合法の主力となっている接合法である。機構的には木ネジと同じであり，回転させながら押し込む(図25)。予め穴を空ける必要がないことと，片側からのアクセスで接合できるのが最大の特徴である。箱形断面部材の接合には片側アクセス特性が必要であり，適用汎用性が高い。厚板や3枚組にも適用可能である。一台当たり700点適用されている車種がある。短所は，裏側に長大で鋭利な突起が生じること，施工速度が遅いこと，消耗材であるネジのコストが高いこと，超高張力鋼には適用困難とされていたことがあげられるが，後者については既に超高張力鋼対応版の開発が進められているとされる。

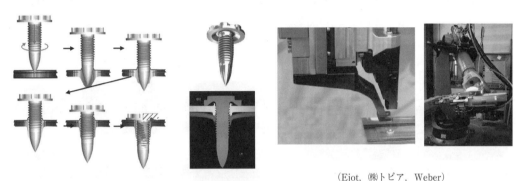

(Ejot, ㈱トピア, Weber)

図25　FDS®の接合メカニズムと装置

3.6 ImpAcT

　RIVTAC®の商品名でも知られるが，その機構は木材用の釘そのものである(図26)。FDS®と同様，予め穴を空ける必要がないことと，片側からのアクセスで接合できるのが特徴である。FDS®と異なり，超高張力鋼板にも対応する。施工速度も非常に早く，ランニングコストはFDS®よりも安いと言われている。厚板や3枚組にも適用可能である。一方，回転力ではなく，高速で釘を打ち込むため，その衝撃音が作業性として短所とされる。また，FDS®と同様に裏側に鋭利で長い突起が生じる。適用板厚が薄いと周囲が歪みやすいともされる。一台当たり80点ほどの適用車種が出てきているが，採用自動車メーカーはまだ少ない。今後伸びると期待されている接合法である。

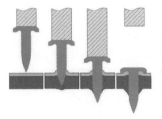   

(Böllhoff)

図26　ImpAcTの接合メカニズムと装置

3.7 FEW (Friction Element Welding)

比較的最近に登場した接合法で，摩擦圧接を利用して嵌合状態を作り出す。EJOWELD® の商品名でも知られる。エレメントと呼ばれるリベットを高速回転させて表側アルミ材を押し出しながら突き破り，さらに裏側鋼材に接すると摩擦熱が発生して溶接される（図27）。予め穴を空ける必要がないことと，鋼の強度に影響されないので超高張力鋼板にも対応するのが長所である。機械接合と溶接を組み合わせて嵌合しており，継手接合強度と信頼性が高いとされる。裏側に突起も生じない。表側がアルミ，裏側が鋼の組合せに適用可能であり，この逆は適用できないこと，3枚組にも適用できないことが短所である。また，ランニングコストはSPR，メカニカルクリンチ，ImpAcTに比べると高いとされる。一台当たり100点ほどの適用車種が出てきているが，ImpAcTと同じく採用自動車メーカーはまだ少なく，今後伸びると期待されている接合法である。

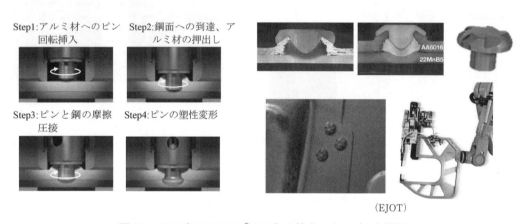

図27　FEW（EJOWELD® CFF）の接合メカニズムと装置

3.8 REW (Resistant Element Welding)

接合機構としてはFEWと類似で，機械接合と溶接の組み合わせである。エレメントは摩擦圧接ではなく，抵抗スポット溶接によって裏側鋼材と溶接されて嵌合される（図28）。予め表側アルミ材のみ穴空けしておく必要があるが，穴空け工程とエレメント挿入を一体化した改良手段も開発されている（図29）。それでもなお，エレメント打込み＆かしめ工程と，溶接工程

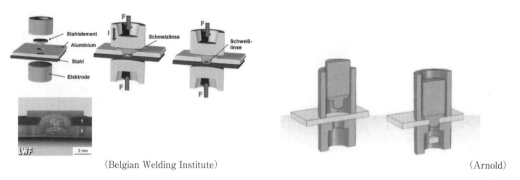

図28　REWの接合メカニズム　　図29　REWエレメントによる打抜き兼圧入機構

の2段階になるのが短所である。FEWと同じく，表側がアルミ，裏側が鋼の組合せに適用可能であり，この逆は適用できないが，3枚組には対応可能である。既に実用化済みで一台当たり数十点の適用車種はあるが，採用自動車メーカー数はまだ少ない。

文　献

1) 溶接学会編：溶接接合技術総論，産報出版，p.67
2) Center for Automotive Research：Technology Roadmaps, Intelligent Mobility Technology, Materials and Manufacturing Processes, and Light Duty Vehicle Propulsion, (2017).
3) 田中耕二郎，杉本幸弘，西口勝也：鋼板／アルミ異材抵抗スポット溶接技術の開発，マツダ技報，No.33，124-129 (2016).
4) 宮原哲也，佐山満，矢羽々隆憲，大浜彰介，畑恒久，小林努：サブフレームへ適用可能なFSWを用いたスチールとアルミニウムの連続接合技術の開発，*Honda R & D Technical Review*，Vol.25，No.1，71-77 (2013).
5) 藤本光生：摩擦攪拌点接合，*SOKEIZAI*，Vol.**52**，No.7，15-20 (2011).
6) 鈴木励一：自動車のマルチマテリアル化と異材接合技術の実態，溶接技術，産報出版，p.64-72 (2017年1月号).

第3編　マルチマテリアル化を実現する異材接合技術

第2章　接合技術

第2節　異種材料のレーザ接合技術

株式会社タマリ工業　三瓶　和久

1 はじめに

　軽量化の手法として軽量材への材料置換が最も効果的であり，マルチマテリアル化と言われるように様々な軽量材が複合的に組み合わされて使用されるようになってきている。鋼板に代わる軽量材として，アルミニウム等の非鉄金属，そして，樹脂材料への置き換えが進められつつある。また，比強度，比剛性が圧倒的に高く，軽量材料として最も優れたCFRP（炭素繊維強化プラスチック），CFRTP（炭素繊維強化熱可塑性プラスチック）の適用も始まりつつあり，自動車ボデーのマルチマテリアル化が定着しつつある。

　マルチマテリアル化の実現には異種材料の接合が不可欠である。一般に異材の接合は容易ではなく，様々な課題を有している。特に，樹脂材料の適用には，樹脂と金属という物性の大きく異なる材料を接合する新しい接合技術の開発が不可欠となる。これまでは接着にリベット等の機械的結合が組み合わされて用いられてきた。しかし，適用のさらなる拡大には，生産性が高く，量産ラインに適用可能な異材接合技術の開発が必須であり，種々の接合技術の開発が進められている。ここでは，現在，進められている異種材料のレーザ接合技術について，レーザ樹脂と金属，CFRPと金属の異種材料のレーザ接合技術の開発状況を中心に紹介する。

2 自動車構成材料のマルチマテリアル化と異材接合

　マルチマテリアル化を進めるためには，これらの材料を組み合わせた異種材料の接合技術が不可欠である。異種材料の接合では融点，熱膨張係数等の物性の違いが課題となる。従来の熱伝導型の接合での融点差の問題は，レーザのような高エネルギー密度の熱源を用いることで克服できる。また，熱膨張係数の差によって生じる熱応力の問題に関しては，設計的な対応と合わせて，応力緩和層を接合界面に配することも対策の1つとして検討されている。

　もう1つの大きな課題が接合界面の問題である。金属材料の場合ではアルミと鉄鋼材料の接合にみられるように，硬くて脆い金属間化合物層が接合界面に生成し，継手強度の低下を引き起こす。そのためその対策として，低入熱溶接，ろう付け等の母材を溶かさない接合技術の開発が進められている。その熱源として，出力が確実に制御でき，入熱のコントロールが可能なレーザが用いられている。一方で樹脂と金属の接合技術も金属材料側に微小な溝，突起を形成し樹脂材料とのアンカー効果により接合強度を確保する方法や，界面の酸化物層を利用する方法，官能基をブレンドしたエラストマーを中間に挟みこみ接合界面に化学的な結合状態を得る方法等，レーザを用いた種々の接合技術の開発が進められている[1]。

3 アルミと鋼板のレーザろう付け

アルミと鋼板の接合では接合界面にFe_2Al_5, $FeAl_3$等の硬くて脆い金属間化合物の層が生成し，継手強度の低下を引き起こす。そのため金属間化合物の生成を抑制するための対策として入熱量を減らすことが不可欠である。アルミと鋼板の接合においてはレーザろう付けで，入熱をコントロールして金属間化合物の生成を抑制する方法が提案されている（図1）。自動車外板に多く採用されている A6000 系のアルミニウム合金と合金化溶融亜鉛めっき鋼板（GA 材）を用いて，ボディで多く採用されているフレア継手にて，1%相当の Si を Zn に添加した ZnSi ワイヤを用いたレーザろう付けが検討されている。引張強度で 3000N，ピール強度で 700N の強度が得られており，アルミニウム合金の母材熱影響部での破断であることが示されている。ZnSi ワイヤの使用により鋼板とブレーズ金属との界面では，Fe の拡散や Al の濃化が見られず，明確な反応層の生成は確認できなかったとしており，ZnSi ワイヤを用いたブレーズ継手の接合界面は，アルミと鋼の異材接合の強度低下原因となる脆弱な金属間化合物の生成がなく，高い接合強度を持つ界面であることが示唆されている[2]。

レーザろう付けは日本国内でもスズキのキザシ，レクサスの SAI のトランクリッド，レクサス IS のルーフで鋼板の接合への適用が始まり量産技術として確立されたが，異材接合技術としてのレーザろう付けの採用には至っていない。今後の適用展開が期待されている。

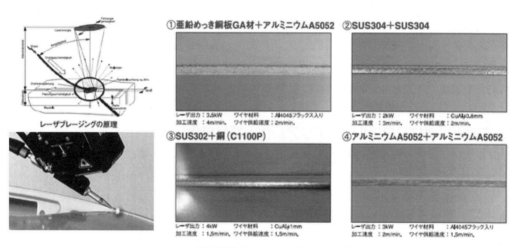

図1　異種材料のレーザろう付け技術

4 アルミと銅のレーザ溶接

シングルモードのファイバーレーザを使用したアルミニウムと銅の重ね継手溶接がリチウムイオン電池で検討されている。アルミと銅は物性（融点，熱伝導率）が異なるので，界面の溶融部のサイズには大きな違いが生じる。レーザビームの中心部のみが銅の内部に溶込んでいる（図2）。それにもかかわらず，この接合部は優れた強度と耐久性を示すことがせん断強度と疲労強度の試験により確認されている。せん断強度（USS）の 60% までの負荷に対して，100 万回以上の負荷サイクルに耐えることが確認されている。

図2　アルミA3003と銅の重ね溶接
（シングルモードファイバーレーザ　470W　1m/m in）

5 樹脂材料のレーザ溶着技術

　樹脂材料のレーザ溶着は半導体レーザ，ファイバーレーザ等の波長が1μm近くのレーザ光が，樹脂材料を透過する性質（図3）を利用したものである。溶着する樹脂部材の一方を，レーザ光を透過する透過材とし，もう一方はレーザ光を吸収する材料，例えばカーボンブラックなどを混練して吸収材とする。透過材を上にして重ねてセットし，透過材側からレーザ光を照射することで吸収材の表面を溶融させ，熱伝達で透過材も溶融させることで両者を相溶させて溶着する接合技術である（図4）。

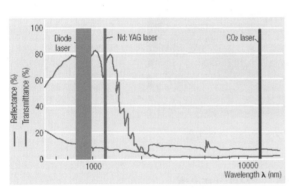

※口絵参照　　　　　　　　　　　　　　　※口絵参照

図3　樹脂材料のレーザ光透過特性　　　図4　樹脂材料のレーザ溶着技術

　レーザ樹脂溶着は，レーザマーカーを利用した自動車のキーレスエントリー式のキーケース（図5）への適用から始まり，トヨタ自動車のインテークマニホールドのサージタンクとACISバルブの接合（図6），最近では，ルノーのバックドア（図7）の接合にも適用される等，適用部品が大型化し，軽量化に貢献している。

6 樹脂と金属のレーザ溶着技術

　熱可塑性樹脂と金属の接合手段として様々な接合技術が提案されている。その手法を分類して図8に示した。大きくは化学的な結合を主とする方法とアンカー効果を主とした機械的な結合による方法にされる。それを実現するための様々な手法が提案されている。

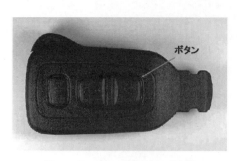
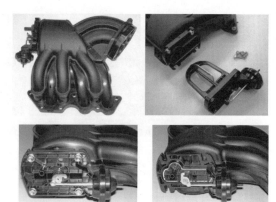

図5 キーケースのレーザ溶着 　　　図6 インテークマイホールドのレーザ溶着

図7 バックドアのレーザ溶着

図8 樹脂と金属の接合技術

6.1 化学的な結合による方法

　樹脂と金属をレーザ加熱により直接接合する手法としてLAMP接合（Laser-Assisted Metal and Plastic Joining）が提案されている[3)4)]。樹脂材料をレーザ照射により過加熱し，接合界面近

傍に微細な発泡を生じさせる。その内部圧力の生成を利用して金属表面の酸化膜層と樹脂の界面を接近させて，金属と樹脂との強固な接合を達成している（図9）。

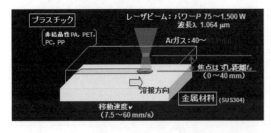
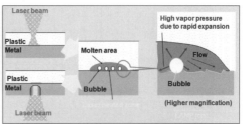

図9　LAMP接合技術（大阪大学　片山研究室）

また，樹脂と金属間に官能基を配合したエラストマーをインサート材として挟み，加熱，溶融させて樹脂材料とは相溶により，金属材料とは配合された官能基の作用により化学的な接合を生じさせ，接合強度を得る方法が開発されている[5]（図10，図11）。

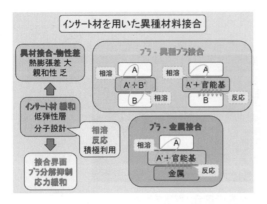

図10　エラストマーを用いた樹脂と金属の接合
（岡山県工業技術センター）

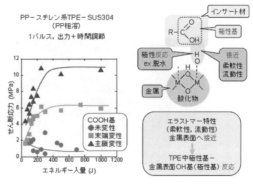

※口絵参照

図11　接合機構：官能基の効果

6.2　機械的な結合による方法

金属側の表面層に空孔を形成し，この空孔に樹脂材料を流入させることでアンカー効果を発現させ機械的に結合する手法であり，各種の方法が提案されている。

アルミ材料の表面にリン酸による陽極酸化処理を施す。アルミ材料の表面層には微細孔が形成される。樹脂材料としてアクリル樹脂を使用して，この微細な空孔にレーザ加熱により軟化，または溶融させた樹脂材料を流入させることでアンカー効果を発現させることで，高い接合強度が得られることが報告されている[6)7)]（図12）。

また，通常は単層の陽極酸化被膜を多層化した多層膜陽極酸化処理により，アルミニウム合金と樹脂との接合強度を向上する手法も提案されている。アルミ合金に2種類の陽極酸化処理を施し，上層の微細な凹凸に樹脂材料が流入して硬化することでアンカー効果などにより高い

接合性を発揮し，下層で耐食性を確保している。

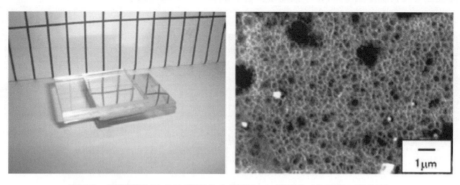

図12　陽極酸化による樹脂と金属のレーザ接合（名古屋工業大学）

　金属の表面にレーザ照射により特殊な形状の空孔を形成し，この空孔に樹脂を流入させることでアンカー効果を発現させる手法も提案されている[8]（図13）。この技術は，ステンレス，アルミをはじめ，様々な金属部材に適用可能である。また，従来の接着剤による接合や金属表面の薬液処理による接合とは異なり，溶剤や廃液，廃棄物などの発生がないドライプロセスであるため，環境負荷低減にも貢献できるとしている。

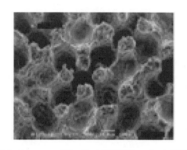 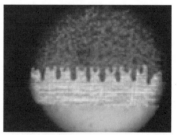

図13　レーザによる溝形成による樹脂と金属の接合（ポリプラスチックス㈱）

　最近ではより高度な方法として，金属表面に突起を形成し，これを樹脂材料に貫入させることで機械的に接合する手法が提案されている。突起を形成する方法として，レーザ照射により金属表面に特殊な突起形状を形成する手法（図14），レーザクラッディング（PMS処理）により金属表面にナノ～マイクロサイズの微細突起構造を形成する手法（図15）があり，溶融，軟化した樹脂材料に形成した突起を貫入させることでポジティブアンカー効果を発現させることに

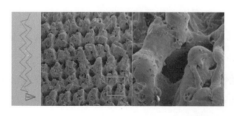 

図14　レーザによる突起形成による樹脂と金属の接合（TRUMPH GmbH）

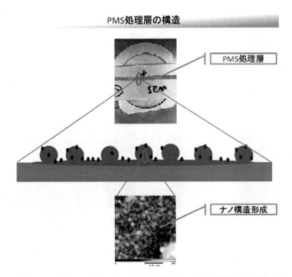

図15 レーザクラッディングによる突起形成による樹脂と金属の接合 (㈱輝創)

より，金属と樹脂材料の接合を実現している[9]。

7 熱可塑性 CFRTP の接合技術

トヨタ自動車の燃料電池車 MIRAI のスタックフレームに熱可塑性の CFRTP が採用されたが，金属部材との接合には実績のある接着とリベットの併用が採用されている。しかし，接着剤は環境面から揮発性有機化合物 (VOC) の排出規制が制定され，接着剤の排出量の制限や接着時間が長い，継手強度が低いといった問題がある。また，機械的接合法では別の機械加工工程や接合用部品が必要であるため設計の自由度が制限され，生産性の向上が難しいなどの課題があり，新しい接合技術が要望されている。熱可塑性樹脂は熱硬化性樹脂に比較して接着性に劣るが，加温することにより軟化，溶融する。先に紹介したレーザを活用した樹脂材料と金属の接合技術はいずれも熱可塑性樹脂を基材とする CFRTP に適用することが可能である。

7.1 レーザ溝加工による CFRTP と金属の接合

レーザにより金属表面に溝を加工し，CFRTP の基材である熱可塑性樹脂を加熱して溶融し，溝に充填することで機械的に接合する方法が提案されている (図16)。

7.2 エラストマーを用いた CFRTP と金属の接合

エラストマーによるレーザ接合技術を自動車に適用するためには，接合面積を拡大し，接合強度を向上することが必要である。熱可塑性 CFRTP の基材である熱可塑性樹脂は過加熱されると変質，発泡が生じ強度が低下する。例えば PA6 は 215℃で溶融し，315℃で変質，発泡が生じる。そのため接合幅方向の温度変化が少ない均質な加熱が必要要件となる。レーザビームの強度分布をシュミレーションし，回折光学素子 (DOE) を使ってレーザの強度分布を整形することで均質加熱を可能とする方法が提案されている[10]。アルミ板 A5052，板厚 t = 2 mm の加熱時の温度分布のシミュレーション結果から図17に示す 16×16 mm の正方形で，$w = U(x)$

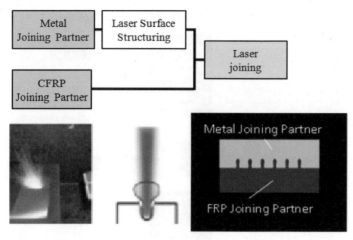

図16 レーザによる溝形成によるCFRTPと金属の接合（Fraunhofer ILT）

$(0.8y^6+0.2)$のU字分布熱源が採用された。接合幅10 mmでの中央部と端部の温度差は20℃まで均質化されている（図18）。

PAをベースとしたCFRTP板厚t＝3 mmとアルミ板A5052、板厚t＝2 mmを図19に示す構成でレーザ溶着して試験片を製作し、引張強度試験を行った。結果を図20に示す。10MPa以上の強度が得られている。また、破断部の外観写真を図21に示す。接合幅10 mmの均質な

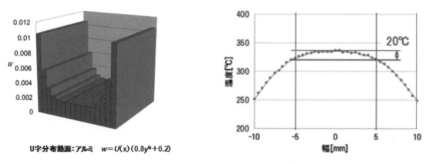

図17 U字分布熱源；シミュレーション結果　　図18 A5052背面の温度分布

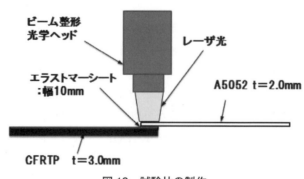

図19 試験片の製作

第 2 章　接合技術

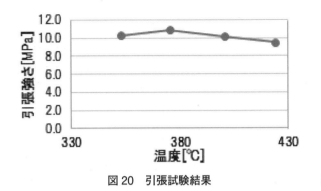

図 20　引張試験結果　　　　　図 21　破断部外観写真　凝集破壊

溶着状態が得られている。また，A5052 側にエラストマーの残存が認められ，凝集破壊であることが確認されている。

8 今後の課題と展望

　自動車を軽量化するために軽量材の適用はこれからも拡大し，マルチマテリアル化が進展していくと予想されている。異種材料の接合技術開発の必要性，重要度もますます高まってきている。高級車ではあるが BMW の i3，トヨタ自動車のレクサス RCF 等の量販車に CFRP が採用される時代になってきた。生産量の多い量販車には生産性の高い CFRTP の適用が進むと予想されており，樹脂材料メーカ各社が開発を進めている。量販車に CFRTP を適用するためには接合技術の開発が必須とされており，より信頼性が高く，より大きな接合面積が確保できる接合技術への進化が望まれている。CFRTP の適用部位により，これらの新しい技術を選択して，適用検討が進められ，量産技術として確立されていくことが期待されている。

文　献
1) 三瓶和久：薄板・新素材におけるレーザ溶接の潮流，溶接技術，(平成 27 年 5 月号).
2) 脇坂，他：亜鉛合金ワイヤによるアルミニウム合金と亜鉛めっき鋼のレーザブレージング，レーザ加工学会講演論文集 (2011.5).
3) 片山聖二，他：金属とエンジニアリングプラスチックのレーザ直接接合，レーザ加工学会講演論文集 (2007.5).
4) 西本浩司，他：LAMP 接合法による金属樹脂直接接合と異種金属接合への展開，レーザ加工学会誌，Vol.22, No.3 (2015).
5) 水戸岡豊，他：インサート材を用いたプラスチック・金属接合における金属表面の影響，レーザ加工学会誌，Vol.15, No.3 (2008).
6) 早川伸哉，他：アルミニウムと樹脂のレーザ接合における接合面の断面観察と接合強度の評価，レーザ加工学会講演論文集 (2012.12).
7) 大村崇，他：金属と樹脂のレーザ接合における接合強度の向上，電気加工学会全国大会 2008 講演論文集
8) 近藤秀水：画期的な金属と樹脂の接合技術，プラスチックス，(2012 年 5 月号).
9) 前田知宏：Laser & Plasma を利用した異種材料接合技術，技術情報協会，樹脂と金属の接着・接合技術と表面処理
10) 三瓶和久，他：CFRTP と金属のレーザ溶着技術の開発，レーザ加工学会誌，Vol.22, No.3 (2015).

第3編　マルチマテリアル化を実現する異材接合技術

第2章　接合技術

第3節 | 金属/CFRP異材抵抗スポット溶接技術

大阪大学　永塚　公彬　　大阪大学　中田　一博

1 はじめに

　近年，自動車等の車体の軽量化が求められており，軽くて比強度に優れる炭素繊維強化プラスチック（CFRP：Carbon fiber reinforced plastic）を金属と組み合わせて構造材料として使用するマルチマテリアル化が注目されている。CFRPは極めて高強度な炭素繊維（CF：Carbon fiber）をマトリックス樹脂に添加した複合材料であり，その中でも熱可塑性の樹脂をマトリックスとする射出成形等の低コスト・短時間の成形法による大量生産が可能な炭素繊維強化熱可塑性プラスチック（CFRTP：Carbon fiber reinforced thermoplastic）は，今後の使用拡大が見込まれている[1)2)]。このようなCFRPと金属のマルチマテリアル化の実現には，異材接合が不可欠であり異材接合技術開発への要求が高まっている。

　金属とCFRPとの異材接合法としては，接着剤を用いる方法や，ボルト，リベットなどを用いる機械的締結法が，航空機や自動車等の分野で既に実用化されている[3)4)]。しかし，接着剤を用いる接合では，接合に長時間を要することや，有機溶剤の蒸発が作業者の健康を害すること，接着剤の適切な保管／管理が必要などの問題が挙げられる。機械的締結では，締結金具による重量増加，前加工工程が必要なこと，設計が制限されること，応力集中が生じることなどの問題が挙げられる。こうした問題を解決するため，CFRTPのマトリックスを溶融し金属と密着させて接合する融着に関する研究が盛んに行われている。金属とCFTRPの融着法としては，レーザ溶着[5)6)]，誘導加熱接合[7)]，超音波接合[8)]，摩擦撹拌スポット溶接[9)10)]，摩擦撹拌接合[11)]，摩擦重ね接合[12)-15)]および抵抗溶接[16)]等の様々な熱源を利用した方法が提案されている。

　これらの中でも，抵抗スポット溶接（RSW：Resistance spot welding）法は，短時間で強固な接合が可能であり，自動車の製造で求められる接合強度および生産効率を兼ね備えた接合法[17)]であると考えられる。しかし，非導電材料である樹脂・CFRTPの接合では，金属と樹脂・CFRTPの重ね継手の両側に電極を配置して接合を行うことができない。そこで導電性を有する金属側だけに電極を配置して抵抗発熱により加熱するシリーズ抵抗スポット溶接（シリーズRSW）法に着目し，この方法を用いた金属／樹脂・CFRTPの異材接合を試みた[16)]。

2 シリーズ抵抗スポット溶接による金属/樹脂・CFRTPの接合

　図1（a）および（b）に，金属同士および金属と樹脂・CFRTPのシリーズRSWの模式図および接合時の外観写真を示す。金属と樹脂・CFRTPの重ね継手に対し，上板の金属上に電極を押付けて加圧を行い，電極間の金属に電流を流して抵抗発熱を生じさせ，界面近傍の樹脂・CFRTPをわずかに溶融させて接合を行う。この方法では，電流は導電材料である金属のみを流れるため，非導電材料である樹脂・CFRTPへの適用が可能である。また，電極周辺におい

-139-

て電流密度が最大となるため，電極間の距離が離れている場合でも接合を行うことが可能である。前述の他の熱源を利用した金属／樹脂・CFRTP接合法に対して，シリーズRSWを応用した方法では，電極により加熱と加圧を同時に行うため強固な密着性が期待されること，短時間接合が可能あるため樹脂・CFRTPの劣化が少ないこと，同時に複数箇所の溶接が可能であり生産性に優れること，装置および接合のコストが低いこと，自動化およびロボット化が容易であり，さらに既存の溶接電源およびロボットの流用が可能であること等の特徴が挙げられる。

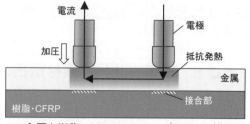

(a) 金属と樹脂・CFRPのシリーズRSWの模式図

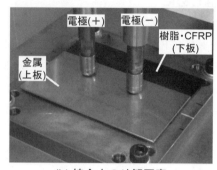

(b) 接合中の外観写真

図1　金属と樹脂・CFRPのシリーズRSW[16]

3 接合可能な金属およびCFRP

図2にポリアミド6（PA6）をマトリックス樹脂とするCFRTP（以下，CFRP（PA6））とオーステナイト系ステンレス鋼SUS304をシリーズRSWにより接合した継手の(a)外観写真，(b)電極直下の断面のマクロ組織および(c)接合界面の微細構造を示す。下板がCFRP（150 mm×75 mm×3 mm），上板がSUS304（150 mm×75 mm×2 mm）であり，これらを重ね代40 mmとして電極間の距離55 mmで接合を行った。

SUS304とCFRP（PA6）はシリーズRSWによる直接接合が可能であり，継手の金属側表面にはくぼみ（圧痕）が認められた。なお，金属としては，SUS304だけでなく炭素鋼，アルミニウム合金，マグネシウム合金およびチタン合金等の実用構造材料については，接合条件を最適化することで同様に樹脂・CFRPとの接合が可能であることを確認している。電極直下の

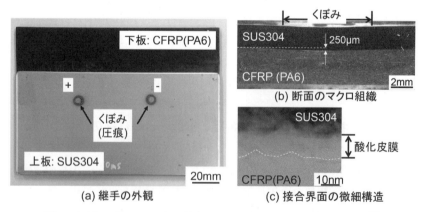

図2　シリーズRSWにより接合したSUS304/CFRP（PA6）継手[16]
(a) 外観，(b) 断面のマクロ組織 (c) 接合界面の微細構造

第 2 章　接合技術

SUS304/CFRP (PA6) の界面は，ボイド等の欠陥が認められない連続的な接合部であり，上板のSUS304が下板のCFRP (PA6) 側に下凸型に変形していた（図2(b)）。TEMによる接合界面の微細構造解析の結果（図2(c)），SUS304とCFRP (PA6) の接合は，CFRPのマトリックス樹脂であるPA6がSUS304と接合することで達成されており，CFがSUS304と接合されている領域は認められなかった。マトリックス樹脂であるPA6とSUS304の間には，厚さ10 nm程度の非晶質のSUS304の酸化皮膜が認められた。融着法による金属／樹脂・CFRPの異材接合では，炭素鋼やアルミニウム合金等の金属を用いた場合においても同様に接合界面には酸化皮膜が認められ[12)-15)]，金属の酸化皮膜とCFRPのマトリックス樹脂との間に生じる相互作用によって接合が達成されると考えられる。

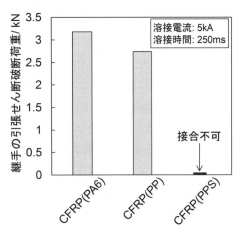

図3　SUS304/CFRP 継手の引張せん断破断荷重にCFRPのマトリックス樹脂の及ぼす影響[16)]

次に，CFRPのマトリックス樹脂としてPA6，変性ポリプロピレン (PP) およびポリフェニレンサルファイド (PPS) を用いて，シリーズRSWにより接合したSUS304との異材接合を行った場合の継手の引張せん断破断荷重を図3に，ならびに，CFRPのマトリックス樹脂の特性を表1に示す。これらは，それぞれのマトリックス樹脂に応じて，CFRP (PA6)，CFRP (PP) およびCFRP (PPS) と表記した。

接合に供したCFRP板は，いずれもマトリックスの熱可塑性樹脂とCFからなるペレットを射出成形により成形したものである。そしてCFRPのマトリックス樹脂として使用したPA6，PPおよびPPSの化学構造式は，それぞれ $[NH(CH_2)_5CO]_n$，$[CH_2CHCH_3]_n$ および $[C_6H_4S]_n$ であり，PA6にはアミド基が極性官能基として存在し，PPおよびPPSには極性官能基は存在しない。使用したPPについては，変性処理が施されており，一部構造中に極性官能基が付与されている。

これらのCFRPとSUS304をシリーズRSWにより接合した結果，マトリックス樹脂に極性官能基を含むPA6および変性PPを用いた場合には接合が達成され，その強度は，PA6をマトリクスとした場合は約3.2kN，変性PPをマトリクスとした場合は約2.7kNとなった。これらの継手の破断は，巨視的には金属／CFRPの界面破断を呈した。しかし，金属側，CFRP側の両方の破面より破断したCFRPが認められ，微視的にはCFRP内部でも破断が生じており，強固な接合が達成されたと考えられる。これに対し極性官能基を含まないPPSを用いた場合にはSUS304との接合ができなかった。PPSをマトリクスとした場合については，入

表1　接合に用いたCFRPのマトリックス樹脂の特性

CFRP	融点／K	極性官能基の有無
CFRP (PA6)	498	有り
CFRP (変性PP)	436	有り
CFRP (PPS)	551	無し

熱不足であることを懸念して，溶接時間をさらに延長して入熱量を増加させたが，同様に接合を行うことができなかった。いずれの CFRP もそのマトリックス樹脂の溶融は確認されたものの，PPS をマトリックスとした場合のみ SUS304 との接合ができなかったが，これは樹脂中の極性官能基の有無に起因すると考えられる。

マトリックス樹脂として PA6 を用いた場合は，極性官能基のアミド基には電気陰性度の高い O および N と結合し電気的にプラス性を帯びた $H^{+\delta}$ が存在する。SUS304 の酸化皮膜には，Cr 等の金属との結合により電気的に分極しマイナス性を帯びた $O^{-\delta}$ が存在する。このため，SUS304 と PA6 をマトリックス樹脂とする CFRP は，SUS304 の酸化皮膜の $O^{-\delta}$ と PA6 のアミド基中の $H^{+\delta}$ との水素結合（クーロン力）による結合力が生じる[15) 18)]。酸変性 PP を用いた場合は，酸変性により形成された極性官能基が存在するため，PA6 と同様に酸化皮膜との間で水素結合力を生じると考えられる。これに対して，極性官能基を有さない PPS を用いた場合では，分極状態にある $H^{+\delta}$ が存在しないため，接合界面に働く力としては極めて弱いファンデルワールス力とアンカー効果のみであり，継手の形成に至らなかったと考えられる。

また，熱硬化性樹脂をマトリックスとする CFRP の場合は，シリーズ RSW 中に CFRP が溶融しないため直接接合は困難であったが，PA6 等のフィルム（箔材）をインサートすることによって強固な接合を実現可能であった。

これらの結果より，シリーズ RSW による接合においては，金属の表面酸化皮膜が CFRP のマトリックス樹脂中の極性官能基と相互作用を生じることで強固な接合が達成されると考えられる。すなわち，金属としては，表面酸化皮膜を形成する鉄系，アルミニウム系，マグネシウム系，銅系，チタン系等の多くの実用金属で適用可能であり，CFRP のマトリックス樹脂としては極性官能基を含む PA6 等，酸変性やコロナ放電処理[12)] 等によって極性を付与した無極性樹脂等の熱可塑性樹脂に適用が可能であると考えられる。また，熱硬化性樹脂をマトリックスとする場合は，熱可塑性樹脂フィルムをインサートする等の工夫を行うことによって接合が可能となる。

■4 接合条件の及ぼす影響

図4に溶接電流 5kA，溶接時間 250ms でシリーズ RSW を行った場合の SUS304/CFRP（PA6）の接合界面の温度履歴を示す。なお，温度の測定は，熱電対を接合界面に挿入して実測した。接合界面は，通電を開始することで急激に加熱され，電極直下においては CFRP のマトリックス樹脂である PA6 の融点および熱分解温度を上回った。正極と負極で電極直下の最高到達温度に大きな差異は認められず，電極同士の中間領域では，PA6 の融点まで最高到達温度は達しなかった。このように電極直下で局部的に温度が上昇した理由は，電極周囲で電流密度が高くなるためであると考えられる。また，通電終了後は，数秒で PA6 の融点を下回り，継手が形成されているものと考えられる。次にそれぞれの位置の冷却速度に注目すると，電極直下の冷却速度は電極同士の中間領域に比べて速かった。電極直下は水冷電極による冷却が生じたことに起因すると考えられる。溶接電流および溶接時間を増加した場合は，接合温度および PA6 の融点および熱分解温度を上回る時間が増加し，電極同士の中間領域においても PA6 の融点を上回った。

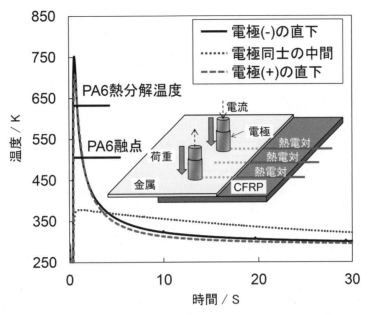

図4 電極直下および電極同士の中間の接合中の温度履歴[16]

図5にシリーズRSWにより接合したSUS304とCFRP (PA6) の継手引張せん断破断荷重に及ぼす (a) 溶接電流および (b) 溶接時間の影響をそれぞれ示す。溶接電流および溶接時間の増加に伴って，継手の引張せん断破断荷重は増加し，いずれの条件でも巨視的には接合界面において破断が生じた。溶接電流を増加させた場合は二次関数的に，溶接時間を増加させた場合は一次関数的に継手の引張せん断破断荷重は増加する傾向が認められた。これは抵抗加熱におけるジュール発熱が，溶接電流の二乗，溶接時間の一乗に比例し，入熱に応じてCFRP (PA6) の溶融部が拡大して接合面積が増加したためと考えられる。

図6に溶接電流4，5および7kA，溶接時間250msにてシリーズRSWしたSUS304/CFRP (PA6) 継手の引張せん断試験後のSUS304側およびCFRP (PA6) 側のマッチング破面を示す。CFRP (PA6) 側破面からはCFRP (PA6) の溶融部が，SUS304側破面からはCFRP (PA6) の

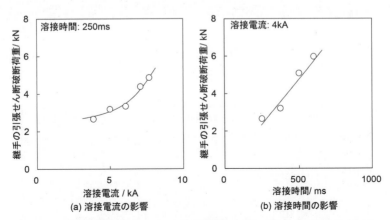

図5 SUS304/CFRP (PA6) 継手の引張せん断破断荷重に及ぼす (a) 溶接電流および (b) 溶接時間の影響[16]

破断に起因する付着物が認められ，電極の正極側と負極側で大きさに差異は認められなかった。これらの破面のCFRP (PA6) の溶融部は，いずれの接合条件においても破断形態が明確に異なる領域 (i) および (ii) に分類可能であった。SUS304側破面の領域 (i) および (ii) の，代表的なミクロ組織観察結果を図7に示す。領域 (i) では，剥き出しのCFが観察され，付着しているマトリックス樹脂も凹凸が激しい延性的な破断形態であった。これに対し，領域 (ii) では，黄褐色に変色したCFRP (PA6) が観察され，平坦で脆性的な破断形態であり，一部ボイド部での破断も認められた。これらの領域 (i) および (ii) が形成されている箇所から微小な短冊状試験片を切り出して引張せん断強度を測定した結果，いずれの接合条件でも，領域 (i) が含まれる試験片は強固に接合されていたが，領域 (ii) だけが含まれる試験片は引張せん断試験を実施することが困難な程度にしか接合されていなかった。

これらの結果より，領域 (i) は，巨視的には界面破断ではあるものの，一部CFRP (PA6) 板の母材部で破断が生じており，SUS304とCFRP (PA6) が強固に接合されている。これに対し，領域 (ii) は，熱劣化したCFRPが付着しているだけの領域であり，接合にはほとんど寄与していない。領域 (ii) は加熱初期の急激な温度上昇に曝されCFRP (PA6) のマトリックス樹脂であるPA6が熱分解を生じて変色やボイドが生成した後，電極による押付けで電極の外部に押し出されて形成されたと考えられる。これらの領域 (i) および (ii) からなる溶融部は，他の接合条件においても同様に分類可能で，溶接電流および溶接時間が増加するに伴って大きくなった。すなわち，溶接電流および溶接時間を増加させることによって領域 (i) の有効接合面積が大きくなり，これらの継手の引張せん断破断荷重は増加したと考えられる。しかし，入熱量を増加させることは領域 (ii) のような熱劣化領域の拡大に繋がる。このため，継手設計の際には，必

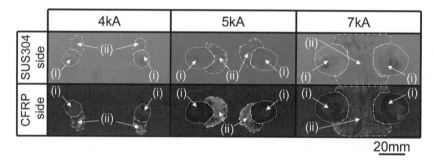

図6 溶接電流4，5および7kA，溶接時間250msにてシリーズRSWしたSUS304/CFRP (PA6) 継手の引張せん断試験後のSUS304側およびCFRP (PA6) 側のマッチング破面[16]

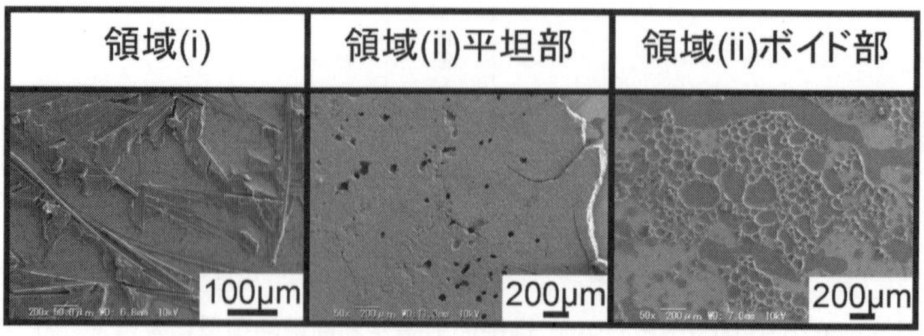

図7 SUS304側破面の代表的なミクロ組織

要となる接合強度に応じて，できるだけ入熱量を抑え，打点数を増加して接合面積を増加させることでCFRPの熱劣化を抑え，強固な接合が可能になると考えられる。

5 表面処理による接合特性の改善

上述の通り，熱可塑性樹脂をマトリクスとするCFRPと金属の異材接合は，接合界面でのマトリックス樹脂と金属の間の相互作用によって達成される。このため，接合前の材料の表面状態を各種表面処理によって変化させ，接合界面での機械的な締結力の付与，化学的な結合力の付与を図ることで，接合強度の増加が期待される。

図8には，シランカップリング処理を施したSUS304を用いて溶接電流4から7kAでシリーズRSWにより接合したSUS304/CFRP (PA6) 継手の引張せん断破断荷重をSUS304受入材を用いた場合と併せて示す。

シランカップリング処理を施すことで，いずれの溶接電流においても継手の引張せん断破断荷重は著しく増加し，受入材を用いた場合と同様に溶接電流を増加することで接合面積が増加して破断荷重が増加した。シランカップリング処理によりSUS304/CFRP (PA6) の界面の接合強度が増加した理由としては，化学的な結合力が接合界面に導入されたことに起因すると考えられる。上述の通り，金属/CFRPの接合のメカニズムとしては，アンカー効果，ファンデルワールス力，水素結合力等が提案されている。平滑表面状態の金属板の接合においては，これらの接合メカニズムの中では特に水素結合力による影響が大きいと考えられる。シランカップリング処理を施した場合では，接合前の金属表面にシランカップリング剤による改質層が金属の酸化皮膜と共有結合を介して形成される。このシランカップリング剤層中には極性官能基であるアミノ基 (NH_2) が存在しているため，CFRP (PA6) のマトリックスであるPA6中のアミド基 (CONH) と水素結合による結合力が生じると考えられる。さらに，このアミノ基がPA6の分子鎖と直接的に化学結合を生じると予測され，シランカップリング処理材を用いた場合では，SUS304とCFRP (PA6) のマトリックスであるPA6の間に化学的結合力が導入され強固な接合が達成されたと考えられる[14]。

シランカップリング処理の他にも，金属への前処理として，サンドブラスト，研磨処理，化成処理，レーザ照射による凹凸の形成等の適用を行った。その結果，これらの表面処理を施すことで，接合界面での金属/樹脂のマイクロインターロッキング（アンカー効果），金属上の樹脂の濡れ性向上，化学的結合力の導入等によって，金属/CFRP (PA6) の接合強度の向上が確認された。

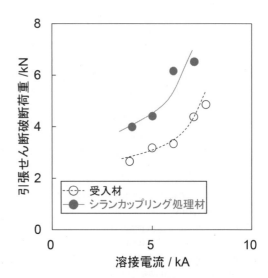

図8 シリーズRSWにより接合したSUS304/CFRP (PA6) 継手の引張せん断破断荷重にシランカップリング処理の及ぼす影響[16]

第３編　マルチマテリアル化を実現する異材接合技術

６ まとめ

　シリーズ抵抗スポット溶接（シリーズ RSW）法を応用して金属と樹脂・CFRP の異材接合を試み，接合特性に及ぼす CFRP のマトリックス樹脂，金属の種類の影響，接合条件の影響，表面処理の影響を検討し，シリーズ RSW によって幅広い材料を強固に接合出来ることを示した。今後は，樹脂に応じた入熱量，熱分布の最適化を溶接条件の制御および電極形状や材質に工夫を行うことで実施するとともに，自動車のマルチマテリアル化を目指して，金属／樹脂・CFRP 接合のロボット化についても検討を行う。

　また，金属／樹脂・CFRP の接合メカニズムは未だに未解明な部分が多く，実用化にあたっては，これについての検討も行っていく必要がある。

謝　辞

　本研究の一部は，JSPS 科研費 16K18247 の助成を受けたものである。

文　献

1) S.Y.Fu, B.Lauke, E.Mäder, C.Y.Yue and X.Hu：Tensile properties of short-glass-fiber-and short-carbon-fiber reinforced polypropylene composites,Composite Part A, **31**, 1117-1125 (2000).

2) C.K.Narula, J.E.Allison, D.R.Bauer and H.S.Gandhi：Materials chemistry issues related to advanced materials applications in the automotive industry,*Chemistry of material*, 8, 987-1003 (1996).

3) A.Finka, P.P.Camanhob, J.M.Andrésc, E.Pfeifferd and A.Obste：Hybrid CFRP/titanium bolted joints； Performance assessment and application to a spacecraft payload adaptor, *Composites Science and Technology*, **70**,305-317 (2010).

4) S.B.Kumara, I.Sridhara, S.Sivashankera, S.O.Osiyemib and A.Bagc：Tensile failure of adhesively bonded CFRP composite scarf joints, *Materials Science and Engineering* B, **132**, 113-120 (2006).

5) S.Katayama and Y. Kawahito：Laser direct joining of metal and plastic, *Scripta Materialia*, **59**, 1247-1250 (2008).

6) M.Hino, Y.Mitooka, K.Murakami, K.Urakami, H.Nagase and T.Kanadani：Effect of Aluminum Surface State on Laser Joining between 1050 Aluminum Sheet and Polypropylene Resin Sheet Using Insert Materials, *Materials Transactions*, **52**,1041-1047 (2011).

7) P.Mitschang, R.Velthuis, S.Emrich and M.Kopanarski：Induction heated joining of aluminum and carbon fiber reinforced nylon 66, *Journal of thermoplastic composite materials*, **22**, 767-801 (2009).

8) F.Balle, G.Wagner and D.Eifler：Ultrasonic Metal Welding of Aluminium Sheets to Carbon Fibre Reinforced Thermoplastic Composites, *Advanced Engineering Materials*, **11**,35-39 (2009).

9) S.T.Amancio-Filho, C.Bueno, J.F.dos Santos, N.Huber and E.Hage Jr.：On the feasibility of friction spot joining in magnesium/fiber-reinforced polymer composite hybrid structures, *Materials Science and Engineering* A, **528**, 3841-3848 (2011).

10) F.Yusof, Y.Miyashita, N.Seo, Y.Mutoh and R.Moshwan：Utilising friction spot joining for dissimilar joint between aluminium alloy (A5052) and polyethylene terephthalate, *Science and Technology of Welding and Joining*, **17**,544-549 (2012).

11) 小澤崇将，加藤数良，前田将克：3003 アルミニウム合金と熱可塑性樹脂の重ね摩擦撹拌接合，軽金属，**65**, 403-410 (2015).

12) K.Nagatsuka, D.Kitagawa, H.Yamaoka and K.Nakata：Friction Lap Joining of Thermoplastic Materials to Carbon Steel, ISIJ International, **56**, 1226-1231 (2016).

13) K.Nagatsuka, S.Yoshida, A.Tsuchiya and K.Nakata：Direct joining of carbon-fiber-reinforced plastic to an aluminum alloy using friction lap joining, *Composite Part B*, **73**, 82-88 (2015).

14) 永塚公彬，田中宏宜，肖伯律，土谷敦岐，中田一博：摩擦重ね接合によるアルミニウム合金と炭素繊維強化樹脂の異材接合特性に及ぼすシランカップリング処理の影響，溶接学会論文集，**33**，317-325 (2015).

15) 三輪剛士，北川大喜，永塚公彬，山岡弘人，伊藤和博，中田一博：摩擦重ね接合によるステンレス鋼と炭素

繊維強化熱可塑性樹脂との異材接合，溶接学会論文集，**35**，29-35 (2017).

16) 永塚公彬，肖伯律，呉利輝，中田一博，佐伯修平，北本和，岩本義昭：抵抗スポット溶接を応用した金属と炭素繊維強化樹脂の直接異材接合，溶接学会論文集，**34**，267-273 (2016).

17) 奥田滝夫：スポット溶接入門，産報出版. (2014).

18) 小川俊夫：接着ハンドブック第 4 版，日刊工業新聞社. (2007).

第3編　マルチマテリアル化を実現する異材接合技術

第2章　接合技術

第4節 | セルフピアッシングリベット技術

ポップリベット・ファスナー株式会社　鈴木　晴彦

　セルフピアッシングリベット（Self-Piercing Rivet，以下SPR）は，下穴があいていない母材に，リベット自身が上側母材を貫通し，下側母材内でリベットの先端が開き，ダイの形状に展開して，複数母材の締結を可能とする工法である。締結断面形状により，内部ロックが形成され，母材同士の締結は確保される（**図1**）。

　もともとはスポット溶接が困難なアルミ板同士の接合を目的として開発された。母材同士の下穴合わせが不要な為，自動化が容易であり，任意の部位へも締結できる。SPRの締結は溶接と違い，火花や熱の発生がなく，音も振動も大変少ない工法である。また，溶接では困難とされる異種金属締結，樹脂と金属といった異種材質締結も条件により可能とする。めっきや塗装された母材へも締結ができる等，スポット溶接で不可能な領域がSPRにより解消された。

　SPRの締結には電動もしくは油圧を駆動源とするツールが使用される（**図2**）。ツールはCフレームと組合わされ，ロボットもしくは定置式治具に装着される。ツールに求められる締結荷重は油圧で最大50kN，電動で最大80kNの能力を有する機種が主流となっている。

　リベットはフィーダ装置やマガジン装置により供給され，ワークへの連続打鋲にスムーズに対応する。1打点毎のサイクルは，リベット締結で1〜2秒程度，それにリベット送給時間が2〜3秒加算されるが，装置メーカーや機種により，リベット送給時に次打点への移動が可能であることから，実質のサイクルタイムはリベット締結に要する1〜2秒程度である。

　SPR締結では，仮に板組やリベット長を間違えて締結した場合，リベットの取外しが不可能であることから，多くの場合はワークを廃棄せざるを得ないと思われる。また，正しい板組や

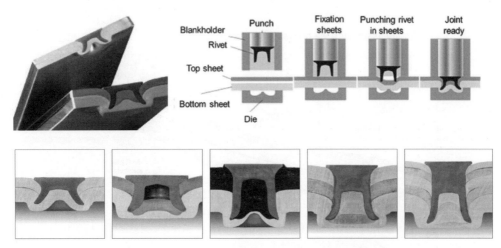

図1　セルフピアッシングリベット締結工程と締結断面

第3編　マルチマテリアル化を実現する異材接合技術

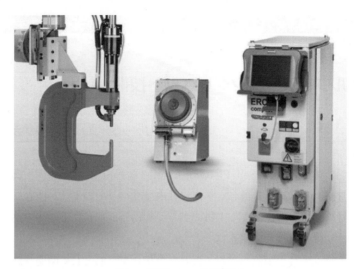

図2　電動SPR締結装置

リベット長で締結したとしても，現状，非破壊検査で内部ロックの形成を確認することは困難である。しかしながら，装置メーカーや機種により，品質確認モニターを有するものもある。この場合，加圧力，板厚，リベット長さといったデータは全てモニタリングされており，特定の強度を満たさない締結が行われた場合，警告が表示される（図3）。仮に母材のトータル板厚やリベット長さが管理値外である場合は，システムがリベット締結前に停止する。その結果，廃棄ワークを削減することが可能である（図4）。これら品質確認モニター機能により，廃棄ワークの削減や破壊試験の回数削減につながり，顧客のコストセーブに貢献する。

SPRはドイツのアウディ社から1994年に登場した初代A8から使用された。A8は軽量化の為にアルミニウムボデーを採用した。アウディスペースフレーム＝ASFと名付けられた，そのボデーの接合には抵抗溶接，ミグ溶接の他クリンチングが約170箇所，そしてSPRが約1,100箇所使用された。1999年に登場したA2はさらに機械生産比率が高められ，SPRはスポット溶

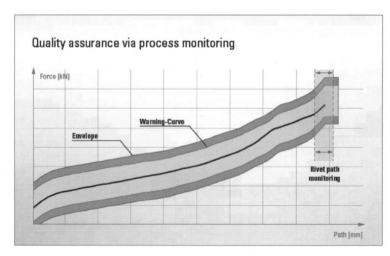

図3　モニタリング画面

-150-

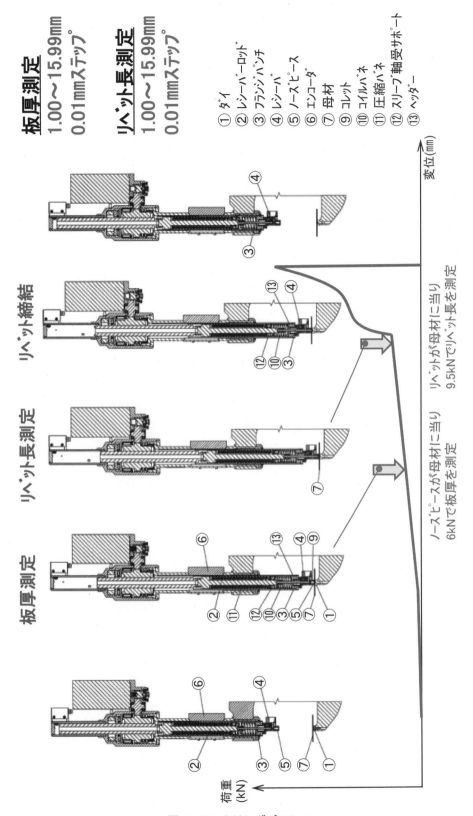

図4　モニタリングプロセス

接の代替工法として位置づけられ 1 台あたり約 1,800 本の SPR が使用された。

　近年の車体軽量化要求により，日本の自動車メーカーでも車体へのアルミ製部品採用率が高まっているが，例えば，アルミ製パッセンジャードアやフロントフード等の締結へ SPR は採用されている（図5）。また，軽量化は無論のこと，操安性向上を目的とし，サスタワーに代表されるアルミダイキャスト製の骨格部品の締結にも SPR が採用されつつある。しかし，年々ボデーには薄板や 590Mpa 以上の高ハイテン鋼の採用比率が高まっているが，実はそれらの接合には不向き等の弱点もある。今後はそれらの課題を解決し，精度の高い高品質の締結を実現するのが目標である。

図5　アルミ車体部品への採用事例

文　献

1) 鈴木晴彦：自動車生産と溶接接合技術「自動車生産におけるメカニカルファスニング」，溶接技術，産報出版社，(2015 年 2 月号).

第3編　マルチマテリアル化を実現する異材接合技術

第2章　接合技術

第5節　摩擦撹拌接合（FSW）

第1項 | 摩擦撹拌接合技術による難燃性マグネシウム合金接合技術

茨城県工業技術センター　行武　栄太郎

1 難燃性マグネシウム合金[1]~[6]

　マグネシウム合金は実用金属中で最も軽量であり，比強度，比剛性に優れるため様々な用途展開が期待でき，自動車部品（ハンドルの心金，エンジンカバー，フード，バックドア等），携帯家電部品（携帯電話の筐体，ノートPCのカバー等）等に実用化が進んでいる。しかし，理科の実験等でマグネシウムリボンの燃焼実験などで経験しているように，マグネシウム合金は発火しやすいというイメージにより製品化の検討が進みにくい現実がある。

　そこで，燃えにくいマグネシウム合金の開発が各研究機関で進められ，一般的なマグネシウム合金と比べ発火点を数百℃向上させた難燃性マグネシウム合金（カルシウムが添加されたマグネシウム合金）が国立研究開発法人産業技術総合研究所を中心として開発された。その後，この技術を用いて様々な研究機関，民間企業が難燃性マグネシウム合金の鋳造材，展伸材に関する研究及び製品開発を進めた。

　難燃性マグネシウム合金は各民間企業より様々な合金系が製造販売されている。大きく分類すると表1に示すように，AZX（A：アルミニウム，Z：亜鉛，X：カルシウム）系，AMX（A：アルミニウム，M：マンガン，X：カルシウム）系に分類される。例えば，AZX311合金では，アルミニウム：3mass％，亜鉛：1mass％，カルシウム：1mass％が添加された難燃性マグネシウム合金を示す。近畿車両株式会社では鉄道車両用材料燃焼試験で不燃性の認定を取得した難燃性マグネシウム合金押出製品（商品名：ノコマロイ）が開発され，熊本大学では一般的な難燃性マグネシウム合金より発火が高く1000℃以上に加熱しても発火しない特性を示すKUMADAI不燃マグネシウム合金が開発された。

　機械的特性は，一般的なマグネシウム合金と同様な特性を示すが，難燃特性を実現するために添加したカルシウムにより，伸び，成形性が低下する（カルシウム添加量が多い合金ほど，伸び，成形性が低下する）。近年では，生産性及び伸び，成形性を向上させた難燃性マグネシウム合金の開発も進んでいる。

表1　一般的な難燃性マグネシウム合金の種類（展伸材：圧延材，押出材）

| AZX 系 | AZX311, AZX411, AZX611, AZX612, AZX912 etc |
| AMX 系 | AMX601, AMX602 etc. |

－153－

2 難燃性マグネシウム合金の摩擦撹拌接合特性

2.1 摩擦撹拌接合（FSW：Friction Stir Welding）[7]-[9]

摩擦撹拌接合技術は，1991年に英国溶接研究所（TWI：The Welding Institute）で開発され，固相状態で金属材料同士を接合する技術であり，アルミニウム合金等の軽金属材料において実用化されている。近年では，耐熱の高い接合ツールの開発により，鉄鋼材料の接合に関する研究報告も多い。

図1に接合方法の概略を示す。回転する接合ツールを被接合材の突合せ部または重ね合せ部に挿入し，

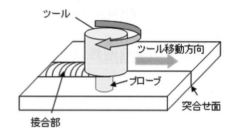

図1 摩擦撹拌接合概略

接合ツールとの摩擦熱を利用し接合部の材料を軟化させ固相状態で撹拌することで接合を完了する。この摩擦撹拌接合法では，固相状態で接合を完了するため溶融溶接と比較して入熱量が小さく，熱ひずみ量が小さいため，接合後の製品のゆがみが少ない。

2.2 接合条件

図2に一般的なマグネシウム合金と難燃性マグネシウム合金の接合ツール回転数と接合速度における摩擦撹拌接合条件範囲の関係を示す。難燃性マグネシウム合金では，一般的なマグネシウム合金と比べ，接合条件範囲が狭くなる傾向があり，入熱量が小さいと欠陥が発生し易くなる。逆に，入熱量を大きくしても欠陥が発生する。また，難燃性マグネシウム合金中のアルミニウム添加量が多くなると素材の強度も向上するため接合条件範囲が狭くなり，接合速度を早くすることが困難となる。また，カルシウム添加量が多くなるとアルミニウム添加同様に接合条件範囲が狭くなる。

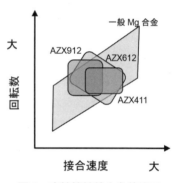

図2 摩擦撹拌接合条件範囲

図3に，AZX系難燃マグネシウム合金の接合後の各種接合部外観写真を示す。適合接合条件範囲内で接合すると，接合部の外観状態は一般的なマグネシウム合金の接合部と同様な接合ツールが通過した円弧状の欠陥のない外観（a）が得られる。しかし，入熱量が多い（接合ツール回

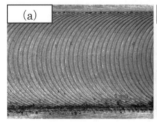
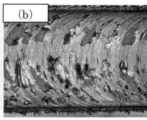
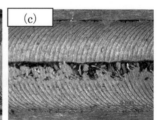

※口絵参照

図3 摩擦撹拌接合後の接合部外観写真
（a：健全　b：入熱過剰　c：入熱不足）

転数：大，接合速度：小）場合，表面には一部溶融したようなささくれた外観 (b) を有する。また，アルミニウム添加量が多い場合，まれに溝欠陥 (c) が観察される。摩擦撹拌接合での溝欠陥の発生は一般的に入熱不足の場合多く観察されるが，難燃性マグネシウム合金の場合，アルミニウム添加量が多い合金系において，入熱量が大きい場合でも溝欠陥が観察される。適合接合条件範囲内においても，合金系によっては，切屑状の粉が多く発生する場合があり，難燃性マグネシウム合金であっても，細かな粉の取り扱いには十分な注意が必要である。接合中の発火等は各合金系において観察されず，一般的なアルミニウム合金，マグネシウム合金同様に摩擦撹拌接合が可能である。

摩擦撹拌接合ツールについては，各社より様々なツールが販売されているが，難燃性マグネシウム合金の摩擦撹拌接合では，各種接合ツール（ボビンツールを含む）の利用が可能である。材質は一般的な SKD 材，SK 材が適当である。また，耐久性を必要としなければ，ステンレス鋼材でも接合は可能である。接合ツール先端形状では，プローブ形状はテーパー型，ストレート型どちらでも対応可能であるが，板厚が厚い場合（5 mm 以上）では，接合時の接合方向の抵抗を低減できるテーパー型が有効である。接合後の接合ツール表面の状態（ショルダー部，プローブ部）では，著しい凝着は確認されない。しかし，アルミニウム添加量が少ない合金系では，著しい接合ツールへの凝着がまれに観察され，その凝着が原因で大きな溝欠陥が発生する場合がある。

2.3　機械的特性

摩擦撹拌接合部の機械的特性（耐力，引張強度，伸び，硬さ等）は，一般的なマグネシウム合金の接合部の機械的特性と同様な傾向を示す。接合条件範囲が狭いため，接合条件の影響を受けやすいが，各合金系の接合部では各母材強度に対して 70％～90％程度の接合部強度（継手効率）を示し，摩擦撹拌接合部で破断が確認される（摩擦撹拌接合部では板厚は母材より薄くなる）。AZX 系と AMX 系とでは，AZX 系の継手効率が高い傾向を示し，適正接合条件範囲も広い。

各難燃性マグネシウム合金系の展伸材の摩擦撹拌接合部の耐力は各母材に比べ低下する。一般的に摩擦撹拌接合部の結晶組織は接合ツールによる摩擦撹拌で大きな塑性ひずみが付加されることで結晶粒が微細化し機械的特性が向上する傾向があるが，マグネシウム合金の展伸材では，発展した底面集合組織[10)11)]が崩されることにより耐力が低下する。これは，難燃性マグネシウム合金においても同様な傾向が確認される。

図 4 に AZX612 難燃性マグネシウム合金（押出材：板厚 3 mm）の摩擦撹拌接合部の硬さ分布を示す。母材に比べ摩擦撹拌部の硬さが 10～30％程度向上している。一般的に摩擦撹拌接合部は撹拌部（SZ：Stir Zone），熱加工影響部

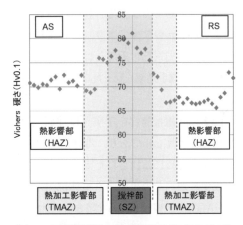

図 4　摩擦撹拌接合部の硬さ分布（AZX612）

(TMAZ：Thermo-Mechanically Affected Zone)，熱影響部（HAZ：Heat Affected Zone）の3つの領域に区分されるが，各難燃性マグネシウム合金系においても同様な領域が確認できるが，比較的 TMAZ は一般的なマグネシウム合金と比べ狭い傾向がある。撹拌部では接合ツールによる大きな塑性ひずみと摩擦熱により動的な再結晶が積極的に発現することで結晶粒が微細化することで，硬さが向上すると考えられる。

図5に AZX612 難燃性マグネシウム合金（押出材：板厚3mm）の接合部（摩擦撹拌部）と母材との機械的特性評価[12]した結果を示す。

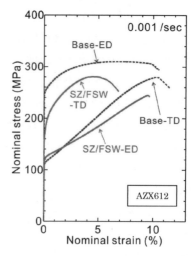

図5　機械的特性（母材，撹拌部）[12]

押出材の場合，機械的特性に異方性があるため，ED（押出方向）と TD（押出垂直方向）とで評価すると，摩擦撹拌部と母材では機械的特性の異方性が逆転することが確認される。接合部には接合ツールによる複雑な応力状態及び塑性流動が付加されるため，母材に形成された底面集合組織が崩され，機械的特性の異方性が変化したと考えられる。

摩擦撹拌部 TD（SZ/FSW-TD）と母材 TD（Base-TD）とを比較すると，摩擦撹拌部は強度も耐力も高い。一方，摩擦撹拌部 ED（SZ/FSW-ED）と母材 ED（Base-ED）を比較すると，母材が強度も耐力も高い。すなわち，摩擦撹拌接合部では接合後も特有の異方性を有するため，構造物設計の場合注意が必要。

2.4　材料組織

図6に難燃性マグネシウム合金の摩擦撹拌接合部の断面組織観察写真を示す。摩擦撹拌接合特有のリング状の縞模様（オニオンリング）が観察される。また，写真右下部には，接合条件が適切でない場合に確認される断続的な数百 μm の欠陥であり，摩擦撹拌接合中のプローブ先端部付近でしばしば観察され，接合強度（継手効率）低下及び接合不良の原因となる。

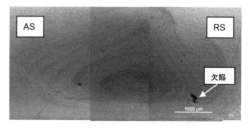

図6　摩擦撹拌接合部断面組織写真（オニオンリング）

図7に摩擦撹拌部を示す。撹拌部（SZ）では，再結晶した等軸の結晶粒径が観察され，その平均粒径は数 μm であり，母材結晶粒径の約 1/10 以下にまで微細化される。また，難燃特性を付与するために添加されたカルシウムはアルミニウムとの硬くて脆い金属間化合物（Al_2Ca）を生成するが，その生成物も撹拌部（SZ）では微細に粉砕されており，ナノサイズの金属間化合物（Al_2Ca）が観察される（図8 STEM 写真）。このように，撹拌部（SZ）では結晶組織が微細化することで機械的特性が向上することは，撹拌部（SZ）の硬さが向上することと一致する。

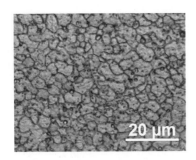 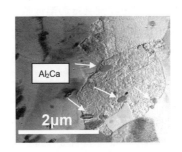

図7 撹拌部（SZ）組織写真　　図8 撹拌部（SZ）高倍率組織写真

熱影響部（HAZ）では，母材と同等の結晶粒径を保持しており，摩擦撹拌接合時に発生する熱影響を大きく受けていないことが確認できる。これは，母材中に存在する晶出物（金属間化合物：Al_2Ca）が粒界のピン止め効果の影響を与えているため，接合時の摩擦熱による結晶粒の成長を抑制していると考えられる。

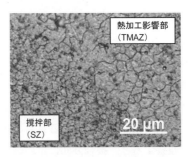

図9 撹拌部（SZ）と熱加工影響部との（TMAZ）の境界

図9に撹拌部（SZ）と熱加工影響部（TMAZ）との境界の組織観察写真（AZX612難燃性マグネシウム合金：押出材）を示す。結晶粒径を比較すると，撹拌部と熱加工影響部とでは結晶粒径（撹拌部：小，熱加工影響部：大）が異なり，その境界が明確である。したがって，接合部へ負荷がかかる場合，この境界周辺に負荷の偏り（集中）が生じ，破壊の起点となる可能もあるため，接合条件の最適化及び接合ツール形状により結晶組織を制御することが重要である。

2.5 温間変形特性

図10に難燃性マグネシウム合金（AZX411圧延材）摩擦撹拌接合部の200℃での温間引張試験後の試験片の外観を示す。摩擦撹拌部以外のくびれが顕著であり，撹拌部がくびれにくいことが確認できる。これは，撹拌部で微細に分散された晶出物（金属間化合物：Al_2Ca）によるピン止め効果で，温間での粒成長及び，温間での変形機構である粒界での滑り変形も抑制されることで変形抵抗が母材と比べ高くなり，くびれの発生を抑制していると考えられる。

図10 温間引張試験後の摩擦撹拌接合部外観写真（試験温度：200℃）

図11に母材強度と撹拌部強度の温度依存性[13]を示す。摩擦撹拌部強度は回復・再結晶が始まる試験温度150℃以上においても強度の低下が母材と比べ小さく，試験温度150℃以上では撹拌部強度が母材強度より高くなる傾向が確認された。したがって，カルシウムを添加した難燃性マグネシウム合金の撹拌部は温間での変形抵抗が高いことがわかる。

2.6 残留応力

摩擦撹拌接合では，溶融溶接と比べ接合後の熱変形（熱ひずみ）が小さいメリットがある。難燃性マグネシウム合金の場合も一般的

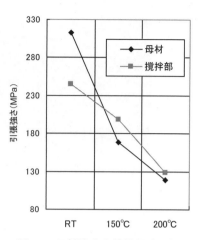

図11 母材強度と撹拌部（SZ）強度の温度依存性

なマグネシウム合金と同様に溶融溶接より接合後の熱変形が小さい。マグネシウム合金のような六方晶系の結晶構造を有する材料の正確な残留応力測定は困難であるが，接合部の残留応力分布を観察すると，接合方向に正の応力が残存し，接合方向と垂直方向にはほとんど応力が残留しない傾向が確認できる。しかし，接合条件でその残留応力分布状態は変化し，入熱量が小さくなると接合方向の残留応力は増大し，接合方向と垂直方向は減少（負の残留応力）する。こ

れは，接合温度が影響しており，入熱量の小さな接合条件では，接合時に発生する熱量では十分に撹拌部の蓄積ひずみを回復できず，接合ツールにより付加される塑性ひずみ量の増加に伴い，残留応力が増加する。

2.7 異材接合

図12に難燃性マグネシウム合金（AZX411）とアルミニウム合金（5000系）との摩擦撹拌接合（突合せ接合）後の外観写真を示す。摩擦撹拌部表面（接合ツールとの接触面）では共材の接合時とは異なり，ささくれた様な肌荒れが観察されるが，難燃性マグネシウム合金においても一般的なマグネシウム合金と同様に異材接合は可能であり，接合条件を最適化することで継手効率70％以上（難燃性マグネシウム合金＋アルミニウム合金）を実現できる。しかし，接合部には硬くて脆い金属間化合物（$Al_{12}Mg_{17}$，Al_3Mg_2）[14]の生成が確認され，接合強度を向上させるには，こ

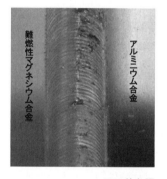

図12 異材接合部外観写真
（AZX411＋5000系Al合金）

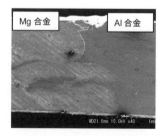

図13 異材接合部断面写真
（AZX411＋5000系Al合金）

れら金属間化合物の制御（抑制）が重要な課題である。

　図13に摩擦撹拌接合部断面写真を示す。摩擦撹拌接合部の内部では，複雑に各合金が混合されていることが確認できる。また，それら境界では厚さ数十 μm の金属間化合物の生成が確認される。

　異材接合の場合，接合時の被接合材の配置方法（位置）も重要な条件となる。一般的に摩擦撹拌接合技術を用いた異種材料接合では，塑性流動性が高い材料を AS 側（Advancing Side：接合方向と接合ツール回転方向が同一方向）に配置するが，マグネシウム合金と比べ塑性流動特性の高いアルミニウム合金を AS 側へ配置すると各種接合条件で接合できない。接合可能な配置としては，マグネシウム合金を AS 側，アルミニウム合金を RS 側（Retreating Side：接合方向と接合ツール回転方向が逆方向）に配置した場合が有効である。これは，温間での塑性流動特性が室温と大きく異なることが起因している。マグネシウム合金の場合，室温での塑性変形特性はアルミニウム合金と比べ低いが，200℃以上では大きく向上し，300℃近傍ではアルミニウム合金と同等以上となる。摩擦撹拌接合では接合時の撹拌部温度が400℃以上を示しており，マグネシウム合金の塑性流動がアルミニウム合金を上回ることで接合が可能となる。しかし，接合温度が400℃以上となると，金属間化合物の生成も著しくなるため，異材接合では接合時の温度制御が重要となる。

3 製品化及び検討事例[3) 15) - 19)]

　難燃性マグネシウム合金の活用は多様な分野で展開されている。初めての実用化例としては高速道路 ETC 遮蔽バー心金（展伸材：押出材）[3)]への採用がある。高速で開閉する必要があり軽量かつ難燃性である難燃性マグネシウム合金が採用された。また，高速車両（新幹線）の室内部品として荷受け台[15)]への展開もダイカスト製品（AZ91D＋Ca）として展開している。さらには，東北大学を中心に研究開発の進んでいる次世代の環境親和型高速輸送システム（エアロトレイン）[16)]の機体素材として難燃性マグネシウム合金の適用検討が進んでいる。また，耐熱性を有した難燃性マグネシウム合金の開発[17)]によりエンジンピストンへの応用展開も検討が進んでいる。

　難燃性マグネシウム合金へ摩擦撹拌接合技術の応用展開としては，トラック荷台煽り板試作（平成17年度兵庫県 COE プログラム推進事業）トラック導風板試作，乗用車用ルーフボックス試作（平成15年度地域中小企業支援型研究開発制度）等の大型製品への適用検討が進んでいる。さらには，輸送機器として高速車両構体[18)]への適用へ向けた取り組みも進んでおり，軽量化効果の大きい大型構造物へ展開が予測され，難燃性マグネシウム合金の摩擦撹拌接合技術としては，大型化に対応した生産技術及び品質管理システム[19)]のさらなる高度化が必要である。

文　献
1) 秋山茂：鋳物，Vol.66, 38 (1994).
2) 秋山茂，上野英俊，坂本満他：まてりあ，Vol.39, No.1, 72 (2000).
3) 坂本満：軽金属，Vol.66, No.5, 240 (2016).
4) 上田光二：近畿車輌技報，第11号，38 (2004).
5) 城戸太司，松本敏治：アルトピア，Vol.44, No.8, 9 (2014).

第3編　マルチマテリアル化を実現する異材接合技術

6) 清水和紀：金属，Vol.**87**，No.4，34 (2017).

7) W.M.Thomas, E.D.Nicholas, J.C.Needhan, M.G.Murch, P.Temple-Smith and C.J.Dawes：PCT/GB92/02203, December 6 (1991).

8) 時末光：FSW（摩擦撹拌接合）の基礎と応用，日刊工業新聞社 (2005).

9) 溶接学会編：摩擦撹拌接合（FSW のすべて），産報出版 (2006).

10) E.Yukutake, J.Kaneko, M.Sugamata：*Mater.Trans*, Vol.**44**, 452 (2003).

11) 行武栄太郎，金子純一，菅又誠：塑性と加工，Vol.**44**，No.506，276 (2003).

12) 行武栄太郎，上田聖，上路林太郎，藤井英俊，石川武，橋本健司：軽金属学会第 128 回春期大会講演概要，289 (2015).

13) 行武栄太郎，上田聖，上路林太郎，藤井英俊，石川武：軽金属学会第 130 回春期大会講演概要，129 (2016).

14) 平野聡，岡本和孝，土井昌之，岡村久宣，稲垣正寿，青野泰久：溶接学会論文集，Vol.**21**，No.4，539 (2003).

15) 坂本満，上野英俊：*Syntheiology*，Vol.**2**，No.2，127 (2009).

16) 小濱泰昭：地球環境とエアロトレイン，理工評論出版 (2011).

17) 戦略的基盤技術高度化支援事業研究開発成果事例集「耐熱・難燃性マグネシウム合金によりパワートレイン耐熱部材を軽量化」中小企業庁，146 (H21〜22 採択プロジェクト)

18) 森久史，野田雅史，富永誉也：軽金属，Vol.**57**，No.11，506 (2007).

19) 森久史，上東直孝：軽金属，Vol.**66**，No.5，226 (2016).

第3編　マルチマテリアル化を実現する異材接合技術

第2章　接合技術

第5節　摩擦撹拌接合 (FSW)

第2項 | 摩擦撹拌接合技術によるアルミニウム合金接合技術

株式会社UACJ　福田　敏彦

■ アルミニウムの溶接性

1.1　アルミニウムと鋼との比較

アルミニウムは鋼に比べ，比重は約1/3と小さい軽量材料の1つである。一方，融点は絶対温度で1/2と低く，熱伝導率は約3倍高く，また，線膨張係数は約2倍大きい。したがって，溶接に際して鋼材とは異なる作業上の諸注意が要求される。アルミ表面の硬く緻密な酸化被膜は融点が高く，健全な溶接を阻害するので，前処理やアルゴン雰囲気中でのアークの清浄作用によって除去する必要がある。また非常に酸化されやすいため，溶接の際には溶融部を不活性ガス雰囲気にするなど環境に留意する必要がある。

1.2　アルミニウム合金の分類

アルミニウム合金は加工法の観点から展伸材と鋳物材とに大別される。また，強化機構の観点から，2000系，6000系，7000系に代表される熱処理型合金と1000系，3000系，5000系に代表される非熱処理型合金に分類される。

1.3　アルミニウムに適用可能な接合法

アルミニウムに適用可能な接合法は，接合原理の観点から一般的に**表1**のように分類される。

継手形状と接合法との関係は，**図1**に示す通りであり，全ての継手形状に対応可能な接合法は存在せず，適用部位毎に適正解を検討する必要がある。

モノ造りにおける自由度との観点からアクセスサイドに着目する必要があり，ワンサイドアクセスと両サイドアクセスとでは，例えば，**図2**のように分類される。ワンサイドアクセスと両サイドアクセスとは，接合品質安定性と継手設計自由度との関係においては，概ね，相反と

表1　アルミに適用事例のある接合法例（接合メカニズムの観点）

金属結合			機械的	他
融接	ろう接	固相接合		
抵抗スポット MIG レーザ	ろう付 超音波半田付	FSJ 超音波接合 FSW 回転摩擦圧接 電磁圧接 爆着 圧延・拡散接合	クリンチング SPR（リベット） RIVTAC（釘） FDS（ネジ） ナットサート ヘム（重ね）	接着剤

-161-

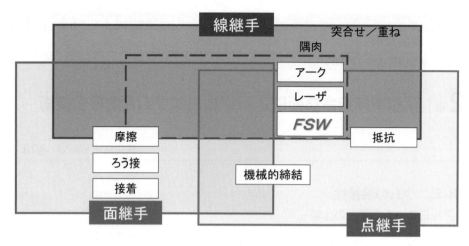

図1 各種接合法と継手形状の関係

言ってよいだろう。

1.4 熱影響による組織分布

　溶接でのアークによる入熱は直下の溶融池を沸点近くまで加熱し，母材側では，溶融直前であるボンド部から室温近くまで温度分布が生じる。これが母材の受ける熱影響である。溶接入熱によって，溶接金属・熱影響部・原質部で複雑な組織変化とそれに伴う機械的性質の変化が生じる。組織変化の例として**図3**[1)]に示す。

　熱処理合金の熱影響部では，過時効域で強さが最低となる。溶接後，全体を再加熱処理（焼

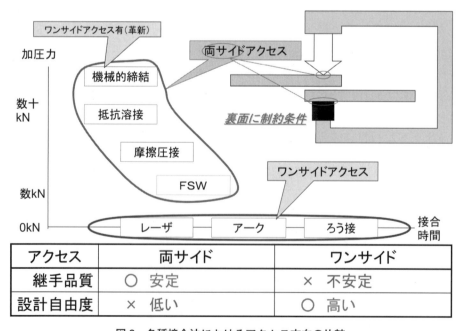

図2 各種接合法におけるアクセス方向の比較

-162-

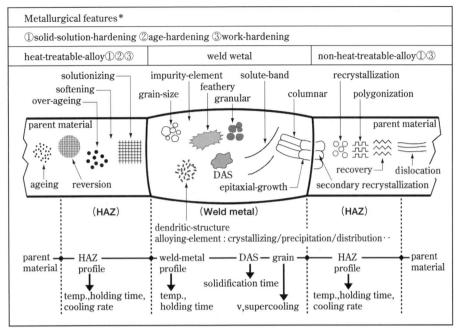

図3 アーク溶接による継手の組織変化[1]

き入れおよび焼き戻し処理）できる時は元の性質に回復できるが，圧延加工と熱処理の組合せで得られた特別な材質の場合は再熱処理でも完全な回復は難しい。非熱処理合金では，O材では熱影響を受け難いが，加工硬化したH材では熱影響部の軟化が進み，特に，約300℃以上に加熱された部分は著しく軟化する。高加工度材の方が再結晶温度は下がり，軟化部の幅が広くなり，また相対的に軟化が著しくなる。

2 アルミニウムのアーク溶接時における不完全部の発生原因と対策

2.1 溶接割れ

溶接における割れは，本質的には鋳物と同様，合金の組成が大きく影響する。

溶融部は鋳物と同様に凝固組織となっており，粒界や亜粒界は共晶組織や偏析のためマトリックスより融点が低く，凝固時に最後まで液相が残存する。**図4**[2]に示すごとく，この共晶融解部分に，溶接部の熱膨張とその後の収縮に伴う熱応力，あるいは外部からの拘束力が負荷されるとCavityを生じ，微小割れになる。この過程を図式的に示すと**図5**[2]のごとくである。割れ発生場所は溶接金属中と熱影響部に分かれる。割れの形態は，凝固割れと融解割れに分かれる。アルミ合金継手の割れ抑制策は**表2**[3]のようにまとめられる。

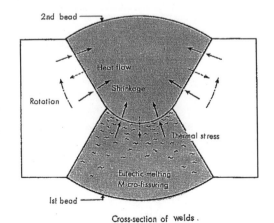

図4 溶接割れの概念図[2]

- 163 -

2.2 気泡（ポロシティ）

気泡（ポロシティ）発生の要因については，多くの研究がなされ，その結果報告も多い。また，防止策としても図6[4]に示す特性要因図が提唱されている。

3 アルミニウムへのFSWの適用

3.1 FSWの特徴

アルミニウム合金の接合に関する新しい技術として，図7の摩擦撹拌接合（FSW：Friction Stir Welding）[5]の活躍が期待される。FSWはショルダとプローブからなる工具を回転させながら母材に挿入し，接触部に摩擦熱を生じさせることで母材を軟化させ，工具の回転とともに母材も塑性流動させ，新生面を生じさせ金属結合に至らしめる固相接合法である。

FSW突合せ継手とMIG突合せ継手との接合部の断面組織の比較を模式的に示すと図8[6]のようになる。FSWの利点として，母材を融かさないことによる①高い継手強度，②低い熱ひずみや残留応力，③閃光やスパッタが発生せず清浄な作業環境を維持できることが挙げられる。ま

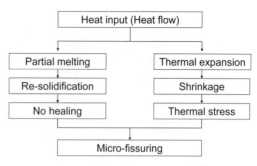

図5　溶接割れのメカニズム[2]

表2　溶接割れの種類と対策[3]

place of occurrence	種類	Elements of parent material	Impurities of parent material	Elements of filler metal
Weld Metal	solidification cracking	effective	effective	effective
	Liquation cracking	effective	effective	effective
HAZ	Liquation cracking	effective	effective	Not effective

図6　気泡発生の特性要因図[4]

た，一般的には溶加材を使用しないので，④余盛削除工程の省略，⑤裏面が平坦，⑥接合部が展伸材組織である。

一方，課題として強固な拘束が必要，裏当てが必要，接合終了部にプローブの穴が残ること等が挙げられる。

3.2 FSW に適した材料

FSW は高温での塑性流動挙動を応用しているため，棒材や中空材の製造に用いられる押出加工プロセスと類似点が多い。つまり，

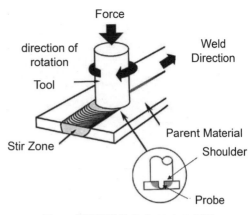

図7　摩擦撹拌接合（FSW）の原理

押出性が良好な材料は FSW 性にも適している可能性が非常に高い。例えば，鋼の様な高融点材料よりはアルミの様な低融点材料の方が適している。またアルミニウムの合金種で比較すると，高温変形抵抗が高い 5000 系よりは，それが低い 6000 系の方が適している。

一方，FSW は母材を融かさない接合法であるため，溶融・凝固過程で溶接部が割れやすいとされる高強度アルミニウム合金においても適用可能とされている。

4 アルミニウムへ FSW が適用されている産業分野とその事例

4.1　船　舶[7]

アルミ合金製の船殻構造への FSW の適用は，1990 年代半ばに北欧で始まった[8]。北欧諸国はアルミ合金製高速フェリー（図9（a））や大型客船を多く建造している。これらの船では外観の美しさが重要な製品価値となり，これまで用いられてきたミグ溶接に比べ接合にともなう熱変形が小さい FSW が外板やフロアのパネル製作に適用された。主に上部構造に用いられるこれ

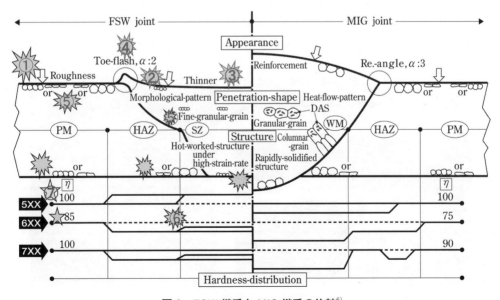

図8　FSW 継手と MIG 継手の比較[6]

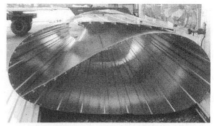

(a) アルミ合金製高速フェリー　　(b) FSWによって製作されたパネル

図9　フェリーに適用されたFSW

らのパネルは6000系合金の押出し型材を長手方向に繋いで作られるが，FSWの採用により波打ちのないフラットなパネルを，接合後に歪矯正の必要なく製作することができるようになった（図9（b））。

一方，日本国内に目を向ければ，2004年に建造された超高速貨客船テクノスーパーライナーでは大型FSWパネルが本格的に実用化され，わが国の造船所におけるFSWの初適用が実現された[9]（図10[10]）。

4.2　航空宇宙[6]

ボーイング社のデルタロケットの胴体にあたる燃料タンクはFSWによって組み立てられた。燃料タンクは高力アルミ合金（2000系）で作られるがその溶接は難しく，多くの手直し工数が必要とされていた。これに対し固相接合でありブローホールや溶接割れが発生しないFSWを採用することで接合部の品質が飛躍的に向上し，大きな溶接コストの削減がなされた[11]。図11にはボーイング社Decator工場に設置された2台の大型FSW装置を示す[12]。1台は円筒形タンクの長手継手，もう1台は円周継手の接合にそれぞれ用いられる。

航空機の分野では，Eclipse Aviation社における小型ジェット機への適用が大きな話題となった。同社では6人乗りビジネスジェット機の機体製作において，外板と骨材の重ね接合にこれまでのリベットを廃しFSWを採用することで，大幅なコスト低減を実現したと発表した[13]。

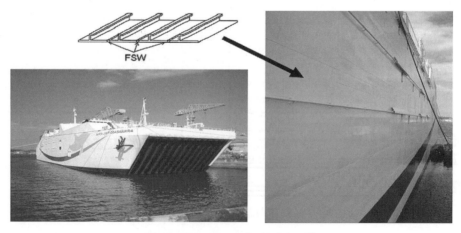

図10　テクノスーパーライナー[10]

第 2 章　接合技術

図 11　ロケット燃料タンク用 FSW
　　　装置（Boeing 社）[12]

(a) Eclipse 500

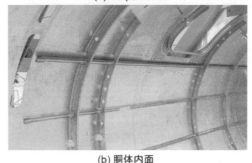

(b) 胴体内面

図 12　Eclipse 500[14]

図 12 に同社製 Eclipse 500 の初飛行と FSW で組み立てられた胴体の内面を示す[14]。また同機は胴体のみならず翼部材にも FSW を採用しており，その施工は日本企業が担当した。また欧州では次期大型旅客機の機体構造に FSW を適用するための検討が行われている。図 13 はエアバス社における胴体構造への FSW 適用構想図を示すが[15]，超大型機 A380 の機体構造にも FSW が採用される可能性がある。

航空機機体に用いられる 2000 系合金や 7000 系合金は溶接割れ等の問題からこれまで溶融溶接はほとんど適用されなかった。ところが新しい固相接合法 FSW の登場により，機体製作法に関するこれまでの常識が覆される可能性が生まれており，上記の事例でもそれは立証されつつある。

4.3　鉄道車両[7]

鉄道車両への FSW の適用については，日本の車両メーカーが世界をリードしているといえる。アルミニウム合金はステンレス鋼とならんで車両構体の主要材料であり，主に 6000 系押出形材が用いられるが，従来用いられてきたミグ溶接やティグ溶接に代わって，特に外板周りの多くの部分に FSW が適用されるようになった。通勤車両，特急車両の側構体に対する FSW の適用部位の例を図 14 に示す。FSW 採用の最大の理由は接合に伴う変形が小さいことで，FSW によって製作された車両は外板面の波打ちが小さい美麗な外観が高い評価を得ている。鉄道車両の最先端である新幹線車両についても図 15 に示す検

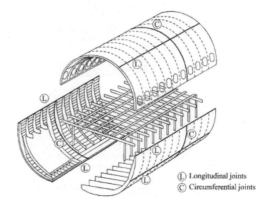

Ⓛ Longitudinal joints
Ⓒ Circumferential joints

図 13　旅客機胴体構造における
　　　FSW 適用候補部位の例[15]

討・適用事例もある。

4.4 土木構造物[7]

大型の構造物としては，歩道橋等のアルミ床版があげられる[16]。適用事例を図16[17]に示す。近年歩道橋や道路橋歩道部分拡幅工事において軽量なアルミニウム合金（6000系）が用いられることが多くなっており，FSWの適用によって歪みの少ないフラットな床版が製作できるようになったとの報告がなされている。

4.5 自動車等の輸送機器

FSWは自動車，電気製品等における各種アルミ合金部材への適用が着実に進みつつある。ホンダの燃料電池車のサブフレームは，6000系合金を嵌合しやすい継手形状にして組合せ，ロボットを用いたFSWによりラダー状に組み立てている。最近では，塗装した鋼板プレス品とアルミニウムダイカスト品を重ねてFSWしたACCORDサブフレームの適用例もある（図17）[18]。なお電食防止のため，アルミと鋼の間にシール材を置いた状態でFSWを行っており，回転工具はアルミ側から差し込み，鋼の表面をプローブの先端が擦る程度まで挿入する。

テーラードブランクは厚さ，または，材質の異なる板を接合してからプレス成形する方法で，

図14 鉄道車両へのFSW適用部位例

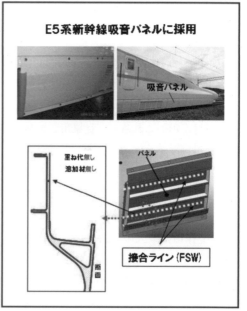

図15 新幹線へのFSW検討例と適用例

図16　第二音戸大橋歩道用床版[17]

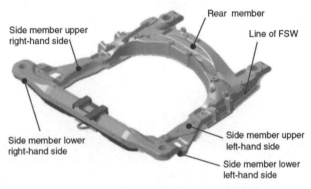

図17　ハイブリッドサブフレーム構造[18]

材料の歩留が良く，別部品として金型を起こしプレス成形して接合する手間が省けるため，鋼板ではレーザ溶接にて多用されている。アルミニウム合金では，レーザ溶接するとポロシティが発生し易い。また継手部の成形性を安定させるためには突合せ時の板隙精度を厳しく管理す

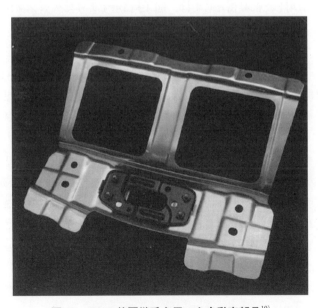

図18　FSW差厚継手を用いた自動車部品[19]

-169-

図19 自動車業界での適用事例[20)~22)]

る必要がある。この点からも接合状態の安定したFSWが適する。日本国内においても実際の自動車部品に適用された事例が見受けられる（図18[19)]）。

その他，FSWを適用した部品例としては，図19に示すように，ベンツSL[20)]，トヨタ二代目プリウス[21)]，マツダMX-5[22)]なども挙げられる。

5 将来展望

　今後，地球環境保護とエネルギー危機の観点から，輸送機器の軽量化が更に重要になる。なかでも自動車の軽量化には軽量材料への置換が効果的であり，ボディおよび部品の鋼からアルミニウムへの転換，更に樹脂やCFRPへの置換も検討されている。これらの軽量化は単一で使われるケースもあるが，多くは複数の素材を適材適所で用いるマルチマテリアル化が進む中，アルミニウム合金の特長を十分に活かした利用と，他素材との接合が大きな課題となっている。加えて，アルミニウムと鋼，アルミニウムと樹脂の異材接合技術も多種多様である。また，自動車の駆動システムも進化し，ハイブリッド等も含めた電動化が拡大するにつれて，高電圧の配線や制御機器，それらのヒートマネージメントが重要となってきた。この分野においても軽量で導電性に優れたアルミニウム合金が銅からの置換で大きな需要となり，今後は銅との接合も重要な課題となる。そこで，アルミニウム合金の接合に関する新しい技術として，摩擦撹拌接合（FSW）などの固相接合法の活躍が期待される。

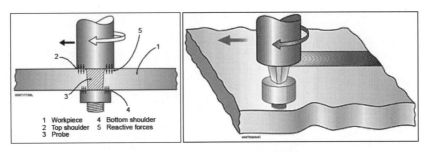

図20 Self-Reacting FSW 技術[23]

　これまで，FSW で適用可能な継手は，突合せ継手や重ね継手程度であった。しかし，近年，様々な応用技術が開発されている。例えば，裏当てを必要としない Self-Reacting FSW 技術[23]（図20）や Floating Bobbin FSW 技術[23]，T 字隅肉継手製造を可能とする Stationary Shoulder Corner FSW 技術[23]，回転工具の引き抜き穴をなくす複動式 FSW 点接合技術[24]（図21）等が挙げられる。また，ロボットに加工ヘッドを持たせることで3次元の複雑形状でも接合を可能とする技術[25]（図22）も見られる。

　今回は輸送分野を例として展望を記したが，様々な産業分野での FSW 技術の適用拡大の可能性が高まっている。

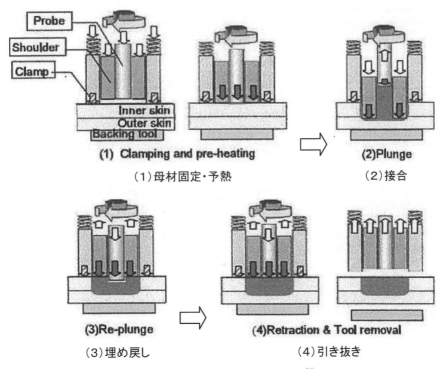

図21 複動式 FSW 点接合技術[24]

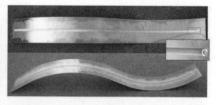
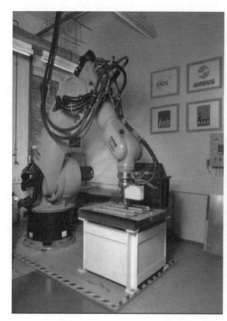

図22　KUKA社製3次元FSW装置[25]

文　献

1) 難波ら：軽金属溶接, **45**, 149 (2007).
2) 住友軽金属技報, **11**, 139 (1970).
3) 福田：溶接学会誌, **81**, 178 (2012).
4) 軽金属溶接構造協会：アルミニウム合金構造物の溶接施工管理Ⅳ, 平成11年8月10日発行.
5) C.J. Dawes：*Welding & Metal Fabrication*,1,13 (1995).
6) 難波：軽金属溶接, **45** (4), 141-150 (2007).
7) http://www.sanpo-pub.co.jp/omoshiro/qanda/fsw.html
8) Marine Aluminium Aanensen & Co. A/S, FSW技術資料
9) 中村；アルミ合金製大型高速旅客船へのFSW適用, 平成16年度溶接学会秋季全国大会技術セッション資料, P47
10) 奈良：溶接学会誌, テクノスーパーライナーの写真の出展, 第82巻, 第3号, 19-22 (2013).
11) M. Johnsen；Friction Stir Welding Takes Off at Boeing,*Welding Journal*,Vol.78,No.2, 35-39 (1999).
12) S. Kallee；Invention, Implementation and Industrialization ofFriction Stir Welding, First EuroStir Workshop, July, GreatAbington, UK (2002).
13) A Velocci；Eclipse presses ahead amid wide skepticism；Aviation Week and Space Technology, 16 Oct.,62-63 (2000).
14) Eclipse Aviation社ホームページ
15) D.Lohwasseret al.,；Application of Friction Stir Welding forAircraft Industries, 2nd International Symposium on FSW,Sweden (2000, June).
16) 大隈ら；FSWのアルミ土木構造物への適用, 平成16年度溶接学会秋季全国大会技術セッション資料, P54
17) 大隅心平, 山口進吾, 熊谷正樹, 田中直, 林典史, 喜田靖：住友軽金属技報, **44**, 147 (2003).
18) 宮原ら：Honda R & D Technical Review,25-1,71-77 (2013).
19) 超モノづくり部品大賞 第13回/2016年 受賞部品集, 34.
20) http://articles.sae.org/10564/
21) 藤本ら：溶接学会誌, 第80巻, 3号, 13-16 (2011).
22) http://www2.mazda.com/en/publicity/release/2005/200506/050602.html
23) http://www.twi-global.com/capabilities/joining-technologies/friction-processes/friction-stir-welding/techniques/
24) 藤本ら：溶接学会誌, 第80巻, 第8号, p6-8 (2011).
25) 村上：溶接技術, **61**, 83-86 (2013).

第3編　マルチマテリアル化を実現する異材接合技術

第2章　接合技術

第5節　摩擦撹拌接合（FSW）

第3項 レーザ溶接／摩擦撹拌接合によるチタン合金接合技術

川崎重工業株式会社　二宮　崇　　川崎重工業株式会社　上向　賢一

1 はじめに

　チタン合金は，軽量で耐食性が良く，複合材料と接触しても熱膨張差や局部電池腐食による悪影響もないという相性の良さから，航空機への適用は複合材料と共に増加している。自動車への適用はレース車等の限られた範囲でしかみられないが，チタン合金の軽量・高強度・耐食性，耐熱性という特徴を生かすことができれば，軽量化と高性能化による一層の低エミッション化，低燃費化が可能となる。チタン合金適用で，エンジン部品の軽量化は燃費向上や高出力化に対して高い効果を，耐熱性が必要な排気管やマフラーは大型の部品であり大きな軽量化を期待できる。機能面として，二輪車のマフラーではチタン合金特有の加熱による美しい焼け色が楽しまれている。

　チタン合金は優れた特性を有する反面，素材コストの高さ，難加工性に起因する加工コストの高さが課題である。コスト低減に向けた素材・加工等の様々な技術が継続的に開発されており，接合技術に目を向けると表1に示すような方法が開発されている。本稿では低コスト接合技術として近年開発が進められているレーザ溶接，摩擦撹拌接合（FSW：Friction Stir Welding）について紹介する。

表1　溶接方法の比較

溶接方法	長所	短所
アーク溶接	・設備が他の溶接法より安価。 ・大型部品の接合が可能。	・溶接部の仕上げ加工が必要。 ・熱影響部が大きい。 ・部品のひずみが生じやすい。
電子ビーム溶接	・熱影響部が小さい。 ・部品のひずみが生じにくい。 ・厚板にも適用可能。	・設備が高価。 ・真空チャンバーが必要なため，大型部品の溶接は難しい。
レーザ溶接	・熱影響部が小さい。 ・部品のひずみが生じにくい。 ・大型部品の接合が可能。 ・電子ビーム溶接ほどではないが，厚板にも適用可能。	・設備が高価。
FSW	・熱影響部が小さい。 ・部品のひずみが生じにくい。 ・大型部品の接合が可能。	・設備が高価。 ・厚板の接合は難しい。

2 レーザ溶接

レーザ溶接の特徴は表1に示した通り，熱影響部が小さいため部品のひずみが生じにくいことである。溶接は大気中で実施することができるため電子ビーム溶接のような真空チャンバーは必要なく，不活性ガス雰囲気で酸化防止をして大型部品の接合へも対応しやすい。レーザ溶接を行う場合，対象材料に応じた接合条件（装置，出力，溶接速度，焦点位置等）を調整する必要があるが，ここでの説明は割愛する。

以下，チタン合金で突合せ継手，すみ肉継手をする場合の留意事項について述べる。

(1) 突合せ継手

突合せ継手の接合として，板厚 5 mm の Ti-6Al-4V 材を用いて最大出力 5 kW のファイバーレーザ溶接装置を用いた事例を示す。レーザの照射方法として，片面からレーザを貫通させる片面接合，および，レーザが素材を貫通させない条件で素材の表裏面から1パスずつ照射する両面接合の2ケースで比較した。接合した継手の外観および溶接部断面を図1に示すが，いずれもX線検査では内部欠陥の見られない継手が得られている。溶接部の断面を見ると，片面接合では溶接中に溶融した素材が重力の影響を受けて垂下したレーザ照射面側のアンダーフィル，裏面の凸ビードが見られる。両面接合ではそれらが大きく改善されると同時に，溶接部の幅が狭くなっている。なお，断面観察においては，X線検査では検知できなかった細かなポロシティ（直径約 0.1 mm）が観察されるが，公共の溶接規格 NAS1514 Class I での独立ポロシティの許容範囲内である。ポロシティは溶接部の底面側にみられており，発生理由は溶接時のキーホール（レーザによる深溶け込み穴）の不安定さ等が影響したと考えられる[1]。

両面接合は，片面接合と比べてパス数が増えるが，小さい溶け込み深さで良いため1回の溶接速度を上げることができ施工時間そのものはほぼ変わらない。溶接前のセット時間は増えるが，ビード形状が良いため仕上げ工程の短縮，入熱が少なく材料特性への影響や

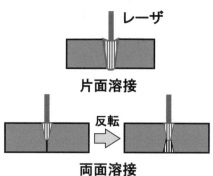

図1 レーザ溶接継手の例（突合せ継手）[1]

低ひずみ等のメリットがある。両面接合は，より厚板へも対応できることから，溶接方法は継手に応じて適切に使い分けるとよい。

(2) すみ肉継手

すみ肉溶接を行う場合，部品とレーザの干渉を防ぐため，図2に示すように角度をつけて溶接する必要がある。最大出力5kWの装置を用いて板厚5mmのTi-6Al-4V合金で評価した場合，溶接角度が20°程度までであれば，ポロシティはX線検査で検出されることはなく良好な品質の継手が得られている。これよりも大きい角度では継手の内部に未溶接部が発生する傾向がみられた[1]。

すみ肉溶接のみでは，接合後にアンダーカットを生じる場合がみられたため，追加工程としてフィラー材を用いた肉盛レーザ溶接を実施した。継手の断面を図3に示すが，条件を調整することにより脚長約5mmにまで拡大することができている。

(3) 継手特性

板厚5mmのレーザ溶接では，静強度は母材と同等な特性が得られるものの，疲労特性は母材より低下する傾向がみられた[1]。これは，X線検査では検出されなかった微小な欠陥が起点となって疲労亀裂が進展するためと判明しており，適用対象に応じて溶接条件の最適化を図ってより質の高い継手を得るか，静強度が評定となる部材を選定する，安全率を若干高くするような設計を行う等の工夫が必要である。なお，チタン合金は，溶接後には応力除去処理を行うことが材料特性上の基本となっており，本項における継手特性評価は応力除去後に実施している。

3 摩擦攪拌接合（FSW）

FSWは，レーザ溶接で課題となったスペックの許容範囲内の微小な内部欠陥が発生しにくい接合法と考えられ，接合速度は一桁程度遅くなるものの，チタン合金の低コスト接合技術として非常に有効である。ただし，アルミニウム合金に対するFSWと比べるとチタン合金の場合にはいくつかの留意事項がある。アルミニウム合金のFSW温度は500℃以下であるのに対し，チタン合金の場合は1000℃に近い高温であり，接合中のツールは赤熱した状態となる。そのため，FSWツールには，高い加圧力に耐え，高温下で活性なチタンを攪拌する中で摩耗に耐える必要がある。そのため，ツール材質としては，タングステン（W）合金，超硬合金，コバルト合金等が用いられる[2)3)]。また，チタンは活性な金属であるため，接合部の酸化防止のために不活

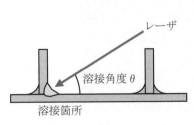

図2 すみ肉溶接の施工例[1]

図3 レーザ溶接継手の例[1]
（すみ肉継手＋肉盛）

－175－

性ガスによるシールドも必要となる。装置は，材料強度がアルミニウム合金より高いため，加圧力が大きなものが必要となる。チタン合金のFSWはプロセスウィンドウが比較的狭いため，条件を適切に設定できないと加熱不足でツールを被接合材に圧入できない，被接合材の流動不足によるワームホール状欠陥の形成，ツールの損傷等が生じてしまう。

以下では，Ti-6Al-4V合金を対象として板厚2mm材，板厚5mm材での突合せ継手，板厚5mm材でT字型継手の接合を行った事例を紹介する。

3.1 板厚2mm材の突合せ接合

板厚2mm材の突合せ継手の接合には，最大加圧力20kNのFSW装置が用いられ，接合ツールにはコバルト合金基ツール，シールドガスとしてアルゴンガスが用いられている。図4に示す接合例では，接合条件を回転数175rpm-接合速度100mm/min等としてビード表面の粗れが少なく，バリが小さい良好な外観が得られている。断面組織にはいずれも内部欠陥は観察されなかったが，攪拌部の一部には他と異なる組織が観察された。

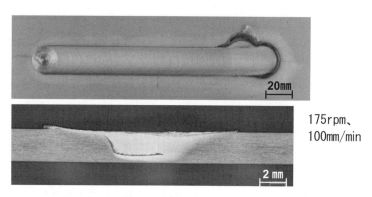

図4　FSW継手の例（板厚2mm材，突合せ継手）[1]

3.2 板厚5mm材の突合せ接合

板厚5mm材では必要な加圧力が大きくなるため，板厚2mm材のときより大型の装置が用いられ，接合ツールにはW合金基が用いられている。接合例を図5に示すが，回転数150rpm，

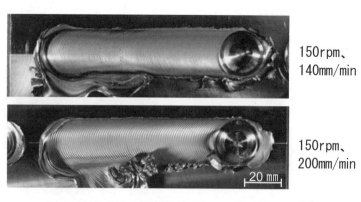

図5　FSW継手の外観例（板厚5mm材，突合せ継手）[1]

図6 FSW継手の断面例（板厚5mm材，突合せ継手）[1]

　接合速度120～140 mm/minの条件においてビード表面の粗れが少なく，バリが小さい良好な外観が得られている。この接合条件は，装置やツールに依存するものであり，より大型で剛性の高い装置を用いることで，200 mm/minまで接合速度の向上が図られている。

　150rpm-140 mm/minの条件で接合した継手の断面観察結果を図6に示すが，内部欠陥は見られないものの，板厚2 mmの継手と同様な異なる組織が一部に観察された。この組織ではWが確認され，ツール材質成分が接合時に摩耗して混入したことがわかった。接合時の接合速度が速くなると，この組織の色合いは次第にうすくなってツール混入量が次第に低減していることが示唆され，ツールの摩耗も外観上は軽微となっている。この傾向は，接合速度の増加により入熱量が低減し，接合中の温度が低下してツール摩耗が低減しているためと考えられる。この継手特性については後述するが，ツールの摩耗は影響ないことが確認されている。この接合条件は，ツール成分の若干の混入は伴うものの，接合速度の速い実用性重視の接合条件ということができ，装置の大型化によって適正範囲が拡大でき，より生産性の向上を狙うことができる。

　一方，回転速度を抑えて低速で接合する条件においても，入熱を抑制することは可能であり，回転速度を50rpmとして入熱量の低減によりツール成分の混入が少ない理想的な継手を目指すアプローチもある[3]。接合ツール，接合条件および装置の改良により，生産性が高くかつツール摩耗の見られない接合がより望ましいことは言うまでもない。

3.3　部材模擬継手の接合

　実際の部材製造を意識する場合，接合の長尺化や立体形状の接合が必要となる。長尺の接合として，被接合材として長さ300 mmの板厚5 mmのTi-6Al-4V材を接合した事例の外観を図7に示す。良好な外観を呈しており，適正条件の接合であれば良好な継手を得られることが確認されている。裏面の状態も確認され，接合状態は良好であり未接合部（kissing-bond）は認められていない。

　立体的な形状要素を持つ継手として，最も基本的なT字型の継手を接合した例を図8に示す。被接合材料は板厚5 mmのTi-6Al-4V材であり，ビード外観は良好で，断面組織を見ると攪拌部に内部欠陥も見られない。このような突合せ継手とT字継手を工夫することで，FSWによるチタン部材製造の可能性を広げることができる。

3.4　継手特性の評価

　板厚5 mm材について静強度特性を評価したところ，FSW継手では母材と同等の強度が得られた。伸びは大きく低下したが，試験片評定部の大部分を占める接合部の硬度が母材より高い

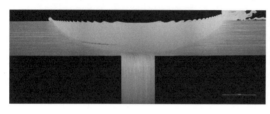

表面側　　裏面側

図7　FSWによる長尺継手の例（板厚5mm材，接合長240mm）[1]

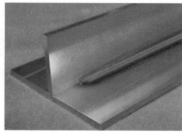

図8　FSWによる部材模擬継手（T字型，板厚5mm材）[1]

ためほとんど変形せず，評定部外の母材のみで変形，破断が生じたためと判明した。

継手の疲労特性を評価したところ，母材と比べて同等以上の特性が得られ，劣化は見られなかった。また，いずれの供試体でも，疲労破断部とW濃化部との関連性は認められず，W混入は疲労特性に影響をほとんど及ぼさないと考えられる。

文　献
1) 二宮崇，他：素形材，Vol.58，No.2 12-18 (2017).
2) R. Rai1, et.al, : "Review : friction stir welding tools", *Science and Technology of Welding and Joining*, Vol.16, No.4 (2011).
3) 国立研究開発法人新エネルギー・産業技術総合開発機構：「次世代構造部材創製・加工技術開発　研究開発項目①次世代複合材及び軽金属構造部材創製・加工技術開発」，平成27年度成果報告書，p.256-294（平成28年3月）.

第3編　マルチマテリアル化を実現する異材接合技術

第2章　接合技術

第6節　ナノ界面制御接合技術

第1項　マルチマテリアル化を支える界面制御技術

中部大学　多賀　康訓

1 はじめに

　材料の研究が世界の科学技術を先導し，新しいデバイスやシステムの開発に繋がったことはよく知られている。事実，新しく発見されたカーボンナノチューブ[1]，フラーレン[2]，グラフェン[3]，シリカメソ多孔体，炭素繊維シート，等は既存の素材とハイブリッド化することにより新しい製品群に組み込まれ応用展開され始めている。また，自動車等の多くの工業製品は個別機能を分担するシステムや，デバイスの複合集積体として高い付加価値を創出している。この複合集積体の製造工程こそ物づくり生産技術そのものであり，図1に示す原料から製品に至るプロセスとして理解される。物づくりの中核に位置付けされる技術に接着・接合[4][5]があるが，組み合わせる材料系やその接合法は極めて多様で現在でもその大半が経験則とノウハウにより行われている。

　一方，資源のない我が国が20世紀に生み出した技術開発のキーワードに「軽薄短小」があり，

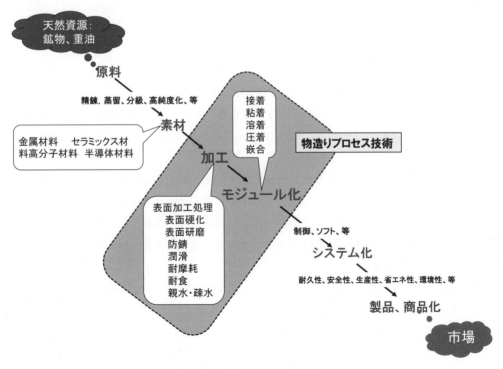

図1　原料から製品に至る生産技術プロセス

第3編　マルチマテリアル化を実現する異材接合技術

　その典型を 1979 年に発売されたソニーのウオークマンに見ることができる。2000 年クリント
ン米大統領による「ナノテク技術」の提唱により，グローバルに膨大な研究開発投資が行われ，
やっと近年その製品の一部が市場に登場し始めた。しかし，これらの新素材は従来の金属，合
金，焼結セラミックス，樹脂とは著しく異なるバルク物性，表面特性を有することからその接
着，接合のための表面処理や加工に必要な技術やノウハウが非常に少ない。さらに，軽量化，
フレキシブル化の社会的ニーズから樹脂フィルムを基板とした機能デバイスやシステムの開発
が進んでいる。しかし，これまでのシリコンやセラミックス，金属等の耐熱無機基板上で実現
できたデバイス特性を樹脂基板やフィルム上で再現することは容易ではない。特に，樹脂フィ
ルムを基板とした有機発光デバイス（OLED）が登場しウェアラブルデバイスやフレキシブル
フィルムへの展開が現実になりつつある。

　しかし，上述の新素材を組み込んだ次世代デバイスの加工，モジュール化に適用可能な有機
系接着剤も開発されつつある。つまり，接着・接合生産技術の王道はあくまで有機系接着剤接
合であり今後も生産技術の王道は今後も不変である。しかし，こうした有機系接着剤に起因す
る課題も散見され始めている。例えば，接着層の厚さが問題になる製品，生体適応性や安全性
確保が必要な製品，食品プラント製品，厳しい環境下における使用での接着剤の耐候性が必要
な製品，さらにはフレキシブルデバイス，ウェアラブルデバイス等の接合，シール等の次世代
デバイスにその事例を見ることができる。

　本稿では筆者らが開発した有機系接着剤を用いない全く新しいガス吸着接合法（Gas
Adsorption Joining，GAJ）[6] の概要およびそのシール応用を紹介する。GAJ は接着剤フリーの
究極の低温異種材料接合法で強固な薄層接合が可能なことから今後次世代デバイスの製品化の
さまざまな場面での活用が期待[7]される。

2 ガス吸着分子接合技術（GAJ）[6]

2.1　接合技術背景

　素材は接着・接合により部品となりさらにデバイスは接合によりモジュール化・システム化
により製品となる。つまり，製品は多く含まれる接着・接合界面は製品の特性や耐久性確保に
大きな役割をはたしていることから「界面は製品を構成する材料の一部である」と考えることが
できる。

　原子や分子が集合し固体物質を形成し安定な形態を保つのは構成する原子や分子を結びつけ
る結合力が働いているからである[8]。通常，固体の結合様式は金属結合，イオン結合，共有結合
等の原子間結合と水素結合，ファンデルワールス結合また分子間結合に分類[9]され，その結合
力は様式により 0.1kJ/mol から 1000kJ/mol まで大きく異なる。接着・接合は上述のいずれかの
結合様式を形成するに他ならない。

　接合は面同士の物理的な接触から始まる。また，接合面は清浄で且つ界面反応を促進させる性
状が求められその指標に親水性やぬれ性評価がある。しかし，表面の親水性は接着・接合の必
要条件に過ぎない。また，接合面吸着する水の存在は界面化学反応に強い影響を与えることも
古くからよく知られている[9]。事実，常温 1 気圧の大気中には大方 2×10^{19} 個の気体分子が存在
しそこには膨大な水蒸気分子が含まれる。こうした大気中の水蒸気分子量の指標が相対湿度で

ある。相対湿度と表面への水分子の吸着量とは表面エネルギーを媒介変数に吸着等温線により与えられている。

シランカップリング剤塗布[10]–[14]法は有機−無機接合の仲介剤として古くから用いられている。接合反応は非常に薄い領域で起こると推定されている。その反応機構は現在でも完全に解明理解されている訳ではなく 1977 年の Arkles の反応モデル[15]が今もなお信じられている。接合メカニズムに不明な点があっても現実に強固な接合が実現でき接合界面層は十分な実使用耐久性を示すことから不可欠な技術として普及している。接合を目的としたシランカップリング剤の使用法は，通常溶剤のアルコール等で希釈したランカップリング液を有機接着剤の加え接合面に 1 µm〜10 µm 程度の厚さで塗布する方法が用いられている。無機材料との接合には Si を修飾するメトキシ基[10]，エトキシ基が，また樹脂材料にはビニル基，エポキシ基，アミノ基，メタクリル基，メルカプト基等がよく知られている。

2.2　ガス吸着を利用した分子接合の開発経緯[6]

接着剤塗布接合層膜厚は最も薄い場合でも 0.1 µm 程度の厚みがある。一方，機械的，化学的処理による表面粗さはおおよそ 0.1 nm 程度である。この表面粗さは塗布法による接合層厚のおおよそ 10^{-3} 程度であり接合法の革新的技術開発によりより極薄接合が可能性を示唆している。一方，接着，接合には面同士を反応作用距離にまで接近させるべく面圧が必要である。また，この面圧は，少なくとも片方がフレキシブルである接合系においては界面接触面積の増大をもたらしより強い接合が可能となる。

前述のように，接着剤による接合層厚の限界が 0.1 µm 程度であることからこれ以下の薄い接合を実現するには接着剤使用という前提条件を外した無接着剤接合を志向するしかない。例えば，水分子により覆われた剛体面とフレキシブル面とを接合し作用距離に接近させ反応熱エネルギーを接合面に与えれば界面で水素結合による接合が可能である。事実，ガラスと樹脂フィルムとは水素結合により強固な接合が可能あるが，長期間にわたる接合力の維持は困難である。水素結合を補うことができるより強固で安定な結合形態は共有結合またはイオン結合である。共有結合の代表例がシランカップリング剤による接合である。

シランカップリング剤の塗布方式には限界があることからより薄い接着剤塗布を行うには気相からのシランガス吸着塗布法しかないと考えられる。ガス化したシランガスの吸着層を自己組織化膜として使用する研究が報告[16]されている。気化したシランガスの接合面への吸着を大気中で行えば雰囲気に存在する水分子との共吸着が起こる。市販のシランカップリング剤溶液は 100℃〜150℃ で 0.1〜100kPa の蒸気圧[10]を呈する。さらに，筆者らはシランガス吸着をも用いない水蒸気ガス吸着だけによっても安定な接合形成が可能な水蒸気 GAJ[7]を開発し現在その実用化展開が進められている[8]。

2.3　ガス吸着分子接合法の概要

接合現象を簡素化すべく構造や組成が明らかなシクロオレフィンポリマー（Cycloolefin polymer，COP）フィルムをフレキシブル基板として用い硼珪酸ガラスとの接合を GAJ で実施・評価した結果を紹介する。接合プロセスの流れを**図 2** に示す。表面汚染は界面反応を阻害

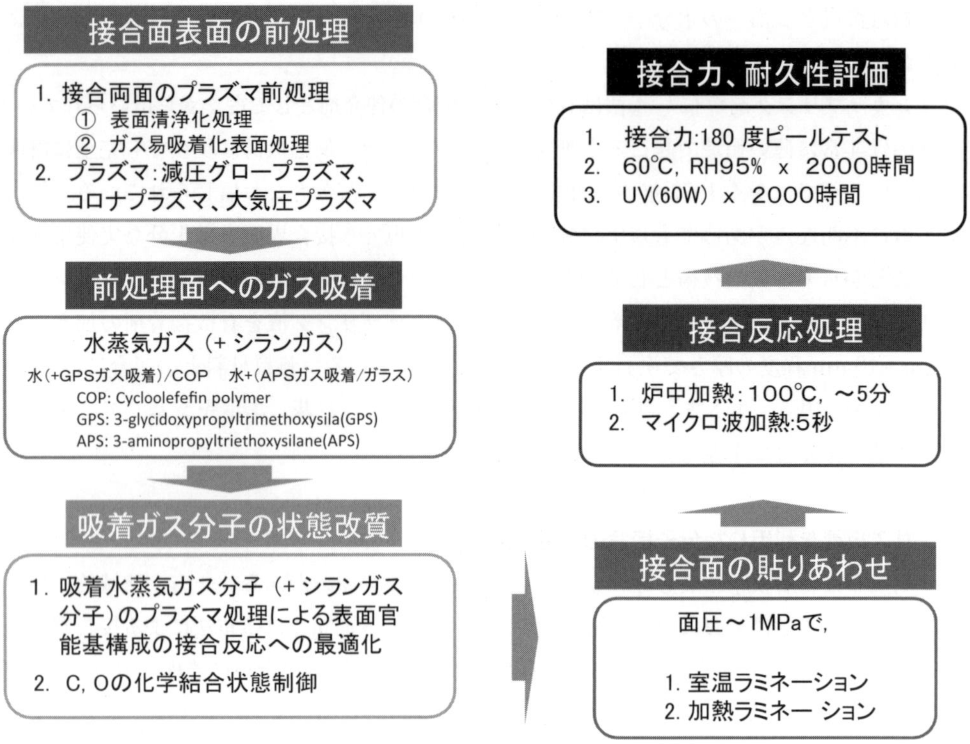

第３編　マルチマテリアル化を実現する異材接合技術

接合面表面の前処理

1. 接合両面のプラズマ前処理
   ① 表面清浄化処理
   ② ガス易吸着化表面処理
2. プラズマ：減圧グロープラズマ、
   コロナプラズマ、大気圧プラズマ

前処理面へのガス吸着

水蒸気ガス（＋シランガス）

水(+GPSガス吸着)/COP　水+(APSガス吸着/ガラス)
COP: Cycloolefefin polymer
GPS: 3-glycidoxypropyltrimethoxysila(GPS)
APS: 3-aminopropyltriethoxysilane(APS)

吸着ガス分子の状態改質

1. 吸着水蒸気ガス分子（＋シランガス
   分子）のプラズマ処理による表面官
   能基構成の接合反応への最適化
2. C, Oの化学結合状態制御

接合力、耐久性評価

1. 接合力:180 度ピールテスト
2. 60℃, RH95%　x　2000時間
3. UV(60W)　x　2000時間

接合反応処理

1. 炉中加熱：100℃，～5分
2. マイクロ波加熱:5秒

接合面の貼りあわせ

面圧～1MPaで,

1. 室温ラミネーション
2. 加熱ラミネーション

図2　分子接合プロセスの流れ

することから接合に先立ちまず接合面の清浄化は不可欠である。また，分子接合では表面の水蒸気ガス吸着層を反応に活用することからガス分子，特に水蒸気ガスが容易に吸着できる表面に改質しておく必要がある。事実，X線光電子分光分析（X-ray Photoelectron Spectroscopy, XPS）によれば，清浄なCOPフィルム表面からはオレフィン構造を形成するC-C結合のカーボンのみで酸素は存在されず，水滴の接触角もおおよそ97°の疎水性を示す。

　こうした表面への水蒸気ガスの吸着はほとんど起こらず清浄であっても接合はできない。したがって，プラズマ処理によりCOP表面を酸化し水蒸気ガスの吸着を容易にすることが必要である。こうした前処理はグロー，コロナプラズマまたは機械的加工による表面酸化より行われる。前処理により表面酸化した接合面には大気中に存在する水蒸気ガスが吸着する。吸着した水蒸気ガスは水分子構造を有することから，この状態で貼り合わせ接合を行っても表面張力により一時的接合はできても界面の水が消失した段階で剥離する。したがって，接合界面反応を想定し吸着水蒸気ガス分子の化学的状態を制御し界面反応を促進する状態に改質する必要がある。外的刺激は前述のプラズマ処理の他に真空紫外光，イオン照射や機械的加工等によっても可能である。酸化した表面にH_2O水分子の形で吸着した水蒸気ガスはプラズマから供給される高エネルギー電子により吸着水分子は水素（H）と水酸基（OH）とに解離しその結果COP表面ではC-OH結合がまたガラス表面ではSi-OH結合が形成されると考えられる。上述のように，カーボンや酸素の化学結合状態を制御した接合面はその後ラミネーター等により界面反応作用距離に接近させ60℃～150℃程度の低温炉中熱処理またはマイクロ波による短時間の界面局所加熱による脱水反応によりSi-O-Cの共有結合が形成され接合反応が完了する。

接合実験に供した樹脂基板は100 μm厚の日本ゼオン製シクロオレフィンポリマー(COP)フィルムとホウ珪酸ガラス基板(0.7 mm厚)である。接合に先行しプラズマ処理を行い水滴の接触角の変化(図3)，およびC官能基(図4)をX線光電子分光分析(XPS)により調べた。プラズマ処理により接触角はCOPでは15°に，またガラスでは5°にまで急激に低下する。また，プラズマ処理エネルギー(KJ/m^2)によりCOP表面官能基が変化する様子を図5に示す。同図からC官能基はC-C→C-O, C-H, C-OH→C=O→COO→COOH, CO_3へと酸化の進行に伴い変化することがわかる。また，COP表面の酸化が進行し表面の親水基量の増加により水滴の接触角が低下したと考えられる。

ガス吸着接合では吸着水蒸気を接合反応媒体として用いるが，固体表面への吸着水の定量評価は容易ではないことから，ここでは共吸着させるシランガス吸着ガス量を指標として用いた。プラズマ処理を施したCOPおよびガラス上を水蒸気ガス分子とシランガスを充満させた常温容器中に保持し吸着させた。COP上には信越化学工業㈱製のグリシドキシプロピルトリメトキシシラン(GPS，製品名KBM403)ガスを，またガラス上には同じく信越化学工業㈱製のアミノプロピルトリエトキシシラン(APS，製品名KBM903)ガスを用いた[17]。GPSおよびAPSの50℃における蒸気圧はそれぞれ0.02Pa及び3Paであり，室温付近での気化蒸発が起こることがわかる。保持時間とともに吸着成長するシランガスの吸着成長はX線光電子分光法(XPS)により評価した。

図6にはCOP上に成長するGPS層からのSi_{2p}強度変化を示す。Siは下地COPに含まれないGPSの構成元素であり吸着層の成長の指標として用いた。同図からプラズマ処理し

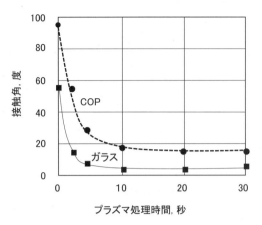

図3 プラズマ処理時間と接触角変化

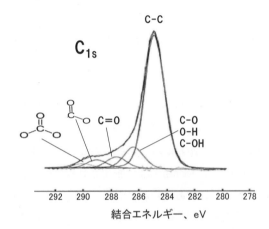

※口絵参照

図4 コロナプラズマ処理後のC_{1s} XPSスペクトル

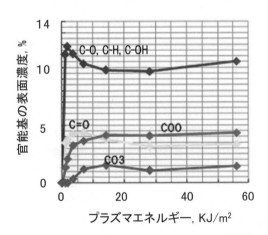

※口絵参照

図5 プラズマエネルギーに伴う表面官能基の変化

たCOP上には時間とともに急速にシラン層が吸着成長しその後ほぼ一定値を示すことがわかる。一方，プラズマ未処理COP面にはシランの吸着がほとんど起こらないことがわかる。類似のガス吸着特性はアミノシランガス／ガラス系においても観察された。この場合，吸着層厚の成長特性はアミノシランに含まれガラス基板の存在しない窒素を指標としてXPS N_{1s} により評価した。

ここで，図6に示すシランガスの吸着成長特性からおおよその吸着層厚を推定する。指標として測定した Si_{2p} 強度の飽和点は光電子の脱出深さλ（非弾性散乱自由行程長，Inelastic Mean Free Path, IEMFP）に相当することから吸着層は少なくともこのλ以上であると考えられる。λの値は Si_{2p} 光電子の運動エネルギー1153.8eVでそのIEMFPがおおよそ1.1nmであることから少なくとも1.1nmよりは厚いことがわかる[17)-19)]。このように，吸着層厚は極薄で1.1nm以上と推定されるが実際どの程度の厚さであるのかは不明である。

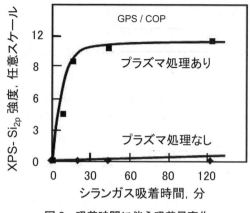

図6　吸着時間に伴う吸着量変化

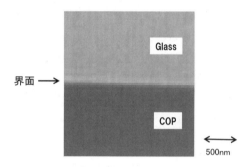

図7　COP/ガラス分子接合界面のSEM観察

そこで，分子接合されたCOP/ガラス界面を直接観察したSEM像を**図7**に示す。同図から，分子接合界面に接合層は見られずCOPとガラスが分子接合により一体化していることがわかる。その後シランカップリングガス吸着面同士をラミネーターにより物理的に接合し100℃のオーブンで5分接合反応処理を施した。また，接合力は180度ピール試験により評価したところ，**図8**に示すように接合反応処理温度により接合力が0.1～10N/25nmの範囲で制御できることがわかる。接合力の制御可能なガス吸着接合の大きな特徴である。このようなプロセスにより作製されたCOP/ガラス接合体を60℃，95% R.H.の環境下に2000時間放置したが接合力の低下は見られなかった。また，60Wのキセノンランプ照射を2000時間行ったが接合力の低下や接合面の変色は観察されず高い耐UV性が確認された。

前述のように，分子接合ではその大半が接合面に吸着した水蒸気ガス分子由来の官能基を接合媒体として用いているが，分子接合が困難な一部の系においてのみシランガスの共

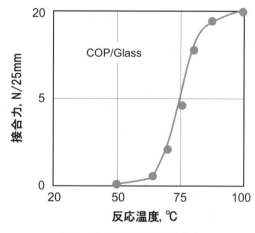

図8　接合反応温度と接合力

吸着法を用いる。吸着水蒸気ガスにより多くの接合系において強い接合が得られるのは事実であり，この"水で貼る接合法"は接着剤フリーの究極の異種材料低温接合技術と考えられる。しかし，その反応接合メカニズムの詳細は十分解明されていないが前述の接着剤を使用できない次世代デバイスプロセスの接合系で応用が検討されている[20]。

2.4　分子接合界面反応[6) 21)]

分子接合メカニズムは現在推定の域を出ないが，実使用に耐える耐久性を有することは事実である。XPS分析から水蒸気ガスの吸着層厚が1〜2 nmと推定された[6]。分子接合層厚は水蒸気ガス吸着層厚と同程度と考えられるが，水蒸気ガスの吸着層の厚さに関する信頼できる報告がこれまでほとんどなかった。しかし，Verdaguerら Si基板上の SiO_2 膜上に吸着成長した水蒸気の厚さを Kelvin プローブ分光法及び XPS で詳細に解析しその厚さが6〜7層であることを報告している[21]。水分子の大きさ（0.32 nm程度）を考慮すると水蒸気ガス吸着層の厚さは大よそ 2 ± 0.2 nm であることがわかる。筆者らは COP やガラス上の吸着水蒸気ガス厚が少なくとも 1.1 nm 以上であると推定したが Verdaguer らの報告とよく一致することが確認された。しかし，1〜2 nm というごく薄い界面層内で進行する[19) - 21)]化学反応プロセスを追跡し実験的に直接証拠を得ることは容易ではない。接合界面のような"埋もれた界面"での反応を解析する手法は極めて限られている。筆者らは現時点では以下のような反応モデルを考えている。

ガラス表面には多くの水分子が吸着しており，その数こそ少ないがプラズマ前処理された COP 表面にも水分子が吸着していると考えられる。プラズマ前処理によりガラス，COP 表面が5〜10°の親水性を示すことや XPS の C_{1s}, O_{1s} のスペクトル解析からも妥当な推測であると考えられる。このように，表面に吸着した水分子はその後のプラズマ処理により H と OH に解離しガラス上の Si-OH（シラノール）がまた COP 上でも C-OH 構造が形成されていると考えられる。Si-OH 面と C-OH 面とがその後のラミネーションにより反応作用距離に接近し O-H 基同士の脱水反応により C-Si-O という強固な共有結合が形成され接合に至ると考えることができる。また，Si を含まない樹脂／樹脂の分子接合においても C-OH と C-OH との脱水反応により C-O-C 共有結合を形成すると考えられる。これらの共有結合はいずれも 330KJ/mol〜380KJ/mol の強固な接合である。

2.5　GAJ のシール応用[20)]

接着，接合技術にシール応用がある。特に，フレキシブルなフィルム基板を用いたデバイスの封止は通常有機接着剤を用いた低温プロセスにより行われ外部の水蒸気ガスや酸素ガスの侵入を阻止している。デバイスの劣化を招くこうしたガスの侵入経路には，①基板フィルム面からの貫通侵入および②シール部分から拡散侵入がある。①に関しては開発が先行し，現在多くのメーカーから"ハイバリアフィルム"としてデバイスメーカーに提供されている。これらのフィルムのバリア性は大方 10^{-4}〜10^{-6}g/m^2/day 程度でありデバイスの耐湿性を考慮し種々の基板フィルムが選択されている。

一方，②のシール接合は有機接着剤塗布法で行われているが，この有機系接着剤のシール性は①のバリアフィルムのシール性に比べ著しく劣ることが良く知られている。水蒸気ガスや酸

－185－

素ガスのシール部分からの拡散侵入を遅らせるべくシール幅を広くする対応法が取られている。こうした現状から，有機接着剤フリーの接合シール法が強く求められている。ここではGAJ法のシール応用に関する最近の結果を紹介する。

シール性評価に用いたバリア膜は，120μm厚PETフィルム上に有機膜，無機膜を積層し作製したもので，その水蒸気バリア性はMOCON法により$5 \times 10^{-4} g/m^2/day$のバリア性が確認された。接合シールに供するバリア膜付きPETフィルムの一方に金属Mgを20mm×20mmの面積に蒸着し，もう一方のMg蒸着のないバリア膜付きPETフィルムとの接合シールを試みた。接合に先立ちマスクを用い幅1mm，長さ120mmのシール線部分を大気圧プラズマ処理しシール接合を行った。シールは常温で貼り合わせたのち，80℃，90℃，100℃で5分界面反応熱処理を施した。水蒸気ガスシール性は封止試料を60℃，90%RHの雰囲気にし500時間まで行った。

図9には暴露時間に伴うMg膜の変化を示す。同図から，80℃～90℃で接合反応を施し，試料においては数時間の暴露によりMg膜周辺から酸化による透明化が進行し，10時間でMg膜は酸化し透明化することがわかる。このことは線幅1mmによるガス吸着接合シールが不完全で水蒸気ガスが侵入したと考えられる。

一方，100℃で接合反応を施した試料においてはMg膜の周辺からの酸化透明化は見られず500時間後も初期の膜形態を保っている。しかし，詳細な目視観察によりMg膜中に無数の透明スッポトが存在することは確認されMg膜の点状酸化透明化の結果である。この結果は封止セル内への水蒸気ガスの侵入がシール線経由の拡散侵入ではなくバリア膜経由の貫通侵入の結果と説明できる。これらの結果から1mm幅のガス吸着接合シールにより少なくとも$5 \times 10^{-4} g/m^2/day$以下のシール性を有することが確認された。

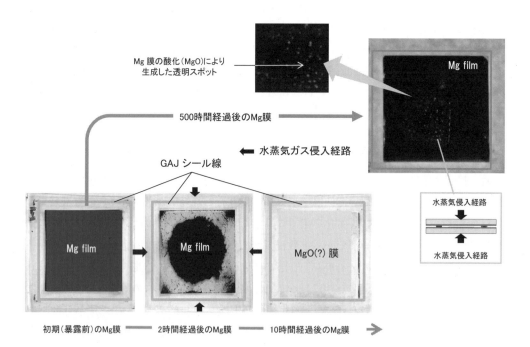

図9 高温，高湿環境への暴露時間に伴うMg膜の変化

第2章 接合技術

3 ガス吸着接合の応用[21]

現在筆者らが展開中の GAJ 応用は以下の通りである。

接合応用：

① 接合層の厚さが問題になるデバイス→液晶ディスプレイ，スマホ，タブレット

② 接着剤の生体安全性が問題になるデバイス→ヘルスケア－デバイス，生体・バイオデバイス

③ 接着剤の耐熱性，耐候性が問題になるデバイス→半導体，自動車，ビル，住宅

シール応用：

① フレキシブル，ウエアラブルデバイスのシール→フレキシブル液晶，有機発光デバイス（OLED）等

4 おわりに

本稿ではガス吸着接合という新しい概念を提示しそのプロセスの一部を紹介した。"より薄く，より軽く，よりフレキシブル"な低温接合法は，結果的に物づくりプロセスに省エネ寄与をすると考えられる。ここで開発された接合法を実用的接合系に展開しその適用可否判断を行っている。その過程で，低温分子接合法の長所や短所が明らかになり克服すべき課題も明らかになりつつある。また，ごく薄い層内で進行する接合反応は現時点では推測の域を出ないが最新の分析，解析手法を駆使し直接的なデータによる現象解明を行う予定である。

ガス吸着を利用した分子接合法は現在その可能性が見えたに過ぎず，今後生産技術として活用できるかどうかは不明である。アカデミア発のこの接合技術を国内外の多くの企業のご協力を得ながら"使える技術"に育てていただきたいと願っている。近未来により広い産業分野での活用を期待するものである。

文　献

1) S. Jijima：*Nature*, **354**, 56 (1991).

2) H.W.Kroto, R.J.Heath, S.C.O'Brien, R.F.Curl and R.E.Smally：*Nature*, **352**, 139 (1985).

3) K.S.Novoselov, A.K.Geim, S.V.Morozov and D.Jiang：*Science*, **306**, 666 (2004).

4) Y.Taga：Joined structure manufacturing method and joined structure, PCT WO/2011/010738., (2011).

5) Y.Taga：IOP Conference Series：*Materials Science and Technology*, **24**, 012011 (2011).

6) Y.Taga and T.Fukumura：*Applied Surf. Sci.* **315**, 527 (2014).

7) 日本経済新聞　8月9日 (2015)，日経産業新聞9月9日 (2015).

8) L.Pauling：The Nature of The Chemical Bond,Cornell University Press, (1960).

9) 井本稔：「わかりやすい接着の基礎理論」高分子刊行会, (1985).

10) 技術情報協会編「シランカップリング剤の反応メカニズムと処理条件の最適化」(2010).
　　信越化学工業「シランカップリング剤」11月 (2011).

11) A.Namkanisorn, A.Ghatak, M.K.Chaudhury and D. Berry：*J.Adhesion Sci. Technol.***15**,1725 (2001).

12) Won -Seck Kim and Jung -Ju Lee：*J. Adhesion Sci.Technol.* **21**, 125 (2007).

13) H.Shinohara, J.Mizuno and S.Shoji：*IEEJ Trans.* **2**, 301 (2007).

14) A.Adamson：Physical Chemistry of Surfaces, John Wiley & Sons, Academic Press Inc., London,1985. A. Ulman, Introduction to Ultrathin Organic Films (Academic Press, San Diego, 1991).

15) B.Arkles：*Chemtech*, **7**, 766 (1977).

16) H.Sugimura and N.Nakagiri：*J. Photopolymer Science and Technology*, **10**, 661 (1997).

第３編　マルチマテリアル化を実現する異材接合技術

17) S.Tanuma, C.J.Powell and D.R.Penn：*Surf. Interface Anal.***21**,165 (1994).

18) M.P.Seah and W.A.Derch：*Surf. Interface Analysis*, **1**, 2 (1979).

19) D.R.Penn：*Phys.Rev.* B **35**, 482 (1978).

20) A.Verdaguer, C.Weis, G.Oncines, G.Ketteler, H.Bulhm and M.Salmeron：*Langmuir*,**23**, 9699 (2007).

21) Y.Taga, K,Nisimura and Y.Hisamatsu：Proceeding of European Conference of Surface Science, Barcelona, Spain (2015).

第3編 マルチマテリアル化を実現する異材接合技術

第2章 接合技術

第6節 ナノ界面制御接合技術

第2項 ナノ界面組織制御による鋼/Mg合金の新規接合技術

東京大学 井上 純哉　東京大学 小関 敏彦

1 緒 言

　自動車や飛行機など移動体の燃費の向上には，構造体自体の軽量化が重要な役割を果す。そのため，アルミニウム合金や炭素繊維強化プラスチックなどの比強度（単位重量あたりの強度）の高い材料の使用が広く試みられてきている。しかしさらなる燃費の向上には，より軽量な構造体が必要とされており，その様な構造体のさらなる軽量化を実現する上で期待されている材料の1つがマグネシウム合金である。

　マグネシウム合金は，鋼の約4分の1，アルミニウム合金の約3分の2と，実用構造用金属材料の中で最も比重が軽く，高比強度かつ高剛性という優れた特性を持つ。さらに，振動吸収性や放熱性にも優れており，資源量も豊富かつリサイクル性も高いことから，自動車用の構造材料として極めて優れた特性を有していると言える。この様な優れた特性を持つことから，マグネシウム合金は既に多くの自動車用の部品で使用され，例えばエンジンクレードルやギアボックス，シートフレーム，ハンドルの芯金等の材料として使用されている[1]。しかし，残念ながらマグネシウム合金は，フレームやパネルといった自動車の重量の多くを担う構造部材には適用されてこなかった。これには，マグネシウム合金が持つ2つの大きな課題が阻害要因として働いている。課題の1つはマグネシウムが最密六方格子構造を持つため加工性が悪いこと，そしてもう1つは他金属との接合性，特に自動車の構造部材の主要部分を構成する鋼との接合性の悪さである。

　Fe-Mg二元系状態図（図1）からも明らかな様に，鉄とマグネシウムは水と油の関係にあり，融点差が約900℃もあるだけでなく，相互に殆ど固溶しない。そのため，一般的な異種金属の接合で用いられる溶融接合や拡散接合による冶金的に強固な接合は期待できず，一般には摩擦撹拌接合[2]-[5]等の機械的な接合が検討されている。しかし，摩擦撹拌接合では，高い接合強度を担保する上で重要となる面接合や，複雑な形状を持つ部材同士の接合は難しい。

　本稿では，以上の背景のもとマグネシウム合金と鋼の新たな接合技術として開発した，冶金的に強固な面接合技術（反応型液相拡散

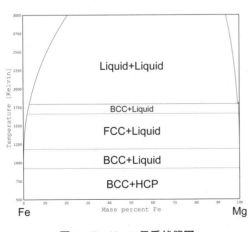

図1　Fe-Mg二元系状態図

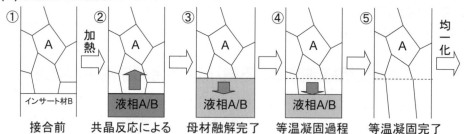

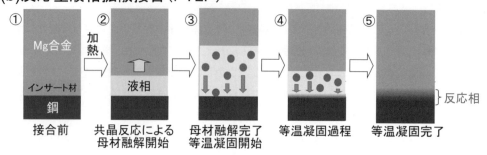

図2 新たな接合法のコンセプト図

接合)[6)7)]に関して解説する。また、最後にその様な面接合技術の適用事例として、マグネシウム合金の課題の1つである加工性の悪さを克服する複層化技術[8)9)]との融合に関して紹介する。

2 新規接合手法のコンセプト

2つの互いに親和性のない金属同士の接合には、双方の被接合材に親和性のある材料を接合界面に導入する必要がある。例えば、ニッケル[10)]や銅[11)]は鋼とマグネシウムの両方に親和性のある金属であることから、これらの金属をインサート金属として利用した接合が試みられている。しかし、マグネシウムとインサート金属の間に形成される脆弱な金属間化合物の抑制が難しく、実用に耐える強度を得るには至っていない。その一方で、微細な金属間化合物の存在は接合強度の上昇に寄与することも示唆されており、金属間化合物の形成を制御することで、十分な接合強度がえられると期待できる。実際、鋼とアルミニウム合金の接合界面におけるFe-Al系金属間化合物の形成と接合強度の関係を調査した研究[12)]から、金属間化合物層の厚さが数百nm程度であれば強固な接合が得られることが示されている。

では、金属間化合物層の厚さを数百nm程度で制御するにはどうすれば良いのか？一般に拡散対の接合面に形成される金属間化合物層は金属間化合物を形成する元素の供給の制御が難しいため、簡単に数μm程度まで成長する。しかし、マグネシウム合金中の合金元素と鉄で形成する金属間化合物であれば話は別である。例えば、代表的なマグネシウム進展材のAZ31であれば、アルミニウムはマグネシウム合金中に3wt%しか含まれず、Fe-Al系金属間化合物の成長はアルミニウムの供給に律速し、急速な成長は起こらないと考えられる。しかし一方で、Fe-Al系金属間化合物の均一な形成には、核生成頻度は生成駆動力と拡散速度に支配されるため、固相同士の拡散接合では均一な接合層の形成は難しいと考えられる。したがって、ナノメー

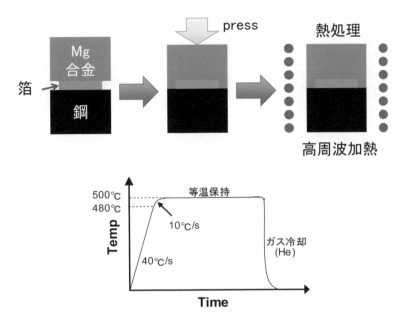

図3 接合実験の概略図

トルオーダーの金属間化合物を利用した強固な接合の実現には，接合部分の間隙を埋めると同時に，接合面全域で均等な濃度で金属間化合物の形成に必要な合金元素を供給することが可能になる液相を用いることが有効と考えた。しかし，液相は残留・凝固すると母材とは異なる脆弱な層を形成するため，接合完了時には液相が自然に消滅する液相拡散接合法（TLP）の概念[13]の適用が不可欠となる。

以上のことから，鋼とマグネシウム合金を冶金的に強固に接合する新たな接合法のコンセプトは以下の様になる（図2）。

① マグネシウム合金と鋼の間にマグネシウムと共晶反応で液相を形成する金属をインサートし，共晶温度以上に加熱することで接合界面に共晶液相を形成する。
② 共晶液相存在下でマグネシウム合金中から溶出した合金元素と鉄の反応により，鋼表面に金属間化合物を形成させる。
③ 同時に，マグネシウム合金側では，インサート金属がマグネシウム合金中に拡散することでTLPプロセスが進行する。
④ 液相が完全に消失することで接合が完了する。

この様な接合を可能にするインサート金属の必要条件としては，マグネシウムと共晶組成を持ち，かつ鉄と金属間化合物を形成しない，または形成しても接合に用いる金属間化合物より形成の駆動力が小さなこととなる。これらの条件を満たす金属は亜鉛と銀となる。なお，亜鉛は鉄と反応し金属間化合物を形成するが，亜鉛浴中のアルミニウムが極微量（0.1％程度）でもFe-Al系金属間化合物が優先的に形成することが知られている[14]。

3 金属間化合物の形成と界面強度

接合プロセスの設計には，共晶液相中での金属間化合物の形成過程を明らかにすることが重

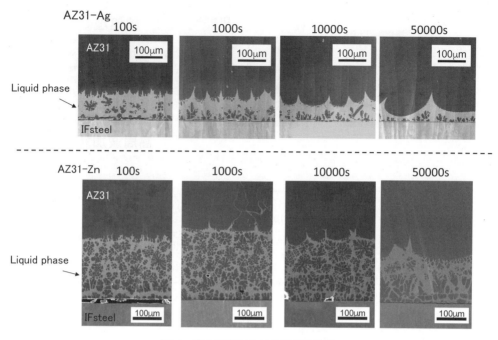

図4 接合界面における液相の変化

要となる．ここでは，マグネシウム合金（AZ31，AZ61）と極低炭素鋼の間に1～25 μmのインサート金属を挿入し，共晶温度以上の500℃（Ag-Mg：472℃，Mg-Zn：340℃）で保持したときに観察された共晶液相の変化，ならびに金属間化合物の変化を紹介する．実験方法の簡略図を図3に示す．また，比較のためインサート金属なしで拡散接合を行った結果も紹介する．

図4は銀箔（10 μm）ならびに亜鉛箔（25 μm）をAZ31と極低炭素鋼の接合界面に挿入したときの，共晶液相の変化である．いずれの場合も，マグネシウム合金側で液相が形成され，その液相は時間と共に減少していく様子が見て取れ，TLPプロセスが進行していることがわかる．図5はマグネシウム合金と極低炭素鋼の間に銀箔ならびに亜鉛箔を挿入した場合と，インサート金属を挿入しない拡散接合の場合の比較である．インサート金属の厚さは共に1 μmであり，写真からは共晶液相の存在は明確ではないが，100秒後には既に消滅している．

一方，鋼界面には化合物の形成が認められ，インサート金属がある場合は均一で微細な形成が認められる一方，インサート金属がない場合は，疎らに形成した化合物が粗大化することがわかる．また，当然ながら純マグネシウムと鋼の界面には何も形成されない．マグネシウム合金と鋼の界面に形成された化合物は，SEM-EBSPを用いた構造解析の結果，Fe_2Al_5であることが確認された（図6）．この様に，マグネシウムと共晶反応を示すインサート金属を導入することで，500℃という温度で100秒足らずのプロセスにより，マグネシウム合金の合金元素と鉄からなる金属間化合物を微細で均一に形成することが可能であることがわかる．

では，この様な金属間化合物層を接合界面に用いた接合の強度はどの程度になるのだろうか？接合界面を挟み接合界面に垂直に切り出した試験片を用いて計測した，接合界面の強度を図7に示す．マグネシウム合金AZ31ならびに純マグネシウムを用い，インサート金属を挿入した場合と挿入しなかった場合の強度を示している．液相拡散接合（TLP）を用いた場合はいずれも

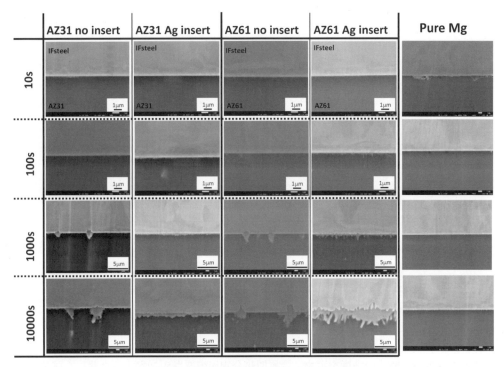

図5 接合界面における化合物の形成

高い強度を示すが，金属間化合物を形成するマグネシウム合金を用いた試験片は，単体の降伏強度よりも遥かに大きな強度を示し，極めて強固な界面が形成されていることがわかる。図8に破断経路を示すが，破断はマグネシウム合金内で進行しており，金属間化合物の脆性的な破断は検出されなかった。参考のため，図9に500℃で長時間保持し，金属間化合物層の厚さを

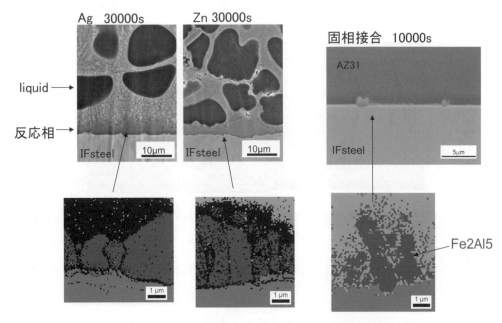

図6 接合界面に形成された化合物のEBSD解析結果

第3編　マルチマテリアル化を実現する異材接合技術

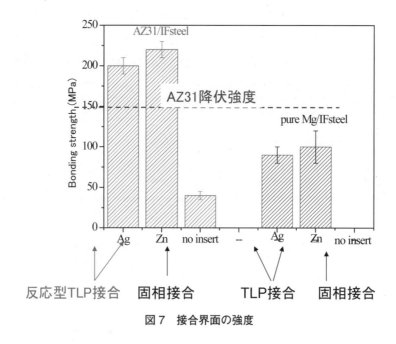

図7　接合界面の強度

増加させた場合の試験片の強度を示す．金属間化合物層の厚さが増大すると共に，試験片の強度が急激に低下することがわかる．

4 適用事例

ここでは，新たに開発したマグネシウム合金と鋼の面接合技術の適用事例として，複層化技術[8) 9)]との融合に関して紹介する．複層化とは複数の異なる特性の材料を積層化することで，単体では得られない優れた特性を得る究極のマルチマテリアル化の手法である．特に，高強度で

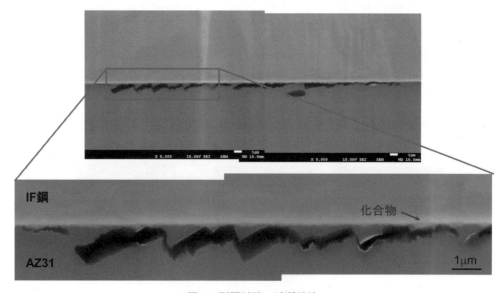

図8　引張試験の破断経路

-194-

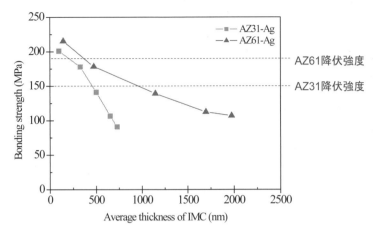

図9 接合部に形成された化合物層の厚さと接合強度

はあるが延性が極めて低い材料を高延性材料と複層化することで,従来にない高強度かつ高延性な材料を生み出せることが示されている[8) 9)]。この様な複層化により,高強度化と高延性化を同時に実現するには,高延性層の加工硬化特性と高強度層の層厚[8)],さらには積層界面の強度[15)]が極めて重要なパラメータとなる。したがって,高強度層としてマグネシウム合金を選択した場合,高延性層としてはオーステナイト系ステンレス鋼が最適となる。この場合,許容最大層厚は1 cmより厚いため,多くの場合では問題とはならない。しかし,界面強度はマグネシウム合金の降伏強度より大きい必要があり,新たに開発した接合技術なしには実現は難しい。

ここでは,高強度層としてマグネシウム合金AZ31の圧延材,高延性層としてオーステナイト系ステンレス鋼SUS304を用いた複層材料に関して紹介する[16)]。いずれの複層材料も,両面を鏡面研磨したAZ31の板材の表面に亜鉛皮膜を1 μm蒸着した後,2枚の片面を鏡面研磨したSUS304で挟み,10^{-3} Paの真空下で500℃まで加熱,1000秒間5MPaの圧力で圧着保持後,ガス急冷して作製した。

図10に典型的なSUS304/AZ31/SUS304複層材料断面の光顕写真,ならびに界面に形成されたFe-Al系金属間化合物層のSEM像を示す。ナノスケールの緻密な金属間化合物が形成されていることがわかる。図11に得られた複層材料の応力−ひずみ関係を示す。比較のため複層材料で使われたものと同じAZ31の応力−ひずみ関係も示す。マグネシウム合金の体積率V_{Mg}

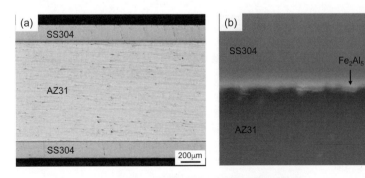

図10 複層材料の断面及び接合界面

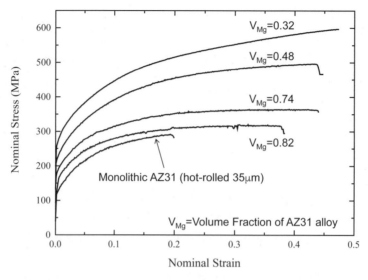

図11 SUS304/AZ31/SUS304複層材料の応力－ひずみ関係

が0.82の試料では，厚さ1mmのAZ31板材の表面に，厚さ100μm程度のSUS304箔を貼り合わせただけの構造であるが，十分な加工性を示すことがわかる。図12に破断後の試料の破断部のSEM像を示すが，マグネシウム合金で生じたき裂が界面近傍を伝播している様子が伺える。しかし，破断経路はあくまでもマグネシウム合金中となっており，金属間化合物は破断していない。図13に引張変形中のサンプル側面（マグネシウム合金が露出した面）に現れた微小き裂を示す。一般にマグネシウム合金は，引張変形に伴う底面すべりの活動から，板厚方向に底面が強く配向した集合組織を形成する。そのため，変形後半では圧縮双晶と呼ばれる {10

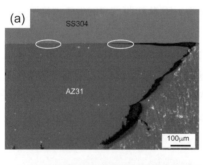

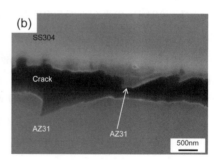

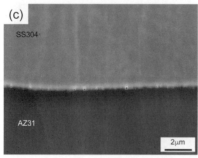

(a) 破断部の様子 (b) 接合界面のMg合金側で破断が進展 (c) 化合物層では視的な欠陥が生じるもMg合金では進展せず

図12 複層材料の破断部のSEM写真

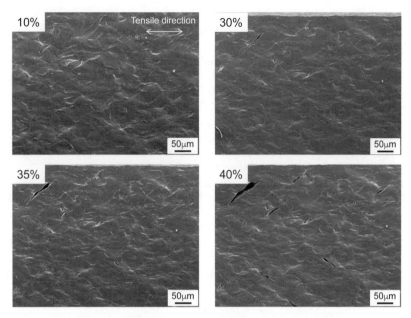

図13 引張変形中にサンプル側面に生じた微小き裂

-11}双晶が活動する。この圧縮双晶は,双晶形成後にさらに内部に引張双晶を形成することで,材料表面にき裂を生じさせることが知られており[17],複層材料側面に見られる微小き裂はこの圧縮双晶が原因となって生じたと考えられる。複層化は,この様な微小き裂が試料を横断する大きなき裂へと成長することを抑制する効果があり,単体では破断してしまう変形を大きく上回る変形量を材料に与えることができる様になるのである。

5 おわりに

マグネシウム合金はその優れた特性から,自動車をはじめとする移動体の構造材料として大いに期待できる材料である。しかし,その冷間加工性の悪さと,構造体の主要部分を占める鋼との相性の悪さから主要な構造材料としては使われてこなかった。本稿で紹介した接合技術は,マグネシウム合金が持つこれら2つの問題点を同時に解決する可能性を有しており,今後実機プロセス等の研究を通し実用化されていくことを期待している。また,ここで紹介した接合技術のコンセプトは,他の異種金属の接合にも応用可能であることから,その様な展開も是非期待したい。

文 献

1) 井藤忠男, 白井秀友:"マグネシウムダイカスト合金と自動車部品への応用,"軽金属, 42, 707-719 (1992).
2) Y.Abe, T.Watanabe, H.Tanabe and K.Kagiya:"Dissimilar Metal Joining of Magnesium Alloy to Steel by FSW," *Advanced Materials Research*, 第1巻(全2巻)15-17, 393-397 (2007).
3) T.Liyanage, J.Kilbourne, A.P.Gerlich and T.H.North:"Joint formation in dissimilar Al alloy/steel and Mg alloy/steel friction stir spot welds," *Science And Technology Of Welding And Joining*, 14,500-508 (2009).
4) S.Jana, Y.Hovanski and G.Grant:"Friction Stir Lap Welding of Magnesium Alloy to Steel;A Preliminary Investigation," *Metallurgical and Materials Transactions A*, 41,3173-3182 (2010).

第3編 マルチマテリアル化を実現する異材接合技術

5) C.Schneider, T.Weinberger, J.Inoue, T.Koseki and N.Enzinger："Characterisation of interface of steel/magnesium FSW," *Science And Technology Of Welding And Joining*,16,100-107 (2011).

6) T.Araki, M.Koba, S.Nambu, J.Inoue and T.Koseki："Reactive Transient Liquid Phase Bonding AZ31 Magnesium Alloy and Low Carbon Steel," *Materials Transactions*, 52,568-571 (2011).

7) M.Koba, T.Araki, S.Nambu, J.Inoue and T.Koseki："Bonding Interface Formation between Mg Alloy and Steel by Liquid-phase Bonding using the Ag Interlayer," *Metallurgical and Materials Transactions A*,43,592-597 (2012).

8) J.Inoue, S.Nambu, Y.Ishimoto and T.Koseki："Fracture Elongation of Brittle/Ductile Multilayered Steel Composites with a Strong Interface," *Scripta Materialia*, 59,1055-1058 (2008).

9) T.Koseki, J.Inoue and S.Nambu："Development of Multilayer Steels for Improved Combinations of High Strength and High Ductility," *Materials Transactions*,55, 227-237 (2014).

10) W.M.Elthalabawy and T.I.Khan："Microstructural development of diffusion-brazed austenitic stainless steel to magnesium alloy using a nickel interlayer," *Materials Characterization*,61, 703-712 (2010).

11) M.Elthalabawy：I.Khan, "Liquid Phase Bonding of 316L Stainless Steel to AZ31 Magnesium Alloy," *Journal of Material Science and Technology*, 27, . 22-28 (2011).

12) 及川初彦，斉藤亨，永瀬隆夫，切山忠夫："鋼板／アルミニウム板接合体の界面における金属間化合物の生成と成長,"鉄と鋼，83，641-646 (1997).

13) H.Ikawa and Y.Nakao, "Theoretical Consideration the Metallurgical Process in TLP Bonding," *Transactions of Japan Welding Society*,10, 24-29 (1979).

14) 山口洋，久松敬弘："薄鋼板の溶融亜鉛メッキにおける反応機構,"鉄と鋼，63，1160-1169 (1977).

15) S.Nambu, M.Michiuchi, J.Inoue and T.Koseki："Effect of Interfacial Bonding Strength on Tensile Ductility of Multi-layered Steel Composite," *Composites Science and Technology*, 69,1936-1941 (2009).

16) J.Inoue, A.Sadegli, N.Kyohata, T.Ohmori and T.Koseki："Multilayer Mg-Staiho Steel Sheets, Microstructure, and Mechanical properties," Metallurgical and Materials Transactions A, 48,2483-2495 (2017).

17) J.Koike："Enhanced deformation mechanisms by anisotropic plasticity in polycrystalline Mg alloys at room temperature," *Metallurgical and Materials Transactions A*, 36,1689-1696 (2005).

第３編　マルチマテリアル化を実現する異材接合技術

第２章　接合技術

第６節　ナノ界面制御接合技術

第3項 高分子と金属の光活性化接合技術

京都大学　杉村　博之

1 はじめに

　表面状態が適切に制御された部材の表面同士を圧着するだけで，低温で接着剤を使わずに接合する研究を進めている。強度や接合寿命，耐環境性などの点で，機械部品のような高い接合強度を要求される用途には，現状ではまだまだ大きな壁があるが，接着剤を全く使わない表面接合は，接合にかかわる界面層厚みが極めて薄く，接合による形状・寸法変化がほとんど無い。μm から nm レベルでの接合精度を要求される精密接合技術として期待できる。

　通常，接合部材表面には微細な凹凸がある。場合によっては，積極的に部材の表面粗さを増大させ，接合面積を増やし，さらに，接合部材同士の絡まりあいによる接合力の増強を図る。いわゆるアンカリング効果の利用である。一方，微視的な目で接合界面を見れば，アンカリング効果の有無にかかわらず，そこには，接合物質界面での親和的な化学相互作用が存在し，それによって接合強度が確保される。強固な接合面を得るには，接合界面に化学結合が形成されることが望ましい。アンカリング効果は，液相や気相での薄膜堆積／析出や軟化したプラスチックが固体基板に付着する場合には，顕著に発現する。接合界面に接着剤を挟まない固体基板同士の接合では，凹凸構造が接合面同士の有効な接触を阻害するため，かえって接合強度を弱める。固体表面同士の圧着による表面接合では，アンカリング効果は全く期待できず表面間の化学的相互作用によって接合が完全に支配される。この場合，表面凹凸は可能な限り小さくし，実効接触面積を大きくする方が有利である。

2 光活性化接合

　プラスチック部材表面の濡れ性や接着性の改善に，しばしば，プラズマ[1]-[3]や光[4]-[7]による表面処理プロセスが用いられる。一般的に，光プロセスでは波長が短く光子エネルギーの大きな紫外光を用いる。波長 200 nm 以下の紫外線は真空紫外（Vacuum Ultra-Violet，VUV）光と呼ばれ，光子エネルギーが通常の紫外光よりもさらに大きく，高分子材料の表面改質光源として期待されている[8][9]。特に，波長 100～200 nm では酸素分子の吸収帯と重なり，酸素分子がVUV 光を吸収し原子状酸素やオゾン分子等の反応活性の高い酸素種を生じ，これらを積極的に表面改質反応に利用する，酸素増感型の VUV 表面改質，が可能になる[10][11]。代表的 VUV 光源であるエキシマランプ[12]は 1990 年代に実用化されたが，おなじエキシマ発光を利用するエキシマレーザーと比べると，単位面積・時間あたりのエネルギー密度は低いが，装置がコンパクトで電源を入れるだけですぐに使える等，使用方法が簡単であり大面積照射可能なランプも開発されていることなどから，実用的プロセス光源として，例えば光洗浄装置として産業的に用いら

－199－

第３編　マルチマテリアル化を実現する異材接合技術

れているだけでなく，高分子材料の表面改質としても注目されている[9)~11)13)~20)]。

　筆者はこれまでに，波長172 nmのエキシマランプ光を，有機分子材料の表面改質や微細加工に応用する研究を進めて来た[10)11)14)15)20)~23)]。一連の研究の中で，大気中でプラスチック部材をVUV照射すると形成される表面改質層が，部材同士の接合支援層として働き，接着剤を使わずにプラスチック部材同士を接合できることを見出し，実際にマイクロ流路プレートの接合と封止に応用した[24)~26)]。本稿では，まず，VUV表面活性化によるプラスチック接合とマイクロ流路への応用について簡単に紹介し，さらに，VUV表面活性化による有機－無機接合についてアルミニウムとプラスチックの接合を例にあげて解説する。

３ プラスチックの表面活性化低温接合によるマイクロ流路の封止

　近年，微小空間での化学反応の重要性が基礎と応用の両面から注目されるようになり[27)]，半導体微細加工技術を応用したマイクロ化学技術の発展が促され，化学分析や有機合成，溶媒抽出，細胞培養，微粒子合成等のさまざまな化学プロセスが，マイクロ流路を用いて行なわれるようになってきた[28)29)]。マイクロ流路チップ材料には，従来は主にガラス基板が用いられてきたが，ガラス製マイクロ流路は，外部からの衝撃により破損しやすく，輸送の際に重量も問題となる。また，加工性や量産性に欠け，製造コストが高いという問題も抱えている。そのため，ガラス基板に比べて軽量で破損しにくく，大量生産によりコストダウンが可能なプラスチック基板を用いたマイクロ流路の開発が進められている。優れた光学的性質を有するシクロオレフィンポリマー（Cyclo-Olefin Polymer，COP）と呼ばれる飽和炭化水素系の非晶質プラスチックは，ガラス代替材料としてマイクロ流路への応用が期待されているが，疎水性樹脂であるため濡れ性や接着性が低く，接合性を改善する表面改質技術が求められている。

　われわれの研究グループでは，VUV光励起表面改質により，接着剤を使わずにCOP部材同士をガラス転移点以下の低温で接合するプロセスを開発し，実際にCOPマイクロ流路の作製に応用した（図1）[24)~26)]。まず，大気中に置かれたCOPプレート表面にエキシマランプを近接させ，適宜VUV照射する。次に，2枚の表面改質COPプレートを，改質面が向かい合うように重ねて加熱プレスする。接合温度と圧力が高いほど接合均一性と再現性が向上するため，マイクロ流路の封止性や量産時のプロセスマージンを考慮すると，100℃前後まで接合温度を上げることが望ましい。この温度であっても，使用したCOPのガラス転移点（138℃）よりも十分に低く，熱変形の無い接合が可能となる。図1Cに，マイクロリアクター用に作製したCOPマイクロ流路の写真と超音波映像（Scanning Acoustic Tomography，SAT）を示す。接合欠陥があるとそこで超音波が反射するため像上で白く表示されるが，このスケールで見る限りそのような欠陥は皆無で，流路以外では均一に接合されていることがわかる。

　どのようなプラスチック材料がVUV表面活性化によって接合可能かを明らかにすることは，大変興味深くかつ重要であるが，プラスチック材料の種類は多く，接合可能性を把握しているケースはいまのところ少数である。これまでの研究で，ポリメチルメタクリレート（PMMA），ポリカーボネート（PC）製のマイクロ流路チップを，VUV表面活性化による接合・封止技術で作製することに成功している。また，PC-PMMA，PMMA-COP，COP-PC間の異種プラスチック間の接合も可能であった。マイクロ流路の作製は行っていないが，ポリエチレン（PE）

－200－

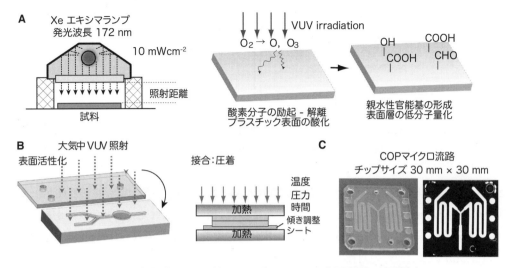

図1 酸素増感VUV照射によるプラスチック表面改質－低温接合
A) 大気圧VUV照射と表面化学反応，B) 光活性化接合，C) 作製したCOPマイクロ流路の写真とSTA像。接合条件（VUV照射距離－5 mm；VUV照射時間－10 min；接合温度－100℃；接合時間：10 min；接合圧力：1.6MPa）。

とポリエチレン－フッ素樹脂共重合体（ETFE）でも，VUV表面活性化は接着性向上に効果があることがわかっている。

4 VUV表面光化学反応について

VUV光は光子エネルギーが通常のUV光よりも大きく，UV光では誘起できない光化学反応を誘起することができる。その多くは，化学結合の解離と組み換えを伴う。VUV光によってある特定の化学結合を切断できるかどうかを，その結合エネルギーと光子エネルギーの大小で判断する説があり，多くのVUVランプメーカーでは，『VUV光の光子エネルギーは，大部分の結合エネルギーよりも大きく，これらの結合を直接切断する』と，カタログあるいはホームページで主張している。結論から言えば，この解釈は間違いである。結合エネルギーは，結合解離していない分子（の基底状態）と結合解離した分子（の基底状態）とのエンタルピー差である。光化学反応では，分子はまず光を吸収し励起状態へと遷移することが必要不可欠である。そして，その励起状態から結合解離への反応経路が存在したとき，そこではじめて結合が解離する。基底状態間のエンタルピー差を比較するだけで結合解離の可能性を議論することが，根本的な間違いと言える。このことについては，文献10にて詳しく議論している。

空気中でVUV光を使用すると，空気中の酸素分子・水分子によってVUV光が吸収され，酸素と水の光化学反応によって一重項酸素原子O（1D），三重項酸素原子O（3D），オゾン分子O_3，ヒドロキシルラジカル等の活性酸素が発生する。これらの活性酸素種は，COP高分子を酸化する（図2）。飽和炭化水素分子が酸化する反応の第一ステップは，C-H結合の解離反応／酸化反応である。原子状酸素は飽和炭化水素のC-H結合と反応し，C-H結合からの水素引抜き－ラジカル化－を経由，あるいはC-H間に直接酸素原子が挿入されることで，ヒドロキシ基（第二級アルコール）が形成される[30]。O（1D）とO（3D）では，O（1D）の方が反応性が高い[31,32]。ま

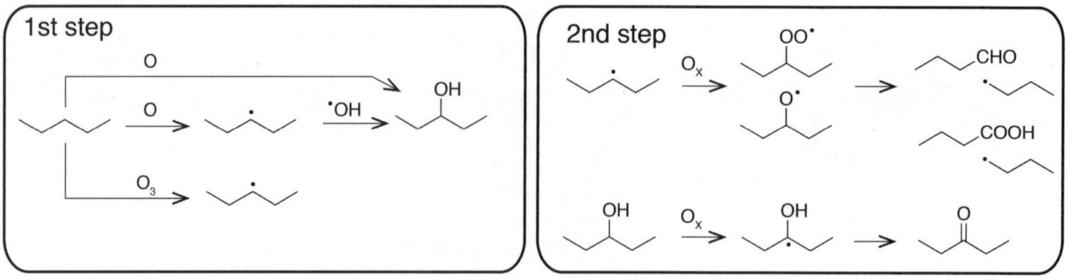

第3編　マルチマテリアル化を実現する異材接合技術

図2　活性酸素種による炭化水素高分子の酸化反応

た，O_3 分子による炭化水素からの水素原子の引抜きによっても，炭素ラジカルが形成される[33]。COP の場合 172 nm の VUV 光を若干吸収するため[10]，酸素がなくても水素脱離反応が起こる可能性はあるが，表面酸化層が形成されると，酸化層による VUV 光吸収のため非酸化 COP へ届く VUV 光が減衰し，この過程の寄与はほぼなくなる。

　反応の第二ステップは，炭素ラジカルと酸素（O, O_2, O_3）との反応，第二級アルコール部分の酸化反応である。これらの反応によってカルボニル基（ケトン，アルデヒド，カルボン酸）が形成され，C-C 結合が切断される。第二ステップ以降の反応は高分子鎖の切断を伴うため，表面酸化層は非酸化 COP よりも低分子量化することになる。表面には，極性官能基（−OH，−CHO，−COOH）が形成され，COP 表面は疎水性から親水性へと変化する[25]。

　VUV 活性化接合の主因である『化学的親和性』は，水素結合がその主役となって発現していると推定される。しかし，親水性表面官能基間の脱水縮合による化学結合形成，残留ラジカルの反応が寄与している可能性もあり，現状ではこれを否定する実験データはない。

⑤ アルミニウムとシクロオレフィンポリマーの光活性化接合

　VUV 表面活性化がプラスチック部材の同種材料間の接合にとどまらず，有機−無機異種材料接合へと展開できれば，その応用可能性はさらに広がるであろう。シリコーン樹脂と石英ガラスを密着させ VUV 光を石英基板側から照射すると，樹脂と石英ガラスが室温で接合されることを見出した[34]が，同じことを COP と石英ガラスで行っても，安定的な接合は実現できなかった。接合機能は安定的には発現しなかった。シリコーン樹脂は炭素・水素・酸素・シリコンからなり，完全に酸化すると酸化シリコンとなる。VUV 処理したシリコーン樹脂表面でも，酸化によって有機成分が減少し酸化シリコン類似構造が形成されると推定される。VUV 処理によって有機材料側の表面が無機材料側の表面と類似の構造へと変化したことで，接合が可能になったと考えられる。しかし，他の材料系では，同じような接合機能の発現は期待できない。そこで，逆に金属の表面にプラスチックと類似の化学的性質を付与するアプローチで接合実験を行ってみた[35]。

　ここでは，アルミニウムと COP の接合実験の例を紹介する。VUV 処理した COP 表面は親水性にはなるがあくまでも有機物質でありガラス類似構造は形成されない。そこで，アルミニウムの表面に COP と類似の性質を持たせるため，octadecylphosphonic acid（ODP）を原料に，炭化水素単分子膜（ODP self-assembled monolayer，ODP-SAM）を形成し（図3），その表面を VUV 処理する（図4）。長時間 VUV 照射すると SAM がエッチング除去されてしまうため，

第 2 章　接合技術

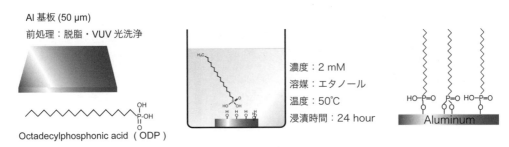

図 3　アルミニウム箔への ODP-SAM 被覆

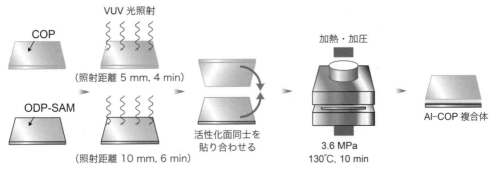

図 4　VUV 活性化による有機－無機接合実験
COP フィルムおよび ODP-SAM の表面を VUV 処理し，VUV 活性化面同士を合わせ加熱プレス。

SAM 残膜量と親水性官能基生成量が最適となるように，照射時間を決定した。COP 試料には膜厚 20～200 μm の COP フィルムを用い，その表面を VUV 活性化した。活性化面同士を向き合わせ加熱プレスし接合する（図 4）。接合温度が高すぎると，プレスによるバルク形状の変形が無視できなくなるため，ガラス転移点以下の温度で実験を行った。

図 5 に，Al-COP 接合試料の写真を示す。まず 23 μm 厚の COP フィルムと接合してから，その試料を裏打ちする形で 188 μm 厚の COP フィルムを接合してある。図 6A の AFM 像で示すように，このアルミ箔表面には少なくない凹凸がある。AFM 像から求めた表面粗さ（Rrms）は 25 nm である。接合時には，COP フィルムの表面形状をアルミ箔の凹凸に倣うように変形させ実効的接合面積を確保するために，COP フィルムのガラス転移点 136℃ より若干低い，プレス温度 130℃ で接合している。接合温度が高いため，COP フィルムが厚くなると室温に戻す過程で熱応力により剥離してしまった。図 6C に，アルミ箔 A と接合できた COP フィルム厚さ

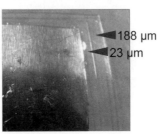

図 5　COP-Al 接合試料

-203-

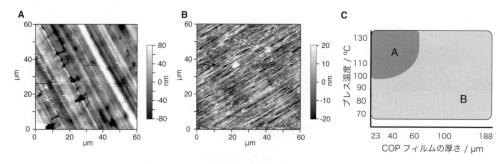

図6 Al箔の表面粗さと接合条件
A) アルミ箔Aの表面AFM像（Rrms＝25 nm） B) アルミ箔Bの表面AFM像（Rrms＝10 nm） C) 接合可能なCOPフィルム厚さと接合温度の関係。

とその時の接合温度示す。フィルム厚23 μmでは，100℃以上の温度で接合可能であったが，60 μm厚ではさらに高い接合温度が必要となった。100 μm厚以上では，ガラス転移点以下の温度では接合できなかった。表面粗さと接合条件の関係を調べるため，より平滑なアルミ箔で実験を行った。アルミ箔Bの表面粗さは，図6BのAFM像からRrms＝10 nmと見積もられる。アルミ箔Bを用いた場合には，接合温度を70℃まで下げることができた。低温化によって熱応力が減少したこと，平滑化によって実効接合面積が増加したことにより，188 μm厚のCOPフィルムを直接接合することにも成功した。

6 おわりに

大気中におかれたプラスチック表面をVUV光で照射すると，酸素分子のVUV励起によって生じる活性酸素によって，プラスチック表面が酸化される。この表面は接着・接合活性が高く，VUV処理面を密着させ100℃程度の温度で加熱プレスするだけで，接着剤をつかわずにプラスチック同士を接合できる。ミクロな視点から見ると，接合を担保しているのは活性化面同士の化学的相互作用であるが，その実態の解明はまだ不十分であり，今後の課題でもある。また，cmオーダーのサイズを有する部品が実際に接合できるのは，化学的親和性だけによるのではなく，複数の必要条件を満たしている場合であることに注意を要する。特に，実効的な接合面積が確保されることが重要であり，そのためにはプラスチック部材の形状精度（反りが少なく表面粗さが小さいこと）が重要で，成型品の精度が十分でなければ，どんなに表面活性化しても接合することは難しい。

プラスチック同士を接合する場合と類似の化学状態を，無機材料表面にSAM被覆によって付加することで，VUV表面活性化接合プロセスを，有機-無機異種接合への展開する可能性が開けた。有機材料と無機材料では熱膨張率の差が大きく，現時点で接合可能なのはシート状のプラスチックに限られているが，アルミニウム以外も，ガラスや銅，シリコンなどとの接合を，少なくとも剥離試験において接合したCOPシートが破断する程度の強度で接合可能なレベルにある。

文　献

1) H. Yasuda：*J. Macromol. Sci. Chem.* A **10**, 383 (1976).

2) 稲垣訓宏：日本接着協会誌，**22**，541 (1986).

3) M. Sira, D. Trunec, P. Stahel, V. Bursikova, Z. Navratil and J. Bursik：*J. Phys. D：Appl. Phys.*, **38**, 621 (2005).

4) T. Uchida, N. Shimo, H. Sugimura and H. Masuhara：*J. Appl. Phys.*, **76**, 4872 (1994).

5) H. Niino, A. Yabe：Appl. Phys. Lett., **63**, 3527 (1995).

6) K. Kordás, L. Nánai, K. Bali, K. Stépán, R. Vajtai, T. F. George and S. Leppävuori：*Appl. Surf. Sci.*, **168**, 66 (2000).

7) E. Sarantopoulou, J. Kovac, Z. Kollia, I. Raptis, S. Kobe and A. C. Cefalas：Surf. *Interf. Anal.*, **40**, 400 (2008).

8) A. Holländer, J. E. Klemberg-Sapieha, and M. R. Wertheimer：*Macromolecules*, **27**, 2893 (1994).

9) U. Kogelschatz, H. Esrom, J.-Y. Zhang and I.W. Boyd：*Appl. Surf. Sci.*, **168**, 29 (2000).

10) 杉村博之：表面技術，**63**, 751 (2012).

11) 杉村博之：表面技術，**64**, 662 (2013).

12) U. Kogelschatz：*Pure & Appl. Chem.*, **62**, 1667 (1990).

13) J. Zhang, H. Esrom, U. Kogelschatz and G. Emig：*J. Adhesion Sci. Technol.*, **8**, 1179 (1994).

14) 穂積篤，稲垣裕宣，魚江康輔，杉村博之，高井治，横川善之，亀山哲也：表面技術，**52**, 893 (2001).

15) A. Hozumi, T. Masuda, K. Hayashi, H. Sugimura, O. Takai and T. Kameyama：*Langmuir*, **18**, 9022 (2002).

16) S. Tanaka, Y. Naganuma, C. Kato and K. Horie：J. Photopolym. *Sci. Technol.*, **16**, 165 (2003).

17) V. Skurat：Nucl. Instr. Meth. *Phys. Res.* B, **208**, 27 (2003).

18) M. Charbonnier and M. Romand：Intern. *J. Adhesion & Adhesives*, **23**, 277 (2003).

19) F. Truica-Marasescu and M. R. Wertheimer：Macromol. *Chem. Phys.*, **206**, 744 (2005).

20) Y.-J. Kim, K.-H. Lee, H. Sano, J. Han, T. Ichii, K. Murase, and H. Sugimura：*Jpn. J. Appl. Phys.*, **47**, 307 (2008).

21) H. Sugimura, K. Ushiyama, A. Hozumi and O. Takai：*Langmuir*, **16**, 885 (2000).

22) O. P. Khatri, H. Sano, K. Murase, and H. Sugimura：*Langmuir*, **24**, 12077 (2008).

23) J. Yang, T. Ichii, K. Murase, H.ugimura, T. Kondo, and Hi. Masuda：Chem. Lett., 41 393 (2012).

24) 金永鍾，藺林豊，杉村博之，谷口義尚，田口好弘：Polymer Preprints, Japan, 56, 2398 (2007).：谷口義尚，田口好弘，金永鍾，藺林豊，杉村博之：Polymer Preprints, Japan, 56, 2399 (2007).：特許第 4919474 号.

25) Y.-J. Kim, Y. Taniguchi, K. Murase, Y. Taguchi and H. Sugimura：*Appl. Surf. Sci.*, **255**, 3648 (2009).

26) 谷口義尚，金永鍾，萩生真知子，田口好弘，杉村博之：表面技術，**54**, 234 (2014).

27) 増原極微変換プロジェクト編：マイクロ化学：微小空間の反応を操る，化学同人，(1993).

28) 化学とマイクロ・ナノシステム研究会監修：マイクロ化学チップの技術と応用，丸善，(2004).

29) 吉田潤一監修：マイクロリアクターの開発と応用，シーエムシー出版，(2008).

30) 松浦輝夫：酸素酸化反応−酸素および酸素活性種の化学，12 章−酸素原子による酸化，丸善 p.315, (1977).

31) P. Andresen and A. C. Luts：*J. Chem. Phys.*, **72**, 5842 (1980).

32) A. C. Luntz：*J. Chem. Phys.*, **73**, 1143 (1980).

33) J. J. Robin：New Synthetic Methods, Advance in Polymer Science, p.35 Chapter 2 The use of Ozone in the Synthesis of New Polymers and the Modification of Polymers, Springer, (2004).

34) 特許第 3985043 号

35) 長田英也，中村彰宏，一井崇，邑瀬邦明，杉村博之：Polymer Preprints, Japan, 61, 2045 (2012).：塚本泰介，中村彰宏，一井崇，杉村博之；Polymer Preprints, Japan, 62, 2102 (2013).：孔成棟，宇都宮徹，一井崇，杉村博之；Polymer Preprints, Japan, 64, 1M25 (2015).

第3編　マルチマテリアル化を実現する異材接合技術

第2章　接合技術

第7節　アーク溶接を利用した高速・高強度・低コスト金属3Dプリンタ

武藤工業株式会社　村田　秀和

❶ 緒　言

　世界のモノづくりに変革をもたらすといわれている3Dプリンタ。樹脂を造形するタイプの装置は，次第に工業分野への普及も始まってきており，さまざまな機種が既に発売されている。一方で，更なる工業分野への応用を実現するためには，金属が造形できるタイプの装置が望まれているが，いくつかの問題点もあることから本格的な普及に至っていないのが実情である。弊社では，従来の金属3Dプリンタの問題点を考慮したうえで，アーク溶接を利用した金属3Dプリンタを開発した。本稿では，その概要を紹介したい。

❷ 開発コンセプト

　開発にあたり，次のコンセプトを重視した。

① 　手軽で使いやすいこと。
② 　装置価格やランニングコストが低廉であること。
③ 　製品の強度が確保できること。
④ 　工業的に応用可能な造形速度が確保できること。
⑤ 　定型形材や共通部品には「直接付加造形」可能であること。
⑥ 　難削材や高価材料部品を「ニアネットシェイプ」＊で製作すること。

❸ 本装置の原理と概要

3.1　基本原理

　本装置の基本原理としては，東京農工大学の笹原弘之教授が研究されてきた，アーク溶接（MIG/MAG）を用いた金属の立体造形技術を採用した[1]。離れた2つの物体間に電位差が生じた場合，一定の条件下では，物体間に雷のような放電現象（アーク放電）が発生する。この際に生成するエネルギーで金属を溶かし，溶接を行うのがアーク溶接の原理である（図1）。

　笹原教授らの研究により，このアーク溶接による溶接ビードを立体的に積み上げることが可能となる条件が判明した。本装置は同大学との共同研究により，これらの成果を用いて製品化に成功したものである。アーク溶接は，長年工業界で広く使われている信頼性のある安定した技術である。本装置で使用する半自動溶接機やワイヤ送給装置，ワイヤ，シールドガスなどについても，これらの技術の蓄積が反映された一般汎用品を積極的に用いている。このことは，

＊ 　ニアネットシェイプ：概略の形状を早く安価に製作し，最終精度はその後の後加工（切削等）で確保するという考え方。バルク材から切り出して製作する方法に比べ，トータルのコストと納期を縮減できる場合がある。詳細は，後段にて説明する。

図1 アーク溶接の原理と武藤工業㈱が開発した金属3Dプリンタ外観

後述するように,技術の安定性だけではなく,低コストにつながっている。

3.2 本装置の概要

 溶接トーチは,装置上部に設置された直交3軸機構により動作する。アーク放電を発生させるトーチ部には,送給装置から約1mm径の金属ワイヤが送られてくる。このワイヤにプラスの電位をかけることにより,下方にあるサブストレート板との間にアーク放電が発生し,その熱で電極でもあるワイヤが溶融してサブストレート板の上に滴下する。トーチを適切に動かすことにより,溶融滴下した金属は線状の軌跡(ビード)を描き,これを積層することにより,立体形状を造形していく。高温の金属の酸化を防ぐため,トーチ部分の先端からは,シールドガスが噴出される。溶融池の温度管理のため,水冷システムが装備されている。ただし,条件によっては水冷方式を用いず,自然放熱方式を用いる場合もある。

 これらの,溶接トーチの動き,電流値などの溶接条件,水冷冷却量,アークのオンオフなどは,専用の制御装置からの指令でコントロールされている。さらに,これらの制御命令プログラムは,造形しようとする形状のCADデータから,原則として自動的に生成される仕組みとなっている。ちなみに,このCADデータから制御命令プログラムを自動生成するソフトウェアのことを,一般に「スライサソフト」と呼んでいる。このスライサソフトは,3Dプリンタの重要な技術要素の1つとなっているため,弊社では独自に開発している。

[主な仕様・性能]
- 造形可能サイズ:500 mm×500 mm×500 mm
- 造形速度:100-500 cc/h
- 造形金属:軟鋼,ステンレス,インコネル,SKD61,チタン,アルミニウム,マグネシウム)
- 造形物表面粗さ:約±500 μm(軟鋼の場合)
- 最小ビード幅:約2.5 mm(軟鋼の場合)
- 最小積層高さ:平均約0.9 mm(軟鋼の場合)

・入力CADデータ方式：STL

なお，同様原理の金属3Dプリンタは，ヤマザキマザック㈱からも販売されている。

4 他方式の金属3Dプリンタ

本タイプの金属3Dプリンタの特長を説明する前に，いくつかの他のタイプの金属3Dプリンタの原理を概説する。

4.1 粉末床溶融結合方式

ベッド上に，金属の微細粉末を敷き詰め，レーザー光線等を照射すると，エネルギーを受けたところの金属粉体だけが溶融する。これを繰り返すことにより，溶融した金属を積層し，立体的な形状を造形していく方式である。レーザーの代わりに，熱源として電子ビームを使用する方法も実用化されているが，ここではこの方式の一種として分類する。この分野で先行する欧米メーカーは，基本的にこの方式を採用している。

わが国では，経済産業省が2014年に開始した次世代金属3Dプリンタ開発国家プロジェクトが，基本技術の1つとして採用しており，㈱松浦機械製作所，㈱ソディックなどが，このタイプの製品を既に販売している。なお，国産機種は，造形装置の中に切削機能を組み込んでおり，より精度の高い造形物が製作できるようになっている。

4.2 レーザー溶接方式

30年程前から実用化されているレーザー溶接の技術を用い，その溶接線（ビード）を積層して立体形状を造形する方式である。

現在実用化されているものは，レーザーが発射されるヘッド部分の近傍から金属粉とシールドガスを噴出し，この金属粉をレーザーで溶融固化しながらヘッドを動かし，ビードを形成していく原理となっている（図2参照）。海外では韓国のInssTek，国内ではDMG森精機㈱，ヤマザキマザック㈱などがこの方式を用いた装置を開発している。一方，米国のSciaky社は，電子ビーム＋金属ワイヤで造形する方式を発売している。

5 本タイプの金属3Dプリンタの特徴

同じ方式でも，メーカーによって性能が異なること，公表されていないデータも多いことから，他方式との比較については，あくまで一般論ということでご容赦いただきたい。

5.1 概要

(1) 造形速度

図2 高速造形事例
（材質：ステンレス　高さ：約280 mm
造形時間　約60分）

第3編　マルチマテリアル化を実現する異材接合技術

　粉末床溶融結合方式は，粉末を敷き詰める工程が入るため直接金属を溶融固化できない時間が存在してしまうこと，薄い層を精細に焼結するため，レーザーの出力をむやみに上げられないことから，粉造形速度を上げにくいと言われている。一方，アーク溶接方式については，レーザーに比べ高い出力が，比較的安価で容易に実現できるため，高速造形が可能となる。造形の精密さにもよるが，概ね粉末床溶融結合方式の 10 倍以上の速度が達成可能と考える。

(2) 造形物の強度

　粉末床溶融結合方式の場合，一般的には当該材質の金属の塊（バルク材）よりも強度面でのばらつきが大きいと言われている。一方，アーク溶接あるいはレーザー溶接方式は，いわゆる溶接部の強度であり，バルク材並みの強度が期待できると考えられる。実際，東京農工大学が実施した実験の範囲では，アーク溶接による造形物の強度はバルク材よりも強いという結果が得られている[1]。

(3) 装置価格

　粉末床溶融結合方式，レーザー溶接方式とも，レーザーと金属粉体を用いる点で共通している。このため，高価なレーザー装置や紛体金属の送給装置などが必要になる。これに対して，本装置は，安価なアーク溶接機を用いること，付帯設備も簡便化できることなどから，価格はこれらに比べ 1/3 程度に抑えられている。

5.2　材　料

(1) 材料の形態と調達

　粉末床溶融結合方式，レーザー溶接方式とも，純正の金属粉体が用いられる。一方，アーク溶接方式は，市販の汎用溶接ワイヤを用いることができる設計となっている。

(2) 材料の価格

　金属粉体は，金属の種類にもよるが，概ね 1 kg あたり数千円〜数万円という水準である。一方溶接ワイヤの材料は，概ね 1/10 程度の価格で販売されている。

(3) 材料のハンドリング

　一般に，金属粉体の取り扱いには，人体への影響，保管，使用金属の交換などの点で，細心の注意が必要と言われている。これに対して，アーク溶接方式では，リールに巻かれた市販の溶接ワイヤを使用するだけなので，取扱いが極めて簡便である。

(4) 金属の種類

　金属粉体については，あらゆる金属材料に対応する純正の金属粉体を製造・販売するには未だ至っていない。これに対して，アーク溶接用のワイヤは，多くの材料が既に開発されており，その成分や仕様は，JIS 等の規格に定められているため，最適な材料を選ぶことができる

－210－

5.3 造形の精密さ

造形の精密さについて，最も優れているのは，粉末床溶融結合方式である。一方，本装置では，今のところ，最も条件がいい場合でも，ビードの幅の最小値は 2.5 mm，積層高さは 0.9 mm が最小値である。したがって，精緻な形状の造形には適さない。また，肌合いも，砂型鋳造した鋳物レベルで，概ね ± 500 μm 程度に留まる。

5.4 ニアネットシェイプ

そこで，本装置では，ニアネットシェイプ（図3）というコンセプトを提案している。

一般に，少ロットの部品を製作しようとする場合，型による鍛造や鋳造などでは，型の設計や製作に費用と期間がかかり，不経済な場合が多い。また形材から「削り出し」を行う場合は，部品の形状によっては，廃棄する切粉が多く，切削時間も長くなってしまう場合もある。

これに対して，本装置を用いて，まずは概略の形状を，「早く」「安く」造形してしまい，その後，仕上げ加工（切削，研磨，熱処理等）により，所定の精度・性能を出していただければ，従来の工作方法に比べて，トータルコスト，納期とも大きく縮減できるのではないか，というのが筆者らが提案する「ニアネットシェイプ」の概念である。

特に，①材料価格が高価で，②難削材で，③削る分が多いような形状の部品を製作する際に，本装置は大きなメリットをもたらす可能性があると考えている。従来から，金属3Dプリンタにおいては，いかに精度よく最終製品を造形するか，という方向で技術的な検討・開発が進められてきている。それは大変素晴らしいことではあるが，現状未だ達成できていない部分もあり，後加工が必要なケースも散見される。もしそうであれば，この「ニアネットシェイプ」の考え方を使った工作法も，一定の需要があるのではないかと考えている。

5.5 バルク材への直接付加造形

例えば，図4の左図のように，形材である手前のステンレス製のコラム（角型鋼管）に，別の形状（この場合は円筒）を付加的に造形するだけで，より複雑な形状を簡単に製作することができる。すなわち，最初から造形する場合に比べ，造形時間が縮減でき，サブストレート板切

図3　ニアネットシェイプ事例
（材質　左：軟鋼　切削前と切削後　右：ステンレス製リブ　切削前と切削後）

図4 付加造形の事例
左：手前のステンレス製コラムに付加造形　右：軟鋼ブロックに付加造形

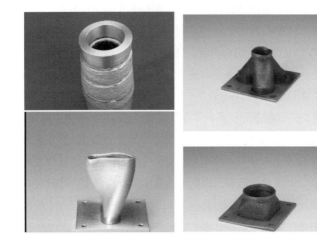

図5 造形事例
（材質　左：アルミニウム　中：軟鋼　右：マグネシウム）

り離しのコストも不要となる。これらは、金属同士を接合するという溶接本来の目的を活用した有望な応用分野と考える。

本装置による造形物の例を図5に示す。

文　献
1) 田中敬三，阿部壮志，吉丸玲欧，笹原弘之：「アーク放電を用いた溶融金属積層による造形物の強度」，日本機械学会論文集，C編79巻800号(2013-4)．
2) 京極秀樹：「最近のレーザー積層造形技術の開発状況」，日本機械学会誌，vol.1081 (2008).
3) 新ものづくり研究会「新ものづくり研究会報告書」経済産業省HP
4) ヤマザキマザック㈱HP
4) 新野俊樹：「金属の付加製造技術の最新動向と期待」，日刊工業新聞社，「型技術」，平成26年2月号
5) 村田秀和：「アーク溶接による金属3Dプリンタ」，一般社団法人日本金型工業会，「金型KANAGATA」，No.160春号，2015年3月
6) 村田秀和：「アーク溶接を利用した高速・高強度・低コスト3Dプリンタ『Value Arc MA5000-S1』の開発」，日刊工業新聞社，「型技術」，2016年2月号

第2章　接合技術

7) 村田秀和：「MIG/MAG 溶接を利用した高速・高強度・低コスト金属 3D プリンタの開発について」，一般社団法人溶接学会「溶接学会誌」，Vol.85，No.6 (2016).
8) 村田秀和：「アーク溶接を利用した高速・高強度・低コスト金属 3D プリンタの開発」シーエムシー出版，月刊機能材料，2016 年 12 月号
9) 村田秀和：「MIG/MAG 溶接を利用した高速・高強度・低コスト金属 3D プリンタの開発とその応用について」超精密位置決め専門委員会，定例会講演前刷集 (No2016-4).

第3編　マルチマテリアル化を実現する異材接合技術

第3章　接着技術

第1節 マルチマテリアル化を支える接着接合技術

東京工業大学　佐藤　千明

■1 はじめに

　自動車構造の軽量化は，その低燃費化と炭酸ガス削減の観点から，近年極めて重要になっている。接合技術は，材料選択のバリエーションを広げる観点で車体軽量化に重要である。なかでも接着技術は多くの材料に向いており，例えば軽量な新材料，アルミ合金やプラスチック，並びに複合材料などにも適用可能である。また，従来のスチール材料でも，ハイテン化に伴い溶接性が低下するため，接着の併用が有利となる。さらに，複数の異なる材料を複合化して使用する場合は，接着が主要な接合手段になり得る。このように車体構造への接着の適用は有利な点が多い。本稿では，異種材料を適材適所に用いる"マルチマテリアル車体"を想定し，その実現のために適用すべき接着技術を解説する。

■2 接着接合の車体構造への適用

2.1　スチール製車体の接着接合

　スチール製車体を軽量化する場合，使用する鋼材料の強度向上が重要となる。このため，高張力鋼の使用範囲が増大しており[1]，例えば，フロントメンバ，ピラーやシル等のサイドメンバ，並びにフロアメンバやサイドインパクトビームのような強度部材に使用されている。残念なことに，鋼材の強度増加に伴い，その成形性や溶接性は悪くなる。特に，溶接性の低下は困難な問題であり，部材が強くなっても接合部が弱くなれば，トータルの強度は向上しない。したがって，接着の併用が有望となる。

　接着は低強度の接合法と思われがちである。確かに応力で比較すると溶接に及ぶべくもないが，接合面積が稼げる場合は高い強度を発揮できる。したがって，薄板の接合には適しており，たとえば鋼製車体ではスポット溶接と併用して，プラットフォームやサイドメンバ等の接合に接着の使用されるケースがある（**図1**）。これはウェルドボンディングと呼ばれ，耐疲労性や車体剛性の向上が可能であり，また比較的コスト高のスポット点数を低減できるため，近年注目されている。

　ウェルドボンディングでは，車体部材にまず接着剤を線状に塗布し，その後，部材同士の重ね合わせおよびスポット溶接を行う。接着剤には1液エポキシ接着剤が使われ，その硬化は，塗装の焼付け工程で行われる。

2.2　アルミ製車体の接着接合

　軽合金，特にアルミニウム合金は，既に多くの市販車で使用されている[2]。いうまでもなくアルミニウム合金は比強度・比剛性に優れ，このため車両の軽量化のみならず，剛性の向上も併

-215-

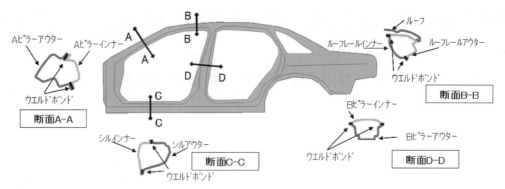

図1　ウエルドボンディングの適用箇所
（サンスター技研㈱のご厚意による）

せて可能である。しかし，鋼材に比べ熱伝導率が高く，スポット溶接には向いていない。また，連続溶接も，不活性ガスを必要とするなどの難しさがあり，スチール製車体での接合に関する方法論は適用できない。このため，接着接合が広く用いられる。

図2に，アルミシャシを有する車体の例を示す（Lotus Elise）。この車体はアルミ押出材を接着接合したバスタブ型シャシを持ち，ガラス繊維強化プラスチックのスキンと組み合わせて車体を形成している。アルミ押出材同志は接着剤とフロードリルスクリュー（FDS）の併用で接合されている。

近年では，より広範にアルミ車体が用いられており，アルミモノコック構造にも接着が多用されている。ここでは，スポット溶接が使い難いため，機械的接合法が接着と併用されている。たとえば，図3に示すJaguar XJでは接着とセルフピアッシングリベット（SPR）が併用されている。SPRは，従来のリベットと異なり，下穴を必要としない特徴を有している。

2.3　複合材料車体の接着接合

プラスチックを基材とした複合材料，たとえば炭素繊維強化プラスチック（Carbon Fiber Reinforced Plastic, CFRP）などは，鋼や軽合金よりも比強度・比剛性に優れているので今後有望である[2]。ただし，現状では高価であり，高級スポーツカーのみに使用されている。しかし，近年の使用量増加に伴い価格も低下しており，今後の展開が期待される。

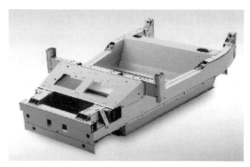

図2　アルミバスタブ構造車体の一例（Lotus Elise）
（エルシーアイ㈱のご厚意による）

第 3 章　接着技術

図3　アルミモノコック構造（Jaguar XJ）の製造工程
（JAGUAR JAPAN Co. のご厚意による）

　エポキシ樹脂などをマトリックス樹脂とした熱硬化性 FRP は接着が容易であり，その組み立ても接着接合が主体となる。たとえば，「Lexus LFA」（トヨタ自動車)[3] では，CFRP 製モノコックキャビンと，アルミ合金製フロントメンバ，並びに CFRP 製クラッシュチューブにより車体が構成されている。この中で，接着接合は，CFRP 製モノコックキャビンの組立に使用されている（図4）。具体的には，2液エポキシ接着剤とブラインドリベットを併用して部材を接合し組み立てている。いずれにせよ，熱硬化性 FRP の接合には，接着が極めて有効である。
　近年では，電気自動車（EV）に注目が集まっているが，この一例として，「BMW i3」が挙げ

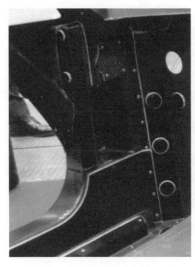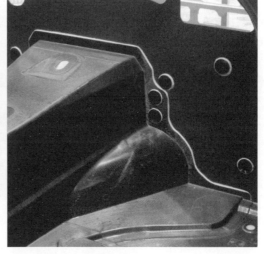

図4　Lexus LFA における接着接合部
（筆者撮影）

― 217 ―

られる。この車体はCFRPのキャビンを有し、アルミシャシとの組み合わせにより、構成されている。このCFRPのキャビンはほぼ接着接合により組み立てられており、接着剤の塗布およびパーツの組み立てはロボットにより自動化されている[4]。しかも、ラインでのタクトタイムは2分と極めて短く、一般的な量産車にも接着を主要な接合手段として使用し得ることを実証している。

このような熱硬化樹脂をマトリックスに持つ複合材以外に、近年では、熱可塑樹脂による繊維強化複合材料 (Fiber Reinforced Thermo-Plastic, FRTP) が注目されている。本材料を用いることにより、熱プレス成型による部材作製が、極めて短時間 (1〜2分) で可能となり、生産性が向上する。残念ながら、熱可塑複合材料の接着性は良くないが、それ自体が熱溶着可能であり、したがってFRTP同士では熱溶着が主要な接合手段になり得る。一方、例えばFRTPと金属を接合する場合は、接着する必要があるが、異材接合となるので問題が多いのが現状である。ただし、熱可塑樹脂に対し良く着く接着剤も開発されつつある。

2.4 マルチマテリアル車体の接着接合

より高い軽量性を追及するためには、異なる材料を適材適所に配した"マルチマテリアル構造"が必要になる。アルミ合金とスチールとの複合車体としては、例えば「Audi TT」が挙げられる。この車体では、キャビンの一部 (トランク底部および後部タイヤハウス) がスチール、その他の大部分がアルミ合金で製作されており、その接合にはSPRやFDSなどの機械的締結の他、接着剤が使用されている (図5)。もちろんアルミ合金同士も同様の接合法が使用されており、接着剤の使用箇所は長さにして90 mを超える[5]。

この他、「Mercedes Benz C class」では、アルミニウム合金の使用量を48%まで高め、ホワイドボディを70 kg軽量化している[6]。本車体は、接着とファスナを併用して接合し組み立てられており、ファスナとしてはImpAcT (Impulse Accelerated Tacking, RIVTAC® とも呼ばれ

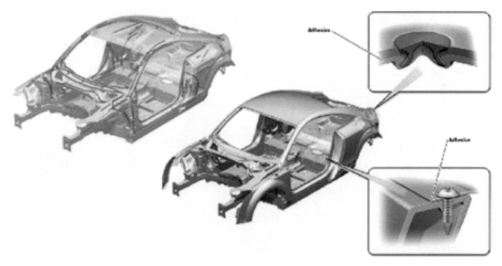

図5 アルミ・スチール複合構造 (AudiTT) の接合手法 (接着、SPR、およびFDS)
(Audi AGのご厚意による)

る）と呼ばれる打ち込み式の技術が使用されている。

この他，BMW社の7シリーズでは，スチール，アルミ，およびCFRPが縦横に取り入れられており，真の意味でのマルチマテリアル化が進んでいる。ここでも，接着接合が多用されている。これらのマルチマテリアル車体では，接着剤は，主要な接合手段として用いられるのみならず，異種材料間で生じる電食防止の絶縁体としても機能している。

3 マルチマテリアル車体への接着を適用する際の問題点

3.1 異材接合部の熱応力・変形

マルチマテリアル車体を接着接合する場合に問題となるのは熱応力と電食である。まず，熱応力の問題であるが，線膨張係数の違う異種材料を接合する場合には，不可避である。このような材料を強固に接着接合すると，図6に示すように接合物が熱変形し，接着剤端部に強い熱応力集中が生じる。一般的に，線膨張係数の異差が大きいほど，また接合する部材の寸法が大きいほど，この問題は深刻となる。例えば，1mの長さを有する鋼部材とアルミ部材を同時に加熱すると，100℃の温度変化で1mm以上の差（サーマルミスマッチ）が生じる。これを例えば厚さ0.1mmの接着剤層で吸収するのは至難の業で，接着剤層を厚くするか，柔らかく延性の大きな接着剤を使うしかない。例えば，1mmのサーマルミスマッチを0.1mmの接着剤層で吸収するためには，1000％のせん断ひずみが必要であり，垂直ひずみは500％必要になる。このような接着剤としては軟質のポリウレタンがこれに当たるが，柔らかすぎて部材間の荷重伝達に問題をきたし，車体剛性の確保が難しくなる。一方，エポキシ等の硬い接着剤を使用すると，車体剛性の確保は可能であるが，接着部が熱変形しやすく，熱応力で破断する可能性も大きくなる。

一方，接着剤を他の接合手法，例えば溶接や機械的締結手段等と併用する場合は，より複雑な問題が生じる。例えばスチールとアルミ合金を接着し，併せてリベットで止める場合を考えてみる。また，接着剤は高温で硬化させると想定する。この場合，図7に示すように，加熱によりアルミ合金がより大きく熱変形し，場合によっては熱座屈を生じる。この段階で接着剤が硬化するため，最終的に変形が残ることになる。このように，一口に熱変形と言っても状況は複雑であり，ケースバイケースの対応が求められる。

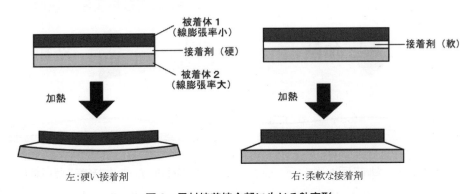

図6 異材接着接合部に生じる熱変形

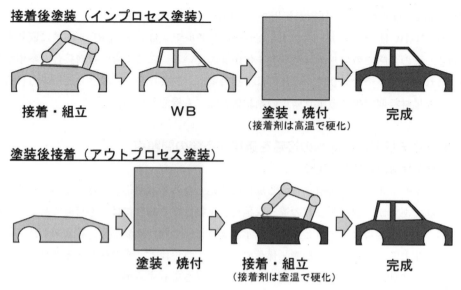

図7 接着と塗装の関係性(接着後塗装と塗装後接着)

3.2 電食

　電食も大きな問題である。例えば，CFRPと金属材料のイオン化傾向は乖離しており，これに起因する微弱な電流が生じやすい。これが原因となり，金属の表面層を腐食し，接合部の破断に至る場合がある。この現象は"電食"と呼ばれる。防止策として，電気的に不活性なガラス繊維を接着層に混入する，若しくは接着接合部にガラス繊維を用いたGFRPを一層挟み込むなど，CFRPと金属を絶縁する工夫が採られる。

3.3 インプロセス塗装，アウトプロセス塗装への対応

　マルチマテリアル車体の接着接合を考える場合，どの時点で塗装を行うかが極めて重要なファクターとなる。車体を組み立てた後に塗装するケースをインプロセス塗装，一方，塗装した部

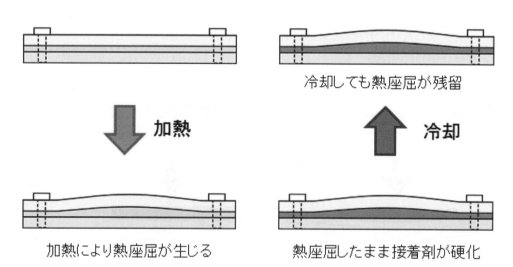

図8 接着・リベット併用接合部の熱変形と残留変形

品を組み立てるケースをアウトプロセス塗装と呼ぶ（図8）。マルチマテリアル車体でインプロセス塗装を行う場合，異材を接着接合してから塗装を行い，その焼付けプロセスにて，約170℃の高温で接着剤を硬化させる。したがって，最終的に室温まで冷却した際に，接合部に大きな熱変形とミスマッチが発生し，破壊に至る可能性すらある。このため，ガラス転移温度以下でも接着剤に高い柔軟性が要求され，柔らかい接着しか使えないのが現状である。しかし，これは剛性の観点で問題があり，今後は，柔らかさと硬さを併せ持つ接着剤の開発が必要であろう。この観点では，接着剤の有する粘弾性やクリープ現象を積極的に利用するなどの手段を講じる必要が生じる可能性が高い。

一方，アウトプロセス塗装の場合は状況がより容易である。すなわち塗装工程を通す必要がないため，接合部を高温に曝す必要がなく，熱応力の回避が容易である。ただし，アウトプロセス塗装の場合でも，異種材車体の場合，使用環境での温度変化により熱変形が生じるので，この対応は別途考える必要がある。この場合はむしろ室温近傍で硬化可能な接着剤が必要となり，別のタイプの技術開発が要求される。すなわち，室温速硬化接着剤の開発である。しかし，車体組立工程でのタクトタイム（1～2分）で接着剤を硬化させるのは至難の業であり，何らかの工夫が必要となる。対応としては，局所加熱，機械的接合との併用による仮止め，並びに新しいタイプの速硬化性接着剤の適用が挙げられる。

接着剤を速硬化させる場合，一般的に考えられる手法は，接合部の局所加熱である。例えば，自動車用途に開発された最新のポリウレタン接着剤では，赤外線による局所加熱により2分程度の速硬化が可能である[7]。他の速硬化接着剤としては，アクリル接着剤が挙げられる。アクリル接着剤はビニル重合により硬化するため，元来硬化速度が速い。一方，エポキシ接着剤をそれほど高くない温度で速硬化させるのは比較的難しい。

3.4 接合強度

接着剤が構造目的に使用される限り，第一に重要な特性はその強度である。構造接着には少なくとも10MPa以上の静的接着強度が要求される。最近では引張りせん断強度が30MPaに迫るものも珍しくない。

接着強度を語る上で難しい点は，接合部の負荷形式，例えばせん断やピールなどのモードに接着強度が強く依存する点である。硬質の接着剤は，一般に高い引張りせん断強度を有するが，これが必ずしも高いピール強度を有するとは言えない（図9）。薄板を接合しTピール試験を行うと，むしろ低い強度しか得られず，簡単に剥がれてしまうことが多い。言い換えるならば，接着強度は負荷形式に強く依存し，引張りせん断負荷では硬い接着剤

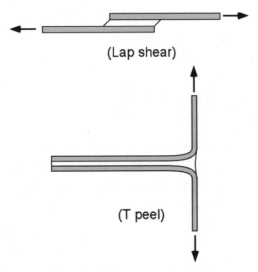

図9　引張りせん断（Lap shear）負荷およびTピール（T peel）負荷

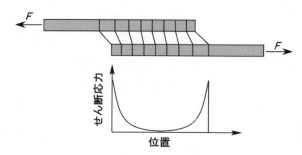

図10 重ね合わせ継手の変形とせん断応力分布

が有利となり、ピール負荷では軟らかい接着剤が有利となる。このため、両者の特性を併せ持つ接着剤の開発が必要となる。近年では接着剤に高いピール強度を付与する研究が進んでおり、例えばゴム粒子を添加するなどの方法で高弾性化や強靭化が図られている。

接着剤の種類で考えると、比較的高強度が要求される箇所には、エポキシ接着剤の使用されるケースが多い。この中には20MPaを超えるせん断強度を持つものが存在する。これは1 cm^{2}の接着面積で2kN（約200 kgf）の荷重を伝達できることを意味しており、薄い鋼板などを接合した場合は、接合部で破壊せず鋼板が塑性変形を生じたり、また破断することも少なくない。したがって、車体構造に対して、接着をスポット溶接と併用するか、若しくは接着だけで接合するかは、許容される接着面積で決定される。

窓ガラスの車体への取付部も接着の使用が支配的な箇所である。これはダイレクトグレージング技術と呼ばれており、接着にはポリウレタン接着剤が使用されている。ポリウレタン接着剤は、柔軟で埋め合わせ性が良好であり、また比較的低価格のため、これ以外にも多くの箇所で使用されている。たとえば、寸法精度の低いポリマーアロイパネルの接合や、トラック荷台などの大きなパネルの接合にも、部材同士の隙間の大きさにかかわらず充填・硬化が可能なので、よく利用される。ポリウレタン接着剤は延性に富み、500％以上の伸びを有するものもある。しかし、引張りせん断強度は数MPaのオーダーであり、準構造用途にその使用は限られてきた。しかし、最近、BMW i3のCFRPキャビンに10MPaを超える強度を有する2液ポリウレタン接着剤が使用されており、再び注目されている[7]。

3.5 接合部の強度設計

接着接合部の破壊形態や強度は、接着剤や被着体の材質のみならず、その形状や負荷条件に大きく依存する。特に形状依存の因子が大きい。この理由は、接着接合部に高い応力集中が存在するためで、したがって継手の応力解析と強度設計が極めて重要となる[8]。例えば、二枚の板を単純に重ね合わせて接着した場合、図10に示すように接着剤層の両端部でせん断応力の集中が見られる。これはせん断遅れ現象と呼ばれ、被着体の剛性が低い場合に特に顕著となる。実際に接着剤内の応力を可視化してみると、図11に示すように接着端部での応力値が高くなっている[9]。また、重ね合わせ継手の初期破損が、その両端部で生じることも経験的に知られている。この応力集中のため、接着接合部の強度予測を単純な平均応力で行うのは無理があり、継手ごとの応力集中係数の算出が重要になる。近年では、この目的で、有限要素法を用いた応力

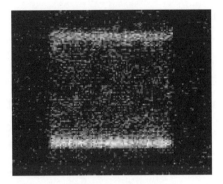

図11 応力発光材料を用いた重ね合わせ継手の応力可視化

解析が良く行われる。

接合端部近傍における接着剤内の応力分布を有限要素法により計算する場合，メッシュのサイズを小さくしていくと，それにつれて応力値が増加する傾向が見られる。これは応力特異性と呼ばれ，被着体および接着剤の双方が完全に弾性的に振舞う場合の現象である。この場合は，最大応力による設計が難しくなるため，破壊力学を用いた対処が必要となる。

近年では接合部の強度予測に，破壊力学に立脚したFEAモデルが広範に使用される。具体的には，特殊なばね要素を用いてき裂の進展を扱うCohesive Zone Modeling (CZM) が，接着接合部の継続的破壊シミュレーションによく用いられる[10]。CZMでは，接着界面にばね要素を配置し，この応力－変位関係を調整することにより，き裂進展を表現する。応力・ひずみ関係としては，図12に示すような，Bi-LinearもしくはTrapezoidal関係が多く用いられる。ここで，応力・ひずみ曲線が囲む面積は接着界面の破壊じん性（限界エネルギー解放率）を示しており，最大応力や最大ひずみは実験事実に適合するように選択される。ばね要素が十分に変形した後は，荷重伝達を行わなくなるので，この部分がき裂と等価となり，継続的なき裂の進展を表現できる。近年では，汎用有限要素法プログラムにもCZMが実装されており，誰でも容易に計算が行える。

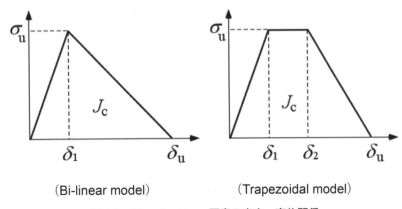

図12 Cohesive Zone要素の応力－変位関係

4 おわりに

接着というと"糊付け"のイメージがあり，弱くて信用ならない接合手法と誤解されがちである。しかし，接着剤は近年急速に進歩しており，接着面積を稼げれば十分な強度が得られることから，主要な接合手法として認められ始めている。このように，極めて重要な接着技術ではあるが，我が国の取り組みはどちらかというと遅れており，諸外国，特にドイツの後塵を拝しているのが現状である。一方，我が国とドイツを比べてみると，総合的な国力は大して違わないはずで，キャッチアップが不可能とは思えない。一方，接着技術の重要性は多くの分野で理解されているものの，分野間での連携が十分でないため，大きな声にはならないのが現状でもある。これは危機的状況であって，包括的な研究プロジェクトの立ち上げが，今我が国で求められている。

謝　辞

本稿を執筆するにあたり，図・写真などのご提供を頂いた，サンスター技研株式会社，エルシーアイ株式会社，JAGUAR JAPAN Co., および Audi AG に深く感謝いたします。

文　献

1) レガシイの燃費向上の取り組み，CSR レポート，富士重工業，p.52, (2010).
2) 大楠恵美：自動車構造材の軽量化と多様化，三井物産戦略研究所レポート，7 月，(2014).
3) 影山裕史：自動車における CFRP 技術の現状と展望，第 2 回次世代自動車公開シンポジウム資料，於：名古屋大学，(2012).
4) BMW i3 Production-Part 3, https://www.youtube.com/watch?v = htuVoxuMQFQ
5) Rauscher and Schillert, Current Aspect for Adhesive Bonding in Body in White, Proceedings of Joining in Car Body Engineering 2010, Bad Nauheim, p.8, (2010).
6) 技術レポート，日経 Automotive Technology，11 月，p.31, (2014).
7) Schmatloch, DOW Automotive Systems 2K Polyurethane Technology：From Semi-structural Add-on Bonding Towards Structural Composite Assembly, Book of abstracts AB2013, Porto, p.122, (2013).
8) 池上晧三：日本機械学会論文集（A 編），50，p.1557, (1984).
9) 佐藤千明，藤塚，沢田，徐：日本接着学会第 42 回年次大会講演要旨集 (2004)，p.53, (2004).
10) M. S. S. F. da Moura：Modeling of Adhesively Bonded Joints (Springer), p.155, (2008).

第3編　マルチマテリアル化を実現する異材接合技術

第3章　接着技術

第**2**節 | 瞬間接着剤による接合技術

東亞合成株式会社　安藤　勝

1 はじめに

　シアノアクリレート（Cyanoacrylate）を主成分とする接着剤は短時間硬化を特長としており，いわゆる瞬間接着剤として知られている。この短時間硬化は一番の長所であるが，他にも極めて広範囲の材質に対して優れた接着性を発揮することや，無溶剤・一液型・湿気硬化という使い勝手の良さも備えている。そのため，シアノアクリレート系接着剤は接合技術の1つとしてよく使われている。一方で，接着耐久性や信頼性の観点では他の接着剤と比べて劣る場合も多い。本稿では，マルチマテリアル化を支える接着接合の一候補として役立つために，シアノアクリレートの特徴や自動車用途での適用例を紹介するとともに，最近の開発動向についても述べる。

2 シアノアクリレート系接着剤の概要

2.1　特　徴

　シアノアクリレート系接着剤の特徴を**表1**に示す。長所としては，短時間硬化を始めとして使い勝手の良さに寄与するものが多く見られる。マルチマテリアル化においては，広範囲の材料を接着可能であることも重要な長所であり，異種材料の接着も得意とする。一方，短所としては接着耐久性の低さが挙げられる。高い信頼性が要求される箇所の接着には不向きであり，その場合は本接着ではなく仮固定として使用されるケースが多い。このような短所を克服するため，接着耐久性を高める研究開発は古くから行われており，詳細は2.3項で説明する。また，最近は他の接着剤の長所を活かしたハイブリッド化が多く行われており，これについては4項で述べる。

表1　シアノアクリレート系接着剤の特徴

長所	短所
瞬間で接着する	衝撃・剥離強度が低い
常温・一液で硬化する	硬化物の柔軟性がない
無溶剤である	耐熱温度がやや低い
広範囲の材料を接着可能	高ギャップ・充填接着には不向き
せん断・引張り強度が良好	臭気があり白化することがある
低粘度で浸透接着が可能	皮膚を強固に接着する
無色透明で仕上がりが良い	
接着ラインの自動化が容易	

2.2 主成分

シアノアクリレートモノマーは，強い電子吸引性基であるシアノ基とエステル基の2つが二重結合に結合した構造であり，高いアニオン重合性を有する。特に硬化後の樹脂物性が接着材料として適していることから，アニオン重合しやすいモノマー群の中でもシアノアクリレート誘導体のみが接着剤として広く用いられている。また，アニオン重合の生長末端は活性が低い[1]ため，アニオン重合時にエステルカルボニル基への副反応が起こらず高分子量体が得られることも重要な点である。

エステル基の種類としては様々なタイプのモノマーが各社で製造されているが，製造面での制約等により，およそ**表2**に示す範囲に限定されている[2]。この中でも，最も製造が容易で接着性能のバランスが良いエチルエステルが主流になっている。

表2 シアノアクリレートモノマーの物性

エステル基の種類	分子量	沸点 ℃/mmHg	比重	粘度 mPa・s	凝固点 ℃
メチル	111	55-57/5	1.100	2.2	1.5
エチル	125	60-62/5	1.050	1.86	-29.6
n-プロピル	139	73/6	1.008	1.95	—
i-プロピル	139	68/5	1.004	2.08	-18.7
n-ブチル	153	86-88/5	0.996	2.07	—
i-ブチル	153	78-80/5	0.978	2.02	-2.1
n-オクチル	209	120-123/5	0.946	3.92	—
メトキシエチル	155	96-100/3	1.06	2.60	< -74
エトキシエチル	169	104-106/5	1.070	5.00	< -74

2.3 改 質

シアノアクリレートモノマーをエチルエステル以外に変えることで表1の短所の改善を図ることもあるが，基本的には様々な添加剤を配合することで改質を行っている。

2.3.1 硬化速度と製品ライフ

最も基本的な添加剤として，貯蔵中に重合して増粘・固化するのを防止する目的で，酸性化合物などの重合禁止剤が配合されている。一方，硬化速度を調節する目的で，エーテル系化合物などの硬化促進剤が配合された製品もある。これらの配合バランスで，セットタイムや製品ライフを目的に応じて調整している。

2.3.2 耐衝撃性

シアノアクリレートの硬化物は基本的に硬いので，引張り接着強度や引張りせん断接着強度は高いものの，剥離接着強度や衝撃接着強度は一般的に低い。特に基材が金属の場合，金属と接着剤の界面に応力が集中し，界面で剥がれてしまうケースが多くみられる。その場合は，金属との密着性を高める添加剤や，エラストマー成分の配合などによって，ある程度は耐衝撃性

を改善することができる。

2.3.3 耐熱性

シアノアクリレート系接着剤の耐熱性は一般的に約80℃といわれており，あまり高くない。これは硬化物が直鎖状であって架橋構造をもたないことに起因する。しかし，重合に関与する不純物をできる限り除いて高純度化すると，重合阻害を受けにくくなり高分子量体となるため，耐熱性を高めることができる。さらに特定の添加剤を配合することによって，約120℃程度までの耐熱性は得られる。

2.3.4 耐水性・耐湿熱性

シアノアクリレートはエステル基が加水分解反応を受けるとそれをきっかけに主鎖分解が起こり，低分子量化することで接着強度が低下する。特に，塩基性条件下や高温では顕著に分解する。よってシアノアクリレート系接着剤は一般的に耐水性・耐湿熱性が低い。しかし，シアノアクリレートのエステル基の炭素数を伸ばして疎水性を高めることによって主鎖分解を抑制することができ，ある程度は耐水性・耐湿熱性を高めることができる。さらに，耐熱性改善と同様，高純度化によって接着剤硬化物を高分子量体にすることも有効である。また，実際の接着においては，基材と接着剤の界面から水分子が浸入することで接着界面で局所的に加水分解が生じ，強度低下に至るケースが多くみられる。その場合は，基材と接着剤との密着性を高めて接着界面への水分子の浸入を防ぐことでも，耐水性・耐湿熱性を改善できる。

2.3.5 柔軟性

一般的なエチルシアノアクリレートの硬化物は硬く，柔軟性が要求される部位の接着には不向きである。しかし，シアノアクリレートのエステル基をエーテル結合を含有する構造にすることによって，柔軟な側鎖が分子内可塑剤のように働き，比較的柔軟な硬化物を得ることができる。また，可塑剤を配合することによっても柔軟性を付与することができるが，可塑剤の配合は一般的に接着性能の低下を招くことや，時間経過によって可塑剤が徐々に浮き出る（ブリード）現象が生じる場合もあるので，注意が必要である。

2.3.6 白化現象・臭気

シアノアクリレート系接着剤を使う時の外観上の欠点として，接着部周辺が白くなる現象がある。これは，未硬化のモノマーが蒸気となり，基材の周辺で空気中の水分と反応して重合し，白い粉となって基材に付着するものである。これを抑制するために現在用いられている方法は，大きく分けて2つある。すなわち，モノマーが蒸気となるのを防ぐか，そもそも未硬化のモノマーを減らすことである。モノマーの揮発を抑制するには，シアノアクリレートのエステル基の違いによる沸点の違いを利用し，蒸気圧が低いモノマーを選択することが一般的である。しかしながら，モノマーの種類を変えると接着性や硬化物の特性も変わってしまうため，変更できない場合がある。その場合は，操作上の工夫で未硬化のモノマーを低減することができる。具体的には**表3**に示す通りであり，実際の使用環境に応じて可能な方法を選択する。

第3編　マルチマテリアル化を実現する異材接合技術

臭気についても，モノマーの特性に由来するので，基本的には白化対策と同様の方法が有効である。ただ，一部の臭気はシアノアクリレートモノマーそのものではなく，不純物に由来するものもあるため，その場合は高純度化により臭気を低減することができる。

表3　操作上の工夫による白化低減方法

考え方	具体的な方法
はみ出しを防止する	ディスペンサーの使用などにより，必要な個所，必要な量のみを塗布する。
硬化前に除去する	はみ出した部分はただちに拭き取る。 シアノアクリレートの蒸気を滞留させないために，接着物は密封せず，風通しの良い場所で保管する。扇風機やドライヤーなどの風を当てるのも良い。
硬化を早める	接着前もしくは硬化直後に硬化促進スプレーなどで処理することにより，速やかに完全硬化させる。はみ出しが防げず，かつ除去できないときや，接着部位のクリアランスが大きいときに有効。

2.4　周辺技術：プライマー・硬化促進剤（液・スプレー・微粒子など）

シアノアクリレート系接着剤の長所の1つとして広範囲の材料を接着可能であることを挙げたが，実際には接着が難しい基材もある。ポリエチレン（PE）・ポリプロピレン（PP）などのオレフィン系樹脂，シリコーン樹脂，フッ素樹脂などが該当する。これらの接着強度を高めるために，様々なプライマーが各社から市販されている。プライマーを塗布・乾燥後，シアノアクリレート系接着剤で接着することによって，前述の難接着基材も接着することができる。

また，アニオン重合を促進させるために，塩基性化合物を使用した硬化促進液やスプレー等も市販されており，これによって通常硬化が難しい盛り上げ接着や充填接着も可能となる。ただし，これらの硬化促進剤はシアノアクリレートを急激に重合させるので，シアノアクリレートと混合すると発熱の危険がある。よって，意図的な混合を避けるだけでなく，保管においてもシアノアクリレートから十分に隔離する配慮が必要である。

3 自動車部品への適用事例

シアノアクリレート系接着剤は，工業用途として自動車部品の接着によく使われている。具体的には，ウェザーストリップ，ベルトモール（キャップ端末），ホースやパイプのプロテクターゴム，コントロールケーブルのプロテクターゴム，パーキングブレーキレバーなどの接着である。ここでは，シアノアクリレート系接着剤の自動車部品への適用事例について，その一部を紹介する。

3.1　ウェザーストリップの接着

シアノアクリレート系接着剤はゴム材料の接着に優れており，特にエチルエステルはエチレン・プロピレン・ジエンゴム（EPDM）を強力に接着できる。自動車のドア用パッキンであるウェザーストリップは EPDM 製が多く，シアノアクリレート系接着剤と相性が良い。また，ウェザーストリップの製造工程はその複雑な形状から複数に分かれるケースが多いため，高い

－228－

作業性が求められることもシアノアクリレート系接着剤がよく用いられている理由である。近年は，難接着材料である PP 中に EPDM を微分散させた熱可塑性エラストマー（TPO）等が用いられることや，更なる作業性改善が要求されることもあり，より高い瞬間接着性を実現するために各社がしのぎを削っている。弊社では，TPO のような難接着性の合成ゴムも含めて，ゴムの瞬間接着に特化したアロンアルフア®#200RF シリーズを提供している。アロンアルフア®従来品との比較を表4に示す。実際の自動車の組立てラインにおいては1秒未満の硬化速度を実現しており，作業性の向上に貢献している。

表4　アロンアルフア®#221RF の接着性能[3]

特性　および　試験環境		#221RF	EXTRA2000 (高純度品)	#201 (汎用品)
主成分		エチルシアノアクリレート		
粘度（mPa・s/25℃）		2	2	2
セットタイム (秒) 基材：EPDM	5℃	7	15	30
	25℃	< 1	< 1	5
	70℃	< 1	< 1	1
セットタイム (秒) 基材：TPO	5℃	15	30	60
	25℃	3	3	10
	70℃	1	1	3

3.2　ベルトモールの接着

　ベルトモールの多くは，金属芯材に樹脂を複合押出し成型する等の方法で作製された複合材料であり，さらにその端部のキャップはまた別の樹脂が使われるなど，様々な種類の基材で構成されている。材質や形状を工夫して嵌合のみで接合されることもあるが，信頼性を高めるために補助的に瞬間接着剤を使用するケースも多い。複数の異種材料の接着であり，瞬間接着剤が得意とする分野である。また，短時間硬化で使いやすいことから，成型部分が剥がれたときの補修用途としても使われる。

3.3　パーキングブレーキレバーの接着

　パーキングブレーキレバーも基本は芯材となる金属と樹脂レバーで構成されており，金属と樹脂の接着性に優れる瞬間接着剤が有効である。自動車用途として一定の接着耐久性を満足する必要があり，耐熱性を付与した製品が使用されている。エンジンルーム周りなどのような非常に厳しい条件でなければ，接着耐久性が必要になる箇所でも瞬間接着剤を適用可能である。

❹ シアノアクリレート系接着剤のハイブリッド技術

　ここまで，シアノアクリレート系接着剤の基本的な特性とその改質方法，および自動車への適用例を述べたが，シアノアクリレート系接着剤は改質を含めても接着耐久性に限界があり，自動車部品の接着で使用できる箇所は限定的である。そこで近年各社で盛んに行われているのが，シアノアクリレート系接着剤と他の接着剤のハイブリッド化である。シアノアクリレート

系接着剤の短時間硬化と，幅広い範囲の基材を接着できる長所を最大限活かし，接着耐久性などの短所を他の接着剤の長所で補う方法である。しかしシアノアクリレート系接着剤は高い反応性を有するため，混合時の反応制御が難しく，既存の接着剤をただ混ぜ合わせるだけではうまく機能が発現しないことが多い。よって，ハイブリッド化においては各社様々なコンセプトを考え，特別な設計を行っている。本項で紹介する最近のハイブリッド技術が，瞬間接着剤による接合技術の向上に役立つことを期待する。

4.1 シアノアクリレートとアクリル系接着剤

シアノアクリレートの接着耐久性等を改善するために，ラジカル重合性を有する各種（メタ）アクリレートモノマーを併用する方法が古くから検討されている。アクリレートは非常に多種多様なものが市販されており設計の幅は広いが，製造上の不純物やアクリレートの硬化触媒等がシアノアクリレートの重合も促進してしまうので，実際に一液型で適用できる種類は限られている。また，シアノアクリレートの保存安定性等の観点から，アクリレートの硬化には光や熱を必要とする設計になっていることもあり，その場合は使用条件の制約を受ける。弊社では，多官能アクリレートの高い耐熱性を付与したアロンアルファ®#911T5を提供している[4]。従来のシアノアクリレートは高くても120℃程度までの耐熱性しか持たないが，#911T5は接着後に150℃×1分程度の熱硬化を行うことで，150℃×1000時間後も接着強度を保持できる。従来のアロンアルファ®シリーズとの比較を図1に示す。#911T5は150℃の耐熱性があり，これまで耐熱性の低さから瞬間接着剤を使用できなかった用途にも適用可能である。

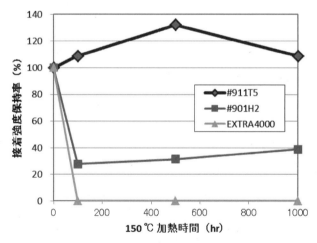

図1 アロンアルファ®#911T5の耐熱老化性
接着基材：ポリフェニレンサルファイド（PPS）

二液型タイプとしては，Henkel Ireland Limitedが二液型シアノアクリレート／フリーラジカル硬化性接着剤システムの技術を開示している[5]。それぞれのモノマーと硬化触媒がお互い接触しないように分けており，混合することで二液とも硬化する。二液型としての使いにくさはあるものの，後処理を必要とせずアクリル系接着剤の特性を付与可能な技術である。

4.2 シアノアクリレートとエポキシ系接着剤

エポキシ系接着剤はその高い接着強度と接着耐久性から，多くの構造用途で使用されている。エポキシ系接着剤の多くは加熱によって硬化を促進させるが，室温で硬化するタイプもある。しかし，概して硬化速度は遅いという短所がある。この短所をシアノアクリレート系接着剤の長所で補うことができれば，生産性の向上に貢献できる。しかし多くのエポキシ系接着剤において一般的に塩基性化合物が使われており，シアノアクリレート系接着剤と混合すると即座にアニオン重合してしまうため，可使時間は確保できない場合が多い。

最近 Henkel Ireland Limited では，シアノアクリレート／エポキシの二液型接着剤であるLOCTITE®4090 を提供している。4090 はシアノアクリレート系接着剤とカチオン触媒（主成分1），およびカチオン硬化型エポキシ（主成分 2）から成り，この 2 つの主成分を混合するとカチオン触媒によってエポキシの硬化が開始する仕組みである[6]。カチオン硬化システムのため，即座にシアノアクリレートを重合させることなく混合可能にしたものであり，シアノアクリレート系接着剤の短時間硬化とエポキシ系接着剤の接着力を併せ持つハイブリッド接着剤として使うことができる。

4.3 シアノアクリレートと変成シリコーン系接着剤

変成シリコーン系接着剤は幅広い温度で柔軟性があり，いわゆる弾性接着剤として知られている。振動・衝撃・ヒートサイクルなどによる応力を吸収するため，接着耐久性に優れている。この柔軟性と接着耐久性はシアノアクリレート系接着剤にない長所であり，またシアノアクリレート系接着剤と同様に湿気硬化型であるため，工業用と家庭用の両方でよく使われている。しかし，シアノアクリレート系接着剤は基材上の微量な水分で瞬時に硬化するのに対し，変成シリコーン系接着剤は主に空気中の水分により硬化するものであり，硬化速度は一般的に遅い。また，製品や環境湿度によって適切な時間は異なるが，吸湿させるために塗布してから貼り合わせるまで開放しておくオープンタイムが必要になるなど，使い勝手の面ではやはりシアノアクリレート系接着剤に軍配が上がる。

そこで最近，弊社ではシアノアクリレート／変成シリコーンの二液型弾性瞬間接着剤を開発した。新たな柔軟相の適用と二液型システムの活用により，瞬間接着剤の特性を維持しながら更に柔軟性（弾性），各種強度，接着耐久性に優れたハイブリッド弾性瞬間接着剤として完成したものである[7]。基材を貼り合わせて作製した接着剤硬化物断面の走査型透過電子顕微鏡（STEM）写真を図 2 に示す。接着剤硬化物は微細な海島型の相分離構造を形成しており，ポリシアノアクリレートの硬い相が微細な球状ドメインで，変成シリコーンを含む柔軟相がマトリックスになっている[8]。このような反応誘起相分離構造をとることで，シアノアクリレート系接着剤の短時間硬化を維持しながら，変成シリコーン系接着剤の高い柔軟性・接着耐久性を発現している。

5 おわりに

瞬間接着剤として知られるシアノアクリレート系接着剤は，短時間硬化以外にも様々な特徴があり，自動車用途にも広く使われている。また，従来のシアノアクリレート系接着剤の限界

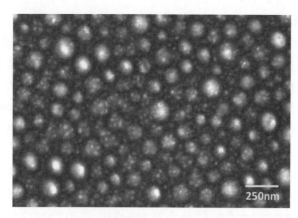

図2 ハイブリッド弾性瞬間接着剤のSTEM写真（柔軟相を染色）

を超えるために様々な接着剤とのハイブリッド化が研究されている。このような瞬間接着剤の進歩が，接着接合技術の発展に繋がることを期待する。

文　献
1) 中浜精一：エッセンシャル高分子科学, pp.48, 講談社サイエンティフィック (1988).
2) 近藤喜七郎：瞬間接着（高分子加工 別冊7 第19巻増刊），pp.1-19, 高分子刊行会 (1970).
3) 石﨑謙一：東亞合成グループ研究年報 TREND, 19 (5) (2016).
4) 安藤勝，杉木友哉：*JETI*, 59 (11), 132 (2011).
5) WO2013111036 (2013).
6) Nicole Lavoie：*MATERIAL STAGE*, 16 (10), 68 (2017).
7) 石﨑謙一：*JETI*, 64 (11), 49 (2016).
8) 石﨑謙一，安藤裕史：講演予稿集 第25回ポリマー材料フォーラム，pp.208, 高分子学会 (2016).

第３編　マルチマテリアル化を実現する異材接合技術

第３章　接着技術

第3節 熱接着フィルムを用いた異種材接着技術

株式会社アイセロ　斉藤　誠法

1 はじめに

　今日，我々の身近で使用される家電，スマートデバイス，自動車および住建材等の様々な部材は，軽量化，意匠性の向上等を目的として多くの樹脂材料が使用されている。部材で強度が求められる場合に，樹脂と金属との複合材料が使用されるように，用途に応じて材料を組み合わせて使用するマルチマテリアル化が進んでいる。

　特に自動車分野では，CO_2排出規制および燃費向上の観点より車体の軽量化が必須であり，年々，樹脂材料の使用比率が高くなってきている[1]。自動車の樹脂材料は熱可塑性樹脂が多く使用されている。2014年の自動車用樹脂世界市場は802万tと推計され，その中でポリプロピレン（55%），ポリアミド（13%），ABS樹脂（10%），ポリエチレン（6%），ポリカーボネート（5%），ポリアセタール（4%），ポリブチレンテレフタレート（4%），変性ポリフェニレンエーテル（2%），ポリフェニレンサルファイド（1%）となっている[2]。自動車用樹脂としてポリプロピレン（PP）が約半数を占めており，また，2015年の国内樹脂生産量についても総量に対しPPが23%を占めており[3]，PPと金属等の異種材料との接合によるマルチマテリアル化の需要が増えるものと考えられる。PPは比重が$0.90\,\mathrm{g/cm^3}$と低く，軽量化に最適な樹脂材料であるが，無極性かつ結晶性高分子であるために難接着であり，コロナ放電，プラズマ処理，火炎処理，プライマーコート等の易接着処理が必要である。また，PPを射出樹脂として射出成形により異種材料をインサート接合させる場合にも，異種材料側に何かしらの易接着処理が必要であり，生産工数を要する場合が多い。したがって，PPとのマルチマテリアル化に向けては簡易的な接合方法の開発が必要である。

　前述のように部材のマルチマテリアル化は，異種材料をどのように接合させるかが課題であり[4]，近年，様々な異種材料接合方法が提案されている。金属表面に薬液処理やレーザー処理により作製したナノもしくはマイクロオーダーの微細多孔構造に，樹脂（PPS，PA等）を射出し，主にアンカー効果を利用して金属と樹脂とを接合させる方法が多く報告されている[5]-[8]。射出成形を利用した異種材料接合方法の場合，成形部品同士，成形部品と補強材，成形部品と表層加飾材等の接合が難しく，この場合，異種材料間に接着性材料を挿入することにより接合が達成される。接着性材料は，表面凹凸等の機械的性質，濡れ性，極性，分子間相互作用等の物理的性質，表面処理等による官能基に対する化学的性質，樹脂材料の場合は結晶性・非晶性，金属等の導電性材料の場合はガルバニック腐食について考慮する必要があり，異種材料間のいずれの材料に対しても適合できるような設計が必要である。接着性材料としては，接着剤，ホットメルト樹脂，フィルム等が挙げられる。フィルムの場合，予め設定した厚みを有しており，接着時の面積サイズを容易に設定できるため簡易的な接合方法として適している。

－233－

フィルムは主に高分子材料から形成され，熱可塑性タイプと硬化性タイプに分けられる。熱可塑性タイプは可逆的に加熱軟化⇔冷却固化できる点が特徴であり，冷却固化のみの工程で短時間での接合が可能である。また，接着剤は厚みの増大に伴う硬化不良等で接着強度低減が発生する場合があるが，熱可塑性タイプは厚みの増大に伴う接着強度低減が発生し難い。硬化性タイプは，熱・UV等により架橋することで硬化するタイプであり，一度硬化すると軟化しない点が特徴であり，硬化までに時間を要する場合が多い。保管環境により硬化が促進する場合があるため，保管条件，硬化条件等に注意が必要である。

弊社では，扱いやすく，簡易的に接合できる点で熱可塑性タイプの接着フィルムに着目し，易接着処理を施さずに簡易的にPPと異種材料（特に金属材料）とを接合させることを目的とした熱接着フィルム『フィクセロン（FIXELON）』の開発を展開している。**表1**にフィクセロンの接着可能な被着体を示す。また，**表2**にはフィクセロンの開発グレードを示す。開発品XP-1およびXP-3はいずれも特別な表面処理を施さずにポリプロピレン，金属材料等と接着できることが特徴であり，フィルムの性状は厚み80 μmをベースとし，常温では粘着性を有しておらず，離型紙レスの単一フィルムである。本稿では，フィクセロンを用いたPPとの異種材料接合を中心に接合方法および接着挙動について解説する。

2 熱接着フィルムによる異種材料接合方法

異種材料を接合させる場合には**図1**に示すように，部材間に熱接着フィルムを挿入する必要がある。また，熱接着フィルム『フィクセロン』は熱可塑性材料であり，熱源により熱接着フィルムを加熱活性化させることが重要である。加熱活性後，加圧により熱接着フィルムと被着体が濡れることで密着し，その後の冷却固化により熱接着フィルムと被着体との接合を可能とする。熱可塑性のため，種々の熱源を利用した接合方法が可能であり，**図2**に例を示す。

① 熱板プレスでは，部材同士の接合が可能であり，平板状およびシート状の部材に対してホットプレス，熱ロール等の設備を利用することができ，三次元状の部材へは金型プレスによる接合も利用できる。図2の写真①は，PPと電気亜鉛メッキ鋼板（SEHC），マグネシウムおよ

表1　熱接着フィルム『フィクセロン』の接着可能な被着体

項目	接着可能な被着体			
	樹脂材料	金属材料	繊維材料	その他
種類	PP PA	各種鋼板 アルミ SUS マグネシウム チタン　等	不織布 合繊織物 カーボンファイバー グラスファイバー セルロースファイバー　等	突板 木材 CFRTP CFRP（表面研磨）

表2　熱接着フィルム『フィクセロン』の開発グレード

開発グレード	特徴
XP-1	ベース品，高引張せん断接着強さ
XP-3	引張せん断接着強さと剥離接着強さの両立，歪緩和

第 3 章 接着技術

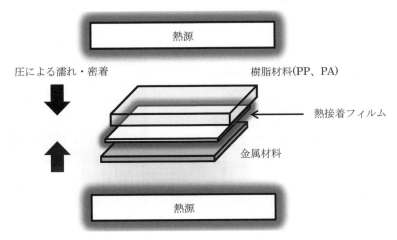

図1 熱接着フィルムの接着概念図
(熱源により熱接着フィルムを加熱後，被着体の濡れ・密着のために加圧し接着)

びチタンとの接合例である。
② インサート成形では，金属材料，織物，シート材料等に予め熱接着フィルムを仮止め・貼合させ，これを金型に挿入した後，樹脂温度および射出圧を利用した射出成形により異種材料接合が達成される。図2の写真②は，アルミ(A1050)とPPを射出成形により接合した例であり，A1050の表面に熱接着フィルムを予め貼合させ，これを金型に挿入，PPを射出することで樹脂(PP)・金属(アルミ)接合が達成できる。なお，熱接着フィルムを使用しない場合には，接合は達成できない。フィクセロンの場合，射出樹脂としてはPPおよびポリアミド(PA)が適している。
③ 高周波誘導加熱は，金属を高周波誘導加熱装置により加熱し，この熱を利用して熱接着フィルムを活性化，樹脂部材を加圧・密着させることで樹脂・金属接合が達成さる。非接触での加熱が可能であり，樹脂部材に直接熱が加えられないため，意匠性を有する部材の接合に有効である。図2の写真③では，PPとカチオン電着塗装鋼板およびA1050との高周波誘導加熱による接合例である。また，高周波誘導加熱の場合は金属同士の接合も期待できる。
その他として軟素材との接合については真空圧空を利用した方法も挙げられる。

3 熱接着フィルム『フィクセロン』の接着挙動

フィクセロンの接着挙動について，樹脂材料としてPP，金属材料として電気亜鉛メッキ鋼板，SS400，カチオン電着塗装鋼板，純アルミ(A1050)，硫酸アルマイトアルミ(A1100)，マグネシウム合金(MP1)，およびチタン(厚み1.5mm)を使用し，樹脂材料はイソプロピルアルコー(IPA)，金属材料はアセトンにて脱脂し，熱板プレスにより接合サンプル(単純重ね合わせ継ぎ手)を作製し，引張せん断接着強さおよび剥離接着強さ(T型剥離)等の評価を行っている。以下詳細に解説する。

3.1 PP//金属接合

表3にPPと種々金属をフィクセロンで接合させた際の引張せん断接着強さを示す。PPへの

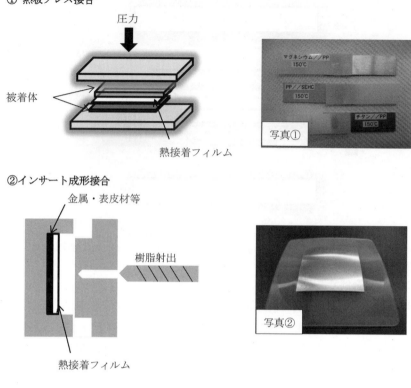

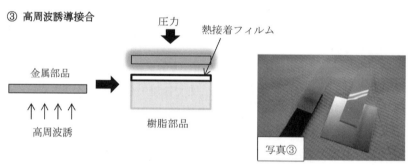

図2　熱接着フィルムを利用した接合方法例

プライマー処理，金属への特殊な処理なく 10MPa 以上の引張せん断接着強さを示す。また，**表4** に PP と無垢の A1050 とを熱接着フィルムにて接合させた際の剥離接着強さを示す。PP へのプライマー処理，A1050 への特殊な処理なく XP-1 で 30 N/25 mm，XP-3 で 150 N/25 mm の剥離接着強さを示す。

3.2　異種金属接合

表5 に鋼板材 SS400 とアルミ材 A1050 をフィクセロンで接合させた際の引張せん断接着強さを示す。特別な金属処理なく接合が可能である。なお，研磨なしの A1050 では XP-1 は XP-3 よりも強度が低く，これは引張せん断過程で接着部端に発生する剥離応力[9] が影響していると推察され，表4に示されるように剥離強度の高い XP-3 の方の強度が高くなったと考えられる。

第 3 章　接着技術

表 3　熱接着フィルム『フィクセロン』による PP と金属材料との接合強度（引張せん断接着強さ）

接着条件：熱板プレス 150℃，10 kgf/cm^2，120 s　接着面積：200 mm^2　フィルム厚み：80 μm

金属材料	XP-1		XP-3	
	強さ（MPa）	破壊様式	強さ（MPa）	破壊様式
電気亜鉛メッキ鋼板（SEHC）	10.4 ± 0.2	SF	10.2 ± 0.1	SF，CF
SS400	10.7 ± 0.1	SF	10.1 ± 0.5	CF
カチオン電着塗装鋼板	10.7 ± 0.2	SF	10.2 ± 0.2	SF，CF
A1050（#1500 研磨）	10.6 ± 0.3	SF	10.3 ± 0.1	SF，CF
硫酸アルマイト A1100	10.3	SF	10.2	SF，CF
マグネシウム	10.5 ± 0.4	SF	9.5 ± 0.7	CF
チタン	9.5 ± 1.1	SF，AF	10.2 ± 0.3	SF，CF

※ SF：母材破壊　CF：凝集破壊　AF：界面剥離

3.3　接着に関する諸条件

　フィクセロンを用いた接合においては，加熱によるフィルムの活性化，濡れ・密着のための加圧が必要である。**図 3** は PP 同士，**図 4** は PP と SEHC との熱板プレス接合過程における加圧時間，フィルム温度と引張せん断強度の関係を示した図である。樹脂同士の接合の場合は，図 3 および 4 に示されるように

表 4　熱接着フィルム『フィクセロン』による PP とアルミ（A1050，表面脱脂のみ）の接合強度（T 型剥離）

接着条件：熱板プレス 150℃，50 kgf/cm^2，120 s
フィルム厚み：80 μm

フィルム	T 型剥離強度（N/25 m）
XP-1	32 ± 6
XP-3	154 ± 6

フィルム温度が設定温度（150℃）に到達することで引張せん断接着強度が一定になることを示している。**図 4** の樹脂・金属接合の場合は，金属の熱伝導率が高いため，即座にフィルム温度が設定温度に到達するのに対し，**図 3** の樹脂同士の場合は，熱の伝達が金属に比較して遅いため，引張せん断接着強さが一定になるまでに時間を要する。熱接着フィルムの温度が接合において重要な要素であり，接合条件を使用する被着体に適するように設定する必要がある。なお，フィクセロンの活性化温度は，XP-1 が 150℃以上，XP-3 が 130℃以上である。

　図 5 は PP と SEHC を接合させる際のプレス圧と引張せん断接着強さの関係を示した図である。プレス圧に依存せず一定の引張せん断接着強さを示すことから，フィクセロンを用いた接

表 5　熱接着フィルム『フィクセロン』による金属同士の接合強度（引張せん断接着強さ）

接着条件：熱板プレス 170℃，50 kg/cm^2，120 s　接着面積：200 mm^2　フィルム厚み：80 μm

被着体	XP-1		XP-3	
	強さ（MPa）	破壊様式	強さ（MPa）	破壊様式
SS400//A1050	8.2 ± 0.9	AF	14.1 ± 1.0	CF
SS400// #240 研磨 A1050	13.8 ± 1.7	CF	13.0 ± 1.3	CF

※ SF：母材破壊　CF：凝集破壊　AF：界面剥離

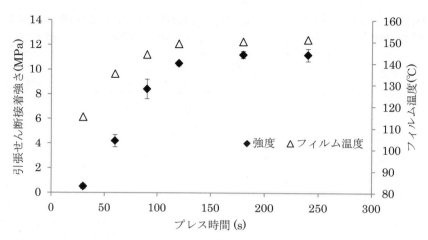

図3 熱接着フィルム（XP-1）による樹脂・樹脂（PP同士）接合のフィルム温度と接着強度の関係
接着条件：熱板プレス，150℃，50 kgf/cm^2，任意時間
接着面積：150 mm^2
フィルム厚み：80 μm

合では，フィルムと被着体が濡れ・密着できる程度の加圧で良いことが示唆される。

図6はPPとSEHCを熱板プレスで接合させた際の熱間接着性を示した図である。測定温度80℃以上では破壊様式が凝集破壊である。

3.4 接着メカニズム

フィクセロンは，PPと金属材料は異なる機構にて接合に寄与する。PPについては分子間相互作用の効果が高いと考えられ，金属材料に対しては物理的及び化学的相互作用による接合が考えられる。また，**図7**に示されるように金属材料の表面は凹凸状になっているため，アンカー

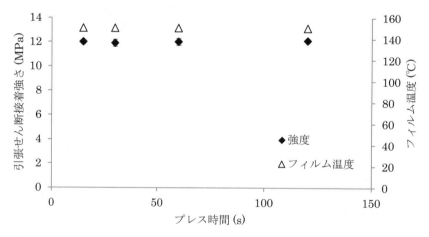

図4 熱接着フィルム（XP-1）による樹脂・金属（PP//SEHC）接合のフィルム温度と接着強度の関係
接着条件：熱板プレス，150℃，50 kgf/cm^2，任意時間
接着面積：150 mm^2
フィルム厚み：80 μm

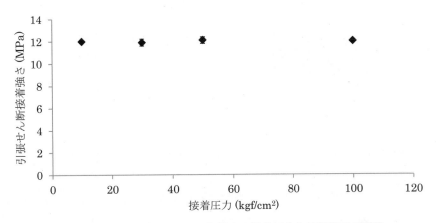

図5 樹脂・金属（PP//SEHC）接合の接着圧力と接着強度の関係
接着条件：熱板プレス，150℃，任意圧力，120 s
接着面積：150 mm²
フィルム厚み：80 μm

効果の寄与も推察される。

フィクセロンの金属との接合面の観察を行うために，PP と #1500 研磨 A1050 の接合体を水酸化ナトリウム溶液（5 wt%）に浸漬させることで A1050 を溶出させ，フィクセロンの A1050 溶出面について形状観察を行うと，フィクセロンの表面形状が金属表面と類似であり，これはアンカー効果が寄与していることを示唆している（図8）。したがって，金属との接合を考える場合，金属表面の形状を把握することも重要である。

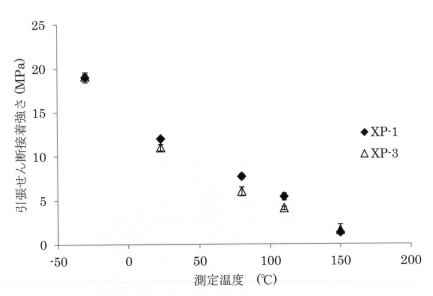

図6 電気亜鉛メッキ鋼板（SEHC）と PP の熱間接着強度
接着条件：熱板プレス，150℃，50 kgf/cm²，120 s
接着面積：150 mm²
フィルム厚み：80 μm

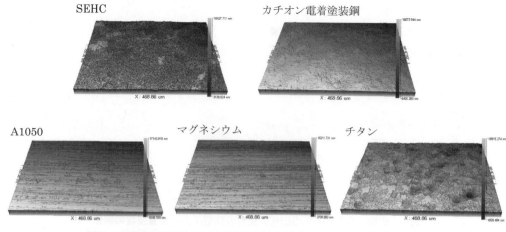

図7　各種金属表面の三次元形状（表層断面形状計測システムにて測定）

3.5　熱接着フィルムの耐性

フィクセロンを介した接合体の耐薬品性について，PP同士の接合体にて評価を実施した。図9に示されるように，PPとの接合機構に関してフィクセロンは各種薬液に対し高い耐性を示している。図10は，金属同士（#1500研磨A1050）の接合体について耐水および耐熱水性についての評価結果である。金属との接合機構に関しても高い耐性を示している。

4　熱接着フィルムを用いた自動車マルチマテリアル化に向けた今後の課題

熱接着フィルム『フィクセロン』は，自動車に限らず多方面にてマルチマテリアル化に向けた異種材接合方法の1つとして検討されており，採用予定の部材もあるが，基礎的評価の段階が多い。熱接着フィルムは，加熱・冷却により接合が達成できるため，工程短縮が期待できるが，課題点としてどのように熱接着フィルムおよび部材を加熱するかが今後の展開に向けた鍵であり，また自動車分野では低CO_2排出，ロボット化による接合が必要となってくる。異種材料接合は，接合材料，接合方法，部材種類，適合箇所をうまく組み合わせることで発展し，これに

図8　#1500研磨A1050溶解後の熱接着フィルム表面の三次元形状
（表層断面形状計測システムにて測定）

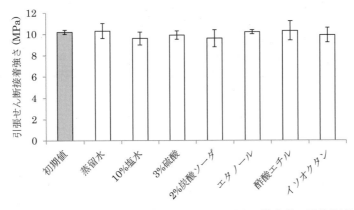

図9 熱接着フィルム（XP-1）を用いたPP同士の接合体の耐薬品性
接着条件：熱板プレス，150℃，50 kgf/cm², 120 s
接着面積：150 mm²
フィルム厚み：80 μm
耐薬品性評価：23℃環境下，168 h（1 week）浸漬

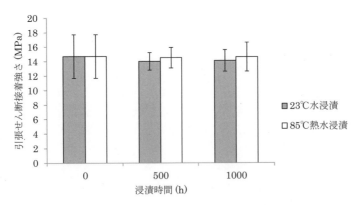

図10 熱接着フィルム（XP-1）による金属・金属（A1050同士）
接合の耐水性評価 ※ A1050（#1500研磨）
接着条件：熱板プレス，170℃，50 kgf/cm², 90 s
接着面積：150 mm²
フィルム厚み：80 μm

よりマルチマテリアル化も加速するものと考える。そのためには今後，各分野での積極的な情報交換，共同開発が必要になるのではないかと考える。

文 献
1) 高行男：自動車を構成する3大材料とボディ，JAMAGAZINE，3月号，日本自動車工業会（2013），http://www.jama.or.jp/lib/jamagazine/201303/01.html
2) 矢野経済研究所編，世界の自動車用樹脂市場に関する調査結果2015プレスリリース，http://www.yano.co.jp/press/pdf/1448.pdf
3) 経済産業省編，生産動態統計年報（2015）．
4) 日経ものづくり編，売れる！使える！異種材料接合 PART 1，日経ものづくり，11月号，日経BP社（2015）．

第3編　マルチマテリアル化を実現する異材接合技術

5) 川口純：日本パーカライジング技報，No.16，28-32 (2004)
6) 板橋雅巳：表面技術，**66** (8)，359-362 (2015).
7) 林知紀：プラスチックエージ，**60** (8)，71-75 (2014).
8) 日経ものづくり編，売れる！使える！異種材料接合 PART 2，日経ものづくり，11 月号 日経 BP 社 (2015).
9) 植村益次：複合材料ハンドブック，日本複合材料学会編，197-210，日刊工業新聞社，(1989).

第4編 マルチマテリアル化を支える生産技術

第1章 成形加工技術

第2章 鍛造，鋳造，プレス加工

第3章 表面処理技術

第4編 マルチマテリアル化を支える生産技術

第1章 成形加工技術

第1節 マルチマテリアル化を支える成形加工技術

豊橋技術科学大学　森　謙一郎

❶ プレス成形用マルチマテリアル

　多くの自動車部品はプレス成形によって製造されており，マルチマテリアル化が進んでいる。自動車の燃費および衝突安全性の向上を目的として，自動車の軽量化が望まれており，高張力鋼板の自動車部品への利用が増加している。高張力鋼板の強度は著しく向上しており，引張強さが1GPaを超える超高張力鋼板も開発されるようになってきている。また，軽量材料としてアルミニウム合金板も自動車への適用が盛んである。さらに，チタン合金板は航空機部品への適用が増加しており，実用金属として最も軽量であるマグネシウム合金板は携帯用ノートパソコンの筐体などに使用されているが，これらの金属は自動車部品にも用いられている。マルチマテリアル化によって高機能製品が製造できるが，高強度，低延性，高摩擦などの材料をプレス成形する要求が強まっており，プレス成形は容易ではなくなっている。

　本稿では，高張力鋼板，ステンレス鋼板，アルミニウム合金板，チタン合金板，マグネシウム合金板のプレス成形における金型技術と成形技術に関して説明する。

❷ 自動車用鋼板

　自動車の車体部品は，図1に示すように外板と内板に分かれている。外板は塗装されて外観を表わして自動車のイメージを強調するものとして重要であり，板厚0.65～0.8mm程度の冷間圧延鋼板である。外板としては，成形性の高い低強度の鋼板が主であり，r値を大きくして深

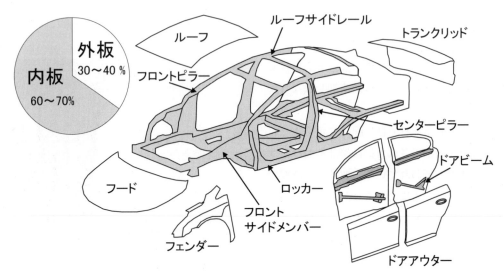

図1　自動車車体における内板と外板

絞り性を向上させた深絞り鋼板も用いられている。

内板はエンジンを積んだり，人を乗せたりする際の骨格部材として自動車の強度を維持するものあり，車体に占める重量割合は60〜70%程度と大きく，自動車メーカーの重量低減は主に骨格部材に対して行われている。自動車の衝突安全基準は年々高まっており，骨格部材の強度増加が必要になり板厚を大きくする傾向になって重量増加になるため，骨格部材には厚さ1〜3mm程度の高張力鋼板が主に用いられている。

3 高張力鋼板

高張力鋼板では，引張強さが440, 590, 780MPaのものがあり，さらに超高張力鋼板では980, 1180MPaになる。通常の軟鋼板では340MPa程度であり，超高張力鋼板の強度が3, 4倍大きくなっている。高張力鋼板は自動車の強度を保持する骨格部材に使用されるため，強度の上昇とともに板厚を減少でき，部材重量が低下して軽量化になり，特に，超高張力鋼板では軽量化効果は大きい。

曲げ加工では除荷時の弾性回復によってスプリングバックが生じ，成形形状が金型形状からずれてしまって形状凍結性が低下する。鋼板の強度とともに成形荷重が大きくなり，弾性回復量も増加してスプリングバックも大きくなる。図2は各種鋼板のV曲げ加工の結果であるが，軟鋼板SPCCではパンチ形状に成形できるが，超高張力鋼板ではスプリングバックが大きくなって形状凍結性がかなり低下する。

スプリングバックの大きい高張力鋼板において，所定の成形品形状を得る代表的な方法は金型形状の修正である。スプリングバック量を予測して，図3に示すようにその量だけ金型形状を修正するものであり，金型形状と製品形状は一致しない。従来試行錯誤実験によって金型形状が修正されており，金型設計の時間とコストの増大になっていたが，最近有限要素法の精度が向上してスプリングバックの予測が可能になり，有限要素シミュレーションによってスプリングバックを考慮した金型形状が求まるような状況になってきた。

高張力鋼板の曲げ加工においてスプリングバックを低減するために，フォーム成形がある。通常のドロー成形では曲げ・曲げ戻し変形を受けるが，フォーム成形では曲げ変形だけでありスプリングバックは小さくなる。この他，張力を作用させる方法，側壁にビードを付ける方法，サーボプレスを使った決押し法などがある。

自動車の骨格部材では，図4に示すように板材はせん断加工された後に端部を曲げるフランジ成形が行われている。曲げ部は直線ではなく曲線になる場合があり，凹形状に曲げられる場合は角部に引張応力が発生する伸びフランジ変形になり，延性が低い高張力鋼板では割れが生じやすい。高張力鋼板では，割れ感受性が大きいためせん断加工された切口

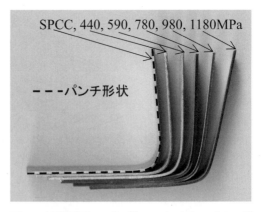

図2　各種鋼板のV曲げ加工におけるスプリングバック

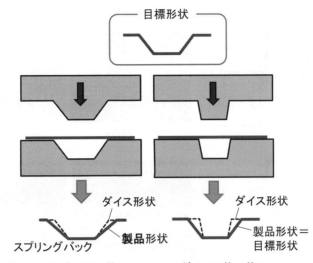

図3　スプリングバックを考慮して目標形状を得るための金型の補正

面の性状によって割れ発生は影響を受けるが，切断面では表面が粗い破断面が多く現れ，プレス成形性を一層低下させる。せん断加工における金型のクリアランスを調整すると，破断面が減って高品質なせん断面が増加し，伸びフランジ性を向上できる[1]。

高張力鋼板では，変形量が比較的小さい曲げ加工が主に用いられているが，鋼板の品質が向上して超高張力鋼板においても深絞り加工が可能になってきた。深絞り加工では，ダイスとパンチ間のクリアランスを小さくするとしごき加工が加わることになり，ダイスに作用する面圧が大きくなり，焼付き，割れ，摩耗などの金型損傷が生じやすくなる。

深絞り加工において金型の損傷を低下させるために，工具鋼にコーティングすることが行われている。図5に示すように，TiNのCVD，PVD処理，VC処理を行うと耐焼付き性が向上し，高温塩浴でバナジウム カーバイドをコーティングするVC処理が最も有効であった[2]。

4 超高強度鋼部材のホットスタンピング

高張力鋼板では，変形抵抗が高く成形荷重は大きくなり，スプリングバックが大きくなって形状凍結性が低く，成形性も低く，金型摩耗が顕著になり焼付きも生じやすい。このため，引張強さが1.2GPaを超える超高張力鋼板の冷間プレス成形は実用的ではないとされている。

超高強度鋼部材のホットスタンピングは，図6に示すように抜かれた焼入れ用鋼板を高温炉でオーステナイト温度以上に加熱し，プレスに搬送して成形し，金型を下死点で10秒程度保持

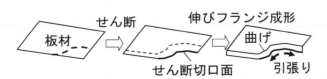

図4　せん断加工された板材の伸びフランジ曲げ加工

第4編　マルチマテリアル化を支える生産技術

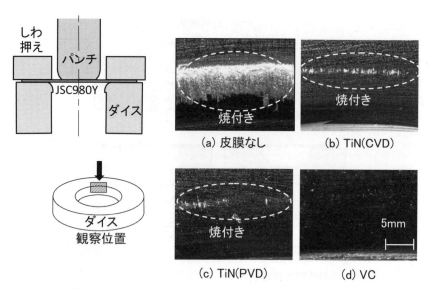

図5　980MPa級超高張力鋼板の絞り・しごき加工における焼付きの発生を防止する工具鋼工具へのコーティング

して急冷して焼入れを行って，1.5GPaの超高強度鋼部材を製造する[3]。通常焼入れは成形した部材を加熱して水，油などに入れて急冷するが，ホットスタンピングでは金型によって急冷しており，焼入れが成形工程の中に入っている。金型で焼き入れを行うため，ダイクエンチングと呼ばれている。

日本では高品質な高張力鋼板が製造されているため，ホットスタンピングの適用は遅れており，骨格部材に10％以上を適用した自動車は最近までなかった。2015年末に発売されたトヨタの「プリウス」では，ホットスタンピング部材の適用が前モデルの3％から19％に大幅に増加した。トヨタにおける自動車の新しい設計ルールである「TNGA（Toyota New Global Architecture）」にホットスタンピングが採用されたため，日本においてもホットスタンピングの適用が拡大するものと思われる。

5 アルミニウム合金板

アルミニウム合金板は比重が鋼板の1/3程度であり，自動車の軽量化に期待されている。アルミニウム合金板では，ヤング率が鋼板の1/3であり，高張力鋼板と同様にスプリングバックが大きく形状凍結性が低下する。所定の寸法に成形するために，スプリングバックを考慮して金型形状が修正されている。自動車車体には5000系と6000系アルミニウム合金板が主に用いられており，5000系は成形性が高く，6000系は時効硬化によって強度が増加する。

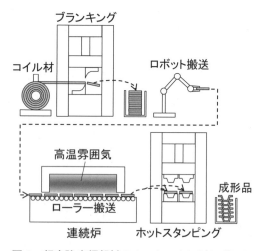

図6　超高強度鋼部材のホットスタンピングにおける加工工程

アルミニウム合金板は金型との親和性が高く金型面摩擦が大きくなり，工具に凝着する焼付きを生じやすく，特に肉厚を減少するしごき加工では焼付きが発生しやすい。超硬合金は工具鋼よりも高い耐焼付き性を有しているが，高価である。最近 TiCN 系サーメットが金型材料として用いられているが，超硬合金よりも低摩擦で高耐摩耗性を有しているため，大きな変形を生じるプレス成形への適用が検討されている。工具鋼，超硬合金，TiC コーティング超硬合金，サーメットダイスを用いた A3003 容器のしごき加工限界を図7に示す。TiCN 系サーメットではコーティングを必要としなく，摩擦が低く，しごき加工限界が高くなる[4]。

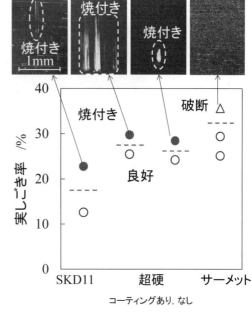

図7 工具鋼 SKD11，超硬合金，TiC コーティング超硬合金，サーメットダイスを用いた A3003 容器のしごき加工限界

6 ステンレス鋼板

ステンレス鋼板には，オーステナイト系，フェライト系，マルテンサイト系があるが，オーステナイト系は耐食性，成形性が高いが，高価になる。ステンレス鋼板は高強度であり，曲げ加工においてスプリングバックは大きくなる。

ステンレス鋼板も金型との親和性が高く，プレス成形における温度上昇も大きく，金型面摩擦が大きくなる。このため，塩素系潤滑剤が用いられているが，環境負荷が大きく問題となっている。深絞り加工においてダイス表面の粗さが小さいほど摩擦は小さくなることが知られており，ラッピングによってダイス表面が仕上げられている。しかしながら，最近表面に凹部を付けてそこに潤滑剤を保持するヘテロ表面ダイスが開発されており，しごき加工における耐焼付き性が向上している（図8）[5]。

7 マグネシウム合金板

マグネシウム合金は高い比強度を有し，携帯電話などの電子機器，パソコン，カメラ，自動車などに広く応用されつつある。マグネシウム合金部品は主にダイカスト，チクソモールディングで成形されているが，生産性向上，薄肉化，高強度化などの観点から板材からのプレス成形の適用が望まれている。マグネシウム合金では，常温においてすべり系が少ないため延性は低く，曲げのような変形が小さい加工では冷間成形が行われているが，深絞り，張出しのような変形が大きな加工は困難とされている。パソコン，カメラなどのケースとしての用途がマグネシウム合金においては多いため，深絞り加工の適用が望まれている。マグネシウム合金は 200～300℃ 程度に加熱すると成形性が大きく向上するため，深絞り加工は一般に温間で行われている。

マグネシウム合金板の圧延加工が容易ではないため，材料歩留まりが低く，板材の価格は非

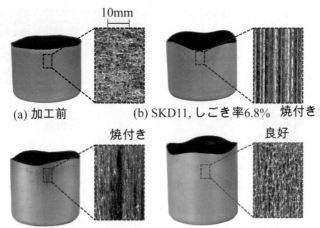

図8 工具鋼SKD11，ラッピング加工された超硬合金，ヘテロ表面サーメットダイスを用いたSUS430容器のしごき加工における焼付きの発生

常に高くなって，プレス成形の適用は余り拡大していない。このため，自動車部品のプレス成形はまだ余り行われていない。マグネシウム合金板のプレス成形が盛んになるためには，板材価格の低下が必要になる。また，輸送機器に応用する場合は耐食性の向上も必要になる。

8 チタン板

チタン材には，純チタン板とチタン合金板がある。チタン材は軽量で高い耐食性を有しており，さらにチタン合金では高強度，耐熱性などにもすぐれているため，工業製品としての利用が拡がりつつある。

純チタン板は常温において延性を有しておりr値も高く，材料特性的には冷間プレス成形に適した材料である。しかしながら，チタン材は活性な金属であり，工具面摩擦が大きくなり，焼付きも発生しやすく，純チタン板の曲げ，浅絞り加工が主に行われている。純チタン板に陽極酸化皮膜および高温酸化皮膜処理を行うと，焼付きの発生が防止されて図9に示すように多段深絞り加工が可能になる[6]。

図9 陽極酸化皮膜された純チタン板の多段深絞り加工された容器

文 献

1) 安部洋平，森謙一郎，鈴井啓生：塑性と加工，**50-580**，414-418（2009）.
2) Y. Abe, T. Ohmi, K. Mori and T. Masuda：Improvement of formability in deep drawing of ultra-high strength steel sheets by coating of die, *Journal of Materials Processing Technology*, **214-9**, 1838-1843 (2014).
3) 森謙一郎：ホットスタンピング入門，日刊工業新聞社，（2015）.
4) 安部洋平，藤田智大，森謙一郎，小坂田宏造：塑性と加工，**54-634**，978-983（2013）.
5) 安部洋平，森謙一郎，畑下文裕，柴孝志：Witthaya DAODON：塑性と加工，**56-658**，972-978（2015）.
6) 村尾卓児，森謙一郎，原田泰典，加藤幸司，大久保不二男：塑性と加工，**43-495**，336-340（2002）.

第4編　マルチマテリアル化を支える生産技術

第1章　成形加工技術

第2節　車両用アルミニウム合金押出成形技術

日軽新潟株式会社　岩瀬　正和　　日軽金アクト株式会社　谷津倉　政仁

■1 はじめに

　近年，軽量化の観点から鉄道や自動車，トラック等，輸送分野において，鉄からアルミニウム合金への置き換えが進んでおり，アルミニウム合金製の鉄道車両においては，アルミニウム合金板材，押出材や鍛造材などの軽圧加工品が主に採用されている。

　その中の押出加工の特長は，素材である鋳塊（ビレット）から最終製品断面を1つの金型で，一度に成形できる点にあり，更に得られる押出形材は長さ20m以上の成形が可能であることから，鉄道車両では構体用の材料として押出形材が主に用いられている。今後もいろいろな構造体への適用が期待される中，本稿では鉄道車両用のアルミニウム合金の押出形材について，諸特性，および車体構造の軽量化に寄与する押出形材製造技術について紹介する。

■2 アルミニウム合金押出形材の特徴と鉄道車両への採用例

　日本で1962年に初めてアルミ合金製車両が登場して55年が経過し，2015年までの生産累計は図1に示すように，2万3,000台に達している[1]。また，材質別に年度毎の車両構体の生産実績をみると，図2に示すように1997年度の48%をピークに一旦減少するが，2007年度以降増加傾向を示し，2015年度では52%に達している[2]。この様に鉄道車両にアルミニウム合金が多く採用されている理由としては，一般的には①鉄に比べ，比重が約1/3であり，軽量化を図れる点，②大気中で自然に酸化皮膜が形成され，耐食性に優れている点，③リサイクル性に優れる点等が挙げられる。

　軽量化効果について，他金属との比強度の比較表を表1に示した様に，アルミニウム合金はステンレスや普通鋼と比較して引張強度は低いが密度が低く，比強度で比較するとステンレスの1.1倍，普通鋼の1.5倍となる。この比強度の高さと，後に説明するアルミニウム合金押出形材の断面設計の自由度の高さは，車両の軽量化，快適な居住空間に大きく貢献している。

　アルミニウム合金製車両構体は材料，接合方法も含め，いくつかの世代に分類されてる[1,3]。第1世代は従来の鋼製構造から素材をアルミニウム合金5083，6061材に置き換え，アーク溶接やリベットで製造された車両であったものが，第2～2.5世代に入ると5083合金板材と押出材および7204（旧呼称7N01）合金押出材を用いたアーク溶接構造となった。7204合金はアルミニウム合金の中で，強度に優れ，かつ，溶接性に優れた合金である。第3世代の車体構体では，全て押出形材を用いたアーク溶接構造となった。図3に新幹線300系の車体構造を示した様に[4]この構造で使用される押出材も一部は7204合金であるが，主には押出性で溶接性に優れた6005C（旧呼称6N01）合金でシングルスキン材を用いる構造となった。6005C合金は押出性に優れ，かつ，耐食性，溶接性にも優れたアルミニウム合金である。図4にシングルスキン押出

－253－

第4編 マルチマテリアル化を支える生産技術

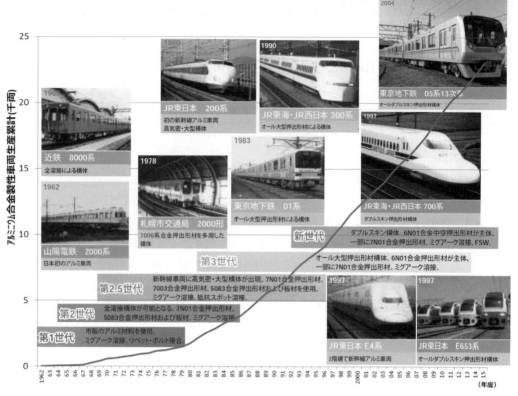

図1 アルミニウム合金製車両の生産累計[1]

形材の断面模式図を示した。第4世代（新世代）では接合方法でアーク溶接に加えFSW（摩擦撹拌接合）が登場した。FSWはアーク溶接と比較して，熱影響が少ないため，接合後の高い強度が保たれ，また，歪も少ない。自動化やロボット化が容易で，組み立て作業の省力化が徹底

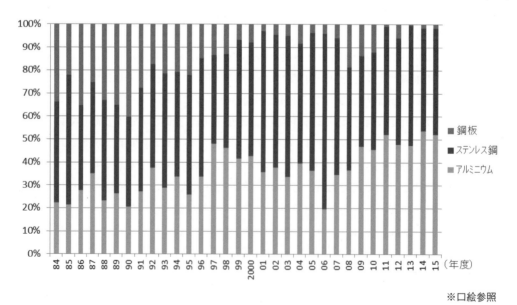

※口絵参照

図2 鉄道車両に占める各材料の割合[2]

-254-

表1 アルミニウムと他の金属の比強度[1]

	アルミニウム	ステンレス	鋼
強度（引張強さ）	245MPa 以上 [6N01]	520MPa 以上 [SUS301]	490MPa 以上 [SPA-H]
軽量性（比重）	2.7	7.9	7.9
比強度（引張強さ/比重）	91	66	62
比	1.5	1.1	1.0

できる技術である。図5に新幹線700系の車体構造を示したが[5]，素材では6005C合金押出形状がシングルスキンからダブルスキン構造に変わり，軽量化と高い剛性を両立するとともに断熱性や低騒音化対策が進み，この構造が主流となっている。図4にダブルスキン押出形材の断面模式図を示した。

鉄道車両用に使用されている代表的な展伸用のアルミニウム合金5083，6005C，7204の特性

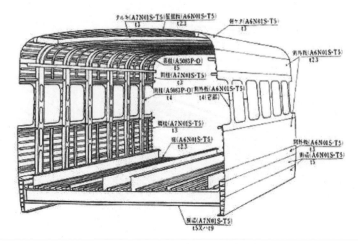

東海道新幹線「のぞみ」300系車両
（写真提供：東海旅客鉄道㈱）

図3　東海道新幹線300系車両
（図はアルミニウムハンドブック第5版を引用[4]）

第4編 マルチマテリアル化を支える生産技術

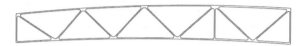

図4 押出形材の断面模式図
(上:シングルスキン,下:ダブルスキン)

は表2にまとめた通りであるが,この中で6005C合金は中強度で溶接性,耐食性に優れ,かつ,優れた押出加工性を有することから,大型ダブルスキン形状の押出形材の製造が可能であり,

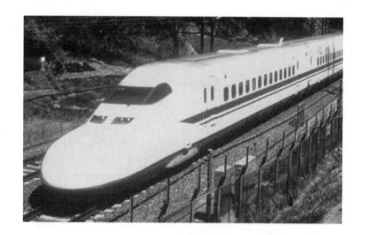

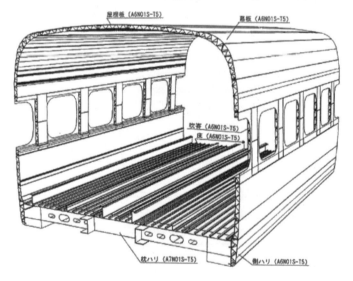

東海道新幹線「のぞみ」700系車両
(写真提供:東海旅客鉄道㈱)

図5 東海道新幹線700系車両
(図はアルミニウムハンドブック第7版を引用[5])

第1章　成形加工技術

表2　展伸用アルミニウム合金の種類と特性

合金種類	分類	特性	引張強さ	耐力	伸び
5000系	Al-Mg系 非熱処理型	強度，溶接性に優れる 代表　A 5083 S-H112	270 MPa 以上	140 MPa 以上	12 ％以上
6000系	Al-Mg-Si系 熱処理型	強度，耐食性，押出性良好 代表　A 6005C S-T5	245 MPa 以上	205 MPa 以上	8 ％以上
7000系	Al-Zn-Mg系 熱処理型	強度，溶接性に優れる 代表　A 7204 S-T5	325 MPa 以上	245 MPa 以上	10 ％以上

現在，構体として最も多く採用されている材料である。6005C 合金を用いることで，更に押出形材自体の大型化により，構体の組立作業が合理化され，製造コストの低減にも貢献している。現在，6005C 合金の大型ダブルスキン材の押出加工は KOK（軽金属押出開発）をはじめ，大型押出機を保有する押出加工メーカーが担っている。

❸ 押出加工について

　ここで押出加工について触れておく。アルミニウム合金の押出加工は，ビレットと呼ばれる円柱状のアルミニウム合金鋳造棒を加熱後，ダイスと呼ばれる成形用の金型に開けられた必要な形状の隙間に押し通して成形する塑性加工である。使用目的に合わせ，全体の大きさや形状，肉厚等の形材断面を選択，成形することができ，複雑な断面形状を一回の加工で成形できることが特長である。一般的には 10〜50 m ほどの長さでの押出成形が可能であり，目的に合わせた製品長さを採用することができる工法である。

　押出工法としては，直接押出法と間接押出法があり，直接押出法の特徴は大型押出形状や複雑な断面形状の押出に適した工法とされる。反面，コンテナとビレット表面の摩擦抵抗が発生する為，押出力が増大し，変形抵抗が大きいアルミニウム合金においては加工が困難になる。一方，間接押出法の特徴は直接押出法では押出が困難とされる変形抵抗が大きい合金の押出が可能である。反面，ダイステム内を形材が通過するため，直接押出法と比較して，同じサイズの押出機で製造可能な形材サイズは小さくなる。車両構体用は大型で複雑な断面形状の押出形材を要求されていることから，直接押出法が採用されている。

❹ 押出形材製造フロー

　車両構体用の 6005C 合金押出形材の製造フローを**図6**に示す。DC 鋳造で製造されたビレットと呼ばれる鋳造棒を，押出材の断面積や必要な押出形材長さ，数量に合わせて，適切な長さに切断し，インダクション方式やガス燃焼方式のビレットヒーターで必要な温度まで加熱し，押出機に供給する。押出機には，別途加熱準備したダイスをコンテナの前方に配置し，コンテナ内に加熱したビレットを挿入する。ステムでビレットをダイスに押付け，10〜50 m ほどの長さで押出形材を成形する。成形時，押出形材は塑性加工による発熱も加わり 500℃以上の高温となることで，アルミニウム合金中の添加成分であるケイ素とマグネシウムがアルミニウムマトリックス中に固溶し，その後，室温まで強制空冷等で積極的に冷却することで，過飽和固溶

-257-

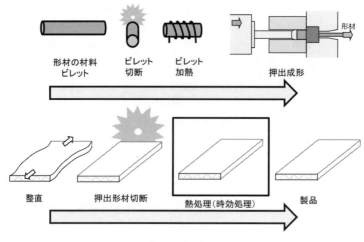

図6 押出形材製造フロー

体の状態とし，整直，切断後の人工時効処理により析出強化し，強度を得る（本工程をプレス焼き入れと呼ぶ）。

5 押出金型（ダイス）について

押出で使用する金型をダイスと呼ぶ。中実形材用（ソリッドダイス）と中空形材用（ホローダイス）の2種類がある。ソリッドダイスは形材断面形状と同じ形状の孔がダイスに空けられ，押出形材を成形する。車両構体用のシングルスキン形状の押出形材は主にソリッドダイスを使用する。

一方，ダブルスキン形状はホローダイスを用いる。ホローダイスの代表例として，図7に円管のダイス構造を示した。ホローダイスはポートと呼ばれるオス型とダイと呼ばれるメス型を組み合わせて使用する構造となっている。ポートのマンドレル部が円管の内面をダイの開口部が外周部を成形する。ポートで分割，通過したメタルは，ダイとの空間で固相接合し，その後，ダイの開口部を通過することで円管形状に成形される。円管は中空部が1つのシングルホロー形状であるが，「日」型形状の場合は2本のマンドレルを隣り合うように配置する必要があり，中央のリブの数が増すほど，押出加工の難易度は高まる。

車両構体用の押出形材の中で，ダブルスキン構体用押出形材は，複数のリブを持つ押出形材であるため，ダイスの構造が非常に複雑である。図8に示す様に，多くのリブにメタルを供給させるためには，ダイスの剛性とマンドレルの強度およびメタル流動性の両立が必要となり，ダイス設計と押出プロセスが重要な技術的要素となる。

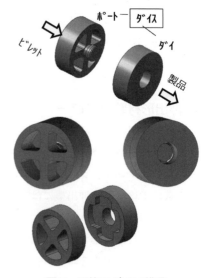

図7 円管のダイス構造

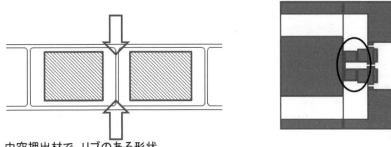

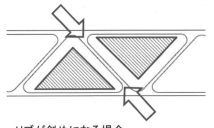

図8 ポートマンドレル形状によるリブへのメタル供給差異

6 シングルスキン構体用押出形材の製造上のポイント

ここでは具体的に車両用押出形材の製造上のポイントについて述べる。シングルスキン構体用の押出形材は，図4に示した様な，一枚の板に一定の間隔で突起を配置した断面形状となっている。車両軽量化の為，肉厚は薄く，更に車両を組み立てる際の接合の工数を効率よく減らすため，最大限の幅広断面を追求した結果，代表部で肉厚3〜4 mm，幅600 mmの薄肉幅広押出形材で，車両1両分の長さに対応する為，20 mを超える長さの長尺押出材となった。

大型押出機において，薄肉で600 mm幅の押出形材の寸法精度を高めるには，ダイス開口部の設計とともに，押出成形後の変形抑制のために，切断，搬送，熱処理，検査，梱包の各工程の確立が重要であった。このシングルスキン構体用押出形材の製造確立は，車両メーカーのアルミニウム製車両構体の安定生産に寄与し，鉄道分野のアルミニウム製車両構体普及に大きな役割を果たしたと考える。

7 ダブルスキン構体用中空押出形材の製造上のポイント

近年はダブルスキン構体の採用例が多くなってきているが，これは車両構体の剛性の向上や組立時の接合工数削減に大きく寄与していることが理由として挙げられる。ダブルスキン中空押出形材は図4に示したように二枚の板が斜めのリブで一体化された中空構造となっている。その特長として，以下の4項目が挙げられる。

① 形材断面をトラス構造とすることで押出形材の剛性が向上
② 車体製作において，長尺のまま自動接合が可能。高品質，低コストを実現
③ 柱，梁材の削減による居住空拡大，中空部に制振材を使用，騒音低減により乗り心地向

	外周部肉厚 mm 公差レンジ mm	リブ肉厚 mm 公差レンジ mm	備考
300系 （参考）	2.3～4	—	シングルスキン
	1.0	—	
700系	2.0～3.5	1.5～1.8	ダブルスキン
	0.6～0.7	0.6～0.7	
N700系	1.8～3	1.2～1.4	ダブルスキン
	0.4～0.5	0.4～0.6	

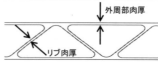

図9 新幹線向け構体用中空押出形材の肉厚の変遷（代表部）

上

④ モノアロイ化によるリサイクル性向上

ダブルスキン用中空押出形材の断面形状と車両構体の軽量化の関係を示す目的で，新幹線向けの車両構体用押出形材の肉厚の変遷を**図9**にまとめた。300系のシングルスキンタイプでは代表部の肉厚が2.3～4 mm程度であったのに対して，700系のダブルスキンでは外周部肉厚が2.0～3.5 mm，リブ肉厚が1.5～1.8 mm程度になり，N700系では更に薄肉化が進み，外周部で1.8～3 mm，リブで1.2～1.4 mmに設定された。

8 車両軽量化のための押出形材製造上の課題と取組み

車両構体の組立の効率化向上や居住空間拡大，軽量化に対応するために，ダブルスキン形材では幅広化や薄肉化が求められる。これまでに取り組んだ技術開発として，本節では代表して，材料技術，ダイス設計技術について述べる。

8.1 材料技術

ダブルスキン用の中空押出形材に用いられている6005C合金はAl-Mg-Si系合金である。代表的なAl-Mg-Si合金の化学組成を**表3**に，機械的性質を**表4**に，用途を**表5**に示す[6]。この中で6005C合金は中強度でかつ，押出性，溶接性に優れた合金であり，その性能を得るために，当社6005C合金はJIS規格内で最適な化学組成を設定するとともに，製造条件の最適化を図ることで，上記特性を有し，かつ，寸法精度に優れたダブルスキン形材に提供している。以下に製造のポイントなる化学組成と製造条件について述べる。

図10に代表的なAl-Mg-Si系合金についてSi，Mg元素を範囲で示したが[6]，表4で示したT6材の引張強さを比較するとSiまたはMg添加量の高い合金ほど，高い強度が得られていることがわかる。これに対して，**図11**に押出圧力に及ぼす合金成分とHO条件の関係を示した様に[7]，添加量が高まるほど，押出力は増加傾向を示すことから，6005Cは中強度と優れた押出性を両立するためにMg_2Si含有量は必要量に止め，過剰Si型の合金組成に設定される。

また，6005C合金の特長はT5材で中強度が得られる点にある。その特性を得るため，押出

第 1 章　成形加工技術

表 3　代表的な押出用 Al-Mg-Si 系合金の化学組成（%）[6]

合金	Si	Fe	Cu	Mn	Mg	Cr	Zn	Ti		Mg_2Si^*	excess Si^*
6063	0.20〜0.6	0.35	0.10	0.10	0.45〜0.9	0.10	0.10	0.10		1.07	0.01
6061	0.40〜0.8	0.7	0.15〜0.40	0.15	0.8〜1.2	0.04〜0.35	0.20	0.15		1.58	0.02
6005A	0.50〜0.9	0.35	0.30	0.50	0.40〜0.7	0.30	0.20	0.10	Mn＋Cr：0.12〜0.50	0.87	0.38
6N01	0.40〜0.9	0.35	0.35	0.50	0.40〜0.8	0.30	0.25	0.10	Mn＋Cr：0.50	0.95	0.30
6351	0.7〜1.3	0.50	0.10	0.40〜0.8	0.40〜0.8	—	0.20	0.20		0.95	0.65
6151	0.6〜1.2	1.0	0.35	0.20	0.45〜0.8	0.15〜0.35	0.25	0.15		0.99	0.55
6262	0.40〜0.8	0.70	0.15〜0.40	0.15	0.8〜1.2	0.04〜0.14	0.25	0.15	Bi：0.40〜0.7 Pb：0.40〜0.7	1.58	0.02
6101	0.3〜0.7	0.5	0.10	0.03	0.35〜0.8	0.03	0.10		B：0.06	0.91	0.15

＊ Mg，Si の中央値の場合

直後の形材温度，その後の冷却速度，時効条件が設定される。その中から形材寸法精度にも影響を与える形材冷却条件を紹介する。**図 12** に 6005C 範囲内の Si，Mg 量を含有する Al-Mg-Si 系合金の人工時効後の強度に及ぼす焼入れ速度の影響を示した様に[8]，冷却速度が速いほど強度が高まる傾向を示すが，ダブルスキン形材の様に複雑な断面形状で高い寸法精度を得るために

表 4　代表的な押出用 Al-Mg-Si 系合金の機械的性質[6]

合金名称	質別	引　張　性　質			ブリネル硬さ（10/500）	せん断強さ（kgf/mm²）	疲れ強さ（kgf/mm²）	縦弾性係数×1000（kgf/mm²）
		引張強さ（kgf/mm²）	耐力（kgf/mm²）	伸び（%）				
6063	T5	19.0	15.0	12	60	12.0	7.0	7.0
	T6	24.5	22.0	12	73	15.5	7.0	7.0
6061	O	12.5	5.5	25	30	8.5	6.5	7.0
	T4	24.5	15.0	22	65	17.0	10.0	7.0
	T6	31.5	28.0	12	95	21.0	10.0	7.0
6N01	T5	27.5	23.0	12	88	17.5	9.5	7.0
	T6	29.0	26.0	12	95	18.0	10.0	7.0
6351	T4	25.5	15.5	20	60	15.5	9.5	7.0
	T5	31.5	29.0	14	95	20.5	9.5	7.0
	T6	32.5	29.5	12	100	—	—	7.0
6151	T6	33.6	30.0	12	—	—	—	7.0
6262	T9	41.0	38.5	10	120	24.5	9.0	7.0
6101	T6	22.5	19.5	15	71	14.0	—	7.0

表5 代表的な押出用 Al-Mg-Si 系合金の特性と用途[6]

合金名	材料特性の概要	用途例
6061	熱処理型の耐食性合金。T6処理によりかなり高い耐力値が得られるが、溶接継手強度が劣るためボルト、リベット構造用に主用される。	船舶、車輌、陸上構造物
6N01	中強度の押出用合金。6061と6063の中間の強度を有し、押出性、プレス焼入性とも優れ、複雑な形状の大型形材が得られる。耐食性もよく、溶接も可能。	車輌、陸上構造物、船舶
6063	代表的な押出用合金。6061より強度は低いが、押出性に優れ、複雑な断面形状の形材が得られ、耐食性、表面処理性も良好。	建築、車輌、家具、家電製品
6101	高強度導電用材。55% IACS 保証。	ブスバー、電線
6151	特に鍛造加工性が優れ、耐食性、表面処理性もよく複雑な鍛造品に適する。	機械、自動車部品
6262	耐食性快削合金。2011に比し耐食性、表面処理性が一段と優れ、6061と同等の強度を有する。	カメラ鏡胴、気化器部品、ブレーキ部品、ガス器具部品

は、形材断面内の冷却速度差を抑えることが重要となり、一般的に強制空冷が用いられている。押出直後の形材に対して、1℃/s を超える冷却速度を与えることで、6005C 合金押出材の強度を得ることが可能となる。

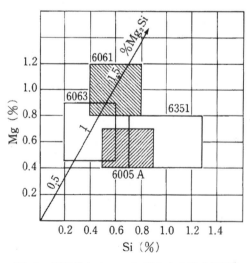

図10 代表的な Al-Mg-Si 系合金の組成範囲[6]

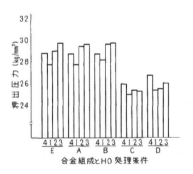

図11 押出圧力に及ぼす合金成分および HO 条件の影響[7]

8.2 ダイス設計技術

ダイス設計におけるメタルフロー制御の基本的な考え方を図13に示す。円柱状のビレットをコンテナ内に挿入して押出するとメタル流速は中心部では速く、壁面付近ではコンテナとの摩擦抵抗の影響で遅い状態となる。このメタル流速の差は形材寸法精度に影響するため、その影響を数値化し、ダイス設計に反映することで、高い寸法精度の形材を得ることが可能となる。具体的な手法として、ダイス中央部は端部と比較して、ベアリング長さを長く設けて抵抗を増し、中央部付近のメタル流速を抑制することで、幅方向の流速を均一化している。ベアリング形状によるメタル流速制御は長さに加え、ベアリング角度でも実施されている。また、肉厚が不均一な場合にも流速差が生じる。厚肉部の流速が速くなるので、ベアリングを長くして断面内の流速を均一化する。幅広で肉厚差を持つ車両構体用の押出材においては、幅方向と肉厚分布の影響を合わせてダイス設計に反映することで、寸法精度の高い形材を得ることが可能となった。上記はシングルスキン形状について述べたが、近年の車両用形材はダブルスキン構造が主流であり、そのダイスはポートとダイに分割されている。この様に複雑化した押出形材においても、ダイス構造解析やメタル流動解析を用いた予測技術の進歩により、コンピューターシミュレーションでの事前検討が可能となったことで、完成度の高いダイス設計が可能となり、形材の高精度化達成に貢献している。

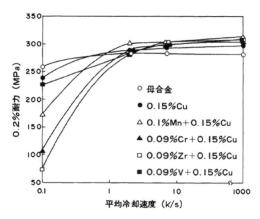

図12 Al-0.7% Si-0.6% Mg 系合金の焼入れ感受性に及ぼす微量添加元素の影響[8]

9 形材高精度化への更なる取組み

車両用押出形材において、更なる軽量化を図る為に、肉厚精度の向上が求められている。

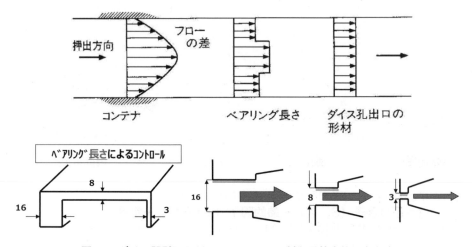

図13 ダイス設計におけるメタルフロー制御の基本的な考え方

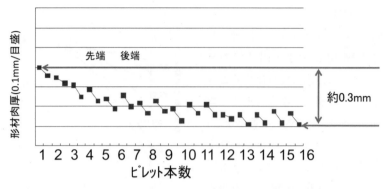

図14　ダブルスキン中空形材1ロット中の外周部の肉厚変化

図14にダブルスキン中空押出形材の1ロット中の外周部の肉厚の変化の一例を示した。横軸は連続で押出したときのビレット本数と押出1本中の長さ位置，縦軸は対象部の肉厚寸法を示し，肉厚は押出初期からビレット本数に伴い肉減少傾向にある。また，ビレット1本中においても，押出先端から後端にかけ減少傾向を示す。この様な肉厚変動の発生要因は，図15および下記に示した通りであり，押出力によるダイス変形と温度変化によるダイス膨張の影響である[9]。ダイス開口部の変動現象の把握により，現在ではより高精度の押出が可能となった。

① 押出本数1本中の肉厚変化：押出初期のコンテナシール力と加工力はベアリング開口に対してプラス側に働くが，押出中のメタル加工熱によりダイスのベアリング部は後端に向け徐々に蓄熱，局所的に膨張し，ダイス開口寸法が減少する。これに伴い肉厚が減少傾向を示す。

② ビレット本数での肉厚変化：押出初期にはダイス外周部と中央付近のベアリング部の温度は等しいが，ダイス外周部は押出機への抜熱や放熱により徐々に温度が低下，ダイス

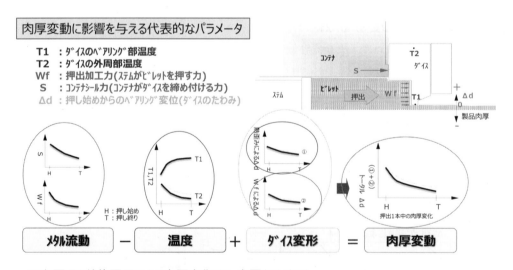

図15　押出形材の肉厚変動要因

全体は熱収縮する。これに伴いダイス開口寸法が減少し，肉厚減少傾向を示す。

🔟 おわりに

　鉄道車両分野では高速化，環境負荷の観点から軽量化の要求は更に高まるものと考える。今回，紹介した車両構体用のアルミニウム合金製押出形材の製造技術は，鉄道車両分野に限らず，様々な分野に展開が可能である。弊社では今後も軽量化への貢献と合わせて，アルミニウムの特長を追求し，更なる技術開発に取り組んでいく。

文　献
1) ㈳日本アルミニウム協会（アルミニウム車両委員会データ）：アルミニウム合金製車両の生産累計
2) ㈳日本鉄道車輌工業会：電車の構体材質別生産実績推移
3) 酒井康士：軽金属，**56**，584（2006）.
4) アルミニウムハンドブック第5版引用
5) アルミニウムハンドブック第7版引用
6) 大堀紘一：軽金属，**38**，748（1988）.
7) 吉田，馬場：軽金属学会第54回春期大会講演　概要集，
8) 小林啓行：軽金属，**28**，522（1978）.
9) 小松健：第91回秋期軽金属学会講演概要，317-318（1996）.

第4編　マルチマテリアル化を支える生産技術

第1章　成形加工技術

第3節　高強度チタン合金のインクリメンタル成形技術

高知工業高等専門学校　鈴木　信行　　日本飛行機株式会社　地西　徹

1 はじめに

　棒状工具を使用した板材の逆張出しインクリメンタルフォーミング（以下"逆張出し"を省略）は，プレス成形では不可欠な専用の金型や重厚な機械設備を必要とせず，また難易度の高い複雑形状も単一工程で生成できる，日本で開発された塑性加工技術である[1]-[3]。生産速度は低いものの，リードスパンの短縮と初度費の節減を同時に実現できるため，航空機や鉄道車両部品の製造，個体別医療機材の製作，自動車の開発試作，修理品や補用品等の極少量板金部品の生産に対し，適用検討や実用化が進められている[4]-[8]。生産性の面から決してメジャな加工技術とは見られてはいないものの，国内では専用設備が市販され，発展性の高い研究も積極的に進められている[9]-[11]。

　この加工法について，これまで種々の実用金属材料を用いた適用例が報告されているが，純チタンおよびチタン合金を対象とした例は，国内外を通して少ない。延性に富んだ純チタンに関しては，大変形に関する報告の他，義歯床や頭骨への適用の試みも報告されている[12]-[14]。しかし難成形材料とされる高強度チタン合金に関しては，レーザを用いた局部加熱の適用により実現の可能性を示唆する基礎的な研究[15]-[17]に留まっているようであり，具体的な実用例の報告は見当たらない。

　一般にチタン合金は，軟鋼やアルミニウム合金に比較し，ヤング率に対して降伏比が高い。したがって室温での成形は，大きなスプリングバックを生じると同時に割れ発生の危険が高くなる。塑性加工ではこのリスクを避けるため，一般に耐力の低下と同時に延性が増加する高温環境が利用される。高温中での成形性の向上は，インクリメンタルフォーミングでも例外ではなく，アルミニウム合金やマグネシウム合金で確認されている[18][19]。しかし装置全体の加熱昇温は，この加工法の最大の特徴である軽便さを損ない，実施は可能であっても，実用価値を低下させてしまう。レーザによる局所加熱も試みられているが，素板に対するビームの出力や照射位置の的確な制御には，多くの予測解析や試行を要するようであり，簡便な適用への課題となっている[16][20]-[22]。

　そこで筆者らは，高周波誘導加熱を用いて局所加熱冷却効果を合理的に取り入れた，チタン合金のインクリメンタルフォーミング技術を考案した[23]。そして装置を製作し，高強度チタン合金を素板とした成形実験を行った。その結果基本的な成立を見通すことができ，成形特性の調査や構造部品の試作により，関連する工程を含めた実用的な加工プロセスを開発した。以下にその概要を解説し，チタン合金の新しい加工技術として紹介させていただく。なお開発研究の詳細は，参考文献24）および25）を参照されたい。また論文として参考文献26）および27），解説記事として参考文献28）を参照されたい。

2 成形法の概要
2.1 基本構想

一般にインクリメンタルフォーミングでは棒状工具の通過に伴い，未成形の素板平面域に比較し，変形が終了して立体化し，板厚が減少した領域に高い引張応力が発生する。そして材料の張出し限界に達すると，通常この領域で割れを生じる。そこで成形前の素板平面域を高温にして耐力を低下させ，低い負荷応力で安定した塑性変形を引き出す。同時に成形が終了し，板厚が減少した立体化領域を低温にして材料の耐力および剛性を回復させ，高い負荷応力に対抗して変形しにくくする。このように一枚の素板内を，局部的に成形に都合の良い材料特性に調整することにより，高い加工度が得られると考えられる。

この構想に基づいた加工法を図1に示す。通常の加工形態に対し，素板下面側に高周波誘導コイルを追加配置した，局部加熱インクリメンタルフォーミング法である[23]。高周波誘導加熱では，ワークに誘起される電流の強さはコイルからの距離の2乗に反比例し，コイルと素板の距離が増加すると，加熱エネルギは急激に低下する。成形中，素板平面域はコイルから常に一定距離に保たれており，設定した温度に加熱維持される。一方変形が終了して板厚が減少した領域は，順次立体化してコイルから遠ざかり，加熱されなくなる。また熱伝導率の高い材質を素板支持型に使用することにより，輻射熱や接触部からの伝導熱が型に吸収され，立体化領域の降温が促される。すなわち板厚が減少した領域の強度が回復し，破断の発生が抑制されやすい環境が整うことになる。この加熱方式はレーザと比較し，温度の制御がシンプルであり，危険も少ない。

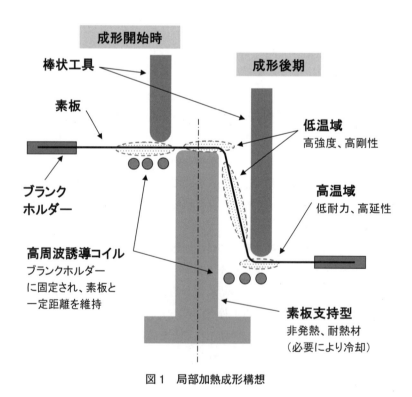

図1 局部加熱成形構想

2.2 開発の概要

この構想を具現化し，実用技術として確立するため，高周波誘導電源による加熱機構を組み込んだ実験装置を組み立てた。最初にその加熱特性や基本的な加工条件を把握するため，四角錘台を製品とした成形実験を行った。

図2に製品形状を示す。成形面となる四角錘台側壁の傾斜角θを，加工度のパラメータとした。一般にインクリメンタルフォーミングは正弦則に律せられ，立ち上げ角θが大きくなるほど板厚が減少し，厳しい加工となる[29]。素板支持型は純銅製で，四角錘台の上面を支持する四角柱である。種々の側壁傾斜角の製品形状はNCデータとして作成され，実体型は存在しない。この支持型とコイルを組み合わせた成形試験装置の外観を**図3**に示す。四角柱の型の周囲を高周波誘導コイルが取り囲む単純な構造である。開発研究では，素板材料として種々のチタン合金を使用したが，ここでは航空機構造材料として多用されている，厚さ1.0 mmのTi-6Al-4V合金（AMS4911）を使用した例について示す。

この試験装置を使用して成形が進行する状況を**図4**に示す。加熱を開始すると，素板表面に塗布した離型剤から発煙を生じる（図4(a)）。成形域が設定温度に安定した後，成形を開始すると，四角錘台上面が浮き出す（図4(b)）。工具先端部を拡大して観察すると，工具通過後の軌跡が赤熱色から黒色に変化しており，変形の終了した領域の温度が漸次低下する状況が確認される（図4(c)）。成形終了後，製品を装置から取り出すと，側壁に若干の撓みが見られるものの，全体としてほぼ目的とした形状を得ることができた（図4(d)）。

加工中の素板の温度分布を，目視イメージと合わせて赤外線サーモグラフィイメージにより**図5**に示す。成形前は支持型と接触した中心部が若干低いものの，素板全体が昇温している（図

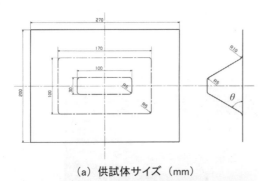

(a) 供試体サイズ (mm)

(b) 3Dイメージ（$\theta=60°$の例）

図2 供試体形状

(a) 上面側

(b) 下面側

図3 装置成形部の外観

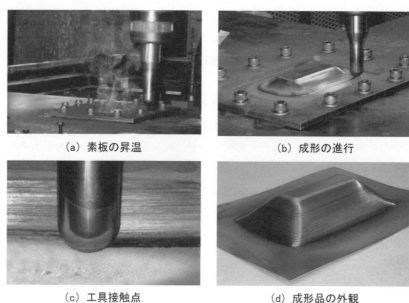

(a) 素板の昇温　　　　(b) 成形の進行

(c) 工具接触点　　　　(d) 成形品の外観

図4　局部加熱成形の概要（700℃, $\theta = 45°$）

5(a))。成形途中では，素板平面の未成形域は700℃の高温のままであるが，成形が終了して立体化した領域は200℃以下となり，大きく降温している（図5(b)）。

以上の実験結果から，高周波誘導コイルを用いた局部加熱装置は思惑通りに機能し，1枚の素板の中に，目的とした温度分布を与えられることが確認された。そして素板元板厚を半減するレベルの大変形を付与できる加工条件も把握され，作業性も含め，実用技術として成立する見通しが得られた。

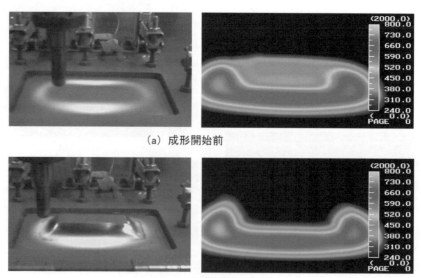

(a) 成形開始前

(b) 成形途中

図5　サーモグラフィ（左：目視イメージ，右：サーモグラフィ）

3 成形特性

開発実験で製作した成形装置を用いて種々の加工条件を試行し，その適正な条件範囲および成形限界等を調査した。これにより得られた代表的な成形特性を以下に示す。いずれも素板材料として Ti-6Al-4V 合金を使用した例である。

3.1 加熱温度の影響

本加工法の最大の特徴は成形域の局部加熱であり，加工に最適な加熱温度の把握は重要である。図6に加熱温度と成形限界（破断の発生しない最大側壁立ち上げ角）の関係を示す。このグラフから，成形限界は加熱温度に単純に相関して上昇する傾向が見られる。加熱温度が高いほど，単に素材の延性が向上するだけでなく，素板内の温度差が大きくなり，局部加熱冷却効果が発揮されやすくなるためと推察される。

本開発では素板の大気中での酸化の影響を考慮し，加熱温度の上限を800℃に設定した。Ti-6Al-4V 合金に大変形を与える加工技術として超塑性成形が挙げられるが，これを実施するためには通常900～950℃の高温環境が必要であり，強力な熱源と高温かつ高圧に耐えられる成形型とともに，素材の酸化防止対策が不可欠となる[30)31)]。これに対し本加工法は，この成形法に準ずる高い加工度が得られるにもかかわらず，これより約200℃低い温度で実施が可能となる。しかも加工時間は超塑性成形に比較して数分の一程度と短いため，装置の能力や型の高温耐久性，素材の酸化の抑制等に関する要求は大きく緩和される。

3.2 成形速度の影響

図7に工具送り速度と成形限界の関係を示す。チタン合金は一般に高温域での低いひずみ速度範囲で，ひずみ速度感受性指数が高くなることが知られている[32)]。しかし実験で用いた工具送り速度の範囲では，800℃では明瞭な影響が確認されず，500℃では中間的な速度で比較的高い成形限界が得られている。摩擦を含む多くの条件因子が複合して影響していると思われるが，加熱温度が高くなるほど，工具送り速度に関する影響は小さくなる傾向があるようである

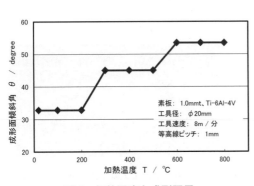

図6　加熱温度と成形限界

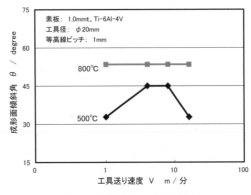

図7　成形速度と成形限界

3.3 幾何学的加工条件の影響

一般にインクリメンタルフォーミングでは，工具先端球面径と等高線ピッチの大きさは，成形限界に影響を及ぼす重要な因子とされている[33]。一方本加工法に関しては，実施した試験条件範囲では明瞭な差が認められなかった。かなり大きな幾何学的な差を生じる条件の実験も試みたが，結果としてその影響は小さく，本加工法では幾何学的関係は副次的となるようである。その理由は不明であるが，これらは製品要求に合わせて選択可能な条件因子であり，逆に好都合な特性と見ることができる。

3.4 素板厚さの影響

通常のインクリメンタルフォーミングでは，素板の板厚と成形限界の関係が希薄なためかあまり問題にされず，むしろ素材の板厚は装置能力の評価パラメータとして扱われている場合が多いようである。これに対して本加工法では板厚が強く影響を及ぼし，板厚と相関して成形限界は着実に向上することが確認された。その原因は，厳しい形状ほど成形前後域の板厚の差が大きくなり，両域間を移動する熱量が少なくなることによると考えられる。その結果両域の温度差は顕著となり，加熱冷却成形の効果が強調されるためと推測される。前述の等高線ピッチの大きさも，これに関連して影響を及ぼしていると思われるが，詳細は不明であり，今後シミュレーション解析等による変形機構の詳細な解明が待たれる。

4 部品の試作

この加工技術を実用プロセスとして有効にするため，複雑形状部品の試作および評価を行った。その2例を紹介する。1例目は工程に沿った詳細を，2例目は結果のみを示す。

4.1 試作例1

4.1.1 部品形状

図8は，試作に取り上げた製品（ダクトフランジ）の3-Dイメージである。平面の隔壁に円筒が斜めに貫通する継ぎ手構造部品であり，通常は成形可能な複数の子部品に分けて製作し，溶接組立されるか，あるいは超塑性成形により一体化して製作される[31]。素板は板厚2.0 mmのTi-6Al-4V合金，200 mm×270 mmを使用した。

4.1.2 成 形

図9にインクリメンタルフォーミングの素板支持型と加熱コイルの外観を示す。形状が長手方向の二等分線を軸とする回転対称であるため，まず半分を成形した後，素板を180°反転させ，残りの半分の成形を行う手順とした。これによりダイレス成形の特徴を活かした非常にシンプルで安価な支持型とすることができた。

図10に成形中の温度変化を表す赤外線サー

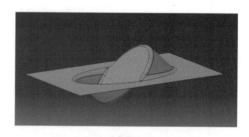

図8　試作モデル3Dイメージ
（素板サイズ：200×270 mm）

図9 支持型，コイル，棒状工具

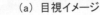
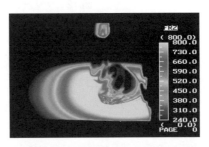

(a) 目視イメージ　　　　　　　　(b) サーモグラフィイメージ

図10 成形途中の素板温度分布

モグラフィイメージと，その目視イメージを示す。未成形の平面域では高温が維持されており，同時に中央部の成形終了域は大きく降温している。すなわち本加工法のポリシとする成形中の素板の局部加熱冷却が，効果的に成立している状況が確認される。

成形が終了した部品の概観を図11に示す。中央部の円形の平面となるはずの領域の切断面がS字状に，また円筒面となるはずの領域が球面状に大きくゆがみ，図8に示したモデルとかけ離れた様相となった。ゆがみ発生の原因は種々の影響が考えられるが，詳細は不明である。ただし変形部の表面積増加分に関しては，目的形状の表面積に近く，仕上げ工程は容易な状況にある。

4.1.3 ひずみ矯正

成形後のゆがんだ形状を矯正するため，クリープ成形工程を追加し，実施した。この工程で

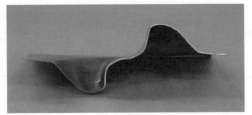

(a) 外観　　　　　　　　　　　(b) 断面

図11 成形後の状態

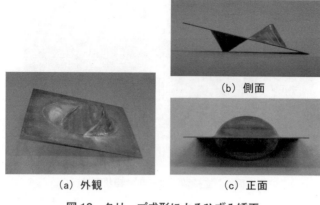

図12 クリープ成形によるひずみ矯正

は，昇温した凹凸型の間に供試体をセットし，徐々に型を閉じて700～750℃，20分間の保持を行った。図12に矯正後の部品を示す。部品は型に沿って十分にクリープ変形が進行し，ゆがみはほぼ完全に解消している。

一般にインクリメンタルフォーミングは，他の金属加工法と同様にスプリングバックが発生し，形状的剛性の低い部品ではゆがみが発生し，形状品質の低下が問題とされる場合がある[4) 9) 12)]。これに対しチタン合金は，この合金特有のクリープ特性を利用したひずみ矯正工程を追加することにより，スプリングバックを含めた成形後のゆがみを比較的容易に除去することが可能であり，高い形状精度を達成しやすい。この材料特性は，他の材料では得られない，大きなメリットをもたらしている。

図13 部品の仕上がり状態

図13に，外周フランジおよび円板内部をトリムし，酸洗浄した部品の最終的な仕上がり状態を示す。クリーニング後は内外の表面状態を含め，良好な外観が得られている。インクリメンタルフォーミングで常に問題となる等高線状の工具軌跡も，ほとんど気付かれない滑らかな表面が得られている。

4.2 試作例2

図14に，もう1つの製品（オイルパン）の試作例を示す。周囲が傾斜角53.5°の平面と円錐面の側壁からなる，二段階の深さを有する容器形状である（図14(a)）。素板は板厚1.0 mmのTi-6Al-4V合金，200 mm×270 mmを使用している。基本的な工程および加工条件は，すべて試作例1と同じである。

成形後の状態は，側壁に若干のひずみが見られるものの，全体として目的とした形状が得られている（図14(b)）。仕上げ成形として，製品外形の凹形状を彫りこんだ型にセットし，上面側からアルゴンガスで圧力を負荷するクリープ成形を施した。その結果成形品は型に密着し，

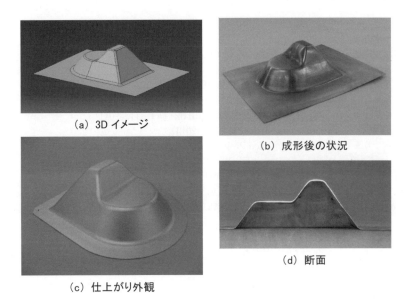

(a) 3Dイメージ
(b) 成形後の状況
(c) 仕上がり外観
(d) 断面

図14　成形例　その2

高い形状精度が得られた（図14(c)）。内部応力も除去されており，中央で切断した断面のゆがみも認められない（図14(d)）。

5 おわりに

　高強度チタン合金の局部加熱を用いたインクリメンタルフォーミング技術について，その開発研究の過程を含め，基本的な加工プロセスを示してきた。その中で，高周波誘導加熱の特性を効果的に利用することにより，比較的容易に得られる大変形のメカニズム，本加工法固有の成形特性，そして部品試作による具体的な実施例を紹介した。

　現在新しい航空機の機体構造材料の主流は，アルミニウム合金からCFRPに大きくシフトしている[34]。そしてCFRPの性能を存分に発揮させるため，この材料と相性良く組み合わせることのできるチタン合金部品の数も増加し，その合理的な加工法の開発要求は日々強さを増している[35]。これは航空機に限らず，自動車を含めた構造効率の追究が主要課題である輸送機器全体の傾向と言える。このような背景の中で，高強度チタン合金板材に対し，素板の厚さを半減するような大変形を付与できる実用的な成形手段は，現在のところ超塑性成形法のみと言ってよい。

　本研究で開発された局部加熱インクリメンタルフォーミング技術は，高強度チタン合金に対し，超塑性成形に比肩する高い加工度の付与が可能である。また素板支持領域は素材の元板厚が維持される等，この成形法特有の板厚変化も得られる。しかも超塑性成形に比較して，小規模で安価な設備環境により実施が可能である。さらにひずみ矯正を含めても，低温かつ短時間に，高品質な製品を作り上げる軽便さを合わせ持っている。今後チタン合金部材の需要の増加に伴い，本加工法がこれに寄与する製造手段の1つとして，広く実用されることが所期される。

第4編　マルチマテリアル化を支える生産技術

文　献

1) 松原茂夫：塑性と加工，**35-406**，1311-1316（1994）.

2) 井関日出男：塑性と加工，**42-489**，996-1000（2001）.

3) 北沢君義：塑性と加工，**42-489**，1001-1007（2001）.

4) 松居正夫，松田文憲：塑性と加工，**42-489**，1046-1050（2001）.

5) Car Frederick et al.，（Ford 社）：特許 US8322176（Feb，11，2009）.

6) Christopher S et al.，（Boeing 社）：特許 US8，033，151B2（Oct，11，2011）.

7) N. Devarajan et al.， ：*Procedia Eng.* **81**，2298-2304（2014）.

8) M. J. Zaluzec：U.S. DOE Adv. Mfg. Office Program. Rev. Met.（May，2015）.

9) 網野廣之，呂言：塑性と加工，**42-489**，1051-1055（2001）.

10) M. Amino, M. Mizoguchi, Y. Terauchi and T. Maki：ICTP 2014（2014）.

11) 大津雅亮，市川司，松田光弘，高島和希：塑性と加工，**52-603**，490-494（2011）.

12) A.Daleffe et al.， ：Eng.Mater.，554-557，195-203（2013）.

13) 田中繁一：文科省科研費報告書，No.16360065（2006）.

14) B. Lu et al.， ：Int. J. Mater Form，361-370（2016）.

15) J. R. Duflou et al.， ：Annals of the CIRP **56**，273-276（2007）.

16) A. Gottmann et al.， ：Prod.Eng.Res.Devel.（2011）.
    DOI 10.1007/s11740-011-0299-9

17) L. Novakova et al.， ：Int.Scholarly & Scientific Res. & Inv.8，373-378（2014）.

18) 相田収平，他：H15 塑加春講論，297-298（2003）.

19) 日野隆太郎，吉田総仁：塑性と加工，**51-591**，297-301（2010）.

20) D. Xu et al.， ：ICTP 2014，2324-2329（2014）.

21) R. Hino et al.， ：ICTP 2014，2330-2335（2014）.

22) 日野隆太郎：天田財団助成研究成果報告書 27，100-105（2014）.

23) 日本飛行機㈱：特許公開報，特開 2010-253543，P2009-110015（2009）.

24) （社）日本航空宇宙工業会：H21 年度革新航空機技術開発センター，
    委託研究成果報告書 No.2115，ISSN 1880-3660（2010）.

25) （社）日本航空宇宙工業会：H22 年度革新航空機技術開発センター，
    委託研究成果報告書 No.2207，ISSN 1880-3660（2011）.

26) 鈴木信行，佐野利幸：塑性と加工，**52-604**，579-583（2011）.

27) 鈴木信行：塑性と加工，**53-613**，155-159（2012）.

28) 鈴木信行：素形材，**52-11**，8-13（2011）.

29) 塑性加工便覧（日本塑性加工学会編），コロナ社，628（2006）.

30) 東健司：まてりあ，**34-8**，1002-1009（1995）.

31) M. H. Mansbridge：Proceedings 22nd Int. SAMPE，224-236（1990）.

32) 長田卓，大山英人，村上昌吾：コベルコ技報，**64-2**，28-32（2014）.

33) 鈴木信行，佐野利幸，高科建太郎：塑性と加工，**51-588**，23-27（2010）.

34) 例えば http://www.boeing.com/commercial/787/

35) 森口康雄：（社）日本航空宇宙工業会会報「航空と宇宙」，No.641，21-33（2007-5）.

第4編 マルチマテリアル化を支える生産技術

第1章 成形加工技術

第4節 CFRP適用 PCM新工法

三菱ケミカル株式会社　小川　繁樹

1 はじめに

自動車業界では，衝突安全性確保により自動車の車体重量が増加傾向に推移する中，環境規制を背景に軽量化検討が加速してきている。軽量化には炭素繊維複合材料（Carbon Fiber Reinforced Plastics：以下，CFRP）が威力を発揮するが，生産台数が限定的な高級車が主流で，量産車への本格的な実用化の域には達していなかった。量産車両に搭載するには，量産性が課題となっていて，短時間サイクルタイム工法の開発と，その工法に最適なCFRPが求められている。

欧州では，短時間サイクルタイムを達成した量産工法の1つであるRTM（Resin Transfer Molding）工法が実用化されており，BMW社の電気自動車に搭載されているが，外装パネルの塗装外観に性能が不十分であることや，より複雑な部品への形状対応性，成形性が求められている。

本稿では，三菱ケミカル（旧三菱レイヨン）㈱が開発したハイサイクルCFRP成形工法「PCM（Prepreg Compression Molding）工法」について紹介する。

2 PCM工法とは

自動車用途のCFRP成形材料・成形工法は，量産性（サイクルタイム）を向上すべく工法が変遷してきており，熱硬化性樹脂系CFRPと熱可塑性樹脂系CFRP（CFRTP）に関し，性能・品質と量産・賦形性（形づくり易さ）に関して図1のように位置づけられる。

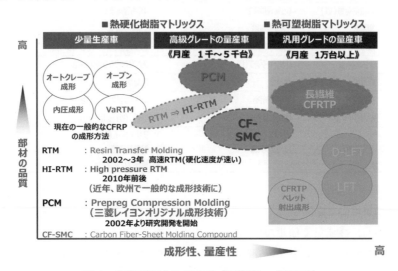

図1　自動車用途のCFRP成形材料・成形工法

－277－

ハイサイクル CFRP 成形工法としては，欧州などで実用化されている RTM 工法があるが，最近は硬化時間が短いプリプレグを用いたプレス成形による工法である PCM 工法が実用化され，注目をあびている。PCM 工法とは①熱硬化系エポキシ樹脂（2〜5分硬化）を炭素繊維に予備含浸させたプレス成形用速硬化プリプレグと，②自動化プロセスが容易なプリフォーム技術と，③油圧プレス機を用いて高圧（プレス圧：294〜980Pa）高温（型温：130〜150℃）で成型する技術を組合せたハイサイクル CFRP 成形工法であり，これらの成形工法を図 2 に示し，その特徴比較を表 1 に示す。

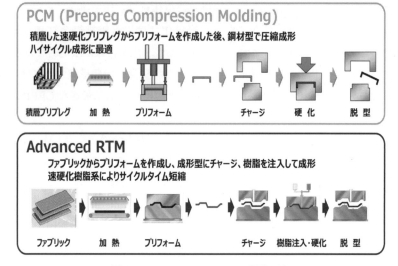

図 2　ハイサイクル CFRP 成形工法

表 1　ハイサイクル CFRP 成形工法の特徴比較

	PCM (Prepreg Compression Molding)	RTM (Resin Transfer Molding)
繊維材料	プレス成形用速硬化プリプレグ	ファブリック（多軸織物、クロスなど）
繊維含有量(Vf)	65%程度まで	45%程度まで
樹脂系	エポキシ樹脂	エポキシ樹脂
成形できる部材形状	比較的単純で、割型で脱型できる形状	比較的複雑な形状に対応可能
プリフォーム	プリプレグをプリフォーム	ファブリックをプリフォーム
成形型	鋼材型	鋼材型
成形圧力	3〜10MPa	0.5〜1MPa (5MPa;HP-RTM)
成形サイクル	最短5分程度	最短10分程度
使用機器	プリフォーム設備 油圧プレス機	プリフォーム設備 樹脂注入機 油圧プレス機 (HP-RTM)

PCM 工法の技術的な優位性は，①高速サイクルタイムが可能，②ホットメルト（任意の溶剤を必要としない），③素早く簡単なプリフォームが可能，④ドライ・ファイバーを取り扱わない，⑤ VOC (Volatile Organic Compound，揮発性有機化合物) がフリー，⑥金属や CF-SMC (Carbon Fiber-Sheet Molding Compound) などとのハイブリッド部品が可能，⑦構造部品並び

に外装部品を製造するための性能を有することなどが挙げられる。

性能を発揮するための特徴はプレス成形用速硬化プリプレグにあり，プレス成形品の物性がAC（Auto Clave）成形品と同じ性能を示す。試作時は安価な型を使用するAC成形工法で行い，量産時のプレス成形へのスケールアップが容易になる。プレス成形としては，既設の油圧プレス機やサーボプレス装置が利用可能であり，ガラス繊維-SMCで培われた金型技術も利用できる。

PCM工法は，パターンカット，加熱，プレス・プリフォームを含むプリフォーム工程と高出力油圧プレス機を用いて高圧高温で成形するプレス成形工程の2工程に大別できる。プリフォーム工程は生産性の観点からプレス成形工程のサイクル時間と合わせる必要がある（図3）。

次にPCM工法の技術要素であるプレス成形用速硬化プリプレグ，プリフォーム技術，及び高圧プレス成形技術について詳しく述べる。

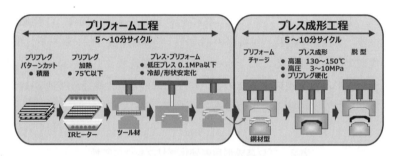

図3　PCM工法の工程

3 プレス成形用速硬化プリプレグについて

プレス成形用速硬化プリプレグの特徴は，成形温度における樹脂粘度をプレス成形に最適化していることである。硬化中の高温時に樹脂が流動を制御するために粘度を高粘度化した樹脂組成にしている（図4）。

また，一般的に硬化時間を短くすると樹脂粘度が急激に増加するので成形ができなくなる。樹脂粘度の変化を穏やかにすれば，硬化時間が長くなる。端部まで素早く樹脂が抵抗なく流れ込み，成形圧力が伝わった瞬間に硬化することが理想である。端部まで成形圧力が伝わるように硬化特性を最適化されたプレス成形時の硬化時間と，形状を安定させるための樹脂粘度の制御が，そのサイクルタイムを決めている。速硬化プリプレグは，従来のプリプレグと比較して硬化時間が短時間になっている（図5）。

ただし，プレス成形中の樹脂粘度は成形後の物性に影響を及ぼす。高粘度樹脂の場合，①機械的物性のばらつき，②繊維の乱れ，

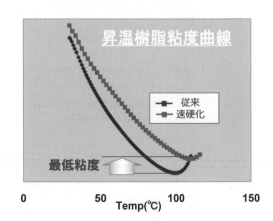

図4　プリプレグ樹脂の粘度挙動

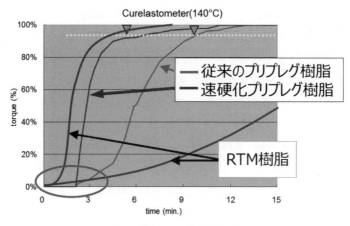

図5　樹脂の硬化挙動比較

③板厚の不均一，④外観不良（ピンホール，巣穴等），低粘度樹脂の場合，①樹脂流出，②機械的物性のばらつき，③繊維の乱れ，④板厚の不均一，⑤外観不良（ピンホール，巣穴等），⑥脱型不良などの成形欠陥が発生する。ピンホールなどの欠陥をなくし，Class A 外観の塗装品質を得られるような成形品質を達成するために，バランスのとれた樹脂粘度を制御する技術が必要不可欠で，本プリプレグの強みの1つである。

表2　プレス成形用速硬化プリプレグの特性

Matrix Resin			#360/#361	#367/#368	
Carbon Fiber			TR50S	TRW40	
Mechanical Properties			Value		Method
Flexural	0°	Strength* (MPa)	1823	1748	ASTM D790 without cushion
		Modulus* (GPa)	126	135	
		Strain (%)	1.53	1.3	
	90°	Strength (MPa)	64	116	ASTM D790 without cushion
		Modulus (GPa)	8.5	7.3	
		Strain (%)	0.7	1.4	
Compressive	0° RT-Dry	Strength* (MPa)	1503	1535	SACMA SRM 1R
		Modulus* (GPa)	125	120	
	0° Hot-Wet	Strength* (MPa)	1208	750	
		Modulus* (GPa)	128	115	
Shear	In-plane	Strength (MPa)	54	90	ASTM D3518
		Modulus (GPa)	4.0	4.4	
	ILSS	Strength (MPa)	71	94	ASTM D2344

*0° properties of Flexure and Compression are calculated at 60% of fiber volume fraction of laminate.

Carbon Fiber	:TR50S（Tensile modulus 240GPa、small tow 15K） :TRW40（Tensile modulus 240GPa、large tow 50K）
Curing Condition	:Compression molding for 5 minutes at 140℃ Pressure 8 MPa（Gauge）
Test environment	:RT-Dry　Temp.23℃±3℃、50%RH :Hot-Wet　After soaking the specimen in hot water（70℃） for two weeks, Temp. 80℃

※表に示した各測定データは参考値であり，保証値ではありません。

本プリプレグは，外装部品／外板用途#360/#361と構造部材用途#367/#368の2種類に大別できる。これらのUD（Unidirectional）プリプレグの特性（表2）を示す。

特に，外板用途#360/#361は，耐熱性と吸湿性が重要な性能になり，ガラス転移点温度167℃（成形温度：140℃，成形時間：5分）で高耐熱性を示し，耐吸湿特性（図6）にも優れている。

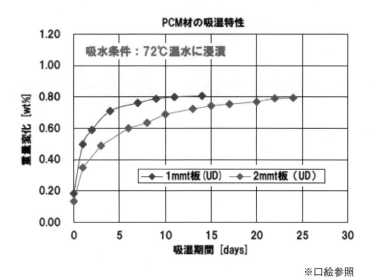

本データは，参考値であり保証値ではありません。

図6　#360/#361の吸湿特性

4 プリフォーム技術について

プリフォームの加工品質は，AC成形工法やRTM工法と同様に成形品に及ぼす影響が大きいことがわかっている。プリフォーム工程で，成形品に及ぼす影響が大きい因子はプリプレグの加熱条件で，加熱が不十分であればプリフォームのシワ発生，つまり成形品の繊維蛇行に繋がり，加熱が過剰であればプリプレグの硬化開始，つまり成形時の流動性や物性に影響を与える。

プリフォームにシワなく，賦形良好なプリプレグには適正な温度条件があり，そのプリプレ

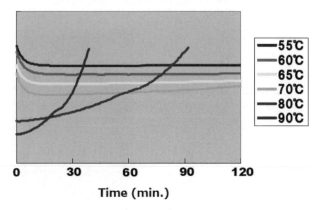

※口絵参照

図7　速硬化樹脂の安定性（温度 .vs. 樹脂粘度）

第4編　マルチマテリアル化を支える生産技術

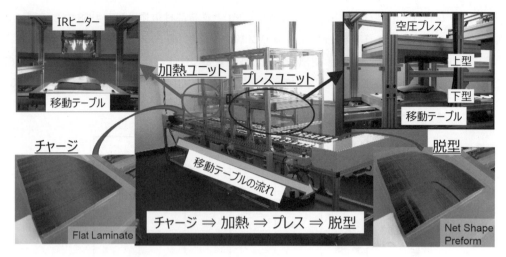

図8　プリフォーム工程のデモンストレーション機

グに特有のものを有する。外板用途#360/#361の最低温度は、50℃以上、プリプレグが硬化を開始する温度は80℃であるので、最高温度は80℃未満とする（図7）。

　上記データより、プリフォームの適正温度範囲は50～75℃となる。プリフォームの加熱は、部品の形状や大きさによって最適な条件とする必要がある。対象物が大きく、厚いものであれば、全体的に均一加熱が行われるようにIRヒーターの配置や加熱条件を工夫する必要がある。また、プリフォームサイズも注意が必要で、成形サイズに比べて小さすぎると、成形品の端部に樹脂だまりや欠肉が発生し、大きすぎると繊維蛇行が発生し、金型に噛み込まれる可能性がある。

　ハイサイクルCFRP成形工法を実現する上で、プレス成形と同等なハイサイクルプリフォーム技術が不可欠であり、自動化設備による、均一な品質、とハイサイクル性を追求することが必要である。そこで、プリファーム工程でのプリプレグ加熱とプレス・プリフォームの自動化を想定したデモンストレーション機（図8）を製作して、最適な予備加熱と低圧プレスによる型嵌合での賦形性を実証している。

　実装されている部材は、3次元複雑形状、特に深絞り形状や曲面形状を有する物が多く、そ

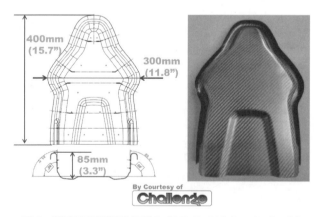

図9　深絞り複雑形状モデル（1/2サイズ シートバック）

第1章　成形加工技術

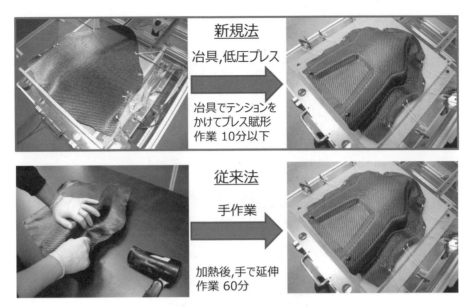

図10　深絞り複雑形状のプリフォーム

のハイサイクル化や自動化は量産車への実装には必要な技術になり，その開発が行われている。そこで，1/2サイズ　シートバック（図9）を深絞り形状のモデルとしてハイサイクルプリフォームの技術検証を行っている。

部分的にヒーターでプリプレグを加熱して手で延伸し，賦形していた従来法に比べ，延伸したい部分に治具を用いてテンションをかけた状態のプリプレグを加熱後，型面に貼り付けた状態から低圧プレスによる型嵌合で賦形するプリフォーム技術（テンション法）を開発，有効性を検証している（図10）。

次に，テンション法の自動化を実証するために，チャッキングユニットを導入した自動化デモンストレーション機（図11）を製作し，1/2サイズ　シートバックの賦形オートメーション化を実現している。

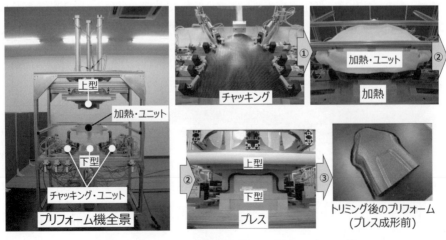

図11　テンション法自動化デモンストレーション機

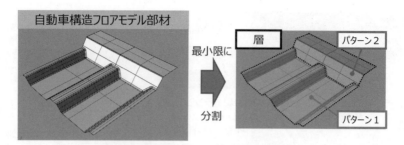

図12　分割プリフォーム法　Step 1

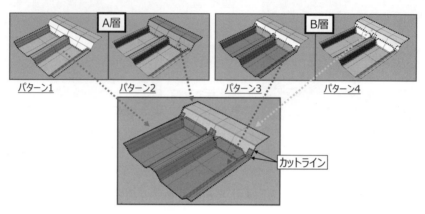

図13　分割プリフォーム　Step 2

　さらに，自動車構造部材フロアパネルのような大型3次元複雑形状に対応できるプリフォーム技術を開発し，提案している分割プリフォーム法について詳しく述べる。まず，製品形状，例えば自動車構造フロアモデル部材をプレス賦形でプリフォームできる最小限に分割し，分割した部分形状がプレス賦形で短時間にプリフォームできる形状（パターン1, 2）を見出す（図12）。
　次に，それぞれの層におけるプリプレグのカットラインが重ならないように分割パターンを最適化する（パターン1, 2, 3, 4）。これは，カット部分が重なっていると局所的に大きな荷重がかかり，損傷に至るからである（図13）。
　分割パターンの一体化は，低圧プレスまたはデバルク（真空脱気）によって行い，数分以内でプリフォームが完了する。このプリフォームはプレス成形に用いることができる状態になって

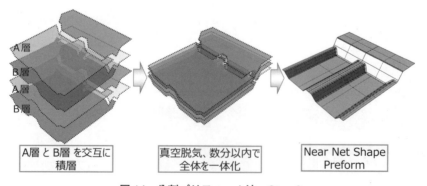

図14　分割プリフォーム法　Step 3

第1章 成形加工技術

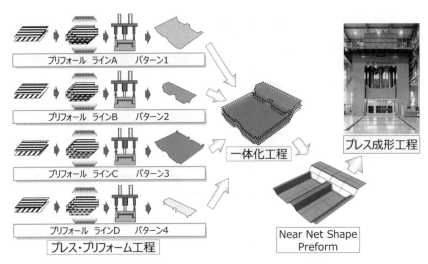

図15 量産化を想定した分割プリフォーム法

いる（図14）。

最後に，量産化を想定した分割プリフォーム法は，各部分形状（パターン）のプレス・プリフォーム工程と一体化工程を並行して行うことで，ハイサイクルで大型3次元複雑形状がプリフォームできるプロセスを提供する（図15）。

5 高圧プレス成形技術について

プレス成形工程は，①プリフォームを所定の成形温度に加温した金型（下型）に投入し，②金型を閉める間に素早く真空脱気しながら型締めを行い，硬化時間まで所定圧力と温度を維持し，③硬化終了後に金型を開いて成形品を脱型するプロセスである。場合によっては脱型後の冷却時に成形品が反らないように冷却治具で固定する必要がある。

速硬化プリプレグの硬化解析，すなわちプリプレグの温度カーブ（図16）でわかるように，プリプレグを金型に投入し，素早く金型温度に達した後に硬化反応が始まる。当然，プリプレグ温度が金型温度になる時間が短いためにプレス成形型でプリフォームとプレス成形を同時に実施することはできない。

成形品に影響を及ぼすプレス成形の因子は，①金型温度，②成形圧力，③成形圧力に到達するまでの時間，④真空脱気の到達圧とそのタイミングなどが挙げられる。金型温度は，硬化自体に影響ない範囲での温度変化において，温度が低すぎると樹脂の流動時間が長くなり，樹脂フローが過剰で，温度が高すぎると樹脂の流動時間が短くなり，端部に欠肉が発生する。成形圧力は，圧力が低すぎると成形品表面にピンポール，内部にボイドが発生，端部に欠肉が発生する可能性があり，圧力が高すぎると樹脂フローが過剰で，繊維蛇行が顕著になる。成形圧力に到達するまでの時間，つまりプリフォームを金型に投入してから成形圧力に到達するまでの所要時間は，時間が長すぎるとプリプレグの反応が始まり，成形時の流動性や物性の低下，特に厚みがある場合に金型面とその反対面で流動性に違いが起こり，成形品表面に影響を与える。特に，速硬化プリプレグを取り扱うプレス成形工程は，成形品の形状により各成形因子の影響

-285-

第4編　マルチマテリアル化を支える生産技術

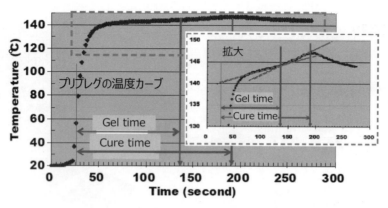

図16　速硬化プリプレグの硬化解析

度合いが変わることに注意が必要である。

　次に，近年は外装／外板部品のみならず2025年排ガス規制を考慮すれば自動車の軽量化をさらに加速させる必要があり，構造部材への適用が重要な課題になっている。このことにより，CF-SMCや金属などとのハイブリット部品への要求が日に日に増している。そこで，図1に示した自動車用途のCFRP成形材料・成形工法も時代の要求に応じて進化し，ハイブリッド工法を新たに位置付けている（図17）。

　PCM工法は，適用する部材・部品に応じて速硬化プリプレグだけでなく，硬化時間が短いCF-SMCとハイブリッド（複合）化して使用することもできる（図18）。

　特に，構造部材への適用に向けて，工程安定性と再現性に優れたPCM工法を基軸とした複雑形状（リブ，ボス，金属インサート）に対応できるハイブリッド成形工法を開発，自動車構造フロアモデル部材（図19）で有効性を検証している。速硬化プリプレグとCF-SMCとのハイブリッド成形工法で自動車部材の要件によっては，CF-SMCを主体にプリプレグで部分補強を行う場合や，プリプレグを主体にCF-SMCで複雑形状部のみ適用する場合に大別される。

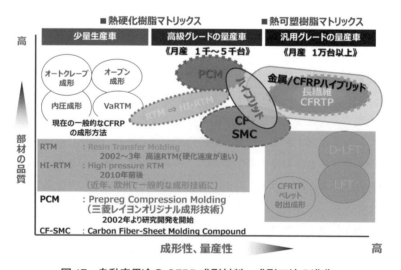

図17　自動車用途のCFRP成形材料・成形工法の進化

- 286 -

第1章　成形加工技術

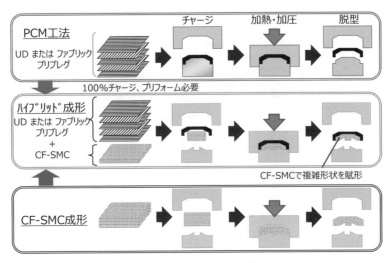

図18　PCM工法の展開

また，自動車のフレームや骨格部品である金属部品の補強アプリケーションには金属と速硬化プリプレグとのハイブリッド成形工法も速硬化サイクルで迅速な部品製造が可能になる。

6 新たなる成形技術（基本技術）

PCM工法の適用部材を広げるためにプレス成形技術を基軸とした基本的な成形技術の研究・開発を行っている。従来のプレス成形工法では，複雑形状の中空部品を成形できる技術がなく，新たにPCM工法を基軸とした粒子コア圧縮成形工法を開発，有効性を検証している。粒子コア圧縮成形工法は，①樹脂製シェルにセラミック粒子を充填した樹脂製コアを準備し，②そのコアを中空になるように速硬化プリプレグで包み込んだプリフォームを作成，③金型に投入し高圧プレスで成形した後に④コア内の粒子を取り除いて中空部を形成する（図20）。取り出したセラミック粒子は再利用する。

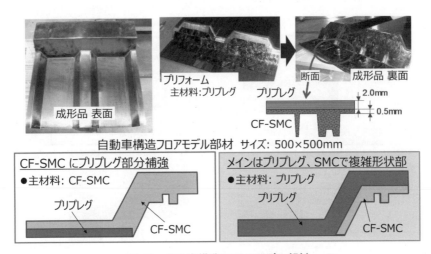

図19　自動車構造フロアモデル部材

－287－

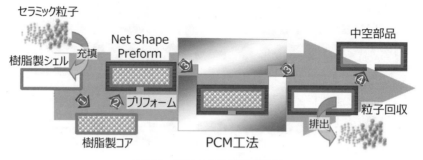

図20 粒子コア圧縮成形工法

しかしながら，複雑形状に垂直な壁部分が多い場合は，その垂直部分に圧力がうまく伝わらずに繊維蛇行が発生し，コーナー部に樹脂溜まりが発生する。その対策として，中空内部にプランジャーで加圧することで解消することを見出し，内部加圧機構付粒子コア圧縮成形工法でさらに適用部材が広がる（図21）。

内部加圧機構付粒子コア圧縮成形工法での適用部材の可能性を追求するために非常に複雑な中空部品である自動車ホイールモデル部材で検証，樹脂製シェルの材質，その厚み，セラミック粒子の種類，サイズ，や圧力の伝達メカニズなどの基本技術を確立している（図22）。

次に，複雑形状，しかも高性能・均質な部品で低コストに量産化できる成形工法として，PCM工法の応用技術であるトウプレグ・プレースメント成形工法を提案している。トウプレグ・プレースメント成形工法は，速硬化プリプレグ（シート状）に変えて速硬化トウプレグ（テープ状）を用いて自動プレースメント装置で2次元積層を行う（図23）。

従来のプリプレグに比べてトウプレグは，必要最小限にプレースメント装置で積層できるので，廃棄物を20％削減できる可能がある（図24）。

プリフォーム工程での複雑形状への追従性を調べるために，UDプリプレグとトウプレグを比較した。UDプリプレグは局所的な引張力を受けるとその周辺にシワが発生するのに比べて，トウプレグはトウ−トウ間のズレにより引張力を逃がすことができるのでシワの発生がなく，複雑形状への追従性が良好である（図25）。

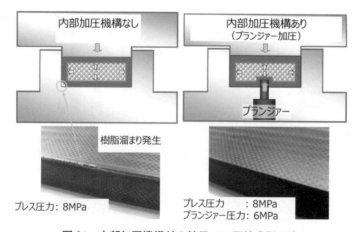

図21 内部加圧機構付の粒子コア圧縮成形工法

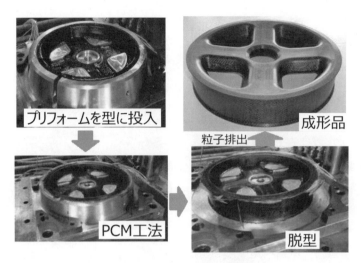

図22　ホイールモデル部材

　UDプリプレグのプリフォームではプレス成形が不可能である。トウプレグのプリフォームはプレス成形できているが，成形時にトウ単位での移動があるので表層部分に樹脂溜まりが発生する。まだまだ課題が山積しているが，トウプレグ・プレースメント成形工法の有効性は確認できている（**図26**）。

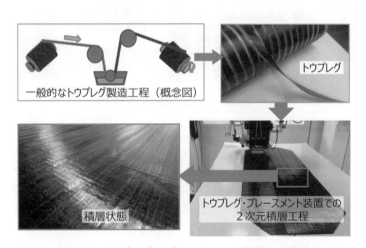

図23　トウプレグ・プレースメント装置での積層

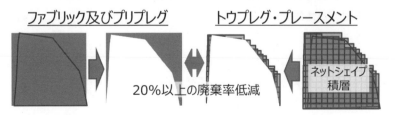

図24　廃棄物の削減

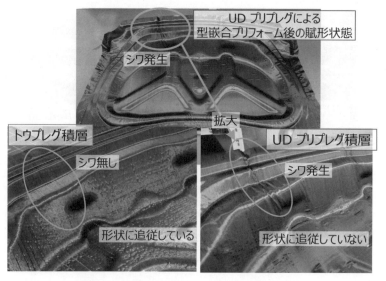

図25 型嵌合プリフォームでの追従性比較

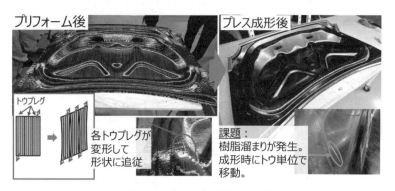

図26 プレス成形性の評価

7 まとめ

　2025年欧州排ガスCO_2規制が厳しく，達成が難しく，量産小型車でも軽量化が必須になる可能性があるので，ハイサイクルCFRP成形工法，特にPCM工法の開発は時代の要請であったと考えている。PCM工法を多くの方々にご採用頂くには，油圧プレスやサーボプレス装置のような既存設備をうまく活用して初期投資を抑え，AC成形工法で短期に試作・性能確認サイクルを回すことで，早期にプレス成形での量産試作に繋げられることが必要である。

　また，航空機分野に利用されているプリプレグに変えて自動車分野に合った速硬化プリプレグを使用することで，高性能で均質な部品を製造でき，かつプレス成形により高品質な部品を量産化しやすくなっている。

　最後に，OEM・Tier1から得た知見を材料にフィードバックしながらより良い材料の開発，プレス成形を基軸とした基本的な成形技術の開発で自動車分野に貢献していきたいと考えている。

第4編 マルチマテリアル化を支える生産技術

第2章 鍛造, 鋳造, プレス加工

第1節 鍛造用アルミ材料による自動車部品の軽量化 ～自動車サスペンションを事例に

株式会社神戸製鋼所　蛭川　謙一

1 まえがき

　自動車は，環境保護のための燃費向上に加え，安全装備の充実や運転性能の向上を背景に軽量化が年々強く求められている。これに伴い，サスペンションアームも軽量化並びにバネ下荷重低減による操縦安定性の向上を目指してアルミ化が進展し，製造プロセスの中では最も軽量化効果が得られて信頼性の高いアルミ鍛造品の採用が増加している。神戸製鋼所大安工場では，アルミ鍛造サスペンションをナンバーワン製品に位置づけ，更なる性能向上・高効率生産を目指している。

　サスペンション構造の一例を図1[1]に示す。また，表1にはアルミサスペンション部品の例を示す。アルミ鍛造品は，主に強度・靭性が要求されるロアアームに多く採用されており，従来は高級車のみに採用されていたが，近年は中級車種にも採用されてきている。これは，サスペンションのアルミ鍛造化が進むに伴い，製造面でのコストダウンが推進された結果である。一方，従来採用されてきた鉄プレス品においてもハイテン材の高強度化による軽量化・コストダウンは目覚しく，アルミ鍛造との競合が激しくなってきている[2]。また，軽量化要求が高まるにつれて，高強度アルミ鍛造材のニーズが高まっており，従来の6061・6082材から，これらにCuを添加した合金や6110材などのようなSi・Cu高添加合金の開発が進んできている。

　当社では，これらのニーズに応えるべく更なるサスペンションの軽量化および低コスト化を図るため，材料面で高強度合金KD610材を開発し，製造面で均質化処理温度，鍛造温度，加工度などの最適化を図り，更に鍛造シミュレーションを活用した工程設計の改善を行っている[1]。以下にその取組事例を紹介する。

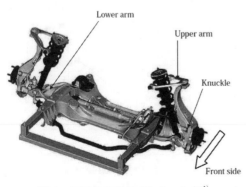

図1　フロントサスペンション例[1]

表1　アルミサスペンション部品の例[1]

Vehicles	Site	Model	Parts	Manufacture
A	Front	Double wishbone	Knuckle	High pressure casting
			Lower arm	Forging
			Upper arm	Forging
	Rear	Multi link	Carrier	High pressure casting
			Lower link	Vacuum die casting
			Upper arm	Forging
B	Front	Double wishbone	Knuckle	Forging
			Lower link	Forging
			Upper arm	Forging
	Rear	Multi link	Carrier	Gravity casting
			Lower link	Vacuum die casting
			Upper arm	Forging
			Link lower front	Extrusion
			Control arm	Forging

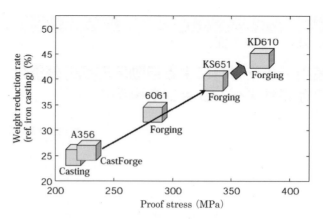

図2 アルミ合金の耐力と軽量化率の関係[1]

2 材料面・製造面での開発

サスペンション部品に要求される材料特性は，静的強度，疲労強度，伸び，衝撃値，耐食性と相反する特性を合わせ持つことが求められる。このような要求特性の中で，初期のアルミ鍛造に採用された材料には6061材が多かった。当社では，6061材より高強度を有するKS651材の量産化を既に実施していたが[3]，更なる高強度化要求に対応するためにKD610材の開発を行った[4]。これにより，6061材に比較して約10%強の軽量化が達成された。図2には各種アルミ合金の耐力と軽量化率の関係を示す。

一般的に，基本成分（Si，Mg，Cuなど）または遷移元素（Mn，Cr，Zrなど）の成分添加のみでの高強度化は，靭性や耐食性を大きく低下させる。このため，靭性・耐食性低下防止には，各製造プロセスにおいて未再結晶化および亜結晶粒化とするための改善が必要とされる。以下にその改善点について述べる。

2.1 鍛造温度の高温化

アルミの熱間加工においては，下部組織として微細な亜結晶粒を形成することによって耐力を高められることが知られている[5)-7)]。亜結晶粒組織を得るためには，鍛造温度を高温化し，鍛造時に形成される転位密度を減少させて回復組織とすることが必要である。図3に，鍛造後T6処理した6061合金の耐力値と結晶粒径，亜結晶粒径との関係を示す。亜結晶粒組織とすることで耐力が向上していることがわかる。

熱間鍛造条件とミクロ組織の関係は，Zener-HollomonのZ変数を用いて整理されることが多い[8)9)]。低Z化により亜結晶粒組織の割合が大きくなることが認められた（図4）。

図5はL形アームにおける鍛造温度と引張強度，耐力，伸びの関係を示す。鍛造温度の高温化に伴い，耐力に加えて引張強さや伸び

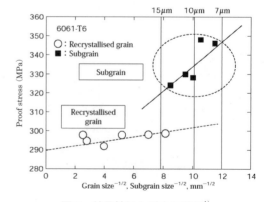

図3 結晶粒径と耐力の関係[1]

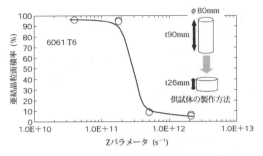

図4　Z変数と亜結晶面積率の関係[1]

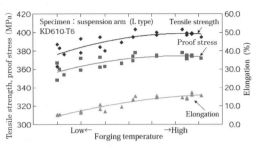

図5　強度と鍛造温度の関係（KD610-T6）[1]

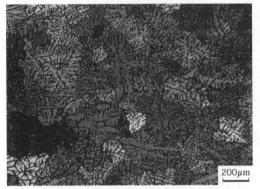

図6　Zr0.12%添加ビレットの組織（KD610）[1]

図7　Zr無添加ビレットの組織（KD610）[1]

も大きくなる。これは，ミクロ組織の亜結晶粒化に対応する。

2.2　遷移元素とソーキング

　鍛造ならびにその後のT6処理時の結晶粒成長を防止して亜結晶粒とするためには，材料に微細・高密度の分散粒子を形成する必要がある。このためには，Mn，Cr，Zrなどの遷移元素の適量添加および均質化処理工程の適正化が重要となる。本開発において主に添加した遷移元素はMn，Crである。ポイズニングによる鋳造組織の粗大化を防止するため，Zrは無添加としている[10]（図6，図7）。

　均質化処理において，分散粒子は低温側で微細・高密度に形成する。粒界移動拘束力は増大し，亜結晶粒組織となりやすい（図8）。ただし，均質化処理温度の低温化は，未固溶の粗大な晶出物が残存することとなり，靭性・疲労といった破壊特性の低下をもたらす。均質化熱処理温度は，亜結晶粒組織化と破壊特性の低下防止との両面から最適な条件を選択した。

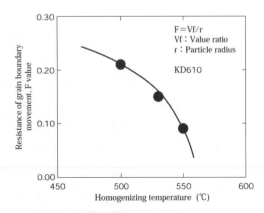

図8　粒界移動拘束力と均熱温度の関係（KD610材）[2]

第4編　マルチマテリアル化を支える生産技術

表2　均質化処理温度と分散粒子・鍛造組織の関係（KD610 材）[1]

Homogenizing temperature	Dispersoids	Microstructure of forging with T6
Low	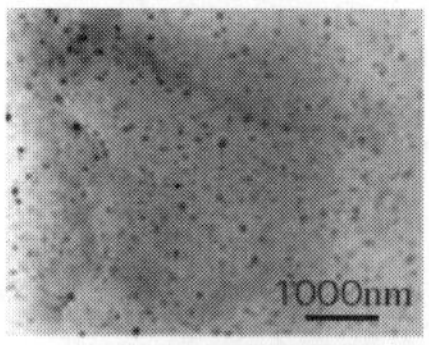 1000nm	 50um
High	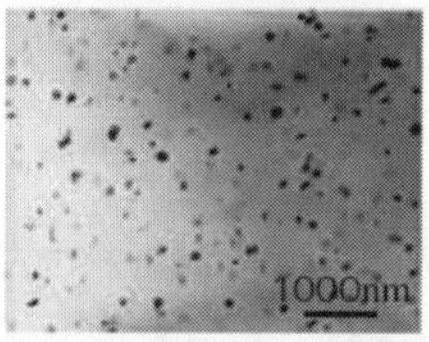 1000nm	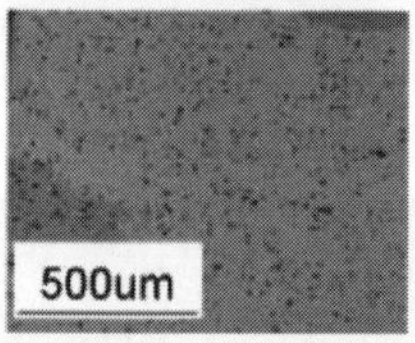 500um

　表2は，均質化熱処理温度による分散粒子の形態とT6後の鍛造組織を示す。均質化熱処理温度の低温化で分散粒子は微細・高密度化し，鍛造後にT6処理した材料のミクロ組織は亜結晶粒組織となる。一方，高温側では，分散粒子は粗大・低密度化し，粗大な再結晶粒組織となる。鍛造組織を決定する他の要因として，鍛造時の加工率が挙げられる。Z変数が同一の値でも，鍛造時の加工率によりT6後の組織形態は異なる。例として表3に6061材での鍛造圧下率，鍛造温度とミクロ組織の関係を示す。特に，鍛造温度が低下した場合では，圧下率が高い程，再結晶粒組織の領域が拡大しているのが認められる。したがって，Z変数（鍛造温度，ひずみ速度）の他に鍛造時の加工率も，鍛造品のミクロ組織に大きな影響を及ぼし，これらの値とミクロ組織との関係をあらかじめ把握する必要がある。

　上述のように，6000系合金において適正な主要成分（Si，Mg，Cu）の選択に加え，鍛造後にT6処理した材料のミクロ組織を亜結晶粒組織とするため，適正な遷移元素の添加や均質化熱処

表3　鍛造圧下率，鍛造温度とミクロ組織の関係（6061 材）[1]

		Forging reduction		
		Low	Middle	High
Forging temperature	Low	再結晶組織 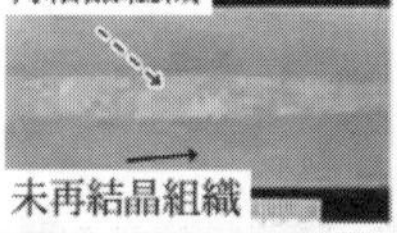 / 未再結晶組織	全面再結晶組織 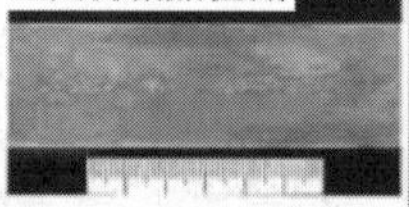	全面再結晶組織 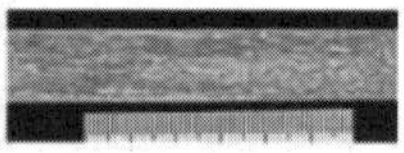
	Middle	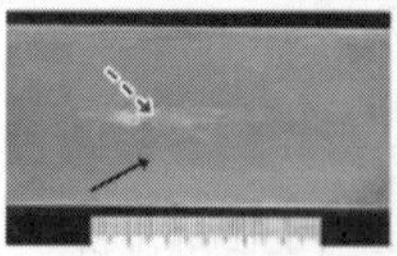	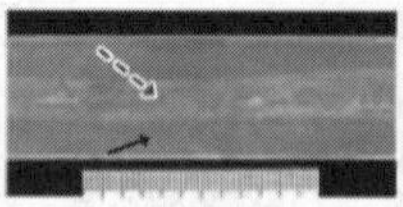	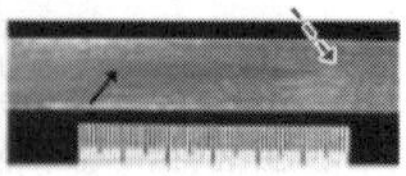
	High	全面未再結晶組織 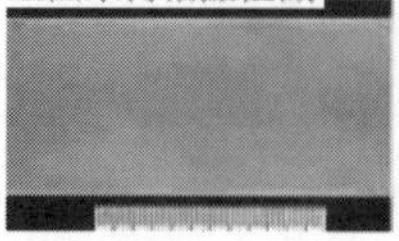	全面未再結晶組織 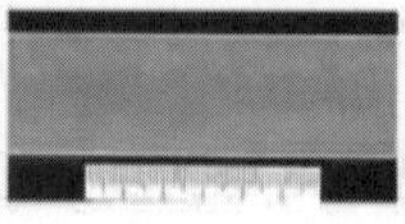	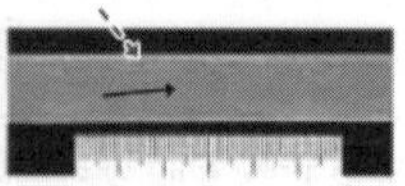

←--：再結晶組織部を示す
←—：未再結晶組織部を示す

- 294 -

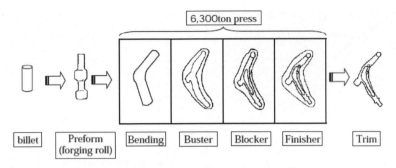

図9 サスペンション鍛造品製造工程[1]

理温度,ならびに温度,加工度などの鍛造条件の最適な選定を行った。

3 鍛造シミュレーションを活用した工程設計の改善

　サスペンションアームのような量産品を鍛造する際には,主として鍛造欠陥発生防止の観点から鍛造ブロー回数は複数とするのが通常である。代表的な工程を図9に示す。Preform → Bending → Buster → Blocker → Finisher → Trim の工程を経て鍛造品が成形される。鍛造欠陥発生防止を目的とした各ブローでの設計基準は,多くの資料が刊行されている[11]。本開発では市販の鍛造解析ソフトを用いて,各ブローにおける形状の最適化をシミュレーションした。

　最初に,鍛造解析ソフトによる実機鍛造品の再現性の確認が必要となる。まず,各ブローでの鍛造温度ならびに鍛造荷重の再現性を試みた。鍛造温度は,金型との熱伝導率を適正化することにより,材料温度の計算値と実温とはほぼ一致し,図10 に示すような良好な再現性を得た。また,鍛造荷重に対しても摩擦係数の適正化により図11 に示すような再現性が得られた。熱伝導率ならびに摩擦係数ともにラボでの測定は可能であるが,実機とラボとで面圧などの表面状態を一致させることは難しく,往々にして異なる値が生じる。このため,今回は全て実機鍛造実績を用いて推定を行った。なお,シミュレーションに用いた材料(KD610 材)の高温特性は,小型円柱試験片を用いた高温圧縮試験により求めた応力−ひずみ曲線を用いた。

　以上のような解析・実機の相関関係,使用材料の湿度・ひずみ・ひずみ速度と組織の相関関係を整理した上で鍛造方案の検討を行った。図12,図13 はL形アームの鍛造シミュレーションの結果(Finisher 時)であり,それぞれ鍛造時の相当ひずみ分布,鍛造素材温度分布を示す。

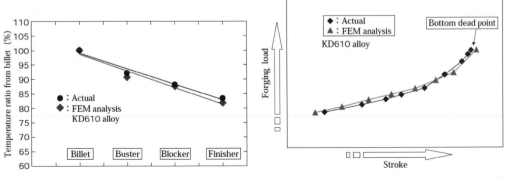

図10　各鍛造工程での素材温度比較(KD610 材)[1]　　図11　鍛造荷重・ストローク線図(KD610 材)[1]

第4編　マルチマテリアル化を支える生産技術

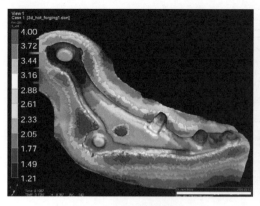

図12　FEM解析結果
（鍛造相当歪分布，KD610材）[1]

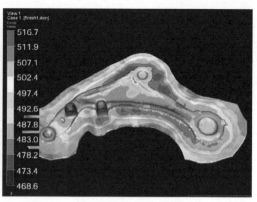

図13　FEM解析結果
（鍛造温度分布，KD610材）[1]

これらはミクロ組織に直接対応する指標であり，前段階のBlocker，BusterおよびPreformの形状設定に大きく依存する。高強度，高靭性，ならびに高耐食性に対応する鍛造組織を最終製品で得るためには，各ブローの形状の適正化が必須であり，鍛造解析ソフトによるシミュレーションは有効な手段になると考える。

なお，鍛造シミュレーションは，鍛造変形時の欠陥予測と対策，金型発生応力の算出による金型寿命の推定も行っており，これらの結果から製品形状と金型構造を決定している。

4 高強度合金KD610材の諸特性

上記の他に，溶体化処理温度の高温化も適用し，材料面・製造面・工程設計での改善を行った。以下にサスペンション鍛造品の代表的な諸特性（調質：T6）を述べる。図14は6000系合金の引張強さ，耐力，伸びを示す。KD610材の耐力は，6061材に対して約35％の向上が認められた。また，引張強さや耐力の増大に伴って疲労強度も増大し（図15），6061材に対して約35％向上した。また，図16に示すように，KD610材の耐食性（腐食減量）は実績のある従来の高強度合金KS651材と同等である。これは，KD610材では溶体化温度を高温化し，腐食起点となりやすいSi，Mg晶出物を固溶させ，不連続化したことによるものと考えられる（晶出物：

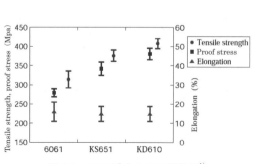

図14　6000系合金の引張特性[1]

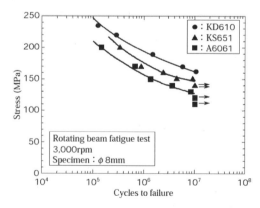

図15　6000系合金の回転曲げ疲労強度[1]

- 296 -

図17，図18の矢印部）。

5 むすび

今回の開発を通して，製造工程のほぼ全工程を見直し，組織と特性の観点から予測技術も含めて改善を行った。得られた効果は下記のとおりである。

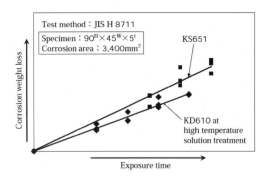

図16　KD610材とKS651材の腐食減量[2]

① 低いZ変数での熱間鍛造，ソーキング温度の低温化，ならびに遷移元素の適正化などにより，鍛造後にT6処理したミクロ組織において亜結晶粒組織の割合を増大させることができた。
② Mg，Si，Cuなどの主要塑性の適正化のほかに上記の亜結晶粒の増大もあわせ，実機のアームにおけるKD610材の耐力は6061材に対して約35％増大した。
③ 溶体化処理温度の高温化により，引張強さ，耐力の増大とともに，腐食起点となるSi，Mg晶出物が固溶し，耐食性も向上した。
④ 塑性流動解析を用いた組織予測技術と最適鍛造方案設計の指針を得ることができた。

ただし，組織予測技術については未だ完全とは言えず，今後更なる改良を加えていく必要がある。ユーザーニーズとして開発期間の短縮要求ならびに低コスト化があり，CAE活用による開発の推進は今後益々重要になると考える。これらの活動を通じて，今後サスペンション部品の軽量化に向けて更に貢献できるものと確信している。

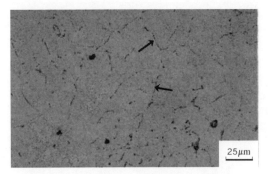

図17　低温溶体化での鍛造材ミクロ組織[1]

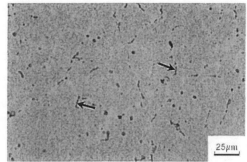

図18　高温溶体化での鍛造材ミクロ組織[1]

文　献

1) 稲垣佳也ほか：R＆D神戸製鋼技報，Vol.59，No.2，pp.22-26 (2009).
2) 大聖泰弘：日本塑性加工学会第271回塑性シンポジウム，pp.21-38 (2008).
3) 福田篤実ほか：R＆D神戸製鋼技報，Vol.52，No.3，pp.87-89 (2002).
4) 稲垣佳也ほか：R＆D神戸製鋼技報，Vol.55，No.3，pp.83-86 (2005).
5) 細田典史ほか：軽金属学会第104回春期大会講演概要，pp.145-146 (2003).
6) 細田典史ほか：軽金属学会第106回春期大会講演概要，pp.97-98 (2004).
7) 早坂敏明ほか：自動車技術会学術講演前刷集，No.20-07，pp.11-14 (2007).
8) 中村正久ほか：軽金属，Vol.25，pp.81-87 (1975).

第4編　マルチマテリアル化を支える生産技術

9）趙丕植ほか：軽金属，Vol.58，pp.151-156 (2008).
10）岡田浩ほか：軽金属学会第114回春期大会講演概要，pp.65-66 (2008).
11）鍛造技術研究所：鍛造技術講座，型設計，pp.267-275 (1996).

第４編　マルチマテリアル化を支える生産技術

第２章　鍛造，鋳造，プレス加工

第２節 急冷凝固技術を活用したマグネシウム合金板材の展開

住友電気工業株式会社　沼野　正禎

■1 マグネシウム合金の特性と用途

マグネシウムの比重は 1.8 で，鉄の 7.9 に対して約 1/4，アルミニウムの 2.7 に対して約 2/3 にあたり，構造用金属材料としては最軽量である。そのため，ノートパソコン，タブレット端末，スマートフォンなどのモバイル製品や，自動車，鉄道などの輸送機器など様々な用途での適用が進んでいる。

一般的にこれらに用いられるマグネシウム合金を表1に示す。マグネシウムの結晶構造は六方最密格子であり，すべり系が最密結晶面の底面（0001）に限定されるため，室温では圧延やプレス加工といった塑性加工が難しいとされている。そのため，これまでは主に直接最終製品の形状が得られるダイカスト部品やチクソモールド部品として利用されてきた。また，実用化されているマグネシウム合金は，強度と耐食性を高めることを目的としてアルミニウム，亜鉛，マンガンなどの元素が添加されているが，このようなマグネシウム合金は溶湯を凝固させる過程で，素材内部に硬い金属間化合物が形成されるため，部品の延性は低くなる傾向がある。

表1　一般的なマグネシウム合金部品の種類と特長

合金	主な添加元素	凝固開始温度	凝固完了温度	主な用途
AZ31	Al3%，Zn1%	630℃	565℃	Al 添加量が少なく，板材，押出材として使用される。
AM60	Al6%，Mn0.5%	615℃	540℃	Al 添加量が多く，Zn が添加されないため，鋳物合金としては高い伸びを示す。そのため，自動車分野では室内の部品などでダイカストとして使用される。
AZ91	Al9%，Zn1%	595℃	470℃	Al，Zn の添加量が多く鋳造性が良い。強度，耐食性に優れ，自動車分野ではエンジンルーム内など耐食性が要求される部分で用いられる。塑性加工が極めて困難なため，ダイカストでの適用に限られていた

昨今では，軽量化ニーズが高まっている自動車分野において，鉄やアルミニウムのプレス部品をマグネシウムにアルミニウムの添加量を 3%，亜鉛の添加量を 1% とした，マグネシウム合金の中では比較的加工性の良好な AZ31 合金板に置換する検討が進められ，一部の車種で実用化の事例が報告されている。しかしながら，マグネシウム合金板材の適用範囲をさらに拡大するためには，より高強度で耐食性に優れた板材や，塑性加工性に優れた板材が求められており，様々な開発が進められている。

-299-

ここでは，当社が量産化した，アルミニウム添加量を増やして強度や耐食性を向上したAZ91合金板の特性を例にして素材製造技術と今後の技術開発の展望をまとめる。

2 当社のAZ91合金板材の特長

マグネシウム合金板の製造工程はマグネシウム合金の溶湯からインゴットを製造する鋳造工程と，得られたインゴットを板材に加工する圧延工程からなる。一般的にマグネシウム合金の圧延やプレス加工は結晶構造の影響を考慮して，加熱により底面すべり以外のすべり系を活発にして加工性を上げる温間加工を行うが，部品の強度や耐食性を改善するためにアルミニウム等の添加元素を増加した場合，インゴット鋳造時に生成する粗大なAl-Mn系やMg-Al系の金属間化合物の影響で材料内部から割れが発生し，圧延やプレス加工が困難となる。そのため，当社はマグネシウム合金の溶湯を急冷凝固することで金属間化合物を微細化するプロセスを開発し，従来技術では困難であった圧延加工やプレス加工が可能で，アルミニウムの添加量を9％に増やしたAZ91合金の板材の量産化を実現した。

図1，図2にAZ91合金の一般的なダイカスト材と圧延板材の金属組織写真とアルミニウムの分布解析結果を示す。ダイカスト材には結晶の粒界にそった粗大なMg-Al系の金属間化合物と結晶粒内にAl-Mn系の金属間化合物が見られるのに対し，急冷凝固プロセスを適用したAZ91合金の圧延板材はアルミニウムが均一に分布しており，微細な金属間化合物が結晶粒内に分布し，結晶粒径も微細均一であることがわかる。

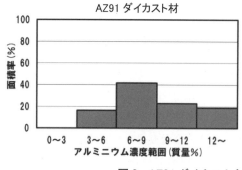

図1　AZ91ダイカストと板材の結晶組織

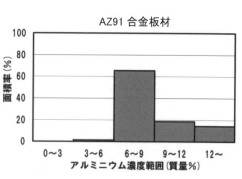

図2　AZ91ダイカストと板材のAl濃度別の面積率

第2章　鍛造，鋳造，プレス加工

❸ マグネシウム合金板材，プレス部品の特性

3.1　機械的特性

　表2に各マグネシウム合金と代表的なアルミニウム合金，鋼板とステンレス鋼の板材の比重および機械的特性を示す。

　同じAZ91合金であっても，製造方法の異なる圧延板材とダイカスト材は特性が異なり，圧延材はダイカスト材と比較して高い引張強さ，耐力，伸びを示すことがわかる。これは，結晶粒径，内部欠陥の差異によるものである。AZ91合金の圧延板材の引張強さは330MPa，0.2%耐力は260MPaであるが，アルミニウム添加量が少ないAZ31合金の圧延板材と比較すると，いずれも高い値を示していることがわかる。

　また，AZ91圧延板材を他の材料と比較すると，AZ91圧延板材は代表的なプレス用アルミニウム合金板材であるA5052やA6061と比較しても高い引張強さ，耐力を示している。また，ステンレス鋼（SUS304）は強度が高いものの比重が大きい。比強度（引張強さ／比重）で比較すると，AZ91圧延板材が最も高い値を示し，軽量効果に優れることがわかる。

表2　各種金属板材の引張特性

合金		比重	引張強さ MPa	0.2%耐力 MPa	伸び %	縦弾性係数 GPa	比強度
Mg 合金	AZ91 （圧延板材）	1.83	330	260	8	45	180
	AZ91 （ダイカスト材）	1.83	230	160	3	42	126
	AM60 （ダイカスト材）	1.81	220	130	8	42	121
	AZ31 （圧延板材）	1.77	270	210	17	45	152
Al 合金	A5052-H34[1] （プレス用板）	2.68	262	214	10	69	98
	A6061-T6[1] （高強度板）	2.69	310	275	12	69	115
鋼	SPCC-S （汎用鋼板）	7.87	＞275	＞140	＞36	206	＞36
	SUS304[2] （ステンレス）	7.93	＞520	＞205	＞40	193	＞66

3.2　成形性

　図3にマグネシウム合金板と，比較材としてアルミニウム合金板の高温引張試験結果を示す。マグネシウム合金板は市販のAZ31合金板と，急冷凝固プロセスを適用したAZ91合金板の2種類，アルミニウム合金板はプレス成形性用に広く用いられているA5052-H34の板とした。マグネシウム合金は温度上昇に伴い伸びが高くなり，約100℃付近でアルミニウム合金よりも高い伸びを示すようになる。さらに，AZ91合金板は200℃以上で100%を超える高い伸びを示す。この特性を利用してマグネシウム合金は250℃前後で温間成形されることが多い。

－301－

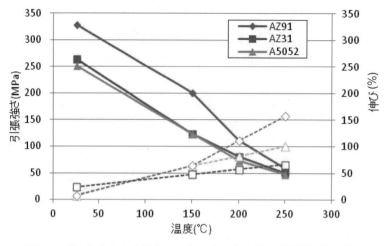

図3 マグネシウム合金板とアルミニウム合金板の高温引張試験結果

表3,図4に円筒深絞り試験による限界絞り比を指標にした成形性の評価試験条件と結果を示す。マグネシウム合金板は温間成形を施すことで,限界絞り比は2.1以上となり,室温成形性が良い軟鋼板やアルミニウム合金板とほぼ同等もしくはそれ以上の成形性を有することがわかる。また,最近では成形解析を適用し,より高い絞り比で成形できることも明らかになっており,今後の用途拡大が期待されている。

表3 円筒深絞り試験条件

項目	条件
試験素材 (板厚0.6 mm)	軟鋼板　　　　　　　　SPCC アルミニウム合金板　　A6061-T4 マグネシウム合金板　　AZ31合金,AZ91合金
試験機	電動サーボプレス
成形速度	20spmの2%
成形形状	カップ内径40 mm,コーナーR4 mm

絞り比	加工温度=室温		加工温度=250℃	
	軟鋼板	アルミニウム合金板	AZ31合金板	AZ91合金板
2.0	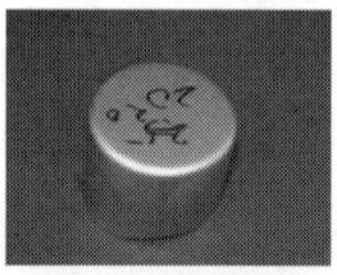	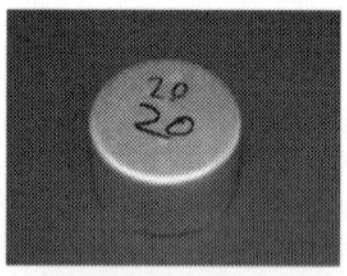	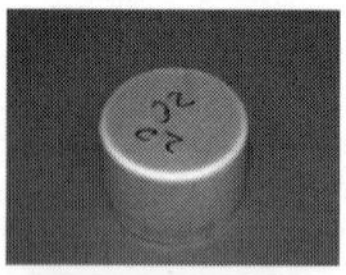	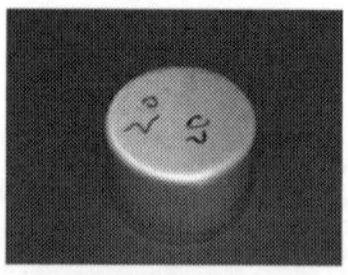
2.2	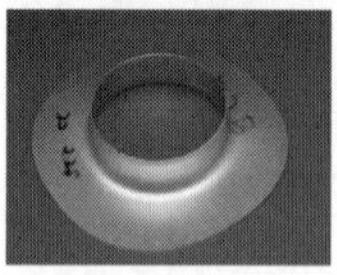		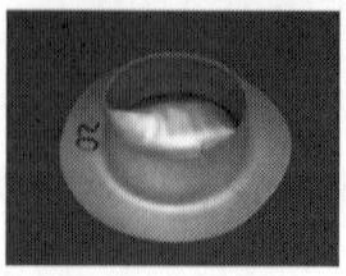	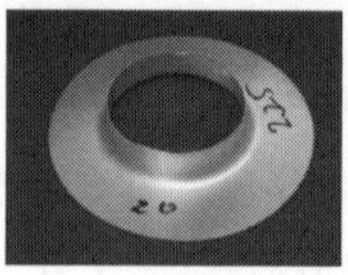

図4 円筒深絞り試験結果

3.3 耐食性

一般的にマグネシウム合金は，含有するアルミニウムの量が多くなるほど高い耐食性を示すことが知られている[3]。**表4**，**図5**にAl量の異なるAZ91，AZ61，AZ31合金の圧延板材と比較材としてAZ91合金のダイカスト材を評価した塩水噴霧試験事例を以下に示す。Al量の少ないAZ31合金圧延板材は，塩水噴霧により白色腐食が次第に進行し，1200時間後では亀裂に進展した。一方，アルミニウム含有量の多いAZ91圧延板材は，全面に均一腐食が認められ他の

表4　塩水噴霧試験条件

項目	条件
試験素材 （板厚2mm）	板材　AZ31合金，AM60合金，AZ91合金 ダイカスト材　AZ91合金
塩水濃度	5%
試験温度	35℃

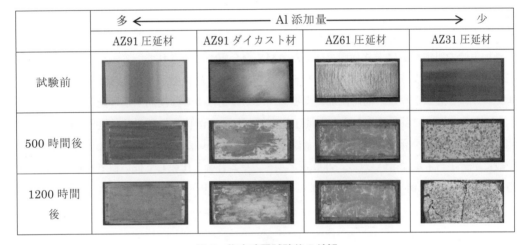

図5　塩水噴霧試験後の外観

合金と比較して腐食進行が小さいことがわかる。また，Alの添加量に関わらず圧延板は均一に腐食するのに対し，AZ91合金のダイカスト材では部分的に白く変色し，製法の違いによる素材表面の材料の不均一性が示唆される。

試験前の試験片重量と試験後に腐食生成物を取り除いた試験片の重量の差から腐食減量を求めた結果を図6に示す。腐食減量は圧延板材ではAl添加量の増加に伴って減少し，AZ91合金の圧延板材が最も優れた耐食性を

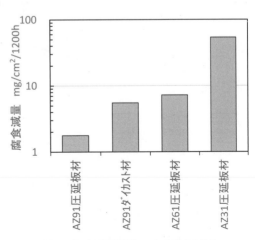

図6　塩水噴霧試験による腐食減量

示した．また，AZ91合金の圧延板とダイカスト材の比較では，圧延板はダイカストよりも腐食減量が少ないことが分かった．これらは試験片外観に見られる白色の腐食部分の有無や面積の違いが影響していると考えられる．

4 マグネシウム合金板の新展開

前述のように急冷凝固技術を活用してマグネシウム合金の特性改善が進められているが，自動車を中心とした輸送分野の製品では，用途毎に様々な機能の付与が必要とされており，用途に適した合金開発が進められている．

4.1 高延性マグネシウム合金板の開発

大きな軽量化効果が期待できる自動車のボディパネルとしてマグネシウム合金を適用する場合，衝突時に脆く割れないことが要求され，室温延性が重要となる．また，大型部品のプレス成形が必要となるため，プロセスコストの削減と制御の簡便性を考慮して成形温度は低い方が望ましい．このような背景からマグネシウム合金板には室温での延性やプレス成形温度の低減が求められ，アルミニウム，マンガンを添加した比較的延性が高いAM系合金に含まれるアルミニウムの添加量を1％程度とした希薄組成として延性を向上させ，さらに添加元素の調整と圧延加工での組織制御により強度を高めたAMX合金板が開発されている．この板材は圧延加工工程の最適化により金属結晶の配向をランダム化させ，延性やプレス成形性を向上させ，アルミニウムとカルシウムの同時添加によって，時効硬化による強度向上が可能となる．

AMX合金板に均質化処理および温間圧延を行った後，溶体化処理後時効処理（T6処理）を施し，機械的特性を評価した．開発合金は添加元素が少ないため，引張強さは259MPa程度と一般にボディパネルに用いられる6000系アルミニウム合金と比較して低い値であるが，降伏応力に相当する0.2％耐力は時効処理によって208MPaとなり，6000系アルミニウム合金と比較して十分高い値を示す．図7にAMX合金板の室温から200℃におけるエリクセン試験結果を

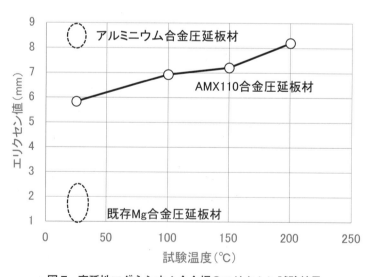

図7　高延性マグネシウム合金板のエリクセン試験結果

示す。エリクセン値は室温で6mmを示し，一般的な既存の展伸用マグネシウム合金より大幅に高い値を示す。温度の上昇とともにエリクセン値は上昇し，再結晶温度以下の150℃でも7.2mmと高いエリクセン値を示す。このように，希薄組成AMX合金板材は結晶ランダム化による高延性，高成形性が得られ，また，時効硬化高強度が得られることがわかる。室温変形と低温での成形性を改善するマグネシウム合金板材については，アルミニウム合金に匹敵する強度，延性を有する板材の創製を目指して引き続き製造方法や合金改良が進められている。

4.2 難燃マグネシウム合金板の開発

自動車分野と同様に鉄道車両や航空機でも軽量化のためにマグネシウム合金の適用検討が行われている。特に，鉄道車両用材料には6000系アルミニウム合金並の強度と延性に加え，異常時にマグネシウム合金が溶融した際に自己発火しない難燃性が要求される場合がある。マグネシウム合金は溶融状態で大気中の酸素と反応し，発火に至ることが知られているが，溶融マグネシウム合金の難燃化にはカルシウムや希土類といった元素を添加することで表面を強固な酸化膜で覆い酸素との直接接触を遮断させることが有効である。コストの面からは希土類よりカルシウム添加が有利なため，一部の高速車両ではカルシウムを添加した難燃マグネシウム合金の鋳物部品が実用化されている。当社は独立行政法人新エネルギー・産業技術総合開発機構（NEDO）の委託事業「革新的新構造材料等研究開発」による支援を受けて，Alを9%前後含み，強度と延性を有し，かつカルシウム添加による難燃性を付与したMg-Al-Mn-Ca（AMX）系難燃合金の板材を開発している。

図8に通常のAZ91合金と難燃AMX合金を溶融させた状態での難燃性試験の結果を示す。AZ91合金の発火温度が595℃程度であるのに対し，AMX系難燃合金は融点以上の730℃程度まで燃焼せず，カルシウム添加の効果が確認できる。開発合金は急冷凝固技術を用いて添加したカルシウムを微細分散させることで圧延が可能で，温間圧延時の組織制御によりこの難燃AMX合金板材は引張強さ344MPa，伸び15%以上と，既存のマグネシウム合金やアルミニウム合金と比較して高強

（左）難燃マグネシウム合金　（右）汎用マグネシウム合金

図8　難燃マグネシウム合金と汎用マグネシウム合金の比較（大気中，600℃）

図9　難燃マグネシウム合金板材のプレス部品製作事例

第4編　マルチマテリアル化を支える生産技術

度，高延性を実現している。難燃 AMX 合金板材は急冷凝固技術により結晶組織を微細にすることで温間プレス成形が可能で，**図9**に見られるように十分な温間プレス性を有している。今後，このような高強度，高延性と難燃性を兼備した材料は，鉄道車両向けに限らず様々な用途への適用が期待されている。

5 まとめ

　急冷凝固技術をベースにマグネシウム合金の結晶組織制御を活用した新しい板材の特性について述べた。このように既存の合金成分であっても，金属組織を制御することで，強度，延性，耐食性を改善できるが，4項に述べたように添加元素を変化させることで，室温延性や難燃性といった従来のマグネシウム合金板材では難しいとされた機能を実現できる可能性があることがわかる。そのため，これらの新しいマグネシウム合金板材に対しては，製造工程の効率化や特性の改善が多様なアプローチで進められており，今後もますます高まる軽量化ニーズに対してより使いやすい素材へと進化が期待される。

文　献
1) 軽金属協会編：アルミニウム技術便覧，105-108，カロス出版 (1996).
2) ステンレス協会編：ステンレス鋼データブック，126，日刊工業新聞社 (2000),
3) O.Lunder, K.Nisanciogle and R.F.Hansen：Paper930755,Society of Automotive Engineers, (1993).

第4編　マルチマテリアル化を支える生産技術

第2章　鍛造，鋳造，プレス加工

第3節 炭素繊維複合材料（CFRP）・マグネシウム（Mg）合金材料のプレス加工技術

矢島工業株式会社　馬場　泰一

■ まえがき

　近年，地球温暖化対策のためにCO_2の削減や省エネルギー化を図ることは，社会的に急を要する課題となっている。特に自動車の軽量化に基づく環境改善の影響は大きいため，軽量化に関する価値観が一段と高まっている。HV車やEV車などは航続距離を伸ばすために，車両の軽量化は必須の条件である。このような背景のなかで自動車各社が抱える軽量化に対する研究開発のニーズは，軽量化材料としてCFRPやMg合金材料の優れた特徴を生かした製品の研究開発が注目されている。CFRP材料に関しては，2013年に発表されたBMW i3EV車で車両を軽量化するためにCFRP車体（126 kg）を開発し生産化している。現在までに1万6,000台生産されているといわれる。またトヨタ自動車もレクサスLFAに軽量化車両として2010年にCFRP車体を導入し500台生産した。更に新型PHVプリウスも2017年にリヤゲート部品にCFRP材を導入し，月産2,500台生産すると発表した。

　一方Mg合金材料に関しては，2008年のリーマンショック以降市場は冷え込み，Mg合金部品の研究開発はあまり進んでいない。しかしながら最近，自動車メーカー各社はCFRP材料やMg合金材料を使用した軽量化部品に対するニーズは年々高くなる傾向にある。

■ CFRP部品，CFRP-金属ハイブリッド部品のプレス成形について

2.1　CFRP部品に適応したプレス成形法の特徴

　従来のCFRP部品の成形加工はオートクレーブ法が主流であったが，この成形法は成形時間が長いため，量産的な自動車部品への対応には多大な設備導入等の課題があり難しい状況にある。そのためCFRP部品の成形加工法は，量産的なRTM法やプレス成形法が注目されている。

　RTM法はMBWなど欧州や日本の自動車会社が導入を図っているが，設備投資額が大きくなる事や成形工程において専門的な技術を必要とする。一方プレス成形法はPCM（連続繊維プリプレグ）＆SMC（短繊維シート）の出現により成形工程が単純化されるため，ハイサイクルCFRP成形加工法として自動車（部品）業界の関心を高めている。

　このプレス成形法の特徴は①生産工数が短縮されるため生産性が高く量産的であること，②製品品質が高く安定的で強度・剛性特性が優れている，③成形工程上特殊な熟練技術は必要としない等のメリットがある。プレス成形におけるCFRP部品の加工は高精度な金型とプレス成形機を必要とするが，重要なのは金型表面温度の均一化と成形条件（成形圧力と成形速度）等の制御方法であるが，このプレス成形加工に関する技術はCFRP単体部品やCFRP-金属ハイブリッド構造部品に適用される基盤技術である（注：RTM法；Resin Transfer Molding の略，PCM；Prepreg Compression Molding の略，SMC；Sheet Molding Compound の略）

－307－

2.2 CFRP成形部品とプレス成形技術

　CFRPの成形部品としては，図1に示したエンジンフード単体部品と構造部品のBピラー及びセンターブレース部品を対象にプレス成形技術に関する研究開発を行った。

　CFRPエンジンフード部品のプレス成形は，CFRP材料（プリプレグ）を3次元的に裁断してプリホームを作成（積層）し，成形用金型上にセットして適正な成形条件を設定し，高精度なプレス成形機で成形するものである。即ち，炭素繊維にエポキシ樹脂をマトリックスとしたプリプレグ（0.112～0.223 mm）をプロッターで部品形状に裁断し，炭素繊維の配向性を考慮して積層しプリフォームを作成する。一方，金型は均一な表面温度（140 ± 3℃）となるように温度制御した金型上にCFRPプリホームをセットして，約8MPaの圧力でプレス成形を行うものである。プレス成形時間は5～10分が一般的であるが，最近では時間短縮され生産性向上を図っている。

　図2にCFRPエンジンフード部品の1/4分割サイズ（アウター・インナー）部品と成形金型及びプレス成形機を示した。アウター部品は連続繊維のプリプレグを使用してプレス成形（PCM）したものでインナー部品は短繊維CFRP材料でプレス成形（SMC）したものである。成形用金型は真空引き構造とし，温度条件や摩擦係数及び金型クリアランス（寸法精度）や表面粗さを考慮した高精度の金型である。金型表面温度の均一化は金型の熱解析（図3）を行い，金型製作上の問題を解決しながら製作し温度検証を行った結果，表面温度140 ± 3℃を確保する事ができた。

　Bピラー部品とセンターブレース部品のCFRP-金属ハイブリッド部品化は補強部品を対象に，基本的にはCFRP単体のプレス加工技術を踏襲してプレス成形を行った。ハイブリッドBピラーとブレース部品は金属表面にCFRP材を接合する必要があるため，金属-CFRPの接合強度に影響を及ぼす金属表面処理の研究を行った。その結果，表面処理法としてはプラズマ処理が的確な手法である事がわかった。またハイブリッドBピラー及びブレース部品の成形加工は補強用部品のプリフォーム（0.233 mm×5層）を製作し，高精度なCFRPプレス機に成形金型と金属Bピラーを取り付け，さらに補強用プリホームをセットアップして，適切な成形条件（プレス圧力，ストローク・成形時間等）により，プレス成形加工を行うものである。CFRP補強部品のプリフォームの積層仕様や形状精度は，CFRP-金属ハイブリッド部品をプレス成形す

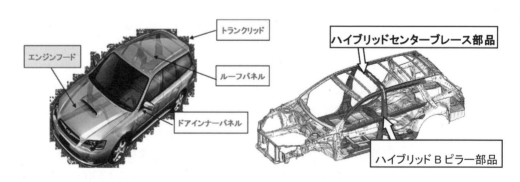

図1　自動車のCFRP対象部品

図2　エンジンフード（1/4分割）部品と成形金型及び500tプレス成形機

る条件として重要な要素である。プレス成形したハイブリッドBピラー及びブレース部品（図4）は，三次元測定器により寸法精度を計測すると共に超音波探傷器でCFRF-金属接合界面を検証し要求性能を満足していることを確認した。

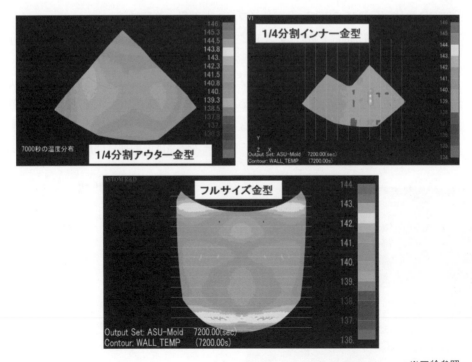

※口絵参照

図3　1/4分割エンジンフード金型とフルサイズ金型の表面温度熱解析結果

図4　CFRP-金属ハイブリット部品と金型

2.3　CFRP材料と接合強度について

　CFRP材はエポキシ樹脂をマトリックスとした炭素繊維複合材料（三菱ケミカル㈱製，熱硬化性樹脂）を選定して金属との接合強度の評価を行った。

　CFRP材の接合強度評価は，金属表面の適切な処理を行うため，プラズマによる有機物除去とアンカー効果による接合強度の向上を図った。接合強度は試験片による3点曲げ剥離試験（図5）で評価したが，優れた荷重-変位特性を得る事ができた（図6）。

2.4　CFRP単体部品及びCFRP-金属ハイブリッド部品の強度試験

① CFRPプレス成形部品の強度はテストピース（クロス材＋UD材5層）を製作して引張り強度を調査した結果，1180MPa（3個のテストピース平均）の高い強度を得た。

② CFRP-金属ハイブリッドBピラー及びブレース部品の強度は，生産部品と同等以上の特性を有することが必要条件であるため，JARIの落下錐体試験装置（図7）で側突負荷と同条件に設定して評価した。衝撃強度は，ほぼ期待通りの特性を得ることができた。またCFRP-金属ハイブリッドセンターブレース部品は静的曲げ強度試験で評価した結

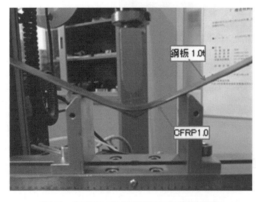

図5　CFRP-金属接合3点曲げ試験

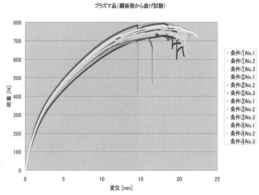

図6　接合強度試験結果

果，十分な強度を有することがわかった。

③ 衝撃強度評価としては衝撃シミュレーション解析（LS-DYNA）を行い，衝撃試験結果との相関性評価を行った。その結果，衝撃試験結果と解析結果では，かなり良い相関性を示す結果（図8）が得られた。この解析モデルは今後の構造部品の衝撃解析に有用で，材料変更や形状変更等の要求仕様に対応できる戦略的ツールとなることがわかった。

図7 JARI衝撃試験装置

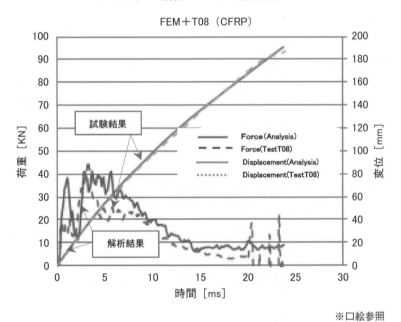

図8 ハイブリッドBピラー部品の衝撃強度試験と解析結果

2.5 まとめ

(1) CFRP1/4分割エンジンフードアウター（5層）のプレス成形（PCM）における金型精度は約30μmの精度を有し，金型表面は鏡面仕上げを実施する事によりほぼ目標品質を確保する事がわかった。またプレス成形加工においてはプリホームの精度が重要で金型構造とともに十分な検討が必要である。CFRP1/4分割エンジンフードインナー部品のプレス成形（SMC）において

－311－

は，複雑形状とインサート成形ができる成形方法があることがわかった。

(2) プレス成形条件は適切な温度（140 ± 3℃）と圧力（8MPa から 10MPa）及び成形時間制御等が必要になるが，成形サイクルはアウター部品（PCM）は 5 分から 10 分，インナー部品（SMC）は 3 分から 5 分である。エンジンフード部品の質量はアルミニュウム部品に対して約 30％の軽減を図ることができた。

(3) CFRP- 金属ハイブリッドのプレス成形加工は，10 分から 12 分の成形サイクルでプレス成形した結果，目標を満足する部品を成形する事ができた。CFRP 材と鋼板のハイブリッド構造の場合は接合強度と，界面状況の検証評価が重要である。

(4) CFRP- 金属ハイブリッド成形部品の強度評価は，3 点曲げ剥離試験の結果，期待通りの成果を得た。また衝撃試験と衝撃シミュレーション解析では比較的良い相関性を得ることができた。

(5) CFRP- 金属ハイブリッド部品の軽量化は CFRP- 金属 B ピラー部品が約 31％，CFRP- 金属ブレース部品は約 43％質量の軽減化が図れ，ほぼ目標通りの結果が得られた。CFRP 材料のコスト低減と次世代自動車の構造部品にこの成果が適用されることを期待する。

2.6　自動車部品の CFRP 化の今後の展望

　自動車部品の CFRP 化が進み車両質量を 10％軽減できると燃料消費量は約 7％向上し，CO_2 削減量も約 3.5％削減されるとの試算があり，CFRP 部品の導入が期待されるが，一方において CFRP 成形加工の生産性向上と製造原価低減等に関する課題がある。

　また CFRP 材料は高強度・高剛性を有するとともにエネルギー吸収特性に優れ，リサイクルが可能な材料であるため，他分野の産業の商品に適用され，地域の新規産業と雇用の創出に貢献できる。このような背景により，今後の CFRP 市場は拡大され，自動車用 CFRP 部品の導入も積極的に進められ，CFRP の成形加工法としてはプレス成形加工法が広範囲に展開されるであろう。

3 マグネシウム（Mg）合金材料のプレス成形について

　自動車や産業機械分野など多くの産業分野では，軽量化に有効なマグネシウム（Mg）合金が着目されている。しかし，塑性加工用の展伸用 Mg 合金板材は，高価で冷間での成形性が劣るため実用化の例は少ない。Mg 合金量産品のほとんどは，携帯用電子機器の筐体等安価な製品であり，注目を集めながらも自動車産業などの分野では量産化されていない。それは下記の様な理由によるものである。

① 高強度の Mg 合金板材を適正価格で供給する体制が確立されていないこと。また，塑性加工用 Mg 合金展伸材の価格が高価であること。

② 結晶構造が最密六方結晶のため，冷間での加工が困難であり，Mg 合金板材を塑性加工する技術が確立されていない。

　すなわち，製造コストや成形加工技術等の大きな課題がある。これを解決するためには，Mg 合金の革新的製造法による価格の低減化と，安定的に材料を供給する体制が必要とされる。また，これらを解決することは，日本のものづくり戦略にとって緊急かつ重要な課題である。

　Mg 合金板材の製造に関しては，スラブから圧延により製造する方法，押し出しによる板材

の製造が一般的である。また、Mg合金の冷間での成形は困難で、250℃以上の温間でのプレス成形が主流である。そこで経済的な高強度Mg合金板材の製造（双ロール法）とプレス成形技術の研究を群馬大学と共同で実施した。

双ロール法によるMg合金の製造法は、従来のスラブからの製造と比較して、圧延等の工程を大幅に削減できる可能性を有しているので、この材料を使用してプレス成形加工の基本的特性を調査した。

3.1 Mg合金板材の結晶組織と機械的特性

双ロール法による板材の製造は図9に示す横型双ロールキャスター（図9）を使用して溶解したマグネシウム合金に、精錬用フラックス（$MgCl_2$）を用いて溶湯をノズルに注湯し、ロール間で凝固させることによって連続的に鋳造・圧延をする方法である。双ロールキャスティングによって製造された板材の結晶組織と機械的特性及び深絞りの一例を図10に示した。双ロールキャスト材の結晶組織はロールギャップ5 mm、ロール周速度14 m/min、注湯温度は600℃で製造されたものである。この板材の結晶組織は$α$-MgおよびAlリッチな$β$層$Mg_{17}Al_{12}$で構成され、AZ91でも250MPaを超える引張り強さを有し、伸びも12%以上の材料特性が得られている。プレス成形性は温間時の機械的特性が重要な要素となる。

温間深絞り特性は、250℃で温間圧延したロールキャスト材の限界絞り試験を行った。その結果、AZ111のようにアルミニウム含有量が11%の板材であっても、限界絞り比（LDR）で2.2の成形性が得られることが確認できた。AZ101に対しても、同様に250℃の条件で、限界絞り比2.2が得られている。図10 (a)は焼き鈍しあり、図10 (b)は焼き鈍しなしの場合の結果であるが、焼き鈍しの有無は深絞り成形性には影響がなかった。温間絞り条件を300℃程度まで上昇させれば、さらに成形性が向上するものと考える。

3.2 Mg合金部品（ブレース部品）の温間熱解析と検証結果

図11は有限要素解析によって行った温間熱解析の結果の一例である。本解析は、ブランクおよびダイ、パンチ側を200℃まで加熱し、雰囲気20℃の場合の解析である。これによると、

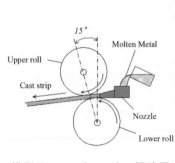

横型双ロールキャスター概略図

図9 横型双ロールキャスティング装置

(a)鋳造まま材

(b)温間圧延後

結晶組織（AZ101）

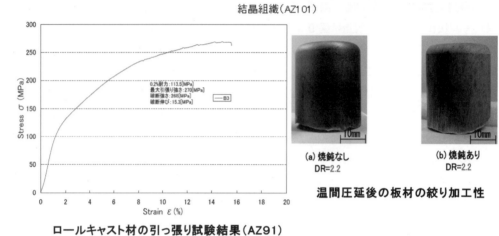

ロールキャスト材の引っ張り試験結果（AZ91）

温間圧延後の板材の絞り加工性

図10　双ロールキャスティング材料組織と材料特性

　ブランクの温度分布は，金型と接触している部分で最高157℃までしか達していないため，この部分の温度が低すぎてプレス成形上問題のあることがわかった。ブランクおよびダイ，パンチ側を300℃まで加熱した場合，ブランクの温度分布は，金型と接触している部分で約250℃となっている。この解析結果，金型加熱温度は，300℃以上必要であることが明らかとなった。

　一方，これらのシミュレーション結果を検証するために，金型温度を計測した結果を図12に示したが，比較的良い相関性のあることがわかった。

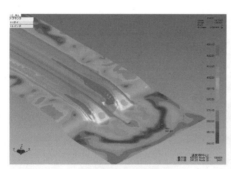

温間成形温度 200℃
ブレース部品の温度分布解析
（AMC602）

温間成形温度 300℃
ブレース部品の温度分布解析
（AMC602）

図11　難燃性Mg合金（AMC602）製ブレース部品の温度解析

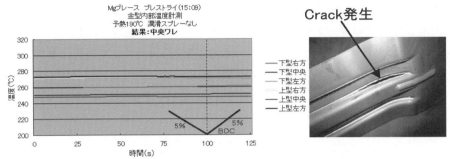

温間成形のプレス加工例（クラック発生）

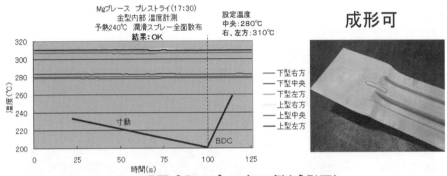

温間成形のプレス加工例（成形可）

※口絵参照

図12 難燃性Mg合金（AMC602）製ブレース部品の温間プレス成形と温度の関係

軽自動車のブレース部品

燃料タンクカバー部品

ブレース部品用金型

燃料タンクカバー用金型

図13 難燃性Mg合金製部品と金型

第4編　マルチマテリアル化を支える生産技術

3.3　難燃性マグネシウム合金材料のプレス成形技術について

自動車用部品としてはルーフブレース部品と燃料タンクカバー部品（図13）を対象にプレス成形技術について調査研究を行った。Mg 合金板材は難燃性マグネシウムグ合金（Ca1〜2%添加 Mg 合金）を使用して温間プレス成形を実施した。温間プレス成形では，サーボプレス機（図14）

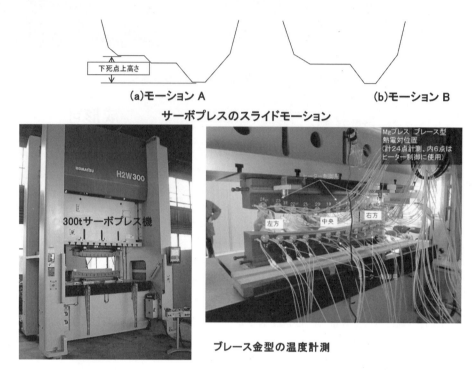

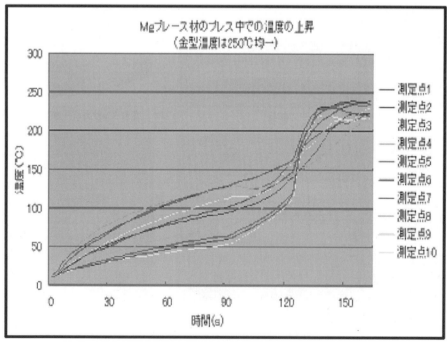

図14　難燃性 Mg 合金プレス成形と温度計測

を使用し，成形金型は表面温度を適切に制御してプレス成形を行った。即ち，金型技術としては温度解析，成形解析を行い，必要な部分のみを加熱するヒーター制御用金型を設計・製作し，サーボプレス機のスライド制御機構を適切に設定した成形条件でプレス成形を実施した。サーボプレス機のスライドモーションは，温度解析と金型の温度計測の結果から，2種類の方法を対象として設定し，比較検討を行った。即ち，図14 (a) モーションAは金型とブランクを少しずつ接触させ，ブランクの温度の上昇を待って成形した場合で，図14 (b) モーションBは金型とブランクが接触を開始した後，金型を停止させ，ブランク温度を上昇させる制御方式である。

これらのプレスモーション制御は，図14 (a) パターンでは，ブランクの温度上昇が一様でないため，図12に示したような大きな割れがコーナー部に発生した。したがって，Mg合金板材のプレス成形においてはブランクと金型が接触した時点で，ブレース部品材料の温度が均一になる図14 (b) パターン制御が適切であることが判明した。図14 (b) のモーションの妥当性を確認するため，金型に熱電対を設置し，材料の長さ方向の各点における温度上昇を計測した結果 (図14)，材料の温度が一様に上昇するまでには，約140秒必要であった。

3.4 難燃性Mgブレース成形品の形状評価

実際に成形した成形品の形状評価を行うために，三次元測定機を使用してブレースの形状と，金型の設計データと比較した。**図15**に得られた成形品と金型データのずれ量をカラーマップにして示したが金型に対して，若干のずれが発生していることがわかった。またブレース部品の板厚分布を中央部と，コーナー部で調査した結果，ブレース部品は中央部のウェブ部で増肉，フランジ部で減肉していることが判明した。コーナー部では曲げRの最も厳しい中央部で1.08 mmまで減肉し，ウェブ部では1.4 mm程度まで増肉している。

以上の結果より，マグネシウム合金のプレス成形加工においては，部品形状を考慮して，金型構造を設計することが重要である。

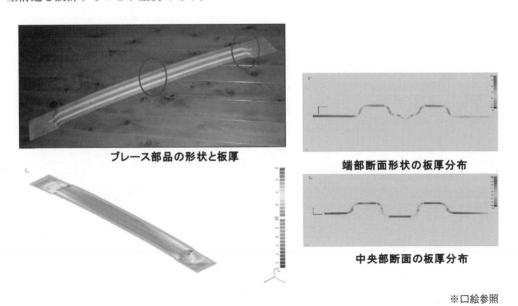

※口絵参照

図15　難燃性Mg合金製ブレース部品の形状と板厚分布

第4編　マルチマテリアル化を支える生産技術

3.5　まとめ

(1) 難燃性 Mg 等の軽量化部品の自動車への適用は，地球環境改善のために急ぐ必要性があるが近年の Mg 需要量は減少傾向である。

(2) 双ロールキャスティング Mg 圧延材の機械的特性は，他の Mg 材料や難燃性 Mg 圧延材とほぼ同等で材料特性の改善が必要である。

(3) Mg 合金材料に関する温間プレス成形技術は，プレス金型や成形条件等のノウハウや解析技術を融合させることにより確立できた。この成形技術により難燃性 Mg ブレース及び燃料カバー部品は要求仕様通りプレス成形することができた。

(4) 難燃性 Mg 合金の自動車部品への適応は有望であるが下記の課題を解決する必要がある。

　①　難燃性 Mg 合金の諸性能特性の改善（表面処理と電蝕，溶接性の改善，クリープ特性の改善，耐摩耗性等）

　②　難燃性 Mg 合金材料の安定的供給体制の確保

　③　難燃性耐熱 Mg 合金圧延材料コストの低減

　④　鋳造・鍛造成形加工技術の確立，その他

文　献

1) 矢島工業：「自動車部品用炭素繊維複合材のプレス成形加工技術に関する研究開発成果等報告書」，（経済産業省委託），（平成 22 年 3 月）.

2) 矢島工業：「自動車構造部材用 CFRP－金属ハイブリッド部品のプレス成形加工技術に関する研究開発成果等報告書」，（経済産業省委託），（平成 23 年 9 月）.

3) 矢島工業：「自動車用低コスト高強度マグネシウム合金プレス成形品の試作開発実績報告書」，（中小企業庁委託），（平成 22 年 4 月）.

第4編　マルチマテリアル化を支える生産技術

第3章　表面処理技術

第1節 マグネシウム合金の化成処理

ミリオン化学株式会社　松村　健樹

1 はじめに

　軽金属材料としてマグネシウム合金は古くから用いられており，20年ほど前から携帯電子機器の筐体や内部部品への使用例が多くなり，また，近年は軽量化が急務となっている自動車などの輸送機器の構造材や部品材料として期待が大きい。しかし腐食性や難加工性などの課題も大きい金属材料であり，特に塗装も含めた表面処理の防食の役割は他の合金に比較して非常に大きい。化成処理は現在実用化されているマグネシウム合金の表面処理のなかで，最も適用されている方法でありその重要性は大きいといえる。本稿ではこのマグネシウム合金材に対する化成処理の概要，特に近年実用化がもっとも進んでいるクロムフリー化成処理を中心に解説する。自動車部材などへの応用実例を紹介し，マルチマテリアル用途としての可能性の観点からも解説したい。

2 マグネシウム合金の特徴

　マグネシウム合金の主成分元素であるマグネシウムは金属の中で熱力学的にもっとも活性な部類の元素であり，そのためマグネシウム合金は合金化により改善されてはいるが基本的には腐食しやすい合金である。特にガルバニック腐食と呼ばれる異種金属接触腐食に弱く，また孔食等の発生があれば機械的特性の劣化にもつながりやすい。金属系材料の耐食性を改善する方法は基本的には材料面での対処（組成，組織制御）と表面処理を施す2つの方法があるが，マグネシウム合金については，前者の方法として特に不純物の制御（Fe，Co，Niなど電位が高い元素）が最も重要，かつ必須であり，それらの限界濃度も判明し，代表的なMg-Al-Zn合金においてはこれらを制御し製造する方法が開発され，高純度合金として耐食性についてはAl合金鋳造品レベルにまで向上したとされている。これら実用化されているマグネシウム合金は，ある程度の腐食環境（内装部品など）には十分に耐えるが，外装部品や厳しい腐食環境では，異種金属接触腐食対策とともに，他の金属材料と同様に耐食性を付与する表面処理がほとんどの場合必要であり，他の金属材料に比較しその役割が非常に大きいといえる。

3 実用化されているマグネシウム合金材の種類

　マグネシウム合金部材の製法としてはダイカスト，押し出し，プレス成型（温間プレス），鍛造などがある。今のところほかの金属と比較してダイカスト材が多く，採用例の多い携帯電子機器にはMg-Al-Zn系合金であるAZ91Dのダイカスト，チクソモールド材の適用がほとんどである。自動車部品などにはMg-Al系合金のAM60ダイカスト材などがよく使用されており，ほかには採用例は少ないが耐熱性を要求されるエンジン廻りの部品にはレアアース，カルシウ

－319－

第4編　マルチマテリアル化を支える生産技術

ムなどを含んだAl-RE-Ca系合金のACM522やMg-RE-Zr系であるAE44，MRI153Mなどの合金の採用実績がある。耐食性の観点からはMg-RE-Zr合金はAZ91D合金と同等の耐食性を示すが，微量の希土類を含んだ酸化物皮膜の生成と不純物元素の取り込みが原因と考えられている[1]。**表1**に実用化されている代表的なマグネシウム合金材の種類と製法，特徴をあげる。これらの合金の中でも，今後特に車輌や，自動車などの耐熱性を必要とされる部材が多い輸送機器などには難燃性マグネシウム合金材の適用が注目されている[2]。

表1　実用化されている代表的なマグネシウム合金の種類と特徴

材　　質	製　法，用途，性　質　等
AZ91D	ダイカスト，　射出成型（チクソモールド）、双ロール鋳造法：汎用代表的合金
AZ70,AZ80	鍛造：ホイール、カメラ鏡塔
AM60	ダイカスト、押し出し、圧延：高強度、高耐食性
AZ31	押し出し、圧延、双ロール鋳造法、鍛造法：　高可飾性
ACM522,MRI153	ダイカスト：耐熱性、耐クリープ性
AZ62 + Ca	ダイカスト：耐熱性
Mg-Li 合金	押し出し、圧延：超軽量（比重 1.3 〜 1.5）

　展伸材については，近年では圧延板が携帯電子機器に採用される事例が増えてきており，圧延性や塑性加工性の点から，合金種としてはAZ31，AM60などアルミの含有量を下げた合金が一般的に用いられている。その圧延原料としてスラブ圧延材や押出し材，双ロールストリップキャスト材が適宜用いられる[3][4]。圧延は一般的には温間圧延で行われ，アルミや鉄の圧延に用いられる冷間圧延と比較して手間とコストを要するので，マグネシウム板材のコストは高く，またプレス成形においても温間プレスが必要でさらにコスト高となり，採用への大きな障害となっている。これらの合金のほか，自動車ホイールにはAZ70，AZ80などの鍛造材が使用されている。近年のトピックとしては，2012年にマグネシウム合金の中で最も軽量であるマグネシウムリチウム合金板材[5]（比重1.3〜1.5）がノートパソコンの外装筐体に世界で初めて使用された。

　以上のように実用化されているマグネシウム合金はダイカスト材がほとんどを占めているのが特長で，アルミダイカスト品と同様に，最表面は不均一になりがちで離型剤の残留もある。したがって，十分な性能を得るために表面処理においてはこの最表面層を除去する工程が必要であり，比較的複雑な工程とならざるを得ない。圧延材でも温間プレス油の残留等が障害となって，表面処理における素地調整工程（脱脂，エッチング，デスマットなど）への負担が大きい。また各種の合金毎に要求機能レベルによっては工程変化などの最適化が必要とされる場合が多い。ただし最近では，表層が十分高品質化された合金圧延材などでは，アルミや鉄などと同じく2工程（脱脂→化成処理）でも十分な塗装性能を満足するケースもある事がわかってきている。これについて後の章で述べる，

4 マグネシウム合金の腐食特性

　マグネシウム合金の耐食性としての最大の特性は濡れ環境におけるガルバニック腐食，つまり異種金属との接触腐食が非常に大きいことである。マグネシウムは周期律表のⅡ属に属している軽元素であり，電位は低く化学的活性が高い。したがって電解質を含む湿式環境にさらさ

－320－

れると水素発生を伴う電気化学腐食反応が進行する。腐食反応は全面腐食と局部腐食反応があり，前者は材料側の対処，具体的には不純物の低減 (Fe, Co, Ni, Cu)，特定の元素の活用 (Al, Zn, Mn.RE) による合金設計により，炭素鋼や ADC12 などよりも腐食速度が低い Mg-Al 系，Mg-RE-Zr 系の合金が既に実用化されている。しかしそれらの合金でも局部腐食の1種であるガルバニック腐食は防ぎきれず，異種金属と接している部位は周囲に極端な腐食が進行する。図1に Al-Mg 系合金板に，各種材質のねじを接触させ塩水噴霧試験 (120h) を行った後の外観を示す。アルミを除いて，周囲にリング状に腐食が発生していることが観察される。これは化成処理，陽極酸化＋塗装によっても防ぎきれず特に Cu や Fe との接触は腐食が顕著である。

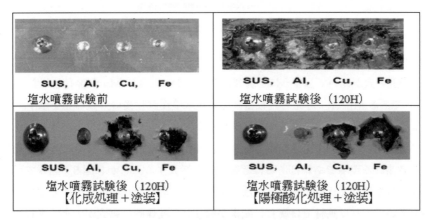

図1　Al-Mg 合金の各種材質ねじとの接合腐食例

このガルバニック腐食は合金内部でも連鎖的に発生すると考えられ，材料側の対策として第一に不純物の低減があげられ，現在では高純度合金が実用化されている。不純物の限界濃度としては Fe, Cu, Ni が各々 50, 300, 20ppm である。図2に AZ91D ダイスト合金の腐食速度に及ぼす Fe, Cu, Ni の影響を示す。

このような貴な元素の濃度低減策が講じられていない粗悪なマグネシウム合金が電解質水溶

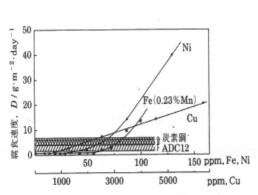

図2　AZ91D ダイカスト合金における腐食速度に及ぼす Fe, Ni, Cu の影響[6]

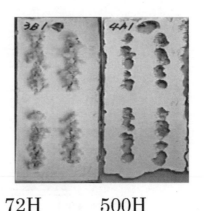

図3　Fe 含有率の多い Mg-Al-Zn 合金塗装板の SST 結果

第4編　マルチマテリアル化を支える生産技術

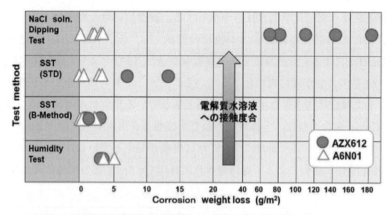

図4　AZX612の各種腐食促進試験での腐食量[7]

液に長時間さらされると白い腐食生成物（$Mg_6Al_{12}(OH)_{18}$など）が大量に発生し，極端な場合は板材では貫通孔の穴が開いてしまうほど腐食が進行する。図3にMnが含有されず，Fe含有量が数百ppmであるMg-Al-Zn系合金板塗装品の塩水噴霧試験後の外観写真を示す。

以上のように不純物が制御されたAZ91Dなどのマグネシウム合金は，アルミダイカスト並の腐食性に低減化される。マグネシウム合金は図4に示すようにアルミ合金などと比較して基本的には常時濡れる環境であればあるほど腐食量が増大する。しかし図5，図6で示されるように，アルミ材や鉄材と比較すると常時濡れる環境と，濡れたり乾いたりする環境での腐食速度の差が大きい。これは鉄材では腐食に酸素が関与し，乾燥時に腐食が大きく進行するが，マグネシウム合金では腐食に酸素が関与せず，また乾燥時に生成する腐食生成物（主に炭酸塩）が保護膜となることなどが理由として考えられている。

一方，各種合金の合金組成も耐食性に影響を及ぼす。その中でも，マグネシウム合金のAl含有量と耐食性の関係は有名であり，図7に示すようにAl成分の添加は耐食性に有効で，いずれの合金系でも4%付近から腐食速度を低下させる。Al成分が耐食性に有効である理由としてはAlリッチな過飽和固溶体とβ相のネットワーク構造が寄与しているとされる。

さらにもう1つマグネシウム合金の腐食に関する重要点は，アルミと比較すると応力腐食割

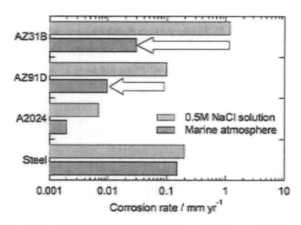

図5　マグネシウム合金の水溶液環境と大気環境における腐食量[8]

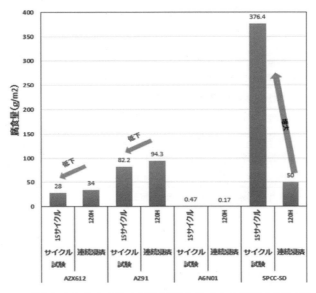

図6 マグネシウム合金の塩水浸漬試験とサイクル試験の腐食量比較[9]

れへの感受性が高く，強度を要する部材には単なる材料転換だけでなく設計上の工夫が必要とされている点である[11]。

まとめると，マグネシウム合金部材は，製品設計上の腐食対策においてガルバニック腐食をいかに防ぐかが重要であり，そのためには①水との遮断，②電位の高い金属と直接触れさせないこと，の2点が重要である。また接合部以外の一般部位でも塩水などの電解質水溶液に常時触れるような環境では腐食が極端に進行する場合があるので注意が必要である。表面処理においても工程間で高温高湿環境には置かないことがほかの金属部材より大切である。

5 マグネシウム合金部材の表面処理に要求される機能

表面処理という言葉の定義は，材料の表面を様々な手法により変化，変質させ目的とする要求される機能性を与える事である。表2にその目的，機能性をまとめる。

マグネシウム合金の場合，最も重要視，かつ要求されるのが化学的特性の内，特に耐食性付与であり，また使用される製品によっては耐摩耗性，潤滑性，表面接触低電気抵抗性の付与などが要求される。前者の耐食性は，マグネシウム合金の場合では表面処理単独で付与する事は困難なケースが多く，塗装などの有機コーティングなどと併用してその役割を担う。したがってその場合，ほかの金属と同様に表面処理には素地表面と塗装との仲立

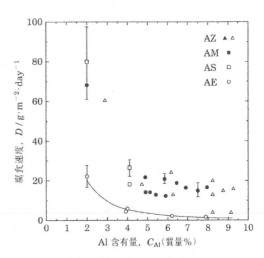

図7 マグネシウム合金の耐食性に及ぼすAl含有量の影響[10]

表2 材料表面に求められる機能

目的	機能
機械的	密着性，耐摩耗性，潤滑性，離型性，疲労性，はんだ付け性，溶接性，加工性 接着性 など
化学的	耐食性，耐光性，薬品性，防汚性，殺菌性
電気的	電導性，絶縁性，電磁波遮蔽性，導波性，
光学的	反射性，光沢性，触媒性
熱的	耐熱性，吸熱性，伝熱性，断熱性
装飾的	色調，光沢，手触り，防塵性，耐指紋性
そのほか	親水性，撥水性，生体親和性，骨伝導性

ち，つまり塗装下地としての性能も要求される場合が多い。図8に用途例の多い携帯電子機器部品や自動車部品において要求される代表的な表面機能とその相互関係をまとめた。いずれの場合も軽量化を目的としてアルミからの転換採用のケースがほとんどであり，少なくともアルミと同等の表面機能を持たせることが必須となる。したがって，マグネシウム合金の場合素地の耐食性がアルミより低いので，裸耐食性の向上が最も重要かつ，困難な課題である。なおマグネシウム合金の弱点である異種金属接触腐食については表面処理単独では困難であると考えられ，接触する金属の選択，液だまりをなくす，乾燥させるなど，設計上の対策が必要である。さらに特徴的なことは，電子機器部品では表面処理後も表面接触低電気抵抗性が求められることである。

6 マグネシウム合金の表面処理の種類

マグネシウム合金の表面処理は，ほかの金属材料と同様に，化成処理，陽極酸化，MAO (MicroArc Oxidation)，PEO (Plazma Electric Oxidation)，めっき，蒸着など様々な方法があるが実際に工業化されている主な処理種は化成処理と陽極酸化処理の2つの処理法である。その中でも最も多く用いられているのは化成処理であり，汎用性がありコストが低く，多用されている電子機器等に求められる低電気抵抗性皮膜を比較的容易に形成しやすいことも影響しているとみられる。マグネシウム合金材は古くから六価クロムを含んだ化成処理が行われていた

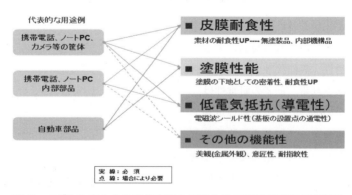

図8 マグネシウム合金の代表的な用途とその表面処理の必要機能

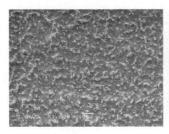 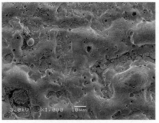

薄膜（1〜3μ）　　　　　厚膜（20μ）

図9　マグネシウム合金（AZ91D）の陽極酸化皮膜のSEM像

が，現在では環境対策からクロム系は多くがクロムフリー系の化成処理に転換され，特に携帯電子機器ではRoHS，ELVなどの法規制の影響も大きくクロム系処理はほとんど使用されていない。

マグネシウム合金の陽極酸化について本稿では簡単に触れるに留めるが，非常に古くからマグネシウム合金には採用されており，旧ソビエトや英国で電解法が開発され，その後世界的に普及している。その最大の特徴はアルミのアルマイトなどと異なり，硫酸浴のような通電孔を維持する電解液が開発されていないため，皮膜形成過程で火花放電による絶縁破壊を伴いながら酸化膜を成長させていく点である。したがってアルマイトの場合と比較し電流密度を大きくする必要があり，それに伴い電源設備コスト，及び冷却設備コストが比較的大きくならざるを得ない。しかし耐摩耗性や耐食性に優れているので一部の自動車部品や長期屋外耐久性を要求される建材関係製品，使用環境が厳しい腐食環境に置かれる製品（海辺などで使用される釣り具部品など）には選択されている。電解液はアルカリ性が主で，30μ程度までの膜厚を得ることができる。電解方法としては直流，交流，パルス電源，などが用いられる。図9にAZ91に陽極酸化皮膜のSEM像を示す。塗装下地として用いる場合は一部最適化が必要な場合もあるので注意を要する。

さらにPEOについてはジルコン系電解液を使用した方法が実用化されており，高耐摩耗性，高耐食性の皮膜形成が可能である[12]。エンジン内部部品など高度の耐摩耗性を要求され場合に適している。

陽極酸化処理は携帯電子機器ではコスト面等からの理由によりほとんど採用されていないが，一部携帯電話やカメラ部材にりん酸塩浴を用いた導電性陽極酸化皮膜の採用実績もあり，また陽極酸化皮膜の導通部をレーザー研磨により剥離する手法も報告されている[13][14]。また絶縁破壊までに電解を止めた超薄型酸化膜を透明塗装下地として用いた事例もある。表3に化成処理と陽極酸化処理の比較を示す。

表3　マグネシウム合金の化成処理と陽極酸化処理の比較

化　成　処　理	陽　極　酸　化
・汎用性に優れる	・厚膜であり裸耐食性に優れる
・設備，ランニングコストが比較的安価	・設備，ランニングコストが比較的高い
・塗装下地として優れる	・封孔処理が必要
・導電性皮膜が容易に形成できる	・耐疲労強度が低下する場合がある（厚膜）

第4編　マルチマテリアル化を支える生産技術

7 マグネシウム合金の化成処理

7.1　化成処理の定義と歴史

　金属表面処理は**表4**に示すように工業的に様々な種類がある。このなかで化成処理（ChemicalConversionCoating）と一般に呼ばれている処理のおおまかな定義は，"金属表面を化学的に処理し，その表面に不溶性化合物の皮膜を生成させる方法"である。具体的には対象とする金属素材を無機塩，さらに樹脂などの有機物を含有する水溶液と接触させて，表面上に無機質，あるいは無機・有機の複合された薄い皮膜を形成させる表面処理方法である。基本的メカニズムは初期反応であるエッチングを駆動力として，金属－処理液の界面近傍のPH変動により無機結晶質，あるいは非晶質の皮膜を析出させ，防食性を付与させる。英名にもあるConversion＝変換は素地表面の金属が溶け出して，処理液成分の金属成分と転換して沈着形成される原理からきている。

　この生成原理から，その皮膜は薄膜（0.02〜3μ程度）であり，単独ではそれほど強大な防食性は有しない。これは陽極酸化や電気メッキなどのように反応が外力によるものではなく素地の溶解という微力なエネルギーで形成される点や，微視的にみれば，アノード部の残存があるためと考えられる。歴史的には，古代エジプト19世紀にピラミッドを発掘した際に出土品から化成皮膜処理された鉄片が発見されていることは有名で，さらにこれにヒントを得て，1906年に英国でりん酸塩皮膜処理の原型が特許出願された。これが発端となり，主にりん酸塩皮膜により鉄部材の防錆皮膜として約100年の間発展してきた。

　化成処理の最大の特徴は素地を溶解して析出する点であり，このことにより素地と，表面コーティング（塗装等）の仲立ちをする皮膜としての機能があり，特に塗装下地として採用されるケースが多い。また，引抜き加工，鍛造加工，押出加工等において潤滑剤と併用することで塑性加工を容易とする目的にも用いられ，さらに伸線業界にも使用されてきた。また対象となる金属は鉄，亜鉛合金，アルミ合金，マグネシウム合金，チタン，ステンレス等ほとんどすべての金属を対象に適用されており，化成処理は表面処理のなかでもその汎用性の面からもっとも一般的な処理方法である。金属表面と接液させる手段は処理液に浸漬するか，あるいは処理液をシャワー状に噴霧して接触させる方法があり，特殊な方法としては塗布する場合もある。身近な金属塗装製品はほとんどの場合化成処理が実施されている。化成処理の種類としてはクロム酸塩系，りん酸塩系，そのほかの金属塩系が主流である。最近では水溶性樹脂を含有し，皮膜にその樹脂分も同時に析出させ，有機無機複合化により高性能化を図る動きも出ている。最も身近で代表的な化成処理は自動車車体，部品などに採用されているりん酸亜鉛系処理である。

　クロム系化成処理には，六価クロムクロメート皮膜と，三価クロムクロメート処理がある。

表4　金属表面処理の種類

(1) 化成処理：クロム酸塩，りん酸クロム，りん酸亜鉛，りん酸マンガン，りん酸カルシウムなど
(2) 気相処理：PVD，CVD
(3) 電解処理：陽極酸化，電解エッチング，電気メッキ
(4) 溶射，コーティング，塗装

アルミ合金材においては，クロム酸塩を主成分とする六価クロムクロメート系化成処理が古くから適用されており，その秀でた防食性，管理容易性，汎用性からまさに万能化成処理といえ，防食メカニズムや皮膜構造については詳細な研究がなされ，六価クロムによる自己修復性によるものと解明されている[15) 16)]。マグネシウム合金においても六価クロムクロメート化成処理は非常に有効で，古くから航空機部品などに採用されており，Dow シリーズ[17)]，JIS[18)] でも分類規格化されている。その浴成分は，重クロム酸塩やフッ化物，鉱酸などであり，作業環境や，排水処理など環境への負荷が大きい。その防食機構はアルミ合金材と同様と考えられるが，鉄鋼，アルミの場合のような研究報告はほとんどみられない。皮膜は六価クロムと三価クロム，及びフッ化マグネシウムが主な構成成分となり，ひじょうに耐食性の良い皮膜を形成することができる。

　図10 はマグネシウム合金の六価クロムクロメート系化成処理の反応式である。初期反応（1）（2）によりマグネシウム合金が溶解され，（4）（5）（6））により，六価クロム化合物，三価クロム，フッ化マグネシウムを含有した皮膜が形成される。

$$Mg \rightarrow Mg^{2+} + 2e \qquad \cdots\cdots(1)$$
$$Cr_2O_7{}^{2-} + 14H^+ + 6e \rightarrow 2Cr^2 + 7H_2O \qquad \cdots\cdots(2)$$
$$2H^+ + 2e \rightarrow H_2 \qquad \cdots\cdots(3)$$
$$2Cr^{3+} + 3H_2O \rightarrow Cr_2O_3 + H_2O \qquad \cdots\cdots(4)$$
$$Cr_2O_7{}^{2-} + 2H^+ \rightarrow 2CrO_3 + H_2O \qquad \cdots\cdots(5)$$
$$Mg^{2+} + 2F^- \rightarrow MgF_2 \qquad \cdots\cdots(6)$$

図10　マグネシウム合金のクロメート化成処理反応式

　近年の欧州共同体 EU の環境規制法は WEEE，RoHS などの廃電気電子機器の有害物質使用制限が発令され，また ELV の廃自動車の回収，リサイクルのための規制等の厳しい政策がとられ，世界的にも影響力が大きい。特にマグネシウム合金の場合，使用されている部材の主力がこれらの規制対象となる場合が多い携帯電子機器や，自動車部品であり，規制物質である六価クロムを使用する処理は極めて限定的な適用になるとみられる。実際にマグネシウム合金の化成処理の場合，クロムフリーへの転換がアルミ材と比較して早く進んでいる。なお，亜鉛めっき部品やアルミホイールなどへの採用がみられる三価クロムクロメート処理については，マグネシウム合金への適用事例はほとんどないようである。

7.2　マグネシウム合金のクロムフリー化成処理[19) 20)]

7.2.1　クロムフリー化成処理の種類

　表5 にマグネシウム合金のクロムフリー化成処理の種類をあげた。クロムフリー化成処理はその皮膜化成の成分構成によりりん酸塩系，多種金属塩，そのほかに分類される。文献，特許を調査するとアルミ用と同様に実に様々な系の皮膜系が提案されている[21)]。これらの内，現在実用化されている主な化成処理はりん酸塩系，ジルコン系，過マンガン酸系である。

　その中でも現在マグネシウム合金の表面処理に適用されているクロムフリー化成皮膜の浴液系は鉄系材料と同様に，りん酸塩系が主流であり，りん酸マンガン，りん酸カルシウム－マン

-327-

表5 マグネシウムのクロムフリー化成処理の種類

系	皮　膜　種　類
りん酸塩系	りん酸マンガン，りん酸カルシウム－マンガン，りん酸カルシウム－バナジウム
多種金属塩	過マンガン酸系，Ti系，Zr系，Mo系，V系，Ce系，W系，Sn系そのほか
そのほか	有機金属

ガン[22]，りん酸カルシウム－バナジウムなどの組成である。ほかにはV系，Ti，Zr系，過マンガン酸系などの浴液も事例がある。なかでも，国内外において最も実績のある皮膜系は上記のりん酸カルシウム－X系（X：酸化還元型元素 Mn, V など）皮膜である。この系の皮膜は，塗装下地機能や，皮膜耐食性もバランスがとれた皮膜である。その中でも特にりん酸カルシウム－マンガン皮膜は塗装下地としての性能が優れている。図11にAZ系マグネシウム合金上におけるりん酸カルシ

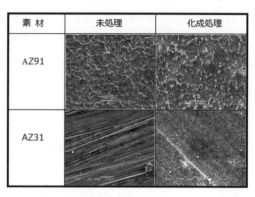

図11　AZ系マグネシウム合金上におけるりん酸カルシウム－マンガン皮膜のSEM像

ウム－マンガン皮膜のSEM像を示す。図12に反応模式図，図13にXPS分析の深さ方向のナロウスペクトル，及びデプスプロファイルを示す。表層から素地までCa，Mn，O，Pが分布しており，皮膜は非晶質であり，構造成分はりん酸カルシウム，及びりん酸マンガンとみられ，さらに素地から取り込まれたAl，Mgがリン酸マグネシウムや酸化物として皮膜中に広く存在していることが観察される。塗膜下地としての性能が優れている裏付けの1つとして皮膜の耐アルカリ性を汎用のりん酸マンガン皮膜と比較した。図14をみるとアルカリ水溶液におけるりん酸カルシウム－マンガン皮膜の主成分であるPの溶出量は，汎用りん酸マンガン皮膜より少なく，塗膜下腐食の要因の1つとして考えられている耐アルカリ性が良好であるといえる[23]。また皮膜成分のりん酸カルシウムの水に対する溶解性がりん酸マンガンに比較して小さい事も一因ではないかと考えられる。

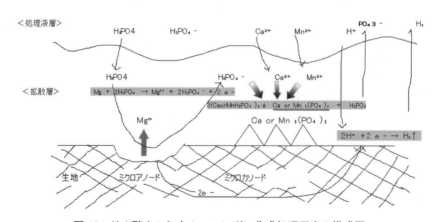

図12　りん酸カルシウム－マンガン化成処理反応の模式図

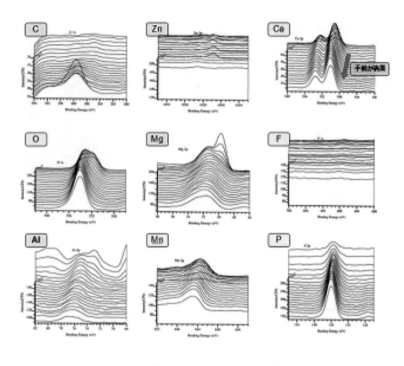

【ナロウスペクトル】

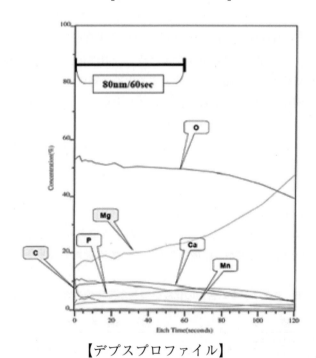

【デプスプロファイル】

図13　マグネシウム合金のりん酸カルシウム－マンガン皮膜のXPSナロウスペクトル，及びデプスプロファイル（素材AZ31）

7.2.2　マグネシウム合金の化成処理工程の特徴と問題点

　マグネシウム合金の一般的な化成処理は専用ラインである場合が多く，ほかの金属部材の処

- 329 -

理工程と比較して工程数が多く複雑となっている場合が多い。その代表的な工程の概要と特徴を述べる。

(1) マグネネシウム合金の化成処理プロセス

化成処理は最終工程である皮膜化成工程で皮膜を形成させるが，その前段階として表面素地調整の目的で様々な工程が設けられている。その目的は，素地を清浄化し，最終の化成処理反応を阻害する油や，酸化物層や離型剤などの残留層を除去し，皮膜化成反応がスムーズに進むような表面にすることである。マグネシウム合金の場合，現在は俗にいう鋳物であるダイカスト品が主流であるために，特にこれらの素地調整が重要である。

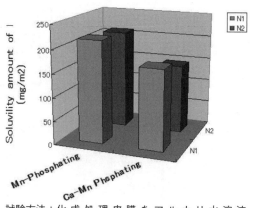

試験方法：化成処理皮膜をアルカリ水溶液(0.1molNaOH, PH13, 30℃, 3min)に浸漬後，前後のP量をXRFにより定量し算出)

図14 アルカリ水溶液でP-Mn皮膜とP-Ca-Mn皮膜の溶解量比較

表6に基本各工程の内容とその目的を示した。まず強アルカリ脱脂などにより，表面の汚れや離型材，切削油，プレス油等を除去する。鋳造材の場合，表面に潜り込んでいる離型剤は脱脂工程では除去できない場合が多く，従って次の酸エッチングにより一定の層を除去し，残留離型剤を除去する。また鋳造材は合金不均一層が存在する場合も多くこれも除去する。このエッチング工程ではスマットと呼称される素地金属と酸の不溶性化合物が再付着する場合が多く，次のデスマット工程で除去する。最後に目的とする皮膜を形成させる。これらの薬液工程の間では他の化成処理と同様に2段から3段の向流水洗を実施する。このほかに第2エッチングを設けるなど様々なパターンがあるが基本工程はこの4工程である。現状は300〜3000リットル程度のタンクによる浸漬式が主流である。図15に標準的なライン構成を示す。図16に各工程毎の表面SEM像を示す。

(2) マグネシウム合金材化成処理の特徴と問題点

前項で述べたように，マグネシウム合金は鋳造材が主流であり，鉄やアルミ部品の化成処理と比較して，処理工程がやや複雑かつ環境負荷が大きい処理システムとなっている。これはエッ

表6 マグネシウム合金の化成処理基本工程の内容とその目的

工程	主成分	目的，メカニズム
脱脂	アルカリビルダー，界面活性剤	表面の汚れ除去，離型剤やプレス油等の除去
エッチング	鉱酸，有機酸	酸エッチングにより，離型剤や素材表面に析出した合金不均一層を溶解除去する。この際，不溶性の金属塩（スマット）が沈着する。
デスマット	アルカリ	エッチングで発生したスマットの除去
皮膜化成	リン酸塩，多種金属塩，そのほか	目的とする防食皮膜の生成。処理液と接触し界面PHの上昇により皮膜が析出

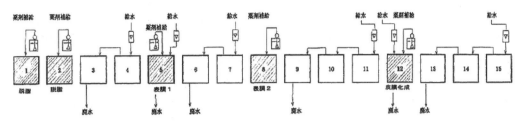

図15 マグネシウム合金の化成処理ライン構成

図16 マグネシウム合金のクロムフリー化成処理各工程後の表面SEM像（素材：AZ91D）

チング工程が必要であり，その良否が皮膜品質に大きな影響を与えているためである。エッチング液の老化（Mg合金溶け込み）による品質劣化を防ぐために浴液を処理面積に応じて更新しなければならないことが影響している。ダイカスト材では表層から数μの範囲に離型剤が巻き込み残留しており，この層を除去（重量で10 g/m² 程度）しなければ性能的に満足を得られる皮膜が形成できない。またそれらがないとされるマグネシウム合金の圧延板においても結局はエッチングがある程度必要であることが経験上確認されている。またシャワー方式の化成処理が開発されておらず，アルミや鉄系素材との複合流動も難しく専用ラインを必要とする。また携帯電子機器などでは，裸耐食性，塗装下地としての性能，表面接触低電気抵抗性などの要求機能が多岐にわたっているので，さらに各工程の管理などが複雑，かつ負担となるケースが多い。汎用AZ系合金以外にもレアアースやCaを含んだ合金が適用拡大されているなど，要求される機能レベル（耐食性，塗装性能）によっては合金種毎に化成処理の最適化が必要であり，汎用性との兼ね合いが問題となっている。今後自動車部品などへの展開のためには合金種の統一化や薬剤開発により工程の簡素化を進める必要があるとみられる。近年の研究によると処理改良と素材の高品質化により，工程短縮化と鉄やアルミとの同時処理可能な技術が開発されつつあり，その最新開発技術を11項で紹介する。

8 自動車部品としてのマグネシウム合金部材への期待とその表面処理における課題

8.1 自動車部材への表面処理適用例と期待

軽量化を特に必要とされている輸送機器へのマグネシウム合金の適用はこれまでも期待され続けてきた。自動車部品にはマグネシウム合金は古くから使用されているが，まだほんの限られた一部の部品にとどまっている[24]。その理由としては第一にコスト高と考えられるが，腐食し易く異種金属接触腐食等もあり，同じ軽金属材料であるアルミのようには使用されていない。しかし比較的マイルドな腐食環境である室内部品には現在でも使用されており，またエンジン廻りの部品などに開発された耐熱マグネシウム合金の採用例や，二輪フレームへの採用実績も出てきている。

第4編　マルチマテリアル化を支える生産技術

　ここでは2つの適用事例における表面処理の内容を簡単に紹介する。図17は2007年に自動二輪フレームにAM60ダイカスト材を適用した事例である[25]。重要保安部品である構造材にマグネシウム合金が採用された貴重な事例である。図18は自動車ホイールにAZ80鍛造材を使用した事例である。レース用ホイールであるがバネ下重量低減には大きな効果があるとされ，過去市販車へマグネシウム合金ホイールが採用された例もある。2例ともクロムフリー化成処理の上にカチオン電着塗装やエポキシ塗装をプライマーとして用い，さらに上塗りを重ねた。その際には耐水二次密着性を考慮し，化成処理の条件適合化が必要とされた[26]。現在自動車はハイブリッド車や電気自動車の普及，燃料電池車の登場など大きな変遷期に入っており，燃費向上，環境面からも軽量化にコストがかけられる時代にはいってきているといわれる。したがって，マグネシウム合金もマルチマテリアルの1つの部材として，自動車部品への採用が増えていく可能性は大きい。

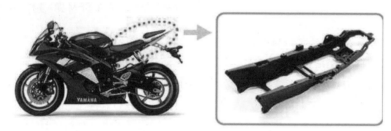

図17　自動二輪フレームへのマグネシウム合金の適用ホイール

8.2　自動車に使用されるマグネシウム合金部材の表面処理の課題

　自動車部品に使用されるマグネシウム合金部材が採用される場合，車内やエンジン周りなど環境の比較的マイルドな部分以外は腐食対策が必要であり，接合腐食対策については主に設計の工夫で対処されるとみられるが，一般面の腐食対策として特に塗装下地としての表面処理の役割は非常に大きい。しかし大きな課題となっているコスト高については，材料費もそうであるが表面処理コストも大きいとされている。現時点での課題は①工程簡素化等による低コスト化，②他金属との同時処理性，③耐食性評価技術の確立，④環境対応の4点があげられる。

　現状では要求される塗装耐食性などを満足させるためには専用の化成処理ラインや陽極酸化処理ラインが必要であり，コストや全世界多地域での供給性を考えた場合，車体塗装後に組み付けるアッセンブリー部材であってもこれが大きなネックとなってしまう。今後機能性を落とさず，薬剤の最適化等により工程の簡素化，兼用化が課題と考えられる。②については将来的にマグネシウム合金部材を車体に組み込んで流動させる場合に，アルミ製ルーフですでに実績がある鉄材との同時処理が可能な薬剤システムの開発が必要になるとみられる。またアルミ等との組み合わせ部材も十分考えられ，処理ラインの汎用性の面からもアルミ材との同時処

図18　マグネシウム合金鍛造

理が可能であれば有利である。なお，下回り部品や構造材に用いる場合は，耐疲労性への配慮が表面処理においても必要であり，例えば一般的なマグネシウム合金の陽極酸化処理は耐疲労性を低下させる場合があるので注意が必要である。

9 マグネシウム合金展伸材の最新の適用例とその表面処理

1999年にMD筐体にAZ31合金のプレスフォージング成型材が採用され，2003年には世界で初めてノートブック筐体の天板にAZ31温間プレス材が採用された[27]。しかし2003年以降，マグネシウム合金プレス材の採用はあまり広がらず，一部のパソコンメーカーの数機種のみ採用に留まっている。これは材料コストが高いこと，また温間プレスが必要であることが大きな理由とみられ，またプレス品を採用すると筐体全体の大幅な設計変更が必要であることも理由の1つとみられる。

しかし近年，再びマグネシウム合金板材の採用事例が増えてきている。これは高機能化により，部品数が増え総重量が大きくなって軽量化の必要性とメリットが高まり，さらに形状の薄型化，大面積化もあり，金属プレス品への関心が高まってきたことによるものとみられる。2011，2012年に携帯電話の内部筐体（樹脂－金属板複合内部部品）にマグネシウム合金板材（AM60）が日本の携帯電話メーカーにより採用された。この部材は，金属プレス材を樹脂成型品が額縁状に取り囲んだインサート成型と呼ばれる製法により作られた樹脂と金属板の双方のメリットを活かした部品である。金属板材としてはステンレス板を使用していたので，マグネシウム合金板材を採用することにより，軽量化効果が大きい部材である。スマートフォンやタブレットでは高機能化，大画面化により重量が増え，軽量化のメリットが高まってきており，内部筐体として既に使用されているステンレスやアルミの板材の置換採用として，マグネシウム合金板材の採用が広がる可能性はあるといえる。

図19に内部筐体の外観写真を示した。この部品の場合，ステンレス板からマグネシウム合金板材への置換採用により約7g軽量化された。プレス材の表面処理については，一般的なマグネシウム合金用クロムフリー化成処理工程に一部改良を加え，表面接触抵抗値，耐食性規格を満足させた。内部部品であるため，求められる性能が表面接触低電気抵抗値と耐食性規格のみであり，塗装下地としての性能は要求されない。しかし，表面接触低電気抵抗性は，電波特性への影響等で一般の規格よりさらに厳しくなり，低圧接触条件での低電気抵抗値を要求される事例が多くなり，表面処理への負荷は大きい。

またマグネシウム合金プレス材採用の近年の代表的なトピックとして2012年に超軽量合金であるMg-Li合金のプレス材がノートパソコン筐体に採用された。民生品にMg-Li合金が採用されたのは初めてであり，この部材の表面処理は化成処理で対応されたが[28]-[30]，反応性の高いリチウムを含むので一般のマグネシウム合金と比較して腐食性はさらに高く，表面処理への負荷は高い。化成処理においても塗装性能，皮膜耐食性，表面接触低電気抵抗性

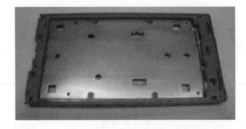

図19 マグネシウムプレス材と樹脂の複合部材
（携帯電話内部筐体）

の3つの機能をバランスさせることは非常に難易度が高い。今後軽量化に特別な価値を置く製品に採用される可能性は大きく，実際にノートパソコン，タブレットの筐体として採用される事例が増えてきている。図20にLA141材における化成皮膜のSEM像，図21にXPSのナロウスペクトルを示す。

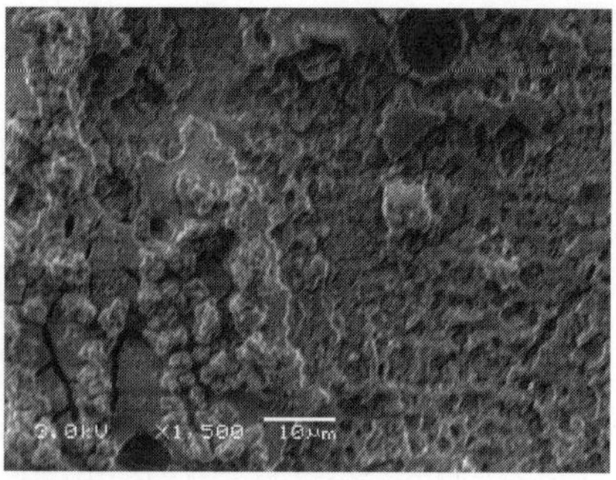

10 自動車車体材料としての板材の表面処理と塗装性能

図20 マグネシウムリチウム合金の化成処理皮膜SEM像

自動車の車体へのマグネシウム合金板材の採用は，マグネシウム合金素材メーカーの技術者にとっては夢である。これまで車体にはトランクや，取り外しのできるフードに採用された事例がある程度で，どちらかといえば試験的に採用されたに過ぎない。マグネシウム合金薄板製造の実用化は，9項で述べたように，国内圧延メーカーがAZ31やAM60などの押し出し材を温間圧延により薄板にし，携帯電子機器であるノートパソコン筐体等に採用実績がある。その際の表面処理は化成処理が主であり，通常のダイカスト材用の処理に若干の工程調整を施し適用している。また3項で述べたように，国内外のメーカー数社より，コストアップ要因である温間圧延の工程を省くことが可能な直接溶湯圧延法による板材が上市されている。これらマグネシウム薄板は自動車車体，特に外板や内側パネル材として期待される。自動車車体外板は，現在は冷延鋼板や表面処理鋼板などの鉄系板材であり，前述したようにりん酸亜鉛皮膜処理後にカチオン電着塗装をプライマーとして用い，中塗り，上塗り等数コートの焼付塗装を行っている。またそのほかのエンジンルーム内の部品や足回り部品なども基本的にはカチオン電着塗装が施される場合が多い。

カチオン電着塗装を塗装系として選択し，簡単な評価試験を行った。薄板の種類としては，現在最も量産実績のあるAZ31材とAZ61材を用い，比較としてAZ91ダイカスト材も同時処

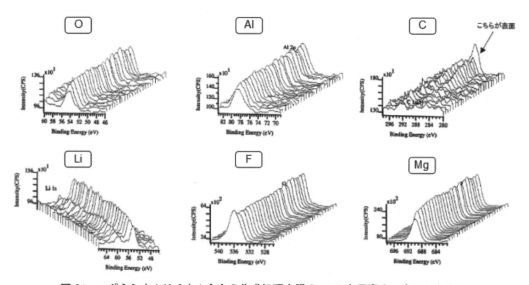

図21 マグネシウムリチウム合金の化成処理皮膜のXPS各元素ナロウスペクトル

- 334 -

理した。評価方法として代表的な評価試験である塩水噴霧試験と耐温水試験を行った。結果として表7に示したようにマグネシウム合金板材においてもある程度のレベルの塗装性能が確認でき，現在行われている化成処理や陽極酸化処理でも条件を適合化すれば下地処理として用いることができる可能性がわかった。さらにCCT（Cyclic Corrosion Test）などの評価試験により詳細な表面処理の適合化，及び改良が必要であるとみられる。

表7　マグネシウム合金板材の化成処理品カチオン電着塗装性能

種類	合金	評価試験	化成処理	陽極酸化
圧延材	AZ31	SST（720h）（mm）	0.5～1.0	0.5以下
		耐水性	100/100	100/100
	AZ61	SST（720h）（mm）	0.5～1.0	0.5～1.0
		耐水性	100/100	100/100
ダイカスト	AZ91	SST（720h）（mm）	0.5～1.0	0.5～1.0
		耐水性	100/100	100/100

化成処理—りん酸カルシウムマンガン皮膜
陽極酸化—膜厚10μm
SST（塩水噴霧試験）：CED単膜，評価片側最大ふくれ幅
耐水性評価：50℃，240H連続，CED＋中塗り＋上塗り塗膜　2mm碁盤目残マス目数

11 マグネシウム合金の化成処理における工程短縮化と他金属材との同時処理性の可能性

これまでに述べたようにマグネシウム合金の化成処理は多段工程を必要としており，工程短縮化が求められている。またアルミ材は車体ルーフなどに薄板採用実績があるが，その場合車体に組み付けた後に，調整されたアルミ，鉄同時りん酸亜鉛処理システムにより処理を行っている。マグネシウム合金の場合も，車体の一部として採用すると考えた場合，鉄材やアルミ材と同時処理が可能な化成処理が開発できれば非常にメリットが大きい。これらの問題への対処として，まず工程短縮化として最新化成処理技術では図22に示すように，ダイカスト材においても脱脂→皮膜の2工程で十分な性能を示す処理が開発されている。

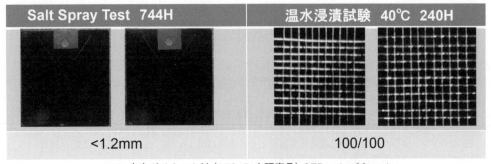

＜Mg合金ダイカスト材（AZ91D未研磨品）CED paint 20 um＞
図22　新規開発化成皮膜（2工程）のMg合金ダイカスト材塗装性能[31]

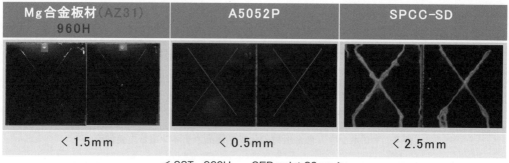

図23 同時処理可能な新規開発化成皮膜のMg合金板材塗装性能（SST）[31]

また新たにアルミなどとの同時処理性を考慮し新規開発した化成皮膜の塗装性能をアルミ，鉄材の性能と共に図23に示す。新規開発した皮膜はアルミや，鉄材の処理も可能でカチオン電着塗装で良好な塗装耐食性を示している。またMg板では，一般にAZ91より耐食性が低いといわれているAZ31材でも良好な結果を示していることは画期的であるといえる。この結果は，マグネ材でも板材であれば他金属との同時処理の可能性があるといえ，自動車へのマグネシウム合金材の組み込みにあたっては大きな利点があり，今後の実用化が非常に期待される。

文献

1) I.Nakatsugawa, S.Kamado, Y.Kojima, R.Ninomiya and K.Kubota：Corrosion Review,139 (1988).
2) 森久史：鉄道総研報告，28，No.2，41 (2014).
3) 佐藤雅彦：軽金属，59，521 (2009).
4) 森伸之：日本金属学会講演概要，136，169 (2005).
5) 原田泰典，後藤宗之：日本機械学会講演論文集，関西支部局88期定時総会講演会，NO134-1 (2013).
6) J.E.Hills and K.Reichek：Paper 860288,Society of Automotive Engineers, (1986).
7) 松村健樹，月本茂之，部谷森康親，西中一仁：軽金属学会第128回春期大会講演概要，p.309-310 (2015).
8) 原信義：産学官連携推進事業（都市エリア-発展型）文科省研究交流会資料38P (2008.12).
9) 松村健樹，海野真一，菊地風斗，部谷森康親，西中一仁：軽金属学会第131回秋期大会講演概要，(2016).
10) 中津川勲：マグネシウム技術便覧，P.311（カロス出版2000）．
11) 弦間喜和：日本マグネシウム協会表面処理分科会資料，(2011.10).
12) 須田新，森和彦：表面技術，57，137 (2006).
13) 日野実：マグネシウム合金の先端的基盤技術とその応用展開，p151
14) 日野実，水戸岡豊，村上浩二，金谷輝人：軽金属；61，112 (2011).
15) A.Suda,T.Shinohara,S.Tsujikawa,T.Ogino,S.Tanaka：Proc.GALVATECH'92,250 (1992).
16) 須田新，朝利満頼：日本パーカライジング技報NO12p17-25 (1999).
17) Dow Magnesium Opereation in Magnesium Finishing（Dow Chemical Co.）
18) JIS-H-8651
19) 松村健樹：防錆管理，143，9，30 (2009).
20) 松村健樹：マグネシウム合金の先端的基盤技術とその応用展開，p.151，シーエムシー出版，(2012).
21) 前田重義：アルトピア，37 (5)，41 (2007).
22) 松村健樹，鈴木正教：日本パーカライジング技報，15，56 (2003).
23) 難波信次，海野真一，金賢姫，松村健樹：日本パーカライジング技報，21，52 (2009).
24) 板倉浩二：マグネシウム合金の先端的基盤技術とその応用展開，p.191，シーエムシー出版，(2012).
25) 稲波純一ら：アルトピア，38，(1)，41 (2008).
26) 松村健樹：アルトピア，38，(1)，32 (2008).
27) 白土清：軽金属，54，510 (2004).

28) 松村健樹, 岡原治男：特許第 4112219 (2008).
29) 金賢姫, 松村健樹, 難波信次, 海野真一, 後藤崇之：特許第 5431081 (2013).
30) 松村健樹, 難波信次, 金賢姫, 七山谷淳：日本パーカライジング技報, **24**, 56 (2012).
31) 松村健樹：第 4 回高機能金属セミナー発表資料, (2016.9.).

第4編 マルチマテリアル化を支える生産技術

第3章 表面処理技術

第2節 電子ビーム励起プラズマによる難窒化材料への表面処理技術

株式会社片桐エンジニアリング 山川 晃司　株式会社片桐エンジニアリング 山本 博之

プラズマはエネルギーが高く反応性に富むことから工業応用で使用され，コーティング，表面改質，加工，エッチング等の表面処理や微細加工分野において多岐にわたり利用される。またプラズマ生成の方式も多岐にわたる。本稿では，高密度プラズマ源である電子ビーム励起プラズマ（EBEP）の生成原理の紹介とステンレス及びアルミニウム合金に対する窒化処理技術を紹介する。

1 電子ビーム励起プラズマ

理化学研究所で開発された電子ビーム励起プラズマ（EBEP＝Electron Beam Excited Plasma）は加速された電子をエネルギー源として，プラズマを生成する方式である[1]。

電子ビーム励起プラズマの特徴は電子のエネルギーを選択できるところにある。電子が分子を電離や解離や励起をする場合，電離や解離や励起の確率は衝突断面積という言葉で表わされる。例として図1に希ガスの電離衝突断面積を示す[2]。希ガスの種類ごとに電離断面積が最大になる，最適な電子エネルギーの値が異なっていることがわかる。電子ビーム励起プラズマは電子加速電源の電圧を可変にすることにより，100eV前後の電子ビームを用いることで効率良くプラズマを生成できる。また $1×10^{-3}$ Pa 台の低圧下でも放電が可能である。

図2にEBEPの装置図の例を示す。プラズマの生成原理はいくつかの段階に分かれる。まず電子源を加熱し，熱電子を放出する，電子源の材質は仕事関数が小さく電子を取り出しやすい六ホウ化ランタンを用いる。アルゴン雰囲気中に放電用電源で電圧を印加することで，アルゴンプラズマが生成される。このアルゴンプラズマは予備放電であり，直接プロセスに使用しない。電子加速電源を印加し，アルゴンプラズマから電子を引き出す。この時，電磁石で磁場を発生し，電子をビーム状にする。電子ビームはプロセスチャンバーに突入し，プロセスガスと衝突し，分子を電離，解離，励起を引き起こしてプラズマを生成する。

プラズマ空間に電磁石を設置して，電子やイオンを操作することで，プラズマを収束したり広げたりすることが可能である。また基板にバイアスを印加することで，プロセスの応用を広げることが可能である。

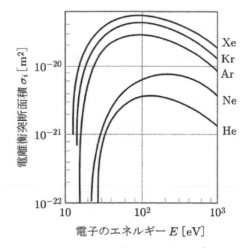

図1　希ガスの電離衝突断面積[2]

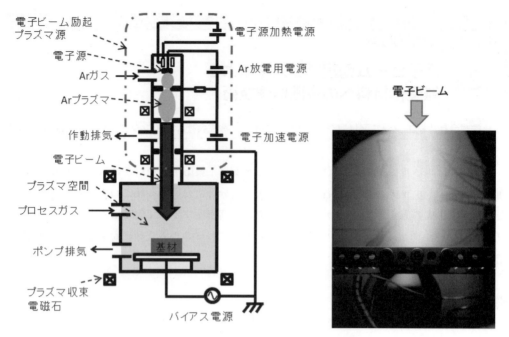

図2 電子ビーム励起プラズマ装置構成例
左：電子ビーム励起プラズマ源とプロセスチャンバー
右：EBEPの放電の様子（中央に電子ビームによるプラズマの発光が見える）

2 オーステナイト系ステンレスの低温窒化処理技術

　ステンレスは鉄を基材とし，クロムを10.5%以上含む合金である。特徴として表面に不動態膜を形成している。ステンレスの場合は厚さ数nmの水酸化クロムの膜である。不動態膜は非常に安定で，たとえ傷がついたとしても，空気中の酸素とクロムが反応して，ただちに再形成される。ステンレスが耐食性に優れるのは，この不動態膜が母材を保護するからであり，逆にこの安定な膜が各種表面処理において処理が難しくなる原因にもなっている。表面処理の1つである窒化処理は，金属表面から活性化された窒素を導入し，高い硬度を持つ窒化鉄や窒化クロムなどの金属窒化物が形成される，あるいは結晶間に窒素が固溶することで格子歪みを起こし，表面硬化を行う方法である。

　オーステナイト系ステンレスは前述の通り不動態膜を有することにより窒素原子の侵入を阻害するため，窒化においても難窒化材料とされているが，いくつかの対策が試みられている。例えば，真空プラズマ処理であるイオン窒化処理においては，不動態膜が再形成されないよう酸素が少ない真空中で処理を行っている。電圧でイオンを加速し，金属表面を叩いて不動態膜を剥離したあと，窒化を行う手法が開発されている[3]。またガス窒化でもショットピーニングや，フッ素系ガスを用いることで表面の不動態膜を除去する方法が開発されている[4,5]。

　従来の窒化処理温度は500〜550℃で行われ，硬度の高いCrN化合物が表面硬化層として形成される。しかしCrNが形成されると，基材のクロム元素が減少して不動態膜が形成されにくくなり，耐腐食性が落ちてしまう。これらを解決するため，低温窒化と呼ばれるCrN等の化合物を生成せず，耐食性を損なわない窒化方法が開発された[6,7]。文献により差があるが概ね処理温度を450℃以下とした場合，オーステナイト構造に窒素が固溶した，S相と呼ばれる窒化層

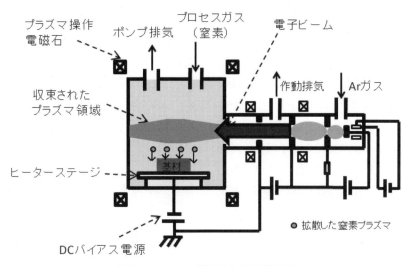

図3 SUS316低温窒化処理装置図

が形成される。CrNが生成しないため，耐腐食性の低下を抑えることができる。ただし低温であるため，窒素の拡散が遅く，同一厚さの窒化層を得ようとすると，非常に時間がかかる。

電子ビーム励起プラズマは高密度プラズマを生成することができるため，弊社グループは低温による拡散の遅さを，窒素の量で補えると考え低温窒化処理を行った。材料は代表的オーステナイト系ステンレスであるSUS316を用いた。図3はSUS316低温窒化の装置図である。処理温度は，S相が形成される450℃とクロム窒化物が形成される500℃とした。基材は電子ビームの熱影響を避けるため直接当たらないように配置し，ヒーターステージで基材温度を温度調整した。処理温度以外の他のパラメータは同一処理条件である。

プロセスはアルゴンと水素の混合ガス（1：1）のプラズマを生成し，基板にDCバイアス電源を−75Vで10分間印加し，不動態膜除去を行った後，DCバイアスを−75Vで印加しながら60分間0.1Paの圧力で窒化処理を行った。イオン窒化でみられる窒素と水素混合ガスを用いず，窒素のみで窒化処理が行えることが，電子ビーム励起プラズマの特徴である。

図4は，処理温度450℃と処理温度500℃の断面写真である。500℃で形成した化合物を含む窒化層の厚さ20 μmで，450℃で形成した窒化層は5 μmだった。またナノインテンダー硬さは

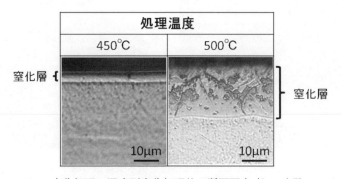

図4 SUS316窒化処理−温度別窒化処理後の断面写真（シュウ酸エッチング）

500℃処理の19790MPaで，450℃処理は16800MPaとなった（図5）。

図6は耐食性を確認するために，中性塩水噴霧試験（JIS Z 2371）を240時間行った後の写真である。450℃処理品は錆が発生しなかったが，500℃処理品は表面が錆びて荒れていた。また錆による重量変化を電子天秤で測定した。450℃処理品は重量変化率が0.00％だったのに対し，500℃処理品は－0.08％と重量が小さくなっていた。これは窒化層が錆びて塩水噴霧中に脱落したためである。

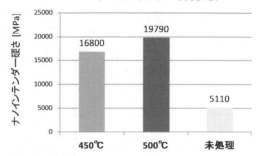

図5　SUS316窒化処理－処理温度別ナノインテンダー硬さ試験

耐摩耗性を計測するために，アルミナ球を用いたボールオンディスク試験（JIS R 1613）による試験を行った。500℃処理品は未処理品に対して比摩耗量が1桁良くなった。450℃処理品は500℃処理品に対して比摩耗量が更に2桁良くなり，S相が化合物を含む窒化層に比べ耐摩耗性が向上する結果となった（図7）。また類似する結果はガス軟窒化で報告されている[8]。

このS相窒化層は，長期の屋外環境や塩水雰囲気に晒される環境下での，新しいステンレスの使用方法を提供すると考えられる。

3 アルミニウム合金への窒化処理技術

アルミニウム合金もステンレスと同様に表面に不動態膜を形成するため，表面処理は難しい金属である。現在，アルミニウム合金の表面改質としてはアルマイトが多く使われる。これは陽極酸化法と呼ばれ，硫酸等の溶液中でアルミニウム合金を陽極にすることで成分であるアルミを硬いアルミ酸化物へ変化させる方法である。

アルミニウム合金に対して窒化層を形成する試みはあまり見当たらないが，イオン窒化や電子ビーム励起プラズマ窒化で各種アルミニウム合金に対して試みられている[9)-11)]。

アルミニウム合金の中でも最も硬い170HVであるA7075に対してさらに硬い表面付加価値を与える目的で，電子ビーム励起プラズマ窒化を実施した。JIS H　8603-1995の硬質アルマイ

図6　SUS316窒化処理－塩水噴霧後の様子
左：450℃処理品　右：500℃処理品

図7　SUS316窒化処理－処理温度別ボールオンディスク摩耗痕と摩耗量

トの規定では，A7075の硬質アルマイトの硬さは300HV以上とされている。A7075の170の約2倍の硬さが硬質アルマイトによって得られる。厚さは使用用途によって異なるが10～100μmで使用される。

図8はA7075窒化の装置図である，基材は直接電子ビーム衝突するように配置しているが，電子加速電源をパルス化することで，温度上昇を制御している。窒化アルミニウムは絶縁体であるため，バイアスはRF13.56MHz，40Wを印加した。圧力は窒素0.08Paで処理温度は475℃で，アルマイトと同等の厚みを目標に，処理時間を5分から60分までの各処理を行った。

図9にサンプルの断面SEM写真および，処理時間と窒化層厚さと窒化層剥離の有無を示す。処理時間が長いほど窒化層は厚くなり，処理時間45分で35μmの窒化層を得た。これは硬質アルマイトで利用される厚さの枠内に入る厚さである。処理時間60分に伸ばすと窒化層は40μmであったが，剥離が発生した。

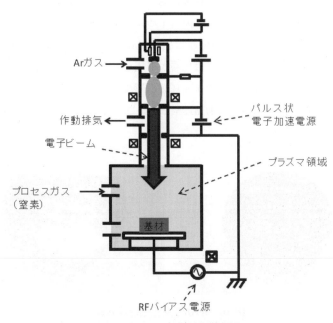

図8　A7075窒化処理装置図

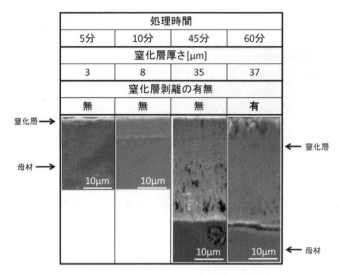

図9　A7075窒化処理－断面SEM写真および，処理時間と窒化層厚さと窒化層剥離の有無

図10は剥離していない45分処理品と剥離した60分処理品の外観写真である。窒化層は黒色で，剥離したサンプルは母材のアルミニウムの銀色が見える。

形成した窒化層の元素の分布を分析するために，45分処理品に対してSEM EDXを行った。図11に窒素元素とアルミニウム元素の元素マッピングを示す。白色の箇所がその元素を表している。

窒化層ではアルミニウム元素比率が下がり，窒素元素の比率が高くなっている。また窒化層では窒素元素の分布は一様であり，母材側に窒素元素はほとんどなく窒化層と母材の間に界面が発生している。鉄鋼の窒化処理では窒素濃度は表面から内部にかけてなだらかに下がっていくがアルミニウム合金や，前述のステンレスの場合は急激に窒素が減少する。アルミニウム合金の窒化処理において剥離が生じやすい原因の1つがこの界面の発生であると考えられる。

窒化層のナノインテンダー硬さは表面付近で21700MPaであった。母材の硬さは3000MPaであったので，母材の約7倍の硬さを持つ窒化層が形成された（図12）。

45分処理品について密着性はロックウェル圧痕試験で確認した結果，周囲にほとんど割れがなく剥離も見られなかった。これはVDI3198で規格される評価のHF1～6のうち，最も良い

図10　A7075窒化処理後外観
左：45分処理　右：60分処理

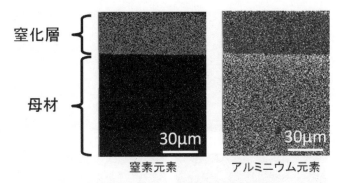

図11 A7075（45分処理品）窒化処理 SEM EDX マッピング

HF1と考えられ，良好な密着性であった。

アルミニウム合金は高温で保持すると時間に応じて機械的強度が落ちる。例えばA7075の引張強さは200℃で30分保持すると元の引張強さから約50％，100時間保持すると約25％となる[12]。今回45分処理したサンプルは母材硬さが処理前の3000MPaから1100MPaへ低下していたが，これも熱影響によるものだと考えられる。よって低温でかつ短時間処理プロセスの開発が課題である。

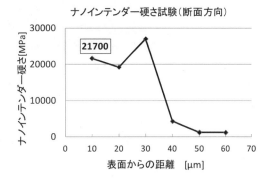

図12 A7075（45分処理品）窒化処理 ナノインテンダー硬さ試験

次にA5052の電子ビーム励起プラズマ窒化について硬さ，摺動性，密着性について報告する[11]。窒化層の硬さは14000MPaを超える硬さの層が形成された。A5052の基材は1000MPaであるので14倍程度の表面硬化となった。また窒化処理後の表面は黒色で約5μm針状構造であった。熱伝導性のよい窒化アルミニウムを含み，かつ針状構造で表面積が大きくなることで放熱用途に応用が考えられる。また，摩擦係数の低下を狙い研磨を行い，針状組織を除去した。研磨後のサンプル表面はバウデンレーベン型摩擦試験で摩擦係数は0.14となり，摺動性に優れる表面となった（図13）。密着性を確認するロックウェル試験では研磨前，研磨後サンプル共に剥離も大きな割れもない（図14）。VDI3198での評価はHF1と考えられ密着性は高い。

またAC4C, AC9Bについても劉莉らが電子ビーム励起プラズマによる窒化処理について報告している[10]。窒化処理後の摩擦係数はAC4Cでは0.12，AC9Bでは0.15であり，非常に摺動性に優れる結果となっている。

アルミニウム合金は軽金属であり，用途別としては軽量化がカギとなる部品，例えば自動車，鉄道，航空機の車体に輸送用途に使わ

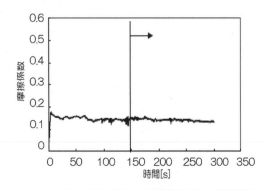

図13 A5052窒化処理－表面研磨後の摩擦係数（バウデンレーベン型摩擦試験）[11]

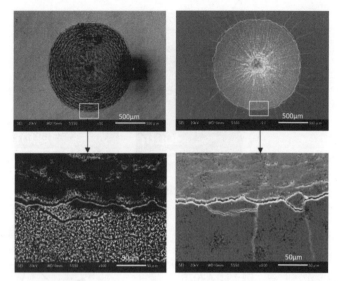

図14 A5052窒化処理—ロックウェル硬さ試験による密着性確認[11]
右：研磨前 左：研磨後

れる。表面に付加価値がつくことにより，鉄などに置き換わって使用範囲が広がるであろう。電子ビーム励起プラズマがその一端を担うことができれば幸いである。

謝 辞

本稿を執筆するに当たり，名古屋大学工学研究科の堀勝教授，名古屋産業振興公社プラズマ技術産業応用センターの高島成剛氏の両氏に感謝の意を表します。

文 献

1) T.Hara, M.Hamagaki, A.Sanda, Y.Aoyagi and S.Namba：*J.Vac.Sci.Technol*.B.,**5** (1),366 (1987).
2) 八坂保能：放電プラズマ工学，pp.40，森北出版 (2007).
3) 山中久彦：イオン窒化法，pp.51，日刊工業新聞社 (1976).
4) 鹿児島県：日本特許 第2916752号 (1999).
5) 青木寛治：表面技術，**3** (54)，209 (2003).
6) Z.L.Zhang and T.Bell：*Surface Engineering*, **2** (1),131 (1985).
7) Y.Sun, X.Y.Li and T.Bell：*Journal of Materials Science*,**34**,4793 (1999).
8) 鈴木基裕：中部電力株式会社技術開発ニュース，(151)，9 (2014).
9) 太刀川英男：豊田中央研究所R＆Dレビュー，4 (27)，49 (1992).
10) 劉莉 他：軽金属，**56** (10)，527 (2006)
11) 高島成剛 他：アルトピア，**44** (10)，18 (2014).
12) 日本アルミニウム協会標準化総合委員会編：アルミニウムハンドブック第6版，pp.43，日本アルミニウム協会 (2001).

第4編 マルチマテリアル化を支える生産技術

第3章 表面処理技術

第3節 電着塗装技術

日本ペイント・オートモーティブコーティングス株式会社　石渡　賢
日本ペイント・オートモーティブコーティングス株式会社　乘松　祐輝

1 緒 言

一般的に塗装の役割は被塗物の保護と美観の付与である。特に自動車ボディの外板塗装は多様な色彩や質感といった意匠を表現しつつ、過酷な自然環境への耐久性を発現するために、それぞれの特化された機能を持った塗装工程で塗り重ねた多層膜で構成されており、その一番下層にあるのが電着塗装膜である（図1）。

電着塗装は非常に優れた防錆性を有しており、かつ複雑な構造物の内側（内板）にも一度に無駄なく塗装が可能である。したがって自動車ボディや足回り部品のような、複雑な形状物の合わせや袋型構造からなる工業製品を大量に連続製造することに最も適した防錆塗装法と言える。

一方で、積層した塗膜の最下層に位置するため、その直下の素材表面の影響を直接受けることは避けられない宿命にある。本稿では、最新の自動車のマルチマテリアル化を支える生産要素技術としての電着塗装について述べてみたい。

2 電着塗装概論

2.1 電着塗装の原理

電着塗装の英語表記では Electrodeposition Coating であるので、電気析出塗装法となり「電気的な化学反応で塗料（塗膜）を泳動させ付着させる」塗装法と言うことができる。

水に分散している塗料粒子の電荷が−（マイナス）のものをアニオン電着、＋（プラス）のものをカチオン電着と呼ぶ。自動車用ではほとんどがカチオン電着なので本稿ではカチオン電着

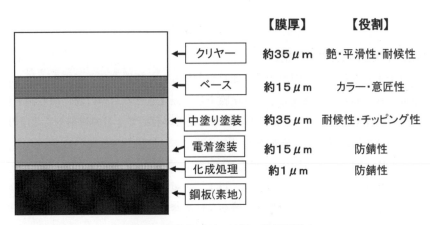

図1　自動車ボディ外板の塗膜構造

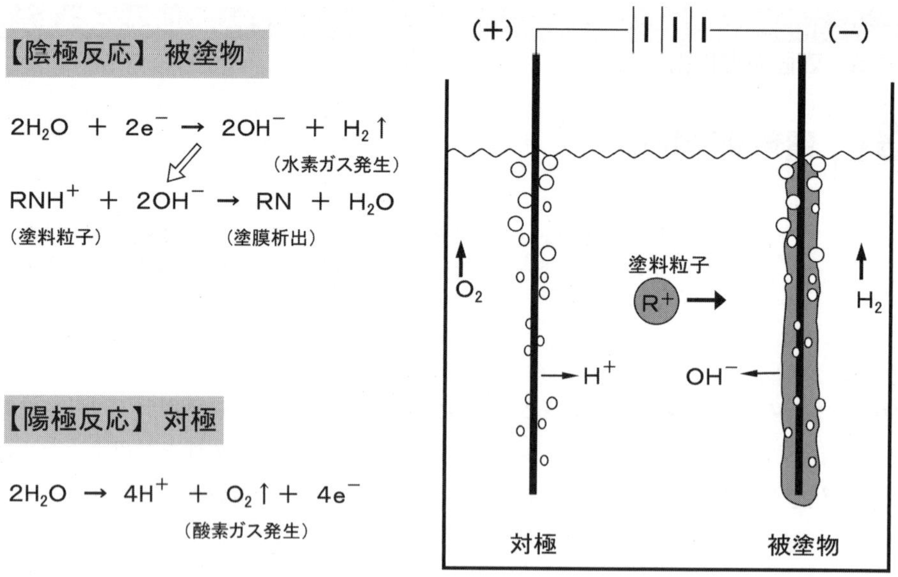

第4編　マルチマテリアル化を支える生産技術

【陰極反応】被塗物

$$2H_2O + 2e^- \rightarrow 2OH^- + H_2\uparrow$$
（水素ガス発生）

$$RNH^+ + 2OH^- \rightarrow RN + H_2O$$
（塗料粒子）　　　　　（塗膜析出）

【陽極反応】対極

$$2H_2O \rightarrow 4H^+ + O_2\uparrow + 4e^-$$
（酸素ガス発生）

図2　電着析出の化学反応メカニズム

について述べる。帯電したコロイド粒子（塗料樹脂を酸中和して水に乳化したエマルション）からなる塗料浴の中に被塗装物を浸し，電圧を印加して直流電流を流し，被塗物となる陽極表面では，水の電気分解によって発生するヒドロキシルイオン（OH^-）により塗料粒子が中和されて水に不溶物となって析出し被塗物表面に付着する（図2）。

　また電流が流れる際のジュール熱で表面近傍の温度が上昇して析出した粒子が互いに融着し，連続した膜を形成する。膜の形成で電気的な抵抗が高くなるため，やがて電流が流れにくくなり，あるところで塗膜の成長がほとんど停止する。この抵抗形成が，後述する「付き回り性」を発揮するための重要な要素技術となる。

　このように，電着塗装は一般的な吹き付け型塗装と比較するとかなり特殊な塗装方法であり，特に電気的な通電状態が電着塗装を制御する大きな要因と言える。その意味では，被塗物の素材表面の電気化学的性質が重要となるため，素材や前処理の抑制を把握し，最適な電着設計が求められる。

2.2　電着塗料の組成と分散粒子構造

　一般的にカチオン電着塗料の固形分は，顔料を主体とした無機成分と樹脂を主体とした有機成分とで構成されており，有機成分中には塗膜を熱で硬化させるための硬化剤も含まれる。その他に，塗膜の粘性や塗料粒子の安定性を制御するなどの目的で少量の溶剤や乳化用の中和酸，消泡剤，抗菌剤等の機能材料が塗料配合設計の必要に応じて用いられている。

　溶媒は水（純水）であり，塗料の約8割を占める。水溶媒中では樹脂と顔料はコロイド粒子として分散された状態で存在している（図3）。以下，各組成物について詳細を述べていく。

　カチオン電着塗料の骨格となる樹脂は，耐薬品性や腐食物質の遮断性などの防錆性の観点，および，鎖長延長や化学的な合成の自由度，反応性からビスフェノールA型のエポキシ樹脂が

第3章　表面処理技術

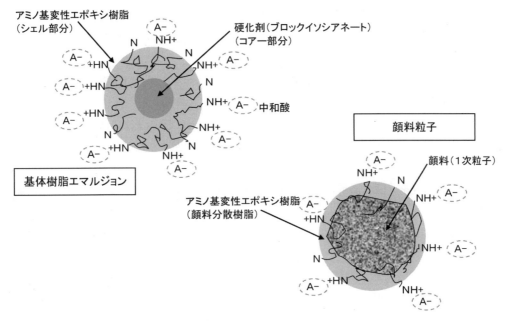

図3　カチオン電着塗料粒子の構造

用いられる。一定の分子量に鎖長延長して高分子化した後に，両末端にアミンを付加して親水基を導入。この主樹脂に疎水性の硬化剤を混同し，酸の入った水へ撹拌投入して乳化することで，親水基のある主樹脂が外側のシェル，硬化剤がコアとして中に入ったシェル／コア構造のエマルションの状態となって，水の中に安定的に分散している（図4）。

顔料は，主に色を発現する着色顔料と塗膜の物性を調整するための体質顔料，および錆を防ぐ防錆顔料からなる。

自動車用電着塗料の色相はボディ用が灰色，部品用が黒色であるのが一般的で，これらの色相は着色顔料であるカーボンブラック（黒色）と酸化チタン（白色）の比率で調整される。体質

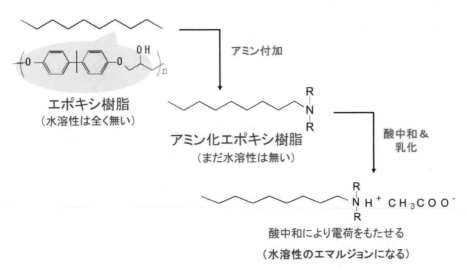

図4　エポキシ樹脂のエマルション化工程

-349-

顔料は，カオリンクレーと呼ばれる比重の軽い粘土質の顔料（組成はケイ酸アルミニウムが主体）である。防錆顔料は腐食による鉄の溶出や酸化を防ぐ機能であり，金属表面に不働態膜を形成するタイプや還元作用を持つタイプなどがある。

顔料は，一般的にビーズ型分散機で細かく粉砕され，エポキシ系の分散樹脂にくるまれてコロイド状に分散させる。

電着塗料の硬化剤としてはイソシアネートが用いられるが，そのままでは硬化反応が自然に進んでしまうので，ブロック剤によって常温下での反応性を封止したブロック化イソシアネート（Blocked isocyanate；略してBI）の形で用いられる。

塗膜の硬化過程を，図5に示した。硬化剤の反応性に"封止をしている"ブロック剤が焼付時の熱エネルギーにより離脱することによって，再び硬化剤が活性化して反応を開始し，主樹脂の反応点に橋を渡すようにして硬化剤が樹脂同士を結合させてゆき，三次元的に非常に堅固な膜（硬化塗膜）を形成する。

2.3 電着塗料の付き回り性

付き回り性（Throwing power）とは「構造物の内板部位まで塗装する」ために必要な性能であり，電着塗料の大きな特徴の1つである。被塗装物の外板と内板では，極からの距離に応じた液抵抗分での電圧差が生じる。通電を開始すると，電位の高い部分（外板）に電流が流れて最初に塗膜が析出する。そして，時間が進むに従い析出膜厚が厚くなりその部分の電気抵抗が増大する。そのまま一定電圧を維持した場合，相対的に内板部の電気抵抗が小さくなるため電流は内板部にも流れ始め，電着塗膜の析出は奥へ奥へと広がっていくこととなる。これが付き回り性と呼ばれる電着塗料最大の特性である（図6）。

実際の車の付き回り性は，ボディを解体して内板部の膜厚を実測するが，ラボにて付き回り性を評価する方法も考案されている。従来は単純なパイプを使ってどこまで内部に塗装される

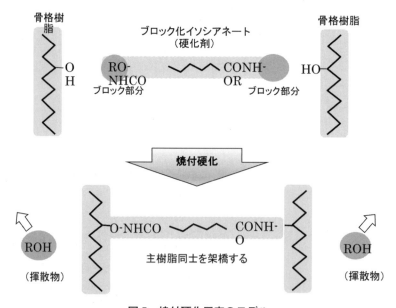

図5 焼付硬化反応のモデル

か入口からの塗装距離で測定されてきたが，最近は実車ボディとラボとの相関精度を上げるために袋部をモデル化したボックス法などが主流となっている。

電流の通り道は鋼板中心に開けた穴のみであり，最外板から塗膜が析出し，ある一定の塗膜抵抗を得ると電流が穴を通って奥の内板へ流れる。塗装後，外板／内板膜厚の割合にて塗料の付き回り性を評価するという手法になっており，塗装ラインでの処理条件等が詳しくわかっているなら良好な精度で車体の内部の膜厚を再現することができる。

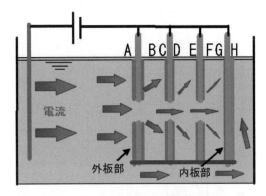

図6　ボックス付き回り評価の概念図

防錆性の観点において，被塗装物全体を塗装することは非常に重要であり，付き回り性を持つことが，自動車などの構造物の下地塗装として電着塗料が利用される最大の理由であると言える。

2.4　電着塗料の防錆性

電着塗膜の最も重要な機能が防錆性であることは既に述べてきた。通常，水と酸素が共存する環境では基材は腐食してしまうが，塗膜で水や酸素を遮断することができれば腐食を長期間抑制することができる。当然ながら，塗膜に傷がつくなどの欠陥があれば，その部分から腐食は進行する。電気化学的に不均一な部位が存在すると局部電池が形成され，アノード部とカソード部による局部電流が流れ，カソード部では酸素の還元によりpHが上昇し，アノード部では金属（鉄）の溶出が起こる（図7）。

一般的に塗膜と金属素地との接着界面はアルカリ環境に弱いため，正常な塗膜が剥がれて浮き上がり，新たな金属素地が剥き出しとなり腐食はさらに進行する。

この腐食メカニズムより，防錆の観点から電着塗膜に必要な性質は，①水や酸素などの腐食

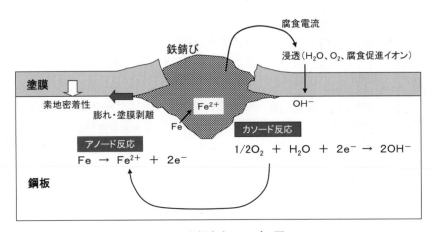

図7　局部腐食のモデル図

因子を金属素地に到達することを妨げる「遮断性」と②局部腐食が発生した時に塗膜が剥がれないための素地との「密着性」である。

電着塗装は，めっき鋼板（素材の防錆設計）や，表面の化成処理技術と組み合わされることでより高い防錆品質が達成されるのである。

2.5 電着塗装工程

図8は一般的な電着塗装ラインを模式的に示したものである。図のように複数のタンクやシャワー（スプレー水洗），ブース・乾燥装置が並んで設置され，これらに沿って架設された自動搬送手段（コンベア）を用いて，ワークを連続的に通すことによって，塗装から水洗・焼付乾燥までが自動で行われる。なお，通常は電着塗装工程の前には表面処理工程（洗浄・脱脂～化成処理）が連続する形で構成されている。

電着装槽では，電着塗装を続けると陽極の電気分解により発生する酸が槽液内に蓄積してしまうため，余分な酸を系外に排出するシステムとして隔膜電極装置が設置されている。ここで使用される隔膜はアニオン交換膜であり，陽極で発生した酸を隔膜内の液（極液と呼ばれる）に閉じ込めることができる（図9）。

極液の酸濃度は電導度により管理され，一定の濃度を超えると純水が自動補給され，オーバーフローにより酸を排出するシステムになっている。このシステムにより電着塗料の液組成のバランスを維持し，適正な膜品質を安定して得ることができる。

また，電着塗装ラインの大きな特徴として「UF洗浄システム」がある。これは限外濾過（Ultra-Filtration）装置により塗料から水，酸，低分子成分のみを搾り取り濾液とし，それを用いて非塗装物についた余分な塗料を洗い流すというクローズドシステムである（図10）。UF洗浄液は元々電着塗料の成分なので塗料へ回収することが可能で，この技術により電着塗装の塗着効率は95％に達し，非常にロスの少ない塗装形態が完成している。

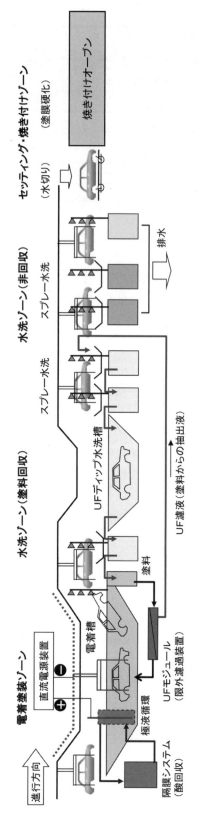

図8　電着塗装ラインの工程フロー図

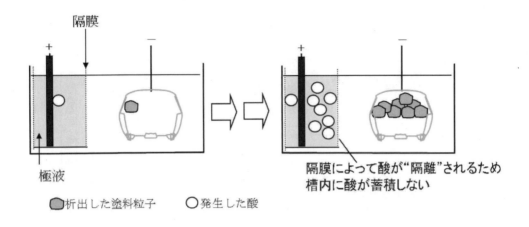

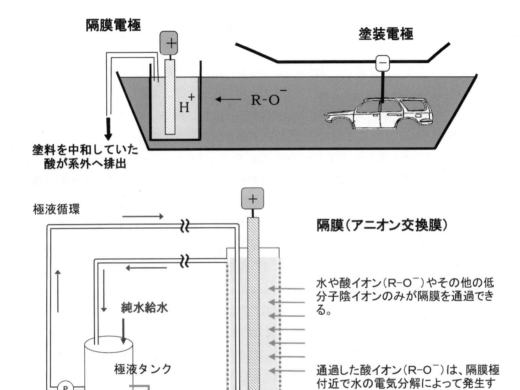

図9　隔膜電極装置のモデル図

3 電着塗料とその周辺材料の変遷
3.1　電着塗料の変遷

　自動車ボディの下地塗装としての電着は1960年代にアニオン電着塗装から始まった。それまでの下地塗装はエポキシ・アルキド樹脂系の吹き付け塗装や水溶性アルキド樹脂系の浸漬塗装で，当然ボディ内面（袋部）への塗装はできず防錆品質も不十分なものだった。

　前述の通り，水性塗料浴中で直流電流により塗装する電着塗装は複雑な構造物の内面へ均一

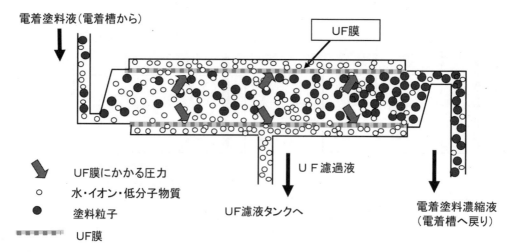

図10 UF装置の構造概略図

に塗膜を生成することが可能で，自動車内面の塗装防錆性は飛躍的に向上した。日本国内でも1964年以降に自動車メーカーに急速に普及した。その後アニオン電着は主原料をマレイン化油からポリエステル，ポリブタジエン等の合成樹脂へと改良されていったが，北米の凍結塩散布という塩害腐食環境に耐えうる品質ではなく，防錆性向上が重要課題となっていた。

1970年代，アニオン電着とは電気化学的特性が逆で，被塗物を陰極にすることで金属の溶け出しがなく，より防錆性に優れたカチオン電着が実用化された。同時期に登場したりん酸亜鉛処理（前処理剤）のフルディップ技術と共に，1977年から自動車ボディ塗装に採用され，1980年代にはアニオンからカチオン電着への切り替えが急速に進んだ。これが，電着の歴史の中での最初の大変換期と言える。なお，現在は少なくとも自動車ボディラインはカチオン電着であるが，自動車以外の一般工業用業種ではアニオン電着も残っている[1)2)]。

その後カチオン電着は社会情勢のニーズから多彩な発展を遂げている。生産性向上やコスト低減を狙った低温焼付化・低加熱減量化（焼付け時に飛散する成分の低減）・高付き回り性・無撹拌対応，また，エッジ防錆や耐候性（太陽光紫外線による樹脂分解劣化），高外観品質などの性能向上による差別化が図られた。1990年代には世界的に環境問題がクローズアップされ，北米・欧州を中心に有害物に対する法規制の動きが活発になった[3)]。

電着塗料は水性塗料であることから火災の危険や溶剤の害が少ないが，当時は有害物質（重金属）を含む。鉛・クロム・錫がその代表例である。鉛・クロムフリーは環境規制（欧州ELV指令・RoHS指令）の社会的要請もあり，業界を挙げて既に完了し，現在の自動車電着塗料は鉛・クロムフリータイプに置き換えられている。

昨今ではREACH規則（欧州化学品規制）の錫化合物規制に対応した錫フリータイプや北米での有機溶剤の放出規制の強化に対応した低VOC（低溶剤）タイプの電着塗料が実用化されている。

3.2 素材の変遷

被塗物としての素材鋼板も時代の要請に伴って様々な変化をしている。

自動車では初期は単純な鉄鋼板（SPC材，冷延鋼板）が使われてきたが，自動車の大衆化で大量消費の時代になって外観錆びや寒冷地での塩害など安全性の面で腐食に対する意識が高まった。車体防錆寿命保証の長期化，日本が高度経済成長となって日系自動車メーカーのグローバル化に対応して，合金化溶融亜鉛めっき（GA），溶融亜鉛めっき（GI），電気亜鉛めっき（EG）等が次々に開発された。当然ながら，それらの特性に起因する品質・性能課題に適合する電着塗料が開発されてきた。めっき鋼板の犠牲防食機能により防錆性は大幅にレベルアップしたが加工性や外観等の品質面及びコスト面の課題もある。

周知のように，環境に対する規制の強さは増すばかりで，多くの素材メーカーにとって環境配慮型の製品や材料を開発することが1つの使命となっていることは言うまでもない。特に二酸化炭素（CO_2）などの温室効果ガス削減による地球温暖化対策の必要性はIPCC-AR5にて警告されているように，全世界で国家レベルでの対策事項となっている。

自動車業界においても車体軽量化による燃費の改善でCO_2削減対策が早くから取り組まれており，その結果，ハイテン材（高張力鋼板）による鋼材の薄板化が進む一方で，車体材料として比重の軽いアルミニウム，マグネシウム，及びCFRP（炭素繊維強化プラスチック）の比率が年々増加しており，逆に鉄（主に鋼板材料）の比率が減少している。さらに，これら多種多様な素材を同時に塗装し，防錆品質，塗装外観の両立が求められている。

電着塗装の前に行われる鋼板表面の防錆油の除去（脱脂）と鋼板の防錆化学的処理を目的とした前処理工程として，従来はリン酸亜鉛処理が使用されていたが，化成処理工程で大量に発生する凝集沈殿物（スラッジ）の環境負荷の観点から脱リン酸亜鉛処理（主にジルコン処理）への需要が高まり，ライン導入も着々と進められている。

ジルコン処理は非常に薄い処理層が鋼板表面に析出する性質を利用する為，鉄をエッチングして化学処理するりん酸亜鉛処理に比べてスラッジが圧倒的に少なく，Niなどの有害金属を含まず，また表面調整が不要で工程の短縮ができる，など多くの利点を有している。ただし，鋼板表面の電気化学的特性が変化するため，これら化成処理に対応した電着塗料開発が必要となったが，これも既に実用化している。

中上塗り塗料に関しても，環境配慮及び工程短縮のため途中の焼き付け乾燥工程を省く水性2ウェットや3ウェット塗料が開発され，ライン導入されている。中塗り・上塗りの各塗装工程での乾燥工程を省略することで，下地の物理的な表面形状が影響するため，電着塗料はより平滑な肌外観を要求されるようになった。

４ 結 言

これまで述べてきたように，電着塗料を取り巻く様々な環境要因や市場の要求で電着塗料の改良や新しい技術開発が行われてきた。特に昨今の被塗物素材のマルチマテリアル化に対する課題としてまとめると，

① 様々な素材や表面化学処理に対する選択制の幅を広げるために，いかに塗料側で塗膜物性を制御するか，塗料の設計技術としてロバスト性向上が必要。

② 金属に代わる樹脂化ではさらなる低温硬化性が要求された場合，低温硬化性と塗料自身の経時（熱）安定性の両立限界。

③ ダイカスト等に対して，表面の離型剤の処理（電着塗料に対する汚染性）や軽量素材（鉄より低比重）として電着槽での浮き対策などの工程設備課題。

④ 徹底した重防食に特化した塗膜設計への要求。

等々，多くの難問が予想される。

　これら多くの新素材が確実に拡大して適用される中，それに関わる塗装特性，塗料のロバスト性が十分に検証されないと塗装品質に対する不具合が発生してしまう可能性がある。

　したがって素材メーカーや材料研究者とのネットワークを広げ，情報を共有化し協働での研究を行い，開発検討期間の短縮化や相乗効果を狙った材料開発へと進め方を変えていく必要があると考える。

文　献

1) 村上良一：表面技術，**53**，p.288 (2002).
2) 日本ペイント株式会社：「塗料の性格と機能」(21 世紀への知識と応用)，日本塗料新聞社，p.175 (1998).
3) 浮田恒夫：防錆管理，**47**，p.265 (2002).

索 引

英数・記号

3D 印刷成形（法） ……… 67
3D プリンタ ……… 207
3 次元アトムプローブ装置 ……… 53
3 点曲げ剥離試験 ……… 310
3 枚重ね溶接 ……… 48
440BH（TS440MPa 級）鋼板 ……… 38
2000 系（Al-Cu-Mg 系）……… 52
5000 系（Al-Mg 系）……… 52
6000 系材料 ……… 51
7000 系（Al-Mg-Zn 系）……… 52
ADC12 ……… 321
AM60 ……… 334
AZ31 ……… 334
AZ91D ……… 320
BMC ……… 64
　　＝バルクモールディングコンパウンド
BMW i3 ……… 217
CAD データ ……… 208
CCT；Cyclic Corrosion Test ……… 335
CFRF- 金属接合界面を検証 ……… 309
CFRP … 62, 91, 106, 107, 111, 139, 216, 277
　　＝炭素繊維強化プラスチック
CFRTP ……… 62, 91, 139
CF-SMC ……… 278
CO_2 削減対策 ……… 355
Cohesive Zone Modeling ……… 223
COP3 ……… 109
CTS ……… 41
　　＝抵抗スポット溶接の十字引張強度
CVD ……… 247
C フレーム ……… 149
DC 鋳造 ……… 257
DP 鋼板 ……… 40
EDX ……… 344

EJOWELD® ……… 126
ELV ……… 325
El- λ バランス ……… 42
EPDM ……… 228
　　＝エチレン・プロピレン・ジエンゴム
FCW ……… 58
FDS®；Flow Drill Screw ……… 57, 125
Fe-Al 金属間化合物 ……… 105
FEM 等の数値シミュレーション ……… 57
FEW；Friction Element Welding ……… 126
Finite Element Method；FEM ……… 73, 222
　　＝有限要素法
Forged　Molding ……… 67
FRTP ……… 218
FSJ；Friction Stir Joining ……… 122
FSSW；Friction Stir Spot Welding
　　　　……… 49, 122
　　＝摩擦撹拌スポット接合
接合による点接合 ……… 57
FSW；Friction Stir Welding
　　……… 48, 93, 101, 121, 154, 173, 189, 254
　　＝摩擦撹拌接合
GA ……… 39
　　＝合金化溶融亜鉛めっき
Hohenberg-Kohn の定理 ……… 75
HO 条件 ……… 260
HSLA（High Strength Low Alloy）鋼板 … 40
IF（Interstitial atom Free）鋼 ……… 38
IF 型ハイテン ……… 38
ImpAcT ……… 125, 218
Impulse manufacturing ……… 119
JARI の落下錐体試験装置 ……… 310
KD610 ……… 291, 295～297
Kohn-Sham 方程式 ……… 76
LFT-D；Long Fiber Thermoplastic-Direct
　　　　……… 7

索-1

MAO ……………………………………… 324

Mg 合金材料 ……………………………… 307

OLED ……………………………………… **187**

　　＝有機発光デバイス

PA6 ………………………………………… 140

　　＝ポリアミド6

PCM …………………………… **66, 277, 307**

　　＝高速プリプレグ圧縮成形技術

PEO ………………………………… 324, 325

Pias metal® ……………………………… 58

PP ………………………………………… 141

　　＝ポリプロピレン

PPS ……………………………………… 141

　　＝ポリフェニレンサルファイド

PP// 金属接合 ………………………… 235

PVD 処理 ………………………………… 247

REW；Resistant Element Welding …… 126

RIVTAC® ………………………… 57, 125, 218

RoHS ……………………………………… 325

RSW ……………………………… **57, 116, 139**

　　＝抵抗スポット溶接（法）

r-TLP …………………………… **189, 190**

　　＝反応型液相拡散接合

RTM 法 …………………………………… 307

r 値 ………………………………………… 250

SAM ……………………………………… 202

self-assembled monolayer ……………… 202

SEM ……………………………………… 344

SMC ……………………………………… 64

　　＝シートモールディングコンパウンド

SPR；Self Pierce Riveting ………… **123, 149**

SSR；Special Semi-tubular Riveting …… 123

STJ® ……………………………………… 119

S 相 ……………………………………… **340**

TLP ………………………………… 190〜192

　　＝液相拡散接合

Tog-L-Loc® ……………………………… 123

　　〜，TOX® 等の局部的かしめ接合 … 57

TOX® ……………………………………… 123

Tuk-Rivet® …………………………… **124**

TWIP（Twinning Induced Plasticity）鋼板

　　………………………………………… 43

UF 洗浄システム ………………………… 352

Vacuum Ultra-Violet …………………… 199

VC 処理 …………………………………… 247

VUV ……………………………………… 199

WQ（Water Quench）-CAL ……………… 42

XPS 分析 ………………………………… 328

X 線光電子分光分析 ……………………… 183

ZEV ……………………………………… 110

Z 変数 ……………………………… **292, 297**

あ行

アーク溶接（法） ………… **116, 173, 207, 253**

亜鉛めっき ………………………………… 103

　部品 ……………………………………… 327

アクリル接着剤 …………………………… 221

亜結晶粒組織 ………………… **292〜294, 297**

圧接 ………………………………………… 116

圧力容器 …………………………………… 63

穴広げ率（λ） …………………………… 40

アニオン重合 ……………………………… 226

アルゴンガス ……………………………… 274

アルマイト ………………………………… 325

アルミ

　ダイカスト ……………………………… 322

　鍛造品 …………………………………… 291

　〜，鉄同時りん酸亜鉛処理システム

　　………………………………………… 335

　〜に適した成形・加工技術の開発 …… 56

　ホイール ………………………………… 327

アルミ合金 ………………………………… 215

　〜製車両 ……………………………… **253**

アルミニウム …………………………… 202, 339

　合金 ……………………………………… 140

　〜の押出形材 ………………………… **253**

　〜材 ……………………………………… 4

アロンアルフア®	229	凹凸の形成	145

アロンアルフア® ……………………… **229**
アンカー効果 ……………… 94, 119, 131, 238
異材接合 ……………………… **115, 139, 158**
異種金属接触腐食 ……………………… 319
異種材料接合 ……………… 3, 4, 6, 101, 233
一液型 ……………………………… 225
一重項酸素原子 ………………………… 201
一方向材料 …………………………… **62**
易接着処理 ……………………………… 233
インクリメンタルフォーミング ………… 267
インサート
　　金属 ……………………………… 190
　　成形 ……………………………… 235
　　接合 ……………………………… 233
インジェクション成形 …………………… 65
インテークマニホールド ………………… 131
インテリジェントスポット溶接 ……… **48**
ウェザーストリップ ……………………… 228
ウェット法 ………………………………… 64
ウェルドボンディング …………………… 215
ウェルドボンド …………………………… 120
ウォブリング溶接 ………………………… 92
薄肉軽量化 ………………………………… 51
エアロトレイン …………………………… 159
液圧成形 …………………………………… 57
エキシマランプ ……………………… **199**
液晶ディスプレイ …………………… **187**
液相拡散接合 ……………………… 190〜192
　　　＝TLP
エチレン・プロピレン・ジエンゴム ……… 228
　　　＝EPDM
エッジ防錆 ……………………………… 354
エポキシ系 ……………………………… 231
エポキシ樹脂 …………………………… 348
エポキシ接着剤 …………………… 215, 221
エラストマー ……………… 94, 129, 226
塩水噴霧試験 ……………………… 303, 321
オーステナイト系 ……………………… 249
オートクレーブ法 ………………………… 65

凹凸の形成 ……………………………… 145
応力
　　緩和層 ………………………………… 129
　　集中 …………………………………… 222
　　特異性 ………………………………… 223
　　腐食割れ性 …………………………… 54
大型押出機 ……………………………… 257
遅れ破壊 ………………………………… **41**
押出加工 ……………………………… **253, 326**
押出金型 ……………………………… **258**
押出性 …………………………………… 253
押出力 …………………………………… 257
オニオンリング ………………………… 156
温間圧延 ………………………… 305, 334
温間加工 ………………………………… 300
温間熱解析 ……………………………… 313
温間プレス成形技術 ………………… **318**

か行

階層化された力学的現象 ………………… 73
外板／内板膜厚の割合 ………………… 351
界面
　　状況 …………………………………… 312
　　制御 ………………………………… **179**
　　剥離 …………………………………… 105
化学
　　組成 …………………………………… 260
　　〜的結合力 …………………………… 145
　　接合法 ………………………………… 116
拡散接合 ………………………… 121, 189, 190
隔膜電極装置 …………………………… 352
加工硬化 ………………………………… **85**
下死点応力 ………………………………… 47
加水分解反応 …………………………… 227
ガス
　　吸着接合法 ………………………… **180**
　　分子接合技術 ………………………… 180
化成処理 ………………………… 145, 319

索-3

索　引

可塑剤 ……………………………… 227
型嵌合 ……………………………… 283
型かじり …………………………… 44
カチオン電着 ……………………… 347
金型 ………………………………… 285
　　温度 …………………………… 285
　　〜の熱解析 …………………… 308
　　表面温度 ……………………… 307
重ね合わせ ………………………… 106
過飽和固溶体 ……………………… 257
ガラス転移
　　温度 ………………………… **63**
　　〜点 …………………………… 203
カルシウム ………………………… 153
ガルバニック腐食 ………… 115, 233
環境
　　規制 ………………………… **354**
　　水素量 ………………………… 50
間接押出法 ………………………… 257
官能基 …………………………… 107, 129
官能評価 …………………………… 46
機械
　　〜的性質 ……………………… 260
　　　接合法 ……………………… 116
企業平均燃費（CAFE）基準 …… **65**
機体構造材料 ……………………… 275
吸着
　　〜層厚 ……………………… **184**
　　水分子 ………………………… 182
急冷凝固技術 ……………………… 299
共晶
　　液相 …………………………… 191
　　反応 …………………………… 191
矯正 ………………………………… 273
強制空冷 …………………………… 257
強度，成形性，表面性状，接合性 …… 52
共有結合 …………………………… 185
局所加熱冷却効果 ………………… 267
極性官能基 ………………………… 141

局部
　　加熱 …………………………… 267
　　電池 …………………………… 351
き裂 ………………………………… 77
均一
　　〜化と成形条件 …………… **307**
　　腐食 …………………………… 303
均質化処理 ………………… 293, 304
金属
　　3D プリンタ ………………… **207**
　　〜間化合物 …… 93, 116, 190, 195, 300
　　結晶の配向 …………………… 304
クリープ成形工程 ………………… 273
クロムフリー ……………………… 325
軽金属材料 ………………………… 154
軽量化 ………………… 81, 159, 233
　　構造開発 ……………………… 58
　　素材を活用するマルチマテリアル化 … 51
欠陥間の相互作用 ………………… 77
結合
　　エネルギー …………………… 201
　　解離 …………………………… 201
　　〜力 …………………………… 180
限界絞り試験 ……………………… 313
限界絞り比 ………………………… 302
原子
　　〜間結合 ……………………… 180
　　〜状酸素 ……………………… 199
研磨処理 …………………………… 145
コーティング ……………………… 247
コーナリング ……………………… 112
高圧プレス成形技術 ……………… 279
高延性化 ………………………… **195**
高温
　　引張試験結果 ………………… 301
　　ブロー成形 …………………… 57
硬化
　　〜剤 …………………………… 349
　　時間 …………………………… 278

高強度 ……………………………… 207

  鋼板 …………………………………… 7

  チタン合金 ……………………… 267

合金

  ～化溶融亜鉛めっき ……………… 39

    ＝GA

  成分 ……………………………… 260

航空機 ……………………………… 305

鋼材 …………………………………… 4

高周波

  誘導加熱 ……………… 235, 267

    コイル …………………………… 268

高純度化 …………………………… 227

剛性と強度の違い ……………… **81**

構造

  効率 ……………………………… 275

  設計技術 …………………………… 57

高速 ………………………………… 207

  車両 ……………………………… 159

  プリプレグ圧縮成形技術 ……… **66**

    ＝PCM；Prepreg Compression Molding

航続距離 …………………………… 111

高張力鋼板 ……………………… 81, 245

高被削性 ……………………………… 5

固形潤滑剤 …………………………… 57

固相接合 …………………………… 102

コロイド粒子 ……………………… 348

コロナ放電処理 …………………… 142

コンテナシール力 ………………… 264

さ 行

サーボプレス ……………………… 246

再結晶粒組織 ……………………… 294

最密六方結晶 ……………………… 312

材料

  技術 …………………………… **260**

  置換 ……………………………… 83

  ～の伸び，n 値，r 値，ヤング率 ……… 55

力学 ………………………………… 82

サステナブルハイパーコンポジット技術

  ………………………………………… 68

サスペンションアーム ……… **291, 295**

酸化防止対策 ……………………… 271

三重項酸素原子 …………………… 201

酸洗浄 ……………………………… 274

サンドブラスト …………………… 145

残留

  応力 ……………………………… 50

  オーステナイト（TRIP：Transformation

  Induced Plasticity）**鋼板** ……… **40**

シートモールディングコンパウンド ……… 64

  ＝SMC

シーリング ………………………… 120

シール応用 ………………………… 185

シアノアクリレート …………… **225**

シェル / コア構造 ………………… 349

紫外線 ……………………………… 199

シクロオレフィンポリマー ……… 200

試験 ………………………………… 302

時効処理 …………………………… 304

次世代自動車部材の実用化技術開発 ……… 69

自然時効 …………………………… 53

持続可能性 ………………………… 110

湿気硬化 …………………………… 225

自動車

  構造材用途 ……………………… 54

  パネル用アルミ合金板の化学成分と機械的

  性質 ……………………………… 52

自動プレースメント装置 ………… 288

シミュレーション解析 …………… 272

射出成形 …………………………… 233

車体軽量化 ……………………… 4, 355

遮断性 ……………………………… 352

車両

  剛性 ……………………………… 112

  構体 …………………………… **253**

  重量 ……………………………… 110

索-5

重合禁止剤 ……… 226

樹脂
　～（PP）・金属（アルミ）接合 ……… 235
　粘度 ……… 279
　～の制御 ……… 279

純チタン ……… 250

衝撃解析 ……… 311

蒸着 ……… 324

衝突
　安全基準 ……… 51
　断面積 ……… 339

シランカップリング ……… 145

シリーズ抵抗スポット溶接 ……… 139

ジルコン ……… 327

しわ押え力（BHF：ブランクホールドフォース）制御方法 ……… 56

真空紫外 ……… **199**

シングルスキン押出形材 ……… **253**

シングルモードのファイバーレーザ ……… 130

人工時効処理 ……… 257

親水性 ……… 180

水酸基 ……… 182

水蒸気ガス ……… 182

水素結合 ……… 142

随伴変数法 ……… 78

スキャナー ……… 92

スタックフレーム ……… 135

ステンレス（鋼） ……… **140, 326, 339**

ストレッチャ・ストレインマーク ……… 52

スプリングバック ……… 44, 246
　要因分析手法 ……… 47

スマートマテリアル ……… 114

スライサソフト ……… 208

成形
　限界 ……… 271
　サイクル時間 ……… 66

正弦則 ……… 269

生産技術プロセス ……… **179**

制振材 ……… 259

生体安全性 ……… 187

赤外線サーモグラフィイメージ ……… 269

絶縁 ……… 220

接合
　界面強度 ……… 78
　メカニズム ……… 145
　強度 ……… 312

切削油 ……… 330

接着 ……… 215
　～剤 ……… 58, 119
　～・接合 ……… **179**
　接合 ……… 58
　耐久性 ……… 225
　フィルム ……… 234

セットタイム ……… 226

セルフピアッシングリベット ……… 95, 149, 216

セルフリベット（SPR），や TOX（MCL）などの機械的接合 ……… 57

遷移元素 ……… 293, 294, 297

繊維蛇行 ……… 285

せん断
　遅れ ……… 222
　加工 ……… 247

双晶
　境界 ……… 77
　変形 ……… 77

増肉成形法 ……… **83**

双ロールキャスティング Mg 圧延材 ……… 318

速硬化プリプレグ ……… 285

側突負荷 ……… 310

組織制御 ……… 305

素地調整 ……… 320

塑性
　加工 ……… 257
　～用 ……… 312
　流動 ……… 102

た行

第一原理計算 ································· **73**
ダイカスト（材）················ 249, 319
耐候性 ····································· 354
第三世代ハイテン ················· **43**
耐衝撃性，歩行者保護性 ············· 52
耐食性 ····································· 303
　～，ヘム曲げ加工性 ··············· 53
ダイス開口寸法 ························ 265
ダイス構造解析 ························ 263
ダイス設計技術 ················ **260**
耐デント強度 ···························· 37
耐熱性 ····································· 187
耐候性が問題 ···························· 187
ダイレクトグレージング ············ 222
ダウンサイズ ···························· 109
脱水反応 ·································· 182
ダブルスキン押出形材 ········ **255**
タブレット ······························· 334
短時間硬化 ······························ 225
弾性
　瞬間接着剤 ······················ **231**
　接着剤 ·································· 231
鍛造
　加工 ····································· 326
　シミュレーション ······· 291, 295, 296
　成形 ······································ 67
炭素鋼 ······························· 140, 321
炭素繊維 ····························· 4, 8, 61
　強化熱可塑性プラスチック ········ 139
　強化プラスチック
　　····· 62, 91, 106, 107, 111, 139, 216, 277
　　＝CFRP
　　～の配向性 ························· 308
　　複合材料 ······················ 277, 307
単分子膜 ·································· 202
地球温暖化防止 ·························· 51
チクソモールディング ··············· 249

チタン ····································· 326
　合金 ···························· 140, 173, 250
　～材 ······································ 4
窒化処理 ······························ **339**
中間基材 ······························· **63**
中性塩水噴霧試験 ······················ 342
鋳造材 ····································· 330
超音波探傷器 ···························· 309
超高張力鋼板 ······················ 91, 246
長繊維熱可塑性樹脂ペレット，LFT-D-ILC
　 ··· 67
超塑性成形 ······························ 271
超微細モーダル組織 ···················· 43
直接押出法 ······························ 257
直接付加造形 ···························· 211
チョップド（短カット繊維）············ 63
突合せ継手 ······························ 106
付き回り性 ························· **348**
テーラードブランク材 ·················· 91
低 CO_2 排出 ····························· 240
低温
　硬化性 ·································· 355
　成形技術 ······························· 57
　ベークハード性 ······················ 53
　焼付化 ·································· 354
締結 ······································· 117
　荷重 ···································· 149
抵抗スポットブレージング ··········· 121
抵抗スポット溶接（法）········ **57, 116, 139**
　＝RSW
　～の十字引張強度 ···················· 41
　＝CTS
低コスト ·································· 207
底面集合組織 ···························· 155
適材適所 ·································· 114
鉄道車両 ·································· 305
電気抵抗 ·································· 350
電子ビーム
　溶接 ······························· **173**

索 引

励起プラズマ 339
電食 115, 220
テンション法 283
電磁力 119
展伸用 Mg 合金板材 312
展伸用のアルミニウム合金 255
伝導熱 268
テンパー通電 48
同時処理性 332
動的モンテカルロ (Kinetic Monte Carlo；
　KMC) 法 73
トウプレグ・プレースメント成形工法
　.. 288
塗装下地 331
塗着効率 352
塗膜下腐食 328
トラス構造 259
トランクリッド 130
塗料のロバスト性 **356**

な行

内部加圧機構付粒子コア圧縮成形工法
　.. 288
内部ロック 149
ナノインテンダー 341
ナノクラスター 53
難削材 211
難燃 (性) マグネシウム合金 (材料)
　.................................. **153, 305, 316, 320**
ニアネットシェイプ 211
二液型 230
肉厚
　精度 263
　変化 264
二酸化炭素 (CO_2) 排出量削減 3
ぬれ性 180
熱応力 219
熱可塑樹脂付加成形 67

熱可塑性 6, 8, 139, 234
　CFRP 5
　エラストマー 229
　樹脂 62, 106
　〜系 CFRP 277
熱硬化性
　FRP 217
　樹脂 62, 142
　〜系 CFRP 277
熱接着フィルム 234
熱板プレス 234
熱分解 144
燃費
　改善 3
　規制強化 51
　向上 3, 69
ノートパソコン 334
伸び (El) 40
伸びフランジ性 247
伸びフランジ割れ **44**

は行

パーキングブレーキレバー 228
ハイサイクル CFRP 成形工法 277
ハイサイクル一体 RTM 成形技術 66
ハイバリアフィルム 185
ハイブリッド
　〜化 225
　成形工法 287
バウデンレーベン型摩擦試験 345
爆発圧接 (爆着) 118
箔膜蒸発アクチュエータ 119
裸耐食性 324
白化 227
バックドア 131
張り剛性 37
バルクモールディングコンパウンド ... 64
　＝BMC

索-8

パルススポット溶接 ……………… **48**

ハンダ付け ……………………… 121

半導体レーザ …………………… 131

反応型液相拡散接合 …… **189, 190**

　＝r-TLP

反応誘起相分離構造 …………… 231

バンパービーム，ドアビーム等の安全部材

……………………………………… 54

ピール強度 ……………………… 221

光プロセス ……………………… 199

引抜き加工 ……………………… 326

引抜き成形法 …………………… 65

比強度 ……………………… 37, 301

微細

　〜化 ……………………… 156, 300

　分散 …………………………… 305

ひずみ速度 ……………………… 271

　感受性指数 …………………… 271

引張りせん断強度 …………105, 221

被塗物素材 ……………………… 355

非破壊検査 ……………………… 150

表面

　粗さ …………………………… 203

　活性化 ………………………… 200

　酸化 …………………………… 182

　処理 …………………………… 319

　　工程 ………………………… 352

　接触低電気抵抗性 …………… 323

品種統一化 ……………………… 59

ピン止め効果 …………………… 157

ファイバーレーザ ……………… 131

フィクセロン（FIXELON） …… 234

フィラメントワインディング法 ……… 63, 65

フェーズフィールド法 ………… 73

フェライト系 …………………… 249

復元処理や安定化処理 ………… 53

複合

　構造体 ………………………… 58

　材料 ………………………… **61**

複雑な構造物の内側 …………… 347

輻射熱 …………………………… 268

複層化 …………………………… 195

　技術 ………………………… **190**

腐食

　減量 …………………………… 303

　生成物 ………………………… 322

　促進試験 ……………………… 322

物質導関数法 …………………… 78

不動態膜 ………………………… 340

プライマー ……………………… 228

ブラインドリベット ………… **124**

プラスチック ……………… 200, 215

プラズマ ……………………… **339**

　処理 …………………………… 182

プリフォーム …………………… 278

　技術 …………………………… 278

　工程 …………………………… 279

　〜の積層仕様 ………………… 308

プリプレグ ……………… **64, 278**

　〜の加熱条件 ………………… 281

フルマルテンサイト型鋼板 …… 42

プレス

　油 ……………………………… 330

　加工 …………………………… 83

　成形 ……………………… 245, 278

　　工程 ………………………… 279

　　〜中の樹脂粘度 …………… 279

　　〜法 …………………… 65, 307

　　〜用速硬化プリプレグ …… 278

　フォージング ………………… 333

　部品 ………………………… **299**

フロードリルスクリュー ……… 216

ブロック化イソシアネート …… 350

プロテクターゴム ……………… 228

分割プリフォーム法 …………… 285

分散粒子 ………………………… 294

分子

　〜間結合 ……………………… 180

～相互作用 ························ 238
接合界面反応 ····················· 185
動力学（Molecular Dynamics；MD）法
································ **73**
ベークハード性 ······················ 52
ベアリング
　角度 ···························· 263
　形状 ···························· 263
　長さ ···························· 263
　部 ····························· 264
平滑化 ···························· 204
ヘミング ·························· 118
ベルトモール ······················ 228
ペレット ························ **64**
変形抵抗 ·························· 257
変成シリコーン系 ··················· 231
ボールオンディスク試験 ·············· 342
防食機構 ·························· 327
防錆
　顔料 ···························· 349
　塗装法 ·························· 347
補強基材 ··························· 61
補修用途 ·························· 229
ボタン破断 ························ 105
ホットスタンピング ················· 247
ホットスタンプ ·················· **44**
ホットメルト法 ······················ 64
ポリアミド ························ 233
　～6 ···························· 140
　＝PA6
ポリウレタン接着剤 ················· 221
ポリフェニレンサルファイド ··········· 141
　＝PPS
ポリプロピレン ················ 141, 233
　＝PP
ボルト・ナット ···················· 117

ま行

マイクロ波 ························ 182
マイクロ流路 ······················ 200
巻き締め ·························· 118
マグネシウム合金 ·········· **140, 189, 319**
　板材 ························· **299**
　部品 ···························· 299
マグネシウム材 ······················· 4
摩擦
　圧接 ···························· 118
　　技術 ··························· 57
　撹拌スポット接合 ············· 49, 122
　　＝FSSW
　接合
　　·· 48, 93, 101, 121, 154, 173, 189, 254
　　＝FSW；Friction Stir Welding
　　点接合技術 ···················· 102
　係数 ···························· 345
　接合 ··························· 5, 6
　抵抗 ···························· 257
　～点接合技術 ····················· 96
　熱 ····························· 102
マトリックス樹脂 ···················· 61
マルチマテリアル（化） ····· **3, 4, 91, 215, 233**
　構造ボディ ······················· 57
　車体 ···························· 101
マルテンサイト系 ··················· 249
未硬化 ···························· 227
水の電気分解 ······················ 348
密着性 ···························· 352
密度汎関数理論 ······················ 74
無溶剤 ···························· 225
メカニカルクリンチ ··············· **123**
（メタ）アクリレート ················· 230
メタル
　フロー ·························· 119
　流速 ···························· 263
　　制御 ·························· 263

索-10

流動解析 ······ 263
めっき ······ 324
　鋼板 ······ 355
面接合 ······ 119
モーション制御技術 ······ 45
モックアップ構体 ······ 7
物造りプロセス技術 ······ 179

や行

焼付硬化型（BH）鋼板 ······ **38**
焼きばめ ······ 118
冶金的接合法 ······ 116
有機
　〜系接着剤 ······ 180
　発光デバイス ······ **187**
　　＝OLED
　無機複合化 ······ 326
有限要素シミュレーション ······ 246
有限要素法 ······ **73, 222**
　＝Finite Element Method；FEM
融接 ······ 116
融着 ······ 139
陽極酸化 ······ 321
　処理 ······ 133
溶接性 ······ 253
溶融アルミめっき鋼板 ······ 58
溶融接合 ······ 189
　〜およびロウ付け接合技術 ······ 58

ら行

ライフサイクル評価 ······ 110

ラジカル重合 ······ 230
離型剤 ······ 269
離型材 ······ 330
リサイクル（性） ······ 66, 112
　〜の進展 ······ 59
リチウムイオン電池 ······ 111
リベット ······ 118
粒子コア圧縮成形工法 ······ 287
リン酸
　亜鉛処理 ······ 354
　塩 ······ 326, 327
　マンガン ······ 328
ルーフ ······ 130
レーザ ······ 92, 121
　アブレーション ······ 119
　クラッディング ······ 134
　スクリューウェルディング ······ 92
レアアース ······ 331
冷延鋼板 ······ 39
冷却速度 ······ 261
レジン・トランスフォーム機 ······ 112
ロールキャスト材 ······ 313
ろう接（ブレージング） ······ 121
ろう付け ······ 121, 129
ロックウェル圧痕試験 ······ 344

わ行

割れ，しわ，スプリングバックなどの問題
 ······ 55

自動車のマルチマテリアル戦略

材料別戦略から異材接合、成形加工、表面処理技術まで

発行日	2017年7月26日　初版第一刷発行
監修者	藤本　雄一郎，漆山　雄太
発行者	吉田　隆
発行所	株式会社 エヌ・ティー・エス 〒102-0091 東京都千代田区北の丸公園2-1　科学技術館2階 TEL.03-5224-5430　http://www.nts-book.co.jp
印刷・製本	新日本印刷株式会社

ISBN978-4-86043-507-3

Ⓒ 2017　藤本雄一郎，　漆山雄太，　兵藤知明，　岸輝雄，　Jonny K Larsson,
瀬戸一洋，池田昌則，櫻井健夫，前田豊，松中大介，西野創一郎，三瓶和久，
杉本幸弘，西口勝也，田中耕二郎，山根健，鈴木励一，永塚公彬，中田一博，
鈴木晴彦，行武栄太郎，福田敏彦，二宮崇，上向賢一，多賀康訓，井上純哉，
小関敏彦，杉村博之，村田秀和，佐藤千明，安藤勝，斉藤誠法，森謙一郎，
岩瀬正和，谷津倉政仁，鈴木信行，地西徹，小川繁樹，蛭川謙一，沼野正禎，
馬場泰一，松村健樹，山川晃司，山本博之，石渡賢，乗松祐輝.

落丁・乱丁本はお取り替えいたします。無断複写・転写を禁じます。定価はケースに表示しております。
本書の内容に関し追加・訂正情報が生じた場合は、㈱エヌ・ティー・エスホームページにて掲載いたします。
※ホームページを閲覧する環境のない方は、当社営業部(03-5224-5430)へお問い合わせください。

機械・自動車・ロボット・生産技術関連図書

NTSの本

	書籍名	発刊日	体裁	本体価格
1	自動車の軽量化テクノロジー ～材料・成形・接合・強度、燃費・電費性能の向上を目指して～	2014年 5月	B5 342頁	37,000円
2	しなやかで強い鉄鋼材料 ～革新的構造用金属材料の開発最前線～	2016年 6月	B5 440頁	50,000円
3	人と協働するロボット革命最前線 ～基盤技術から用途、デザイン、利用者心理、ISO13482、安全対策まで～	2016年 5月	B5 342頁	42,000円
4	飛躍するドローン ～マルチ回転翼型無人航空機の開発と応用研究、海外動向、リスク対策まで～	2016年 1月	B5 380頁	45,000円
5	「新たなものづくり」3Dプリンタ活用最前線 ～基盤技術、次世代型開発から産業分野別導入事例、促進の取組みまで～	2015年12月	B5 296頁	45,000円
6	革新的燃焼技術による高効率内燃機関開発最前線	2015年 7月	B5 420頁	45,000円
7	実践 二次加工によるプラスチック製品の高機能化技術 ～アドバンスド成形技術を含めて～	2015年 6月	B5 256頁	30,000円
8	自動車オートパイロット開発最前線 ～要素技術開発から社会インフラ整備まで～	2014年 5月	B5 340頁	37,000円
9	破壊力学大系 ～壊れない製品設計へ向けて～	2012年 2月	B5 536頁	56,000円
10	モータの騒音・振動とその低減対策	2011年11月	B5 460頁	38,000円
11	最新 プラスチック成形技術 ～高付加価値成形から新素材、CAE支援まで～	2011年10月	B5 684頁	47,400円
12	電気自動車の最新制御技術	2011年 6月	B5 272頁	37,800円
13	プラスチック製品の強度設計とトラブル対策	2009年 3月	B5 320頁	38,000円
14	クリーンディーゼル開発の要素技術動向	2008年11月	B5 448頁	35,000円
15	接着工学 ～接着剤の基礎、機械的特性、応用～	2008年 4月	B5 488頁	42,400円
16	パートナーロボット資料集成	2005年12月	B5 644頁	38,000円
17	自動車排出ナノ粒子およびDEPの測定と生体影響評価	2005年 5月	B5 260頁	28,400円
18	実用超精密加工と計測技術 ～ナノテクノロジーの新展開に向けて～	2003年10月	B5 332頁	42,600円
19	小型セラミックガスタービン ～高効率エンジンへの挑戦～	2003年 5月	B5 432頁	27,200円
20	ポリマーフロンティア21シリーズ No.11 自動車と高分子材料	2002年 6月	B5 144頁	16,800円
21	クリーンエネルギー自動車と天然ガスの高度利用 ～資源・無公害化・インフラ整備～	2001年 4月	B5 200頁	28,200円
22	応力発光による構造体診断技術	2012年 8月	B5 380頁	42,400円

※本体価格には消費税は含まれておりません。

NTSの本　材料関連図書

	書籍名	発刊日	体裁	本体価格
1	翻訳　マテリアルズインフォマティクス　～探索と設計～	2016年 6月	B5 312頁	37,000円
2	工業製品・部材の長もちの科学 ～設計・評価技術から応用事例まで～	2017年 4月	B5 446頁	50,000円
3	バイオマス由来の高機能材料　～セルロース、ヘミセルロース、セルロースナノファイバー、リグニン、キチン・キトサン、炭素系材料～	2016年11月	B5 312頁	45,000円
4	カーボンナノチューブ・グラフェンの応用研究最前線 ～製造・分離・分散・評価から半導体デバイス・複合材料の開発、リスク管理まで～	2016年 9月	B5 480頁	60,000円
5	形状記憶合金 産業利用技術 ～基礎およびセンサ・アクチュエータの設計技法～	2016年 7月	B5 256頁	39,000円
6	CFRP の成形・加工・リサイクル技術最前線 ～生活用具から産業用途まで適用拡大を背景として～	2015年 6月	B5 388頁	40,000円
7	高分子ナノテクノロジーハンドブック ～最新ポリマー ABC 技術を中心として～	2014年 3月	B5 1096頁	62,000円
8	グラフェンが拓く材料の新領域 ～物性・作製法から実用化まで～	2012年 6月	B5 268頁	34,800円
9	セラミックス機能化ハンドブック	2011年 1月	B5 644頁	63,200円
10	新訂版　ラジカル重合ハンドブック	2010年 9月	B5 860頁	61,800円
11	自己組織化ハンドブック	2009年11月	B5 940頁	63,000円
12	バイオプラスチックの高機能化・再資源化技術	2008年 4月	B5 392頁	41,600円
13	高分子材料の劣化解析と信頼設計	2008年 1月	B5 228頁	27,600円
14	ナノカーボンハンドブック	2007年 7月	B5 996頁	59,800円
15	ポリマーフロンティア 21 シリーズ No.27 透明プラスチックの最前線	2006年10月	B5 252頁	27,800円
16	機能性ガラス・ナノガラスの最新技術	2006年 7月	B5 480頁	42,000円
17	改訂　高分子化学入門　～高分子の面白さはどこからくるか～	2006年 6月	B5 320頁	3,800円
18	DLC 膜ハンドブック	2006年 6月	B5 656頁	42,800円
19	有機・無機ナノ複合材料の新局面	2004年11月	B5 296頁	42,400円
20	エコ材料の最先端　～電線におけるノンハロゲン難燃材料の開発状況～	2004年11月	B5 224頁	18,400円
21	自己組織化によるナノマテリアルの創成と応用	2004年 2月	B5 320頁	47,000円
22	ナノ空間材料ハンドブック ～ナノ多孔性材料、ナノ層状物質等が切り開く新たな応用展開～	2016年 2月	B5 548頁	52,500円

※本体価格には消費税は含まれておりません。